U0150274

中国科学院科学出版基金资助出版

复杂环境混凝土耐久性

牛荻涛 著

科学出版社

北京

内 容 简 介

本书系统论述了现代混凝土在复杂环境下的耐久性损伤机理与性能退化规律。全书共三篇,第一篇为一般大气环境混凝土耐久性,重点论述了单一、双重和多重因素作用下混凝土中性化机理和中性化模型。第二篇为冻融环境混凝土耐久性,着重论述了单一和多重因素作用下混凝土的抗冻性能、冻融循环对氯盐侵蚀及中性化的影响。第三篇为硫酸盐环境混凝土耐久性,阐述了硫酸盐单一因素作用、硫酸盐与干湿循环共同作用、硫酸盐与冻融循环共同作用下混凝土劣化机理与性能退化规律。

本书可供土木工程专业的研究人员、工程技术人员、高等院校师生参考使用。

图书在版编目(CIP)数据

复杂环境混凝土耐久性/牛荻涛著. —北京:科学出版社,2020.1
ISBN 978-7-03-061731-6

Ⅰ.①复… Ⅱ.①牛… Ⅲ.①混凝土结构-耐用性-研究 Ⅳ.①TU37

中国版本图书馆 CIP 数据核字(2019)第 122070 号

责任编辑:刘宝莉 乔丽维 / 责任校对:王萌萌
责任印制:徐晓晨 / 封面设计:陈 敬

科学出版社 出版
北京东黄城根北街 16 号
邮政编码:100717
http://www.sciencep.com

北京建宏印刷有限公司 印刷
科学出版社发行 各地新华书店经销
*
2020 年 1 月第 一 版 开本:720×1000 B5
2024 年 1 月第三次印刷 印张:25 1/4
字数:504 000
定价:198.00 元
(如有印装质量问题,我社负责调换)

前　言

　　1824 年波特兰水泥发明之后,应用混凝土材料建造工程结构的历史便正式开启。混凝土因其所用原材料资源丰富、价格低廉,可浇筑成任意形状和尺寸的构件,且抗压强度高、耐久性好,在工程中得到广泛应用。

　　水泥是混凝土的主要原材料,每生产 1t 水泥需消耗 2t 石灰石和 0.4t 标准煤,同时排放出 1t CO_2,还有 NO_2、SO_2 等气体及大量粉尘排放。随着我国经济的迅猛发展,我国水泥产量飞速增长,据统计,2000～2017 年,我国水泥年产量从 6.26 亿t 增长到 23.16 亿 t,累计排放 CO_2 达 257 亿 t;此外,制备混凝土还需要大量骨料,对山林景观与河床植被破坏较大,这些都将给人类生存环境造成巨大的影响。为此,吴中伟院士倡导发展绿色高性能混凝土,强调更多地节约水泥熟料,掺加以工业废渣为主的矿物掺合料,减少对环境的污染。

　　建筑物在使用过程中,在内部因素或外部因素、人为因素或自然因素的作用下,随着时间的推移,将发生材料老化与损伤,损伤的累积将导致结构性能劣化、承载力下降、耐久性能降低。欧美发达国家自 20 世纪 70 年代以来出现了大量基础设施过早破坏,使耐久性问题的严重性逐渐显露出来。我国早期规范偏重结构安全性设计,对结构的耐久性和使用寿命缺乏重视,造成一些关系国计民生的重大工程结构过早破坏,甚至提前退役。建设部(现为住房和城乡建设部)于 20 世纪 80 年代的调查表明,冶金、化工等重工业厂房和南方潮湿炎热地区室外的各类工程结构,使用 20～30 年就会因钢筋严重锈蚀而需要大修,处于海水、盐碱、盐冻等恶劣和严酷环境下的土建工程不到 20 年就会出现严重损伤需要修复或拆除重建;民用建筑和公共建筑的使用环境相对较好,一般可维持 50 年以上,但室外的阳台、雨篷等露天构件的使用寿命通常仅有 30～40 年。

　　基础设施遭遇环境作用破坏十分严重,国内外为此付出了沉重的代价。据统计,全世界每年因腐蚀所付出的代价已超过当年所有自然灾害损失的总和,其中,高速公路、桥梁、建筑等基础设施领域的腐蚀损失约占 44%。资料显示,欧美发达国家每年的腐蚀损失可占国内生产总值(gross domestic product,GDP)的 3%～5%。中国科学院的调查表明,我国一年的腐蚀损失高达 2.1278 万亿元,占当年GDP 的 3.34%,混凝土耐久性破坏造成的经济损失巨大。

　　近年来,我国建筑工程、公路工程、桥梁工程、水电工程、铁道工程、港口工程、隧道工程(地下工程)、国防防护工程、治山治水与治沙治海工程、南水北调和西气东输工程等正在大规模兴建,这些重大基础工程的耐久性问题已引起混凝土学术界与工程界的关注,如润扬长江公路大桥、胶州湾跨海大桥、杭州湾跨海大桥及南京地铁等重大工程要求结构保证 100 年的使用寿命,而世界最长跨海大桥——港珠澳大桥制定了使用寿命 120 年的设计标准。丹麦大贝尔特海峡大桥、丹麦-瑞典厄勒海峡大桥规定混凝土结构必须保证 100 年的使用寿命,沙特阿拉伯-巴林法哈德高速公路的预应力箱梁和桥墩更是要求使用寿命达 150 年。这些重大工程的长寿命设计要求为混凝土结构耐久性研究提供了重大机遇并提出了挑战,同时也成为混凝土结构耐久性研究与应用的巨大推动力。

经过国内外众多学者的努力,混凝土结构耐久性方面已经取得了丰硕的研究成果,并制定了相应的技术规范,促进了混凝土耐久性研究成果的工程应用。1990年,日本土木学会提出了混凝土耐久性设计建议。1996 年,国际材料与结构研究实验联合会(International Union of Laboratories and Experts in Construction Materials,Systems and Structures,RILEM)发表了《混凝土结构的耐久性设计》报告,全面论述了基于劣化模型的混凝土结构耐久性设计方法。1998 年,美国 ACI 365委员会提出混凝土使用寿命预测的标准计算模型。2000 年,欧洲共同体支持的DuraCrete 项目提出了《混凝土结构耐久性设计指南》的技术文件;同年 7 月,中国工程院土木、水利与建筑工程学部设立了"工程结构的安全性与耐久性"研究项目,并编制了《混凝土结构耐久性设计与施工指南》(CCES 01—2004)。2007 年,由西安建筑科技大学主持编制的《混凝土结构耐久性评定标准》(CECS 220—2007)颁布执行。2008 年,陈肇元院士主持编制了我国第一部针对混凝土结构耐久性设计的国家标准《混凝土结构耐久性设计规范》(GB/T 50476—2008)。2019 年 8 月,由西安建筑科技大学主持编制的我国第一部专门针对既有混凝土结构耐久性评定的国家标准《既有混凝土结构耐久性评定标准》(GB/T 51355—2019)开始执行。这些标准规范的颁布实施,一定程度上解决了混凝土耐久性设计与评估无章可循的问题,对土木工程建设起到了重要的指导作用,为混凝土工程的长期运营提供了有力保障。

自 2004 年开始,西安建筑科技大学混凝土结构耐久性研究团队在国家自然科学基金面上项目"多因素耦合作用下混凝土结构耐久性研究"(50378079)、国家自然科学基金重点项目"大气与冻融环境混凝土结构耐久性及其对策的基础研究"(50538060)、国家杰出青年科学基金项目"重大混凝土结构耐久性与抗震性能评估研究"(50725824)以及国家重点研发计划项目子课题"既有工业建筑混凝土结构耐久性评估及修复技术研究"(2016YFC0701304)的支持下,围绕现代混凝土在复杂环境作用下的耐久性开展了一系列研究。

本书凝聚了上述研究成果,全书共三篇。第一篇为一般大气环境混凝土耐久性,针对一般大气环境下影响混凝土结构耐久性的碳化、酸雨侵蚀,通过系列试验研究单一、双重和多重因素作用下粉煤灰混凝土的中性化性能,揭示其作用机理和性能退化规律,建立一般大气环境粉煤灰混凝土中性化深度模型。第二篇为冻融环境混凝土耐久性,设计了多因素耐久性试验方案,通过试验研究单一和多重因素作用下混凝土的抗冻性能、冻融循环对氯盐侵蚀及中性化的影响,揭示它们的作用机理和耦合作用效应,建立冻融环境混凝土损伤演化模型。第三篇为硫酸盐环境混凝土耐久性,针对硫酸盐单一因素作用、硫酸盐与干湿循环共同作用、硫酸盐与冻融循环共同作用下混凝土损伤与性能退化进行较为系统的研究。

　　本书相关研究工作是与牛建刚、肖前慧、关虓、姜磊等博士合作完成的,在本书的撰写过程中,罗大明、王艳、刘西光等博士对全书文字和图表的整理提供了大量帮助,在此对他们所付出的辛勤工作表示感谢。同时,感谢国家自然科学基金、国家重点研发计划对相关研究工作的资助以及中国科学院科学出版基金对本书出版的资助。

　　由于混凝土结构耐久性问题的复杂性,目前还有许多问题需要完善,加之作者水平有限,书中难免存在不妥之处,恳请广大读者批评指正。

目　　录

第二篇　冻融环境混凝土耐久性

第三篇　硫酸盐环境混凝土耐久性

第一篇　一般大气环境混凝土耐久性

第1章 混凝土中性化研究现状

混凝土结构耐久性破坏往往是从混凝土或钢筋的材料劣化开始的,环境腐蚀介质是引起这些材料劣化的主要原因。混凝土结构所处的环境条件可以划分成一般大气环境、海洋环境、土壤环境及工业环境等,其中一般大气环境中的混凝土结构数量最多,是混凝土结构耐久性重点研究的环境之一。

随着世界人口快速增长,资源和能源的消耗量也在迅速增加,生产和生活排放出的各种化学物质导致全球大气污染日趋严重,其中最严重的大气污染是由燃烧产生的。燃烧可以释放出大量CO_2,引起全球变暖和城市的热岛效应。当燃烧含硫煤和石油时会使空气中SO_2、NO_x大量增加,造成酸雨频发。在无大气污染物存在的情况下,降水酸度主要由大气中的CO_2所形成的碳酸组成,其pH为$5.6\sim6.0$,因此一般将pH<5.6的降水称为酸雨[1]。

新制混凝土呈碱性,其pH一般大于12.5,致使钢筋表面形成一层钝化膜以保护钢筋。大气中的CO_2或其他酸性物质通过孔隙从混凝土表面进入混凝土内部,与混凝土中的碱性物质发生碳化反应或其他中和反应,使混凝土碱度降低,这一过程称为混凝土碳化或中性化。中性化过程降低了混凝土的碱度,使钢筋表面的钝化膜发生破坏,诱发钢筋锈蚀。因此,一般大气环境混凝土耐久性问题主要为CO_2引起的混凝土碳化和酸雨引起的混凝土中性化。

1.1 混凝土碳化研究

20世纪60年代起,一些发达国家就开始重视混凝土耐久性问题,对混凝土碳化进行了大量的试验研究及理论分析[2~5]。国内从20世纪80年代开始研究混凝土碳化与钢筋锈蚀问题,通过快速碳化试验、长期暴露试验及实际工程调查,研究了混凝土碳化的影响因素与碳化深度模型[6~8]。经过50多年的研究,学术界对混凝土碳化机理与影响因素已取得了大量的研究成果,提出多种碳化深度模型,为进一步研究混凝土中的钢筋锈蚀与混凝土结构的寿命预测奠定了基础[2,3,9~11]。

1.1.1 混凝土碳化机理研究

混凝土为多孔结构,CO_2通过孔隙向混凝土中扩散,溶解于混凝土内的孔溶液中,而水泥水化产物$Ca(OH)_2$(简称CH)微溶于孔溶液中,在孔溶液中以Ca^{2+}和

OH^- 的形式存在,于混凝土中进行离子扩散,溶解于液相中的 CO_2 与 $Ca(OH)_2$ 发生化学反应,生成 $CaCO_3$ 这种难溶于水的物质,造成混凝土孔隙结构密实,阻碍气体在混凝土内的扩散以及碳化反应的进行,同时,碱性物质的减少引起混凝土 pH 下降。因此,混凝土碳化问题的实质是 CO_2 在混凝土内的扩散和溶解,以及 $Ca(OH)_2$ 的溶解和扩散,然后两者在液相中发生反应。混凝土碳化是一个非常复杂的物理化学过程,为此很多学者从不同角度进行了深入的研究[12~14]。

环境中的 CO_2 与混凝土内部存在浓度差,在浓度梯度作用下气体由高浓度区域向低浓度区域的混凝土内部扩散,扩散规律符合 Fick 第一定律,即

$$J = -D_{e,CO_2} \frac{d[CO_2]}{dx} \tag{1.1}$$

式中,J 为扩散通量;$[CO_2]$ 为混凝土中的 CO_2 浓度;D_{e,CO_2} 为 CO_2 在混凝土中的有效扩散系数,表示浓度梯度为 1 的 CO_2 在单位时间内通过单位面积混凝土的量,反映了 CO_2 在混凝土中的扩散快慢。

Papadakis 等[4]通过氮气在混凝土中的扩散系数得到 CO_2 在混凝土中的扩散系数。Houst 等[14]根据混凝土孔径大小与气体分子平均自由程的关系,将 CO_2 在混凝土的扩散分为 Fick 扩散、Knudsen 扩散和过渡区扩散三种,根据不同扩散形式的连通孔扩散系数不同、所占体积分数不同,以及考虑混凝土孔结构路径迂回曲折,得到 CO_2 在混凝土中的扩散系数。Ishida 等[15]同时考虑气态 CO_2 和溶解于孔溶液中的液态 CO_2 以 Fick 扩散、Knudsen 扩散形式在混凝土内的传输,并考虑混凝土的孔隙率 Φ、饱和度 S 及孔隙的迁曲度 Ω、连通性 n 等,建立了 CO_2 在混凝土中的扩散系数计算模型。

CO_2 在混凝土中的溶解过程近似满足 Herry 定律[16,17],因此溶解的 CO_2 浓度与气孔中 CO_2 浓度的关系为

$$[CO_2(x,t)] = HRTC(x,t) \tag{1.2}$$

式中,$[CO_2(x,t)]$ 为 t 时刻混凝土内部深度 x 处溶解在孔溶液中的 CO_2 浓度,mol/m^3;H 为 CO_2 溶解在水中的 Henry 常数,mol/m^3;R 为理想气体常数;T 为热力学温度,K;$C(x,t)$ 为 t 时刻混凝土内部深度 x 处孔气相中的 CO_2 浓度,mol/m^3。

溶解于混凝土孔溶液中的 CO_2 可与水泥浆体中的可碳化物质 CH、C-S-H、C_3A、C_4AF 以及未水化的水泥熟料 C_3S、C_2S 发生化学反应,叶铭勋[13]根据化学反应热力学原理,分析了水泥硬化浆体中液相和固相水化产物碳化反应的活性大小以及因碳化反应而发生的固相体积变化。

1.1.2　混凝土碳化影响因素

混凝土碳化是一个复杂的物理化学过程,其影响因素众多,这方面的研究主要是围绕混凝土材料因素(包括水胶比、水泥品种、水泥用量、混凝土掺合料、混凝土

强度、骨料品种与粒径、外加剂等）、环境因素（包括环境相对湿度、温度、环境中 CO_2 浓度等）、施工因素（包括混凝土搅拌、振捣、养护等过程）三方面开展。

水灰比的大小直接决定了混凝土孔结构的大小以及孔隙多少。增大水灰比，混凝土孔隙率加大，环境介质在混凝土中的扩散系数增大，故水灰比对混凝土碳化速度影响极大。日本学者通过假设混凝土孔结构模型，推导了混凝土碳化深度与水灰比的关系[18]。Ho 等[19]、Dhir 等[20]、方璟等[21]通过试验研究了水灰比对混凝土碳化深度（速度）的影响。

水泥品种决定了水泥中各种矿物成分的含量，水泥用量决定了单位体积混凝土中水泥熟料的多少，两者是决定水泥水化后单位体积混凝土中可碳化物质含量的主要因素，也是影响混凝土碳化速度的主要因素。Dhir 等[20]、方璟等[21]进行了不同水泥品种的混凝土碳化对比试验。Ho 等[19]、Thomas 等[22]、Hobbs[23]专门研究了粉煤灰（火山灰）混凝土的碳化问题。Ceukelaire 等[24]研究了矿渣水泥混凝土的碳化问题。Sakai 等[25]对比了膨胀水泥混凝土与普通水泥混凝土碳化的异同。张誉等[26]研究了不同水泥用量对混凝土碳化深度的影响。

朱安民[27]认为，轻骨料混凝土剩余含水率偏高，使得 28d 碳化深度偏小，而轻骨料中的活性火山灰物质发生二次水化反应消耗混凝土内部的碱性物质，使得碳化加速，因此现有的快速碳化试验不能准确反映轻骨料混凝土的抗碳化能力。骨料对混凝土碳化速度有正负效应，Huang 等[28]研究了粗骨料分布对混凝土碳化的影响，结果表明，随着骨料体积的增大，混凝土碳化深度减小。当骨料体积一定时，随着小粒径骨料体积的增大，混凝土碳化深度减小。轻骨料混凝土相比于普通混凝土抗碳化能力较弱，主要是由于轻骨料本身的孔隙率大，有利于 CO_2 的扩散。同时，轻骨料中含有少量活性物质，能与水泥浆体中的碱反应，使混凝土碱储备降低。

近年来，随着高性能混凝土的发展，各种掺合料得到了广泛应用，其中，粉煤灰是应用最广泛的掺合料。粉煤灰掺量对混凝土碳化有正负两方面的影响：一方面，由于水泥用量的减少，水化反应生成的可碳化物质减少，碱储备降低，且粉煤灰在进行二次水化反应时，粉煤灰中的活性 SiO_2 和 $Ca(OH)_2$ 反应生成水化硅酸钙，从而使可碳化物质含量更少，故粉煤灰混凝土抗碳化能力降低；另一方面，粉煤灰中的细微颗粒及其二次水化产物水化硅酸钙在一定程度上改善了混凝土的孔结构，提高了混凝土的密实性，减慢了碳化速度。粉煤灰掺量在一定范围内，混凝土抗碳化性能良好，当掺量大于一定比例时，混凝土抗碳化性能降低。沙慧文[29]和许丽萍等[30]的研究表明，当粉煤灰掺量小于 10% 时，可不考虑粉煤灰的影响；当粉煤灰掺量超过 20% 时，必须考虑粉煤灰对混凝土碳化的影响，并应控制粉煤灰掺量（不超过 30%）。王培铭等[31]认为，当粉煤灰掺量低于 50% 时，混凝土碳化深度发展较为缓慢，而当粉煤灰掺量为 60% 时，混凝土碳化深度明显增大。Atis[32]的研究发现,掺加 50%粉煤灰混凝土的抗碳化能力与硅酸盐水泥混凝土的抗碳化能力相似,性能略有提高。

混凝土抗压强度是混凝土最基本的性能指标,Smolczyk[33]和阿列克谢耶夫[3]通过研究得出混凝土碳化深度与抗压强度平方根的倒数成正比的结论。颜承越[34]、邸小坛等[35]认为,混凝土碳化深度与抗压强度的倒数成正比。

环境条件也是影响混凝土碳化速度的重要因素。环境相对湿度对混凝土碳化有很大影响,当相对湿度较低时,CO_2 的扩散速度较快,但由于碳化反应所需水分不足,碳化速度较慢;当相对湿度较高时,混凝土的含水率较高,阻碍了 CO_2 向混凝土中的扩散,碳化速度也会变慢。蒋清野等[36]分析了 1981~1996 年相关的混凝土碳化资料后认为,碳化速度与相对湿度的关系呈抛物线状,相对湿度为 40%~60%时碳化速度较快,50%时达到最大值。李果等[37]指出,相对湿度在 45%~90%内,混凝土碳化速度随相对湿度的升高而减小。

蒋清野等[36]在建立混凝土碳化数据库时,给出了环境相对湿度对碳化速度的影响系数公式为

$$\frac{k_{RH_1}}{k_{RH_2}} = \frac{(1-RH_1)^{1.1}}{(1-RH_2)^{1.1}} \tag{1.3}$$

式中,RH_1、RH_2 分别为两种环境的相对湿度,%。

温度对气体扩散速度和碳化速度也有较大影响,随温度升高,CO_2 在混凝土中的扩散速度加快,碳化速度加快。李果等[37]通过试验得出,在温度为 10~60℃时,混凝土碳化速度随环境温度的升高而加快。国外的对比试验表明,在温度分别为 22℃和−8℃时,水泥砂浆吸收 CO_2 的量相差 4 倍[38]。

Sanjuan 等[40]通过回归分析给出了温度对混凝土碳化速度的影响系数为

$$k_T = \exp\left(8.748 - \frac{2563}{T}\right) \tag{1.4}$$

式中,T 为热力学温度,K;k_T 为温度对混凝土碳化速度的影响系数。

蒋清野等[36]在建立混凝土碳化数据库时,给出了温度对碳化速度的影响系数公式为

$$\frac{k_{T_1}}{k_{T_2}} = \left(\frac{T_1}{T_2}\right)^{\frac{1}{4}} \tag{1.5}$$

式中,T_1、T_2 分别为两种环境的热力学温度,K。

环境中 CO_2 浓度越大,混凝土内外的 CO_2 浓度梯度就越大,根据 Fick 第一定律,CO_2 就越易进入混凝土,使混凝土内部 CO_2 浓度升高,从而加快碳化速度。一般认为,混凝土碳化深度与混凝土表面 CO_2 浓度呈近似平方根关系。张誉等[7]通过试验也证实了这一结论。

国外学者研究了 CO_2 浓度对混凝土碳化的影响,认为 CO_2 浓度较高时,混凝

土碳化机理与自然碳化机理不同。当 CO_2 浓度较低时，混凝土碳化由气体扩散主导，当 CO_2 浓度过高时，混凝土碳化将不再由气体扩散主导。Sanjuan 等[40]研究了 CO_2 体积分数为 5%、20%、100%的砂浆碳化，认为采用高体积分数的 CO_2（100%）进行快速碳化试验存在明显的不足。Castellote 等[41]对水泥净浆进行碳化试验（CO_2 体积分数为 0.03%、3%、10%、100%），发现水泥净浆在 CO_2 体积分数为 3%的条件下碳化后，孔结构与自然碳化更相近。DuraCrete[42]的研究报告推荐快速碳化试验 CO_2 体积分数的范围为 1%～3%。

施工因素主要指混凝土的搅拌、振捣和养护条件等，它们主要通过影响混凝土密实度来影响混凝土碳化速度。实际调查结果表明，在其他条件相同时，施工质量好，混凝土强度高，密实度大，抗碳化能力强；施工质量差，混凝土内部裂缝、蜂窝、孔洞等增加了 CO_2 在混凝土中的扩散路径，碳化速度加快。养护方法和龄期的不同将导致水泥水化程度不同，水泥熟料在一定条件下生成的可碳化物质含量有差异，因此会影响混凝土碳化速度。

1.1.3　混凝土碳化深度模型

混凝土碳化深度模型一直是混凝土耐久性领域研究的热点问题，研究者通过混凝土碳化机理分析、大量的快速碳化试验、长期暴露试验和工程调查等提出了多种混凝土碳化深度模型，基本上可以归纳为以下四类。

1. 理论模型

阿列克谢耶夫[3]深入研究了混凝土碳化的多相物理化学过程，得出了碳化过程是由 CO_2 在混凝土孔隙中扩散控制的结论，并由 Fick 第一定律推导得到混凝土碳化深度理论模型。Papadakis 等[4]根据 CO_2 及各可碳化物质在碳化过程中的质量平衡条件建立偏微分方程组，建立了混凝土碳化深度理论模型。

理论模型的优点在于模型的物理意义明确，有理论基础，其不足之处是模型参数不易确定，不便于工程应用。

2. 经验模型

理论模型中许多参数较难确定，不便于实际工程应用，因此出现了许多基于试验和工程实测的经验模型。经验模型大多数是在混凝土碳化深度与碳化时间的平方根成正比的基础上，对碳化系数进行重点研究。由于不同研究者考虑的影响因素不同，往往得到的模型形式也不尽相同。比较有代表性的模型有岸谷孝一[43]、朱安民[44]基于水灰比建立的碳化深度经验模型；牛荻涛[6]基于混凝土抗压强度建立的碳化模型；邸小坛等[35]、张令茂等[45]基于水灰比和水泥用量建立的混凝土碳化预测模型；许丽萍等[30]考虑水泥品种、水灰比和水泥用量回归给出的碳化深度计算公式;龚洛书等[9]考虑水灰比、水泥用量、骨料品种、粉煤灰取代水泥量、养护方法和水泥品种建立的碳化预测模型。

经验模型是基于特定的材料组分和环境条件提出的,很多经验参数无物理意义,普适性不够。

3. 基于扩散理论和试验的碳化模型

张誉等[7]在全面分析混凝土碳化机理和影响因素之后,基于碳化理论分析与试验结果建立了混凝土碳化实用数学模型。蒋利学等[46]在数值计算基础上,提出了混凝土部分碳化区的概念,分析了影响部分碳化区长度的因素,并建立了部分碳化区长度的计算模型。

基于扩散理论和试验的半理论半经验模型,将理论模型和经验模型有机结合,全面分析碳化反应机理和影响因素,通过试验手段确定理论模型中的参数,具有较强的实用性。

4. 混凝土碳化深度随机模型

上述三种碳化模型未考虑混凝土碳化过程的随机性,牛荻涛等[11]基于实测数据的统计分析提出了混凝土碳化深度随机模型。该类模型考虑了混凝土本身和外界环境的变异性,提出了多系数随机模型,为基于可靠度理论的耐久性评估奠定了基础。

1.2　混凝土酸雨侵蚀研究

1.2.1　酸雨分布及其危害

酸雨是全球瞩目的环境问题之一,它不仅造成江、河、湖、泊等水体酸化,致使水生生态系统的结构与功能发生紊乱[47,48],还可使土壤的物理化学性质发生变化、破坏植物形态结构、抑制植物代谢功能,对陆生生态系统[49~54]以及人体健康产生巨大危害。1972 年在斯德哥尔摩召开的联合国人类环境会议上,瑞典政府向联合国提交了题为《跨国界的大气污染:大气和降水中硫对环境的影响》的研究报告,第一次把酸雨作为国际性问题提出,由此酸雨现象在国际上引起了广泛关注[55]。在1986 年肯尼亚首都内罗毕召开的第三世界环境保护国际会议上,专家们一致认为酸雨现象不断发生,对生态系统造成严重危害,已成为严重威胁世界环境的十大问题之一。

1. 国外酸雨状况

酸雨的产生与工业化进程有着密切关系,早在 19 世纪中叶,英国的工业迅速发展,用煤量大幅度增加,大气污染导致建筑物四壁出现脱落现象。英国化学家Smith 在分析降雨时发现,曼彻斯特市区大气中含有硫酸或酸性硫酸盐,他在 1872年出版的专著《大气和降雨:化学气候学的开端》[56]中首次使用"酸雨"(acid rain)这一术语,他的许多观点一直被沿用至今。

1950 年,在比利时、荷兰和卢森堡相继出现了酸雨。20 世纪 60 年代,美国、德国等也出现了酸雨。欧洲经济合作与发展组织开展的专项研究证实,酸雨几乎覆盖了整个西北欧,英国环保部门颁布的资料显示,英国国土都已酸化,全国降水的 pH 年平均值为 4.1～4.7。1974 年,美国东北部与加拿大交界地区出现了大面积酸雨区域,此后北美几乎 2/3 的陆地都受到了酸雨的威胁[57]。1976年,瑞典、挪威发现了由邻近国家飘移来的酸性 SO_2 使鱼和森林的生长受到影响,瑞典土壤学家 Odén[58]在对湖泊和大气进行广泛研究的基础上指出,酸雨已成为欧洲的一种大范围现象,并且酸度在不断增加。1984～1988 年日本酸雨监测网的数据表明,降水的 pH 年平均值为 4.7[59]。1996～1998 年,韩国降水中 SO_4^{2-} 和 NO_3^- 的浓度接近美国东部和中欧的水平,降水的 pH 年平均值为 4.6～4.8[60]。

2. 我国的酸雨现状

我国酸雨区主要分布在长江以南、青藏高原以东,包括浙江、江西、福建、湖南、贵州、重庆等省市的大部分地区,以及广东、广西、四川、湖北、安徽、江苏和上海等省区市的部分地区。近年来,北方部分地区也开始出现酸性降水,如北京,天津,河北省的秦皇岛和承德,山西省的侯马,辽宁省的大连、丹东、锦州、阜新、铁岭、葫芦岛,吉林省的图们,陕西省的渭南和商洛,甘肃省的金昌等地降水的pH 年平均值小于 5.6[61]。

据统计资料显示[62],截至 2014 年,全国 470 个监测降水的城市(区、县)中,酸雨频率均值为 17.4%。出现酸雨的城市比例为 44.3%,酸雨频率在 25% 以上的城市比例为 26.6%,酸雨频率在 75% 以上的城市比例为 9.1%,如图 1.1 所示。降水的 pH 年平均值低于 5.6(酸雨)、低于 5.0(较重酸雨)和低于 4.5(重酸雨)的城市比例分别为 29.8%、14.9% 和 1.9%,如图 1.2 所示。

3. 酸雨对工程结构的危害

混凝土桥梁、大坝和道路以及高压线钢架、电视塔等土建基础设施都直接暴露于大气中,酸雨与这些基础设施的构筑材料发生化学反应或电化学反应,造成金属锈蚀、混凝土剥蚀疏松、矿物岩石表面粉化以及对塑料、涂料的侵蚀等。

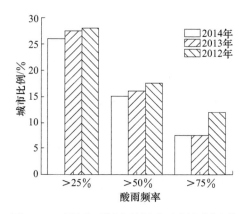

图 1.1　不同酸雨频率的城市比例年际比较

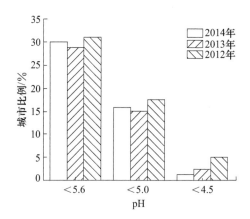

图 1.2　不同降水 pH 的城市比例年际比较

1）酸雨对非金属建筑材料的破坏

酸雨使非金属建筑材料（混凝土、砂浆和灰砂砖）表面硬化水泥溶解，发生材料表面变质、失去光泽、材质松散，出现孔洞和裂缝，从而导致强度降低。被酸雨破坏的石灰石和大理石等建筑材料的碳酸盐颗粒中总嵌有硫酸钙晶体，混凝土墙面经酸雨侵蚀后也出现白霜（硫酸钙）。

对于混凝土结构，酸雨侵蚀可使混凝土保护层发生剥落、钢筋裸露与锈蚀。陈剑雄等[63]调查了严重酸雨环境下混凝土材料的破坏情况，重庆杨家坪正街道路两旁建造于 1956 年的电线杆已全部遭受侵蚀破坏，电线杆表层混凝土由于长期受到冲刷和侵蚀已变得疏松甚至剥落，使得钢筋露出，加速了钢筋锈蚀；重庆朝天门码头旧缆车基础表面和横梁底部的混凝土也均遭受侵蚀破坏，如图 1.3 所示。图 1.4 为牛角沱路边电线杆表面腐蚀情况，图 1.5 为石门大桥东桥头路边电线杆表面露筋情况，图 1.6 为北碚文星湾大桥混凝土护栏开裂露筋情况。1956 年建成的重庆体育馆,其赛场上的水泥栏杆受雨水侵蚀,钢筋、石子已外露,剥落深度达 5～10mm,估计平均每年侵蚀 0.2～0.4mm。

图 1.3　重庆朝天门码头旧缆车混凝土结构表面腐蚀情况

图 1.4　牛角沱路边电线杆表面腐蚀情况

从图 1.4 和图 1.5 可以看出,电线杆迎风面经常受到雨水的冲淋而侵蚀严重,背风面只是颜色发黄,侵蚀不明显。暴露的钢筋受到酸雨的侵蚀发生锈蚀,钢筋锈蚀膨胀导致混凝土保护层脱落,从而加快了钢筋锈蚀速度。

宋志刚等[64]对昆明市区的混凝土立交桥、人行桥等进行了调查,结果表明,昆明市区的混凝土结构普遍受到了酸雨侵蚀,老化速度显著高于无酸雨的一般大气环境,一些建成 10 年左右的混凝土结构已出现较为明显的老化特征。图 1.7 为昆明小屯立交桥底形成的石钟乳。

图1.5　石门大桥东桥头路边电线杆表面露筋情况

图1.6　北碚文星湾大桥混凝土护栏开裂露筋情况

　　图1.8为德国的一座石雕,在建成60年之后彻底被酸雨毁坏[65]。著名的杭州灵隐寺"摩崖石刻"近年经酸雨侵蚀,佛像眼睛、鼻子、耳朵等剥蚀严重,面目皆非。上海嘉定城中明代万历年间古建金沙塔,在酸雨产生的"水滴石穿"腐蚀作用下,表面日益灰暗。我国故宫的汉白玉雕刻、敦煌壁画、埃及的斯芬克斯狮身人面雕像,罗马的图拉真凯旋柱等一大批珍贵的文物古迹也正遭受着酸雨侵蚀。

　　2) 酸雨对金属类建筑材料的破坏

　　在重庆、四川、贵州等地,电视塔、路灯电杆、汽车铁壳、输电架等受酸雨侵蚀破坏明显,碳钢、铝、锌、铜等金属材料在酸雨环境下的腐蚀速率明显高于非酸雨地区,酸雨地区铝的破坏比非酸雨地区高 13～20 倍。建筑上常用的马口铁板,在弱酸雨地区的腐蚀速率为 0.3～0.5μm/a,而在强酸雨的江津市则高达 2～4μm/a。重庆市嘉陵江大桥腐蚀速率为 0.16mm/a,远超过瑞典的斯德哥尔摩大桥(腐蚀速率为 0.03mm/a)[66]。

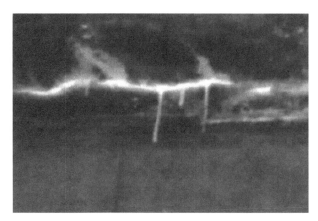

图 1.7　昆明小屯立交桥底形成的石钟乳

图 1.8　受酸雨侵蚀的德国石雕[65]

1.2.2　酸雨侵蚀机理和破坏形态

酸雨侵蚀离子不同于一般 H_2SO_4、Na_2SO_4 等侵蚀离子,不仅有 H^+、SO_4^{2-},还有 NH_4^+、Mg^{2+} 等,因此酸雨对混凝土的侵蚀机理十分复杂[67]。

Haneef 等[68]通过监测 pH 的变化,结合电子探针 X 射线显微分析、扫描电子显微镜(scanning electron microscopy,SEM)和 X 射线衍射(X-ray diffraction,

XRD)等分析技术,研究了模拟酸雨湿沉降对相互搭接或对接的石灰石、沙石、大理石和花岗岩的腐蚀情况。结果表明,在搭接情况下,下部石材发生了更严重的腐蚀,而上部石材和对接石材的腐蚀情况与无搭接情况基本无差别。Schuster等[69]通过室外暴露试验研究了酸雨和 SO_2 对大理石的腐蚀,通过分析冲刷溶液发现,在低雨量时,冲刷溶液的 pH 较低,促进了大理石的溶解;在高雨量时,冲刷溶液的 pH 较高,对大理石溶解的影响较弱。谢绍东等[70]通过周期浸泡和喷淋两种加速腐蚀试验方法讨论了酸雨对混凝土、砂浆和灰砖的侵蚀机理,将酸雨侵蚀分为三个阶段,即腐蚀初期、腐蚀中期、腐蚀末期,并提出了各个阶段的腐蚀机理及特征。对整个腐蚀过程的分析表明,酸雨对材料的腐蚀是 H^+ 和 SO_4^{2-} 共同作用的结果,H^+ 将溶解硬化水泥中的 $Ca(OH)_2$,从而引起溶解腐蚀;SO_4^{2-} 将与硬化水泥发生反应,生成膨胀性的 $CaSO_4 \cdot 2H_2O$,引起膨胀性腐蚀。魏有仪等[71]在现场调查的基础上,运用化学热力学方法对酸性侵蚀过程进行理论分析,并进行了自然水动力条件下非流动和流动酸性水对水泥砂浆的侵蚀试验,结果表明,酸性侵蚀作用的主要组分是 H^+,SO_4^{2-} 作用主要表现为对水泥水化物的复分解反应,与溶液中石膏是否饱和不直接相关,SO_4^{2-} 的侵蚀强度与溶液 pH 和 SO_4^{2-} 浓度密切相关。当 SO_4^{2-} 浓度很高时,石膏结晶膨胀作用显著。张虎元等[72]从混凝土碳化机理出发,提出混凝土类碳化概念,探讨了酸雨对混凝土类碳化的基本机理,并与 CO_2 驱动的传统碳化作用进行了比较。

刘惠玲等[73]通过大气曝晒法,采用有遮盖和无遮盖两种曝晒方式,分别在降水酸度和大气中二氧化硫污染程度不同的西南地区进行挂片试验,同时在实验室采用干湿交替方法进行加速试验来模拟酸雨腐蚀,通过这两种方法研究了我国西南地区酸雨对混凝土性能的影响。结果表明,酸雨中的 H^+ 和 SO_4^{2-} 都能加速混凝土的腐蚀,H^+ 引起混凝土内 CaO 流失和各矿物组成之间碱平衡的破坏,而 SO_4^{2-} 使混凝土内产生大量体积较大的 $CaSO_4 \cdot 2H_2O$,因体积膨胀而破坏。赵烨等[74]进行了酸雨对普通硅酸盐水泥混凝土表面腐蚀的形态模拟研究,结果表明,当 pH≤4.0 时,普通硅酸盐水泥混凝土表面侵蚀程度明显加重,不仅混凝土表面的粗糙程度增大,而且出现了微裂缝。Okochi 等[75]通过波特兰水泥砂浆试件酸沉积的室内和室外暴露试验,研究了由酸沉积引起的混凝土性能退化。结果表明,pH 为 4.7 的酸雨对混凝土中性化有抑制作用,这是由于其干扰了酸性气体向试块内部扩散,但混凝土结构仍会由于酸雨的作用而加速劣化。陈烽等[76]在模拟酸雨环境下,对水泥砂浆试件进行了干湿循环试验,从外观、强度、中性化深度及表层 $Ca(OH)_2$ 占胶凝材料的质量分数等方面研究了掺粉煤灰水泥砂浆的性能劣化规律。胡晓波[77]根据酸雨对混凝土材料的侵蚀破坏作用,以喷淋-光照的循环方式模拟酸雨对混凝土的侵蚀,基于酸雨对混凝土侵蚀程度和混凝土性状破坏限定,研究了混凝土耐酸雨侵蚀寿命评价方法。

1.2.3　混凝土酸雨腐蚀影响因素

混凝土酸雨侵蚀过程复杂,影响因素较多,目前学者们主要围绕混凝土材料因素(包括水灰比、水泥品种、矿物掺合料等)、侵蚀介质(包括侵蚀离子化学成分、pH等)和环境条件(降雨量、光照、温度、大气污染程度等)等因素进行了相关研究。

混凝土水灰比是影响酸雨侵蚀的一个重要因素,于忠等[78]研究了不同水灰比混凝土在酸性物质侵蚀下的外观、抗压强度及质量的变化规律。结果表明,水灰比越大,外观侵蚀越严重,抗压强度越小,质量损失越多,混凝土抗酸雨侵蚀性能越差。

水泥品种对混凝土抗酸雨侵蚀性能也有较大影响。Sersale 等[79]、Hill 等[80]研究了几种不同水泥混凝土抗酸雨侵蚀性能,结果表明,矿渣水泥、粉煤灰水泥比普通硅酸盐水泥制备的混凝土具有更强的耐酸雨侵蚀能力。

Saricimen 等[81]、陈寒斌等[82]、李鸿芳等[83]分别研究了粉煤灰、KGF 粉、石粉锂渣等矿物掺合料对混凝土抗酸雨侵蚀能力的影响,研究结果均表明,矿物掺合料对混凝土抗酸雨侵蚀性能有较大改善。王凯等[84]、Gurtubay 等[85]的研究表明,矿物掺合料在一定程度上可以延缓混凝土酸雨侵蚀进程,但作用有限。

Shi 等[86]研究了相同 pH 下硝酸和乙酸对混凝土侵蚀的影响,结果表明,在相同 pH 下乙酸的腐蚀能力比硝酸强。

环境条件也是影响酸雨侵蚀的重要因素,我国酸雨属于硫酸型,并且南方光照、酸雨酸度、降雨频率和雨量均比北方大;各地的污染程度也不尽相同,故有害酸根离子种类和浓度差别也较大。胡晓波[77]、龚胜辉等[87]、江向平等[88]研究了不同的降雨量、光照、温度等环境因素对混凝土酸雨腐蚀的影响。

1.2.4　酸雨侵蚀预测模型

Pavlik[89]通过试验研究建立了考虑酸雨腐蚀时间、酸雨溶液浓度的腐蚀深度预测模型,即

$$d = kC^m t^n \tag{1.6}$$

式中,d 为酸雨侵蚀混凝土腐蚀深度,mm;C 为酸雨溶液浓度,mol/L;t 为腐蚀时间,d;k、m、n 为经验系数。

在 Pavlik 研究的基础上,Mangat 等[90]基于 Fick 第一定律,提出了酸雨侵蚀模型,即

$$d = k \left(A + B \frac{W}{C} \right)^n C^m t^n \tag{1.7}$$

式中,d 为酸雨侵蚀混凝土腐蚀深度;W/C 为水灰比;A、B 为修正系数;k、m、n 为经验系数。

曹双寅[91]通过试验研究提出了酸雨侵蚀混凝土蚀强率模型,即

$$\frac{f_{cd}}{f_c(t)} = ck_d(t-t_0), \quad t \geqslant t_0 \tag{1.8}$$

式中,$f_{cd}/f_c(t)$为蚀强率,f_{cd}为混凝土强度损失量,$f_c(t)$为未侵蚀混凝土强度;c为侵蚀溶液的质量分数;t为侵蚀时间;t_0为混凝土强度初次变化的时间;k_d为腐蚀物质对混凝土的蚀强率系数。

张英姿等[92]应用复合材料细观损伤力学弹性模量理论模型,计算了受酸雨腐蚀混凝土的静力抗压弹性模量,即

$$E = \frac{15(-E_0 + C_1 E_0)}{-15 - 20C_1 - 4C_1\mu + 16C_1\mu^2} \tag{1.9}$$

$$C_1 = \frac{W_0 - W_1}{W_1} \tag{1.10}$$

式中,E_0为侵蚀前混凝土弹性模量;C_1为混凝土内孔洞的体积含量;W_0为侵蚀前混凝土质量;W_1为侵蚀后混凝土质量;μ为混凝土泊松比。

1.3　承载混凝土中性化研究

混凝土中的微裂缝是酸性气体和液体向混凝土内部扩散的快速通道,而荷载往往是裂缝产生和发展的重要原因之一,因此混凝土结构所受荷载的形式和大小必然影响混凝土的中性化速率。现有关于荷载作用下混凝土碳化的研究可分为静荷载与疲劳荷载两类。

Castel等[93]对尺寸为150mm×280mm×3000mm、龄期13年的钢筋混凝土构件进行了快速碳化试验,试验结果表明,承受正常使用荷载的梁的碳化深度要比不承受荷载的梁大,并给出了混凝土碳化深度与应力之间的关系为

$$D(\sigma_s) = D_0 \left[1 + \alpha \left(\frac{h\sigma_s}{d} \right)^3 \right] \tag{1.11}$$

式中,$D(\sigma_s)$为应力σ_s处截面上混凝土碳化深度;D_0为不加载构件截面上混凝土碳化深度;h为构件截面高度;d为构件截面有效高度;α为经验常数。

蒋利学等[94]研究了单轴拉压状态下混凝土的抗碳化性能。结果表明,当压应力小于$0.7f_c$(f_c为混凝土抗压强度设计值)时,压应力对碳化起延缓作用;当压应力大于$0.7f_c$时,由于微裂缝的加剧,混凝土碳化速度加快。在拉应力作用下,当拉应力小于$0.3f_t$(f_t为混凝土抗拉强度设计值)时,应力作用不明显;当拉应力为$0.7f_t$时,混凝土碳化深度增大近30%。可见,不管是拉应力还是压应力,在高应力水平时,必须考虑应力对混凝土碳化的不利影响。

压应力和拉应力状态对混凝土碳化深度的影响系数K_c、K_t可以表示为

$$K_c = 1.916\eta^2 - 1.275\eta + 1 \tag{1.12}$$

$$K_t = 0.643\eta^2 - 0.0929\eta + 1 \tag{1.13}$$

式中，η 为拉（压）应力水平。

金祖权等[95]制作了 40mm×40mm×160mm 的试件，对养护 28d 的试件分别施加 25%、50% 的弯曲荷载，得出不同荷载下 CO_2 在混凝土中的扩散系数，并建立了承载与非承载混凝土中 CO_2 扩散系数的关系，即

$$D_{\sigma_s} = 1.007 D_0 \exp(0.0205\sigma_s) \tag{1.14}$$

式中，D_{σ_s} 为应力水平 σ_s 下的 CO_2 扩散系数，mm^2/d；D_0 为无荷载作用的 CO_2 扩散系数，mm^2/d；σ_s 为应力水平。

张云升等[96]制作了 70mm×70mm×250mm 试件，研究弯拉应力下粉煤灰混凝土的碳化规律。试验结果表明，粉煤灰掺量及种类、水胶比、胶结材料用量、养护龄期对弯拉应力状态下粉煤灰混凝土的碳化均有较大影响。

Tanaka 等[97]研究了疲劳荷载下混凝土和砂浆试件的碳化性能，结果表明，混凝土或砂浆试件受到疲劳荷载作用后，其微观性能恶化，疲劳损伤混凝土碳化加深，且碳化速度随着疲劳损伤程度的增加而增大。

Jiang 等[98]将残余应变作为破坏指标，研究了普通钢筋混凝土梁在疲劳荷载下受拉区混凝土的中性化性能，考虑疲劳损伤对 CO_2 扩散的影响，建立了疲劳损伤混凝土中 CO_2 扩散系数表达式，即

$$D_d = \frac{1}{1+\varepsilon_r} D_{con} + \frac{\varepsilon_r}{1+\varepsilon_r} D_{cra} \tag{1.15}$$

式中，D_d 为疲劳损伤混凝土中 CO_2 的总扩散系数；ε_r 为残余应变；D_{con}、D_{cra} 分别表示未开裂混凝土和裂缝区混凝土中 CO_2 扩散系数。

蒋金洋等[99~101]和韩建德等[102]考虑了环境温度、相对湿度及 CO_2 体积分数等环境参数的影响，建立了疲劳载荷下的混凝土碳化深度模型，即

$$x(t) = \sqrt{365 \times 24 \times 3600} \times \sqrt{2C_0 t k_{RH} k_T k_{load}} \tag{1.16}$$

式中，C_0 为混凝土服役环境中 CO_2 体积分数，%；k_{RH} 为环境相对湿度影响系数；k_T 为环境温度影响系数；k_{load} 为疲劳荷载影响系数；t 为碳化时间。

1.4　本篇主要内容

本篇重点针对一般大气环境下粉煤灰混凝土碳化、粉煤灰混凝土酸雨侵蚀和结构弯曲荷载三个主要因素，通过试验研究在单一、双重和多重因素作用下粉煤灰混凝土的中性化机理和发展规律。主要内容如下：

第 2 章和第 3 章从扩散传质角度分析气态 CO_2 和液态酸雨与混凝土发生中性化反应的过程，揭示混凝土碳化机理和酸雨侵蚀混凝土中性化机理；针对一般大气环境的混凝土碳化与酸雨侵蚀，确定多因素混凝土耐久性试验内容和方法。

第 4 章开展掺合料混凝土快速碳化试验,研究各种因素(水胶比、掺合料掺量、浇筑面)对掺合料混凝土碳化的影响规律。

第 5 章开展粉煤灰混凝土酸雨侵蚀模拟试验,采用表层溶蚀、质量变化、力学性能和中性化深度等评价指标研究粉煤灰混凝土的抗酸雨侵蚀性能。

第 6 章开展粉煤灰混凝土碳化-酸雨共同作用试验,研究碳化与酸雨共同作用下粉煤灰混凝土的中性化规律,揭示粉煤灰混凝土碳化与酸雨共同作用机理。

第 7 章对承载混凝土试件进行快速碳化试验、酸雨侵蚀试验、碳化与酸雨共同作用试验,研究混凝土中性化深度随应力状态及应力水平(0.2、0.4、0.6)的变化规律。

第 8 章提出以环境条件与混凝土质量影响为主,考虑碳化位置、混凝土养护浇筑面、应力修正的预测混凝土碳化深度的多系数随机模型;基于粉煤灰混凝土水化、碳化机理,建立粉煤灰混凝土碳化深度模型,并从传质学理论入手,建立酸雨侵蚀混凝土中性化深度模型;通过对试验结果分析,建立考虑酸雨影响和荷载影响的粉煤灰混凝土中性化深度模型。

参 考 文 献

[1] 姜安玺,王琨,马承愚,等. 空气污染控制[M]. 北京:化学工业出版社,2003.

[2] Biczok I. Concrete Corrosion and Concrete Protection[M]. New York:Chemical Publishing,1967.

[3] 阿列克谢耶夫. 钢筋混凝土结构中钢筋腐蚀与保护[M]. 黄可信,吴兴祖,蒋仁敏,等译. 北京:中国建筑工业出版社,1983.

[4] Papadakis V G,Vayenas C G,Fardis M N. A reaction engineering approach to the problem of concrete carbonation[J]. AIChE Journal,1989,35(10):1639-1650.

[5] Papadakis V G,Vayenas C G,Fardis M N. Physical and chemical characteristics affecting the durability of concrete[J]. ACI Materials Journal,1991,88(2):186-196.

[6] 牛荻涛. 混凝土结构耐久性与寿命预测[M]. 北京:科学出版社,2003.

[7] 张誉,蒋利学,张伟平,等. 混凝土结构耐久性概论[M]. 上海:上海科学技术版社,2003.

[8] 范宏,赵铁军,田砾,等. 暴露 26 年后的混凝土的碳化和氯离子分布[J]. 工业建筑,2006,36(8):50-53,44.

[9] 龚洛书,苏曼青,王洪琳. 混凝土多系数碳化方程的试验研究[J]. 建筑科学,1986,(3):31-40.

[10] 张誉,蒋利学. 基于碳化机理的混凝土碳化深度实用数学模型[J]. 工业建筑,1998,28(1):16-19.

[11] 牛荻涛,董振平,浦聿修. 预测混凝土碳化深度的随机模型[J]. 工业建筑,1999,29(9):41-

45.

[12] Parrott L J, Killoh D C. Carbonation in a 36 year old, in-situ concrete[J]. Cement and Concrete Research, 1989, 19(4): 649-656.

[13] 叶铭勋. 混凝土碳化反应的热力学计算[J]. 硅酸盐通报, 1989, (2): 15-19.

[14] Houst Y F, Wittmannb F H. Influence of porosity and water content on the diffusivity of CO_2 and O_2 through hydrated cement paste[J]. Cement and Concrete Research, 1994, 24(6): 1165-1176.

[15] Ishida T, Li C H. Modeling of carbonation based on thermo-hygro physics with strong coupling of mass transport and equilibrium in micro-pore structure of concrete[J]. Journal of Advanced Concrete Technology, 2008, 6(2): 303-316.

[16] Saeki T, Ohga H, Nagataki S. Mechanism of carbonation and prediction of carbonation process of concrete[J]. Doboku Gakkai Ronbunshu, 1990, (414): 99-108.

[17] Saeki T, Ohga H, Nagataki S. Change in micro-structure of concrete due to carbonation[J]. Doboku Gakkai Ronbunshu, 1990, (420): 33-42.

[18] 日本建筑学会建筑设计标准委员会. 建筑物的损伤和耐久性对策[M]. 张富春译. 北京: 中国建筑工业出版社, 1988.

[19] Ho D W S, Lewis R K. The carbonation of concrete and its prediction[J]. Cement and Concrete Research, 1987, 17(3): 489-504.

[20] Dhir R K, Hewlett P C, Chan Y N. Near surface characteristics of concrete: Prediction of carbonation resistance[J]. Magazine of Concrete Research, 1989, 41(148): 137-143.

[21] 方璟, 梅国兴, 陆采荣. 影响混凝土碳化主要因素及钢筋锈蚀因素试验研究[J]. 混凝土, 1993, (2): 23-26.

[22] Thomas M D A, Matthews J D. Carbonation of fly ash concrete[J]. Magazine of Concrete Research, 1992, 44(160): 217-228.

[23] Hobbs D W. Carbonation of concrete containing PFA[J]. Magazine of Concrete Research, 1994, 46(143): 35-38.

[24] Ceukelaire L D, Nieuwenberg D V. Accelerated carbonation of a blast-furnace cement concrete[J]. Cement and Concrete Research, 1993, 23(2): 442-452.

[25] Sakai E, Kosuge K, Teramura S, et al. Carbonation of expansive concrete and change of hydration products[C]//Durability of Concrete Second International Conference, Montreal, 1991: 989-1000.

[26] 张誉, 蒋利学, 刘亚芹, 等. 混凝土碳化深度的计算与实验研究[J]. 混凝土, 1996, (4): 12-17.

[27] 朱安民. 钢筋轻骨料混凝土构件的耐久性[J]. 建筑结构, 1981, (1): 30-33.

[28] Huang Q, Jiang Z, Zhang W, et al. Numerical analysis of the effect of coarse aggregate distribution on concrete carbonation[J]. Construction and Building Materials, 2012, 37(3): 27-35.

[29] 沙慧文. 粉煤灰混凝土碳化和钢筋锈蚀原因及防止措施[J]. 工业建筑,1989,(1):7-10.

[30] 许丽萍,黄士元. 预测混凝土中碳化深度的数学模型[J]. 建筑材料学报,1991,(4):347-357.

[31] 王培铭,朱艳芳,计亦奇,等. 掺粉煤灰和矿渣粉大流动度混凝土的碳化性能[J]. 建筑材料学报,2001,4(4):305-310.

[32] Atis C D. Accelerated carbonation and testing of concrete made with fly ash[J]. Construction and Building Materials,2003,17(3):147-152.

[33] Smolczyk H G. Testing of concrete[C]//Proceeding of RILEM Symposium,Farmington Hills,1962:489.

[34] 颜承越. 水灰比-碳化方程与抗压强度-碳化方程的比较[J]. 混凝土,1994,(3):46-49.

[35] 邸小坛,周燕. 混凝土碳化规律的研究[C]//第四届全国混凝土耐久性学术交流会,苏州,1996:193-198.

[36] 蒋清野,王洪深,路新瀛. 混凝土碳化数据库与混凝土碳化分析[R]. 攀登计划——钢筋锈蚀与混凝土冻融破坏的预测模型 1997 年度研究报告. 北京:清华大学,1997.

[37] 李果,袁迎曙,耿欧. 气候条件对混凝土碳化速度的影响[J]. 混凝土,2004,(11):49-51.

[38] 莫斯克文,伊万诺夫,阿列克谢耶夫. 混凝土和钢筋混凝土的腐蚀及其防护方法[M]. 倪继森,何进源,孙昌宝,等译. 北京:化学工业出版社,1988.

[39] 鱼本健人,高田良章. コンクリート中性化速度に及ぼす要因[J]. 土木学会論文集,1992,17(451):119-128.

[40] Sanjuan M A,Andrade C,Cheyrezy M. Comparison between accelerated and natural carbonation results in different concretes[C]//The 3rd International Conference on High-performance Concrete Performance and Quality of Concrete Structures,Gramado,2002:263-278.

[41] Castellote M,Andrade C,Turrillas X,et al. Accelerated carbonation of cement pastes in situ monitored by neutron diffraction[J]. Cement and Concrete Research,2008,38(12):1365-1373.

[42] DuraCrete. Probabilistic performance based durability design of concrete structures (DuraCrete Project Document BE95-1347/R8)[R]. Gouda:The European Union Brite EuRam III,1999.

[43] 岸谷孝一. 鉄筋コンクリートの耐久性[M]. 鹿島:鹿島建設技術研究所出版部,1963.

[44] 朱安民. 混凝土碳化与钢筋混凝土耐久性[J]. 混凝土,1992,(6):18-22.

[45] 张令茂,江文辉. 混凝土自然碳化及其与人工加速碳化的相关性研究[J]. 西安建筑科技大学学报(自然科学版),1990,(3):207-214.

[46] 蒋利学,张誉. 混凝土部分碳化区长度的分析与计算[J]. 工业建筑,1999,(1):4-7.

[47] 杨本宏. 我国酸雨危害现状及防治对策[J]. 合肥联合大学学报, 2000, (2): 102-106.

[48] Ikuta K, Suzuki Y, Kitamura S. Effects of low pH on the reproductive behavior of salmonid fishes[J]. Fish Physiology and Biochemistry, 2003, 28(1-4): 407-410.

[49] Walna B, Siepak J, Drzymała S. Soil degradation in the Wielkopolski National Park (Poland) as an effect of acid rain simulation[J]. Water, Air and Soil Pollution, 2001, 130(1-4): 1727-1732.

[50] 杨学春, 朱亚萍. 酸沉降对土壤化学性质的影响[J]. 四川环境, 1995, 14(1): 6-9.

[51] 花日茂, 李湘琼. 我国酸雨的研究进展[J]. 安徽农业大学学报, 1998, 25(2): 206-210.

[52] 林慧萍. 酸雨对陆生植物的影响机理[J]. 福建林业科技, 2005, 32(1): 60-64.

[53] 陈复, 柴发合. 我国酸沉降控制策略[J]. 环境科学研究, 1997, 10(1): 27-31.

[54] 任仁. 中国酸雨的过去, 现在和将来[J]. 北京工业大学学报, 1997, 23(30): 128-132.

[55] Bolin B, Granat L, Ingelstam L. Air pollution across national boundaries: The impact on the environment of sulfur in air and precipitation[C]//Swede's Case Study for the United Nations Conference on the Human Environment, Stockholm: Norstedt & Sons, 1972.

[56] Smith R A. Air and Rain: The Beginnings of A Chemical Climatology[M]. London: Longmans, Green and Company, 1872.

[57] Charles V C, Gene E L. Acid precipitation in the northeastern United States[J]. Water Resources Research, 1974, 10(6): 1133-1137.

[58] Odén S. The acidity problem—An outline of concepts[J]. Water, Air, & Soil Pollution, 1976, 6(2-4): 137-166.

[59] Tamaki M, Katou T, Sekiguchi K, et al. Acid precipitation chemistry over Japan[J]. Nippon Kagaku Kaishi, 1991, (5): 667-674.

[60] Bokyoung L, Hong S H, Dongsoo L. Chemical composition of precipitation and wet deposition of major ions on the Korean peninsula[J]. Atmospheric Environment, 2000, 34(4): 563-575.

[61] 张赟, 李代兴. 我国酸雨污染现状及其防治措施初探[J]. 环境与发展, 2011, (8): 121-122.

[62] 中华人民共和国环境保护部. 2014 年中国环境状况公报[R]. 北京: 中国环境监测总站, 2015.

[63] 陈剑雄, 吴建成, 陈寒斌. 严重酸雨环境下建筑物的耐久性调查[J]. 混凝土, 2001, (11): 44-47.

[64] 宋志刚, 杨圣元, 刘铮, 等. 昆明市区酸雨对混凝土结构侵蚀状况调查[J]. 混凝土, 2007, (11): 23-27.

[65] Winkler E M. Stone: Properties, Durability in Man's Environment[M]. New York: Springer, 1973.

[66] 萧以德, 王光雍, 李晓刚, 等. 我国西部地区大气环境腐蚀性及材料腐蚀特征[J]. 中国腐蚀与防护学报, 2003, 23(4): 248-255.

[67] 王凯, 张泓源, 徐文媛, 等. 混凝土酸雨侵蚀研究进展[J]. 硅酸盐通报, 2014, 33(9):

2264-2268.

[68] Haneef S J, Johnson J B, Thompson G E, et al. The degradation of coupled stones by wet deposition processes[J]. Corrosion Science,1993,34(3):497-510.

[69] Schuster P F, Reddy M M, Sherwood S I. Effects of acid rain and sulfur dioxide on marble dissolution[J]. Materials Performance,1994,33(1):76-80.

[70] 谢绍东,周定.酸沉降对非金属建筑材料腐蚀机理的探讨[J].环境科学研究,1998,(2):15-17.

[71] 魏有仪,罗健,肖允发,等.水泥砂浆酸性侵蚀试验研究Ⅰ:非流动酸性水侵蚀试验[J].硅酸盐学报,1998,(4):417-423.

[72] 张虎元,高全全,董兴玲,等.酸雨对混凝土的类碳化作用[J].混凝土,2008,(2):12-14.

[73] 刘惠玲,周定,谢绍东.我国西南地区酸雨对混凝土性能影响的研究[J].哈尔滨工业大学学报,1997,(6):101-104.

[74] 赵烨,李永良,刘光,等.酸雨对普通硅酸盐建筑物表面腐蚀的形态模拟研究[J].北京师范大学学报(自然科学版),1999,35(1):136-139.

[75] Okochi H, Kameda H, Hasegawa S I, et al. Deterioration of concrete structures by acid deposition—An assessment of the role of rainwater on deterioration by laboratory and field exposure experiments using mortar specimens[J]. Atmospheric Environment,2000,34(18):2937-2945.

[76] 陈烽,肖佳,唐咸燕.模拟酸雨环境下粉煤灰对水泥砂浆抗蚀性能影响的试验研究[J].粉煤灰,2006,18(6):11-13.

[77] 胡晓波.酸雨侵蚀混凝土的试验模拟分析[J].硅酸盐学报,2008,(s1):147-152.

[78] 于忠,胡蔚儒.化工大气环境中混凝土的腐蚀机理及性能研究[J].混凝土,2000,30(8):16-20.

[79] Sersale R, Frigione G, Bonavita L. Acid depositions and concrete attack: main influences[J]. Cement and Concrete Research,1998,28(1):19-24.

[80] Hill J, Byars E A, Sharp J H, et al. An experimental study of combined acid and sulfate attack of concrete[J]. Cement and Concrete Composites,2003,25(8):997-1003.

[81] Saricimen H, Shameem M, Barry M S, et al. Durability of proprietary cementitious materials for use in wastewater transport systems[J]. Cement and Concrete Composites,2003,25(4-5):421-427.

[82] 陈寒斌,陈剑雄,肖斐.掺复合矿物超细粉混凝土的耐久性研究[J].建筑材料学报,2006,9(3):353-356.

[83] 李鸿芳,刘晓红,陈剑雄.模拟酸雨对石粉锂渣超早强超高强混凝土的侵蚀研究[J].硅酸盐通报,2009,28(4):829-834.

[84] 王凯,马保国,张泓源.矿物掺合料对混凝土抗酸雨侵蚀特性的影响[J].建筑材料学报,2013,16(3):416-421.

[85] Gurtubay L, Gallastegui G, Elias A, et al. Accelerated ageing of an EAF black slag by

carbonation and percolation for long-term behaviour assessment[J]. Journal of Environmental Management, 2014, 140(1):45-50.

[86] Shi C, Stegemann J A. Acid corrosion resistance of different cementing materials[J]. Cement and Concrete Research, 2000, 30(5):803-808.

[87] 龚胜辉, 尹健. 复合矿物掺合料砂浆抗酸雨侵蚀的试验模拟[J]. 粉煤灰, 2009, 21(5): 6-9.

[88] 江向平, 秦明强, 肖军, 等. 硅烷浸渍条件对混凝土防腐蚀效果影响研究[J]. 铁道建筑, 2013, (7):146-149.

[89] Pavlík V. Corrosion of hardened cement paste by acetic and nitric acids. Part I: Calculation of corrosion depth[J]. Cement and Concrete Research, 1994, 24(3):551-562.

[90] Mangat P S, Khatib J M. Influence of fly-ash, silica fume, and slag on sulfate resistance of concrete[J]. ACI Materials Journal, 1995, 92(5):542-552.

[91] 曹双寅. 受腐蚀混凝土的力学性能[J]. 东南大学学报(自然科学版), 1991, 21(4):89-95.

[92] 张英姿, 赵颖华, 范颖芳. 受酸雨侵蚀混凝土弹性模量研究[J]. 工程力学, 2011, 28(2):175-180.

[93] Castel A, Francois R, Arliguie G. Effect of loading on carbonation penetration in reinforced concrete elements[J]. Cement and Concrete Research, 1999, 29(4):561-565.

[94] 蒋利学, 张誉, 刘亚芹, 等. 混凝土碳化深度的计算与试验研究[J]. 混凝土, 1996, (4): 12-17.

[95] 金祖权, 孙伟, 张云升, 等. 粉煤灰混凝土的多因素寿命预测模型[J]. 东南大学学报(自然科学版), 2005, 35(s1):149-154.

[96] 张云升, 孙伟, 陈树东, 等. 弯拉应力作用下粉煤灰混凝土的1D和2D碳化[J]. 东南大学学报(自然科学版), 2007, 37(1):118-122.

[97] Tanaka K, Jeon J H, Nawa T, et al. Effect of repeated load on micro structure and carbonation of concrete and mortar[C]//Proceedings of the 8th International Conference on Durability of Building Materials and Components, Vancouver, 1999:256-266.

[98] Jiang C, Gu X, Zhang W, et al. Modeling of carbonation in tensile zone of plain concrete beams damaged by cyclic loading[J]. Construction and Building Materials, 2015, 77:479-488.

[99] 李文婷, 孙伟, 蒋金洋. 疲劳荷载与环境因素耦合作用下混凝土损伤劣化研究进展[J]. 硅酸盐学报, 2009, 37(12):2142-2149.

[100] 蒋金洋, 孙伟, 王晶, 等. 弯曲疲劳荷载作用下HPC和HPFRCC抗氯离子扩散性能研究[J]. 中国材料进展, 2009, 28(11):19-25.

[101] 蒋金洋, 孙伟, 金祖权, 等. 疲劳载荷与碳化耦合作用下结构混凝土寿命预测[J]. 建筑材料学报, 2010, 13(3):304-309.

[102] 韩建德, 潘钢华, 孙伟, 等. 荷载与碳化耦合因素作用下混凝土的耐久性研究进展[J]. 材料导报, 2011, 25(17):467-469,473.

第 2 章　混凝土中性化机理

混凝土中性化是指空气、土壤或者地下水中的酸性物质与混凝土中的碱性物质发生化学反应使混凝土碱度降低的过程。一般大气环境中的酸性物质主要有 CO_2 和酸雨等,两种酸性物质具有不同的相态,因此二者与混凝土发生中性化反应的机理也不尽相同。本章从扩散传质角度出发,分析 CO_2 和酸雨与混凝土发生中性化反应的过程,揭示混凝土碳化机理和酸雨侵蚀混凝土中性化机理,为建立混凝土中性化深度模型奠定理论基础。

2.1　酸性物质在混凝土中的扩散传质

2.1.1　扩散传质方程

酸性物质与混凝土接触后,其腐蚀性组将在混凝土表面和内部形成浓度差,向混凝土内部发生传质。根据质量守恒定律,可建立描述侵蚀性介质浓度分布的微分质量衡算方程[1~3]。

在混凝土中任取一固定位置、固定体积的微元体作为衡算对象(即控制体),如图 2.1 所示,微元体的边长分别为 dx、dy、dz。

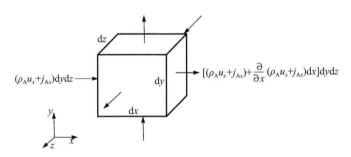

图 2.1　酸性物质 A 在混凝土微元体上的输入和输出

对于酸性物质 A,有

$$dM = dW + dR \tag{2.1}$$

式中,dM 为酸性物质 A 在微元体中累积的质量速率;dW 为酸性物质 A 扩散传递进入微元体的净质量速率,是单位时间酸性物质扩散输入、输出微元体的质量速率之差;dR 为酸性物质 A 在微元体内部由于化学反应生成的质量速率。

酸性物质 A 在微元体各侧面的输入、输出质量速率主要是通过流体的流动和分子扩散形成的。假定流体流动速度在直角坐标系中的分量依次为 u_x、u_y、u_z,则三个方向上由于流体流动携带的酸性物质 A 的质量通量分别为 $\rho_A u_x$、$\rho_A u_y$、$\rho_A u_z$,酸性物质 A 的分子扩散通量分别为 j_{Ax}、j_{Ay}、j_{Az}。

在 x 方向上,酸性物质 A 从微元体左侧面输入的质量速率为

$$(\rho_A u_x + j_{Ax})\mathrm{d}y\mathrm{d}z$$

从右侧面输出的质量速率则可表示为

$$\left[(\rho_A u_x + j_{Ax}) + \frac{\partial}{\partial x}(\rho_A u_x + j_{Ax})\mathrm{d}x\right]\mathrm{d}y\mathrm{d}z$$

于是,酸性物质 A 沿微元体 x 方向输入和输出的质量速率之差为

$$-\frac{\partial}{\partial x}(\rho_A u_x + j_{Ax})\mathrm{d}x\mathrm{d}y\mathrm{d}z$$

同理,酸性物质 A 沿微元体 y 方向、z 方向输入与输出的质量速率之差分别可以表示为

$$-\frac{\partial}{\partial y}(\rho_A u_y + j_{Ay})\mathrm{d}x\mathrm{d}y\mathrm{d}z$$

$$-\frac{\partial}{\partial z}(\rho_A u_z + j_{Az})\mathrm{d}x\mathrm{d}y\mathrm{d}z$$

酸性物质 A 在微元体中累积的质量速率为

$$\frac{\partial \rho_A}{\partial t}\mathrm{d}x\mathrm{d}y\mathrm{d}z$$

由于侵蚀性介质与混凝土之间存在化学反应,设单位体积中酸性物质 A 的化学反应速率为 r_A,则微元体内由化学反应生成或消耗酸性物质 A 的速率为 $r_A \mathrm{d}x\mathrm{d}y\mathrm{d}z$,将以上各分量代入式(2.1),并消去 $\mathrm{d}x\mathrm{d}y\mathrm{d}z$ 可得

$$\frac{\partial \rho_A}{\partial t} + \frac{\partial(\rho_A u_x + j_{Ax})}{\partial x} + \frac{\partial(\rho_A u_y + j_{Ay})}{\partial y} + \frac{\partial(\rho_A u_z + j_{Az})}{\partial z} - r_A = 0 \quad (2.2)$$

将式(2.2)展开可得

$$\frac{\partial \rho_A}{\partial t} + u_x \frac{\partial \rho_A}{\partial x} + u_y \frac{\partial \rho_A}{\partial y} + u_z \frac{\partial \rho_A}{\partial z} + \rho_A\left(\frac{\partial u_x}{\partial x} + \frac{\partial u_y}{\partial y} + \frac{\partial u_z}{\partial z}\right)$$
$$+ \frac{\partial j_{Ax}}{\partial x} + \frac{\partial j_{Ay}}{\partial y} + \frac{\partial j_{Az}}{\partial z} - r_A = 0 \quad (2.3)$$

若流体在微元体内无整体流动,只是扩散起主要作用,则流体平均速度在各方向上的分量 $u_x = u_y = u_z = 0$,且对于不可压缩流体,根据连续性方程,有

$$\frac{\partial u_x}{\partial x} + \frac{\partial u_y}{\partial y} + \frac{\partial u_z}{\partial z} = 0 \quad (2.4)$$

因此,式(2.3)可简化为

$$\frac{\partial \rho_A}{\partial t} + \frac{\partial j_{Ax}}{\partial x} + \frac{\partial j_{Ay}}{\partial y} + \frac{\partial j_{Az}}{\partial z} - r_A = 0 \quad (2.5)$$

微分质量衡算方程(2.5)亦可用浓度表示为

$$\frac{\partial C_A}{\partial t} + \left(\frac{\partial j_{Ax}}{\partial x} + \frac{\partial j_{Ay}}{\partial y} + \frac{\partial j_{Az}}{\partial z}\right) - r_A = 0 \qquad (2.6)$$

根据 Fick 第一定律,分子扩散通量可表示为

$$\begin{cases} j_{Ax} = -D_A \dfrac{dC_A}{dx} \\[2mm] j_{Ay} = -D_A \dfrac{dC_A}{dy} \\[2mm] j_{Az} = -D_A \dfrac{dC_A}{dz} \end{cases} \qquad (2.7)$$

将式(2.7)代入式(2.6),微分质量衡算方程可以改写为

$$\frac{\partial C_A}{\partial t} = D_A \left(\frac{\partial^2 C_A}{\partial x^2} + \frac{\partial^2 C_A}{\partial y^2} + \frac{\partial^2 C_A}{\partial z^2}\right) + r_A \qquad (2.8)$$

流体在混凝土中传输时,可将混凝土视为半无限大空间,即酸性物质 A 沿单向传质,故式(2.8)可简化为

$$\frac{\partial C_A}{\partial t} = D_A \frac{\partial^2 C_A}{\partial x^2} + r_A \qquad (2.9)$$

此外,酸性物质 A 在混凝土内的浓度仅随位置而变,随时间变化非常缓慢,可近似认为是一种稳态传质,即

$$\frac{\partial C_A}{\partial t} = 0 \qquad (2.10)$$

因此,酸性物质 A 在混凝土中的扩散传质方程可表示为

$$D_A \frac{d^2 C_A}{dx^2} + r_A = 0 \qquad (2.11)$$

式中,D_A 为酸性物质 A 在混凝土中的扩散系数,m^2/s;C_A 为酸性物质 A 的浓度,$kmol/m^3$;x 为扩散方向上的距离,m;r_A 为酸性物质 A 在单位体积混凝土中的生成速率或消耗速率,即反应速率,$kmol/(m^3 \cdot s)$,当酸性物质 A 为生成物时取正值,当酸性物质 A 为消耗物时取负值。

2.1.2 扩散传质方程求解

环境中的酸性物质 A 在碱性混凝土中扩散传质,会发生酸碱中和反应,即混凝土中性化。对于这样的一级化学反应,有

$$r_A = -k_r C_A \qquad (2.12)$$

式中,k_r 为一级化学反应速率,$1/s$。

将式(2.12)代入式(2.11),并令 $m^2 = \dfrac{k_r}{D_A}$,可得

$$\frac{\mathrm{d}^2 C_A}{\mathrm{d}x^2} - m^2 C_A = 0 \tag{2.13}$$

方程(2.13)的通解为

$$C_A = C_1 \mathrm{e}^{mx} + C_2 \mathrm{e}^{-mx} \tag{2.14}$$

边界条件为

$$\begin{cases} x = 0, & C_A = C_{A0} \\ x = \delta, & C_A = 0 \end{cases} \tag{2.15}$$

将上述边界条件代入通解,可求出积分常数 C_1、C_2,并代入式(2.14),则酸性物质 A 在混凝土内的浓度分布可以表示为

$$C_A = C_{A0} \left[\cosh(mx) - \frac{\sinh(mx)}{\tanh(m\delta)} \right] \tag{2.16}$$

式中,C_{A0} 为混凝土表面酸性物质 A 的浓度,kmol/m^3。

此浓度分布为双曲正弦曲线,如图 2.2 所示。

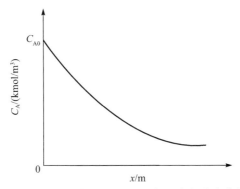

图 2.2　酸性物质 A 在混凝土内的浓度分布曲线

根据酸性物质 A 的浓度分布,可进一步求出酸性物质 A 的传质通量 N_A 为

$$N_A = -D_A \frac{\mathrm{d}C_A}{\mathrm{d}x} \bigg|_{x=0} = \frac{mD_A C_{A0}}{\tanh(m\delta)} \tag{2.17}$$

式中,D_A 为酸性物质 A 在混凝土中的扩散系数,m^2/s;C_A 为酸性物质 A 的浓度,kmol/m^3;x 为扩散方向上的距离,m。

2.2　混凝土碳化

混凝土碳化是指水泥石中的水化产物与环境中的 CO_2 反应,生成 $CaCO_3$ 或其他物质的现象,这是一个极其复杂的多相物理化学过程。

2.2.1　CO_2 在混凝土中的扩散传质

混凝土属于多孔材料,CO_2 通过孔隙向混凝土内部进行扩散传质,如图 2.3 所

示。整个扩散传质过程如下[4]:

(1) 孔隙水与环境相对湿度间通过温湿平衡作用形成稳定的孔隙水膜。

(2) 环境中的 CO_2 通过混凝土孔隙向混凝土内部扩散并溶解于孔隙水中。

(3) 水泥水化生成可碳化物质 $Ca(OH)_2$ 和水化硅酸钙 C-S-H,未水化的硅酸三钙($3CaO \cdot SiO_2$,C_3S)和硅酸二钙($2CaO \cdot SiO_2$,C_2S)也是可碳化物质,固态的 $Ca(OH)_2$ 在孔隙中溶解并扩散。

(4) 溶解在水中的 CO_2 与 $Ca(OH)_2$ 发生化学反应生成 $CaCO_3$,同时,C-S-H、C_3S、C_2S 也在固液界面上发生碳化反应。

(5) 碳化反应生成的 $CaCO_3$ 和其他固态物质堵塞在孔隙中,减弱了后续 CO_2 的扩散。

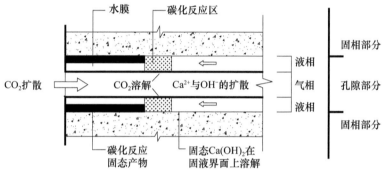

图 2.3　CO_2 在混凝土中的扩散传质过程示意图

在混凝土孔隙内壁存在一层水膜,CO_2 只有透过这层水膜才能与混凝土中的 $Ca(OH)_2$ 发生中和反应,而 CO_2 溶于水的过程非常缓慢,致使混凝土碳化速度极小。

将 $m = \sqrt{\dfrac{k_r}{D_A}}$ 代入式(2.17),可得

$$N_A = \frac{D_A C_{A0}}{\delta} \frac{m\delta}{\tanh(m\delta)} = \frac{D_A C_{A0}}{\delta} \frac{\sqrt{\dfrac{k_r}{D_A}}\,\delta}{\tanh\left(\sqrt{\dfrac{k_r}{D_A}}\,\delta\right)} \tag{2.18}$$

当化学反应速率 $k_r \to 0$ 时,有

$$\lim_{k_r \to 0} \frac{\sqrt{\dfrac{k_r}{D_A}}\,\delta}{\tanh\left(\sqrt{\dfrac{k_r}{D_A}}\,\delta\right)} = 1 \tag{2.19}$$

于是

$$N_A = \frac{D_A C_{A0}}{\delta} \tag{2.20}$$

这样,混凝土碳化过程便可看成一个化学反应较慢的、简单的扩散传质问题,CO_2 浓度沿扩散方向的分布为直线。

2.2.2　混凝土碳化机理

普通混凝土水泥熟料的主要矿物成分是 C_3S、C_2S、铁铝酸四钙($4CaO \cdot Al_2O_3 \cdot Fe_2O_3$,$C_4AF$)和铝酸三钙($3CaO \cdot Al_2O_3$,$C_3A$),此外,还有少量的石膏($CaSO_4 \cdot 2H_2O$,$C\bar{S}H_2$)。

当有石膏存在时,各矿物成分的水化反应分别为[5]

$$2(3CaO \cdot SiO_2) + 6H_2O \longrightarrow 3CaO \cdot 2SiO_2 \cdot 3H_2O + 3Ca(OH)_2 \quad (2.21)$$

$$2(2CaO \cdot SiO_2) + 4H_2O \longrightarrow 3CaO \cdot 2SiO_2 \cdot 3H_2O + Ca(OH)_2 \quad (2.22)$$

$$4CaO \cdot Al_2O_3 \cdot Fe_2O_3 + 2Ca(OH)_2 + 2(CaSO_4 \cdot 2H_2O) + 18H_2O$$
$$\longrightarrow 6CaO \cdot Al_2O_3 \cdot Fe_2O_3 \cdot 2CaSO_4 \cdot 24H_2O \quad (2.23)$$

$$3CaO \cdot Al_2O_3 + CaSO_4 \cdot 2H_2O + 10H_2O \longrightarrow 3CaO \cdot Al_2O_3 \cdot 2CaSO_4 \cdot 12H_2O$$
$$(2.24)$$

当石膏全部消耗后,C_4AF 与 C_3A 的水化反应分别为

$$4CaO \cdot Al_2O_3 \cdot Fe_2O_3 + 4Ca(OH)_2 + 22H_2O$$
$$\longrightarrow 6CaO \cdot Al_2O_3 \cdot Fe_2O_3 \cdot 2Ca(OH)_2 \cdot 24H_2O \quad (2.25)$$

$$3CaO \cdot Al_2O_3 + Ca(OH)_2 + 12H_2O \longrightarrow 3CaO \cdot Al_2O_3 \cdot Ca(OH)_2 \cdot 12H_2O$$
$$(2.26)$$

硅酸盐水泥水化后,水泥石的 pH 为 12~13,混凝土呈强碱性,表 2.1 为不同水泥水化产物稳定存在的 pH[5]。可以看出,$Ca(OH)_2$ 在水泥水化产物中最具有活性,当有酸性物质存在时,$Ca(OH)_2$ 首先溶解并发生化学中和反应使混凝土碱性降低,之后是水化铝酸钙,最后是水化硅酸钙($3CaO \cdot 2SiO_2 \cdot 3H_2O$)。水泥石中的有些物质虽然不与酸性物质发生中和反应,但是可以在不同 pH 条件下发生溶蚀。

表 2.1　不同水泥水化产物稳定存在的 pH[5]

水泥水化产物			pH
中文名称	化学名称	缩写符号	
水化硅酸钙	$3CaO \cdot 2SiO_2 \cdot 3H_2O$	C-S-H	10.40
水化铝酸钙	$3CaO \cdot Al_2O_3 \cdot 6H_2O$	C-A-H	11.43
单硫型硫铝酸钙水化物	$3CaO \cdot Al_2O_3 \cdot CaSO_4 \cdot 12H_2O$	AFm	10.17
氢氧化钙	$Ca(OH)_2$	CH	12.23

水泥熟料经水化反应生成的 CH(占 25%)和 C-S-H(占 60%)是可碳化物质。除此之外,未水化的 C_3S 和 C_2S 也可以与 CO_2 发生反应。

混凝土碳化的主要化学反应式为

$$Ca(OH)_2 + CO_2 \longrightarrow CaCO_3 + H_2O \tag{2.27}$$

$$3CaO \cdot 2SiO_2 \cdot 3H_2O + 3CO_2 \longrightarrow 3CaCO_3 \cdot 2SiO_2 \cdot 3H_2O \tag{2.28}$$

$$3CaO \cdot SiO_2 + 3CO_2 + \gamma H_2O \longrightarrow SiO_2 \cdot \gamma H_2O + 3CaCO_3 \tag{2.29}$$

$$2CaO \cdot SiO_2 + 2CO_2 + \gamma H_2O \longrightarrow SiO_2 \cdot \gamma H_2O + 2CaCO_3 \tag{2.30}$$

柳俊哲[6]的研究表明,混凝土孔溶液中绝大多数组分为 Na^+、K^+ 和与其保持电性平衡的 OH^-,Ca^{2+} 含量微乎其微,$Ca(OH)_2$ 大部分是以晶体形式存在的。CO_2 扩散到混凝土孔溶液中,分别与 Na^+、K^+、Ca^{2+} 反应生成 Na_2CO_3、K_2CO_3、$CaCO_3$。由于 Na_2CO_3、K_2CO_3 溶解度大,孔溶液中的 Na^+、K^+ 浓度不会发生变化,除非这些溶液干燥时达到过饱和状态析出晶体;而孔溶液中的 Ca^{2+} 与 CO_3^{2-} 发生反应生成溶解度极低的 $CaCO_3$,并沉积在孔壁表面,导致孔溶液中 Ca^{2+} 浓度降低,因此 $Ca(OH)_2$ 晶体继续溶解,补充孔溶液中失去的 Ca^{2+} 浓度。$Ca(OH)_2$ 晶体逐渐溶解而碳化反应过程中 $CaCO_3$ 晶体逐渐增多,这种循环反应一直持续到 $Ca(OH)_2$ 晶体完全被溶解和消耗为止,此时混凝土 pH 降低。

混凝土孔溶液的 pH 越高,$CaCO_3$ 溶解度越小,孔溶液中发生中性化反应后,Ca^{2+} 的浓度降低越多,$Ca(OH)_2$ 晶体的溶解速度也越快。随着混凝土中性化的继续,混凝土孔溶液的 pH 不断降低,$Ca(OH)_2$ 晶体的溶解速度也会减慢,碳化速度相应降低。

此外,由于碳化反应的主要产物 $CaCO_3$ 属非溶解性钙盐,比原反应物的体积膨胀约 11.6%[7]。因此,混凝土毛细孔隙将被碳化产物堵塞,使混凝土的密实度和强度有所提高,一定程度上阻碍了 CO_2 向混凝土内部继续扩散。

2.3 酸雨侵蚀混凝土中性化

2.3.1 酸雨在混凝土中的扩散传质

酸雨在混凝土中的扩散传质过程示意图如图 2.4 所示。

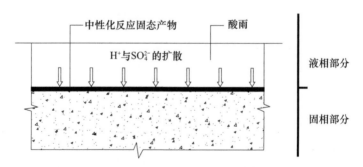

图 2.4 酸雨在混凝土中的扩散传质过程示意图

一般情况下,气相扩散与液相扩散相差 4 个数量级[8]。因此,相比 CO_2 的气

相扩散,酸雨扩散发生的酸碱中和反应是一个非常快速的化学反应过程。由式(2.17)可知,有化学反应时的传质系数可以表示为

$$k'_A = \frac{N_A}{C_{A0}} = \frac{mD_A}{\tanh(m\delta)} \tag{2.31}$$

式中,D_A 为酸性物质 A 在混凝土中的扩散系数,m^2/s;C_{A0} 为混凝土表面酸性物质 A 的浓度,$kmol/m^3$。

根据膜理论,有化学反应和无化学反应时的传质系数可分别表示为

$$k'_A = \frac{D_A}{\delta_r}, \quad k_A = \frac{D_A}{\delta} \tag{2.32}$$

式中,D_A 为酸性物质 A 在混凝土中的扩散系数,m^2/s;δ_r 为有化学反应时的反应层厚度;δ 为无化学反应时的反应层厚度。

有化学反应时,酸性物质 A 在混凝土内部发生反应使其浓度梯度增大,导致传质系数也随之增大。可采用增强因子 E 表示传质系数的增大程度,定义为有化学反应和无化学反应时的传质系数之比[3],即

$$E = \frac{k'_A}{k_A} = \frac{m\delta}{\tanh(m\delta)} = \frac{\delta}{\delta_r} \tag{2.33}$$

当 $m\delta \geqslant 3$ 时,$\tanh(m\delta) \to 1$,因此有化学反应时的反应层厚度 δ_r 可以表示为

$$\delta_r = \frac{1}{m} = \sqrt{\frac{D_A}{k_r}} \tag{2.34}$$

因此,反应速率 k_r 越大,有化学反应时的反应层厚度 δ_r 越小。

图 2.5 为有、无化学反应时酸性物质 A 在边界层内浓度分布情况对比。可以看出,有化学反应时的反应层厚度 δ_r 比无化学反应时的反应层厚度 δ 小,此时的反应为快速反应。

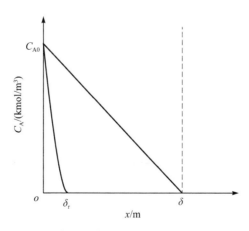

图 2.5　有、无化学反应时酸性物质 A 的浓度分布对比

2.3.2　酸雨侵蚀混凝土中性化机理

酸雨中含有大量 H^+，并不像 CO_2 那样必须借助于孔隙水才能与混凝土中的可中性化物质发生反应。酸雨侵蚀混凝土的过程可概括如下。

(1) pH 很低的酸雨落在混凝土表面，直接在固液界面上发生分解反应，生成离子组分和正硅酸等，用化学反应通式表征为[9]

$$2Ca(OH)_2 + 2H^+ \longrightarrow Ca^{2+} + 2H_2O \tag{2.35}$$

$$xCaO \cdot ySiO_2 \cdot zH_2O + 2xH^+ \longrightarrow xCa^{2+} + yH_4SiO_4 + (x+z-2y)H_2O \tag{2.36}$$

$$xCaO \cdot Al_2O_3 \cdot zH_2O + 2xH^+ \longrightarrow xCa^{2+} + 2Al(OH)_3 + (x+z-3)H_2O \tag{2.37}$$

$$xCaO \cdot Al_2O_3 \cdot zH_2O + (2x+6)H^+ \longrightarrow xCa^{2+} + 2Al^{3+} + (x+z+3)H_2O \tag{2.38}$$

$$xCaO \cdot yFe_2O_3 \cdot zH_2O + 2xH^+ \longrightarrow xCa^{2+} + 2yFe(OH)_3 + (x+z-3y)H_2O \tag{2.39}$$

$$xCaO \cdot yFe_2O_3 \cdot zH_2O + (2x+6y)H^+ \longrightarrow xCa^{2+} + 2yFe^{3+} + (x+z+3y)H_2O \tag{2.40}$$

(2) H^+ 和 Ca^{2+} 置换反应，主要发生在混凝土反应层的内部或侵蚀溶液 pH 较高时的混凝土表面，通过吸附和扩散作用传质。反应表现为高钙硅(或铝)比低含水率的水化物向低钙硅(或铝)比高含水率的水化物转化，用化学反应通式表征为[9]

$$x_1CaO \cdot ySiO_2 \cdot z_1H_2O + 2(x_1-x_2)H^+ \longrightarrow (x_1-x_2)Ca^{2+}$$
$$+ x_2CaO \cdot ySiO_2 \cdot z_2H_2O + (x_1+z_1-x_2-z_2)H_2O \tag{2.41}$$

$$x_1CaO \cdot yAl_2O_3 \cdot z_1H_2O + 2(x_1-x_2)H^+ \longrightarrow (x_1-x_2)Ca^{2+}$$
$$+ x_2CaO \cdot yAl_2O_3 \cdot z_2H_2O + (x_1+z_1-x_2-z_2)H_2O \tag{2.42}$$

式中，$x_1 > x_2$，$z_2 > z_1$。

(3) 酸雨中的 SO_4^{2-} 与水泥水化产物反应生成石膏，即

$$Ca^{2+} + SO_4^{2-} + 2H_2O \longrightarrow CaSO_4 \cdot 2H_2O \tag{2.43}$$

$$xCaO \cdot ySiO_2 \cdot zH_2O + xSO_4^{2-} + (3x+2y-z)H_2O$$
$$\longrightarrow xCaSO_4 \cdot 2H_2O + yH_4SiO_4 + 2xOH^- \tag{2.44}$$

$$xCaO \cdot Al_2O_3 \cdot zH_2O + xSO_4^{2-} + (3x+3-z)H_2O$$
$$\longrightarrow xCaSO_4 \cdot 2H_2O + 2Al(OH)_3 + 2xOH^- \tag{2.45}$$

文献[10]~[12]通过试验和 XRD 分析，发现在强酸性溶液作用下，硅酸盐水泥砂浆破坏主要是表面溶蚀和胶凝物质分解，SO_4^{2-} 与水泥水化产物作用生成石膏，而不是钙矾石。

由上述酸雨侵蚀混凝土的三个阶段可以看出,只有第一阶段的式(2.35)为混凝土遭受酸雨侵蚀发生中性化的主导过程,且主要发生在混凝土表层。之后,H^+ 和 SO_4^{2-} 通过混凝土孔隙向混凝土内部扩散,H^+ 不仅要与 $Ca(OH)_2$ 反应,还要与 Ca^{2+} 置换,侵蚀性酸性物质被大量消耗,此时反应速率明显减缓。混凝土内部 pH 较高,在这个阶段主要发生式(2.35)、式(2.41)和式(2.43)的化学反应,其中后两式是非中性化过程,不会降低混凝土孔溶液的 pH,但是可以吸收 H^+ 发生反应并溶出 Ca^{2+},溶出的 Ca^{2+} 进一步抑制了 $Ca(OH)_2$ 晶体的溶解,使混凝土中性化速度减慢。

同时,Ca^{2+} 与 SO_4^{2-} 结合产物石膏的体积是固态 $Ca(OH)_2$ 体积的 2.24 倍,是碳化产物 $CaCO_3$ 体积的 2 倍,它堵塞在混凝土孔隙中,比碳化产物的抑制作用更为显著,将极大地减缓酸性物质的进一步扩散。

参 考 文 献

[1]　沙庆云. 传递原理[M]. 大连:大连理工大学出版社,2003.

[2]　王涛,朴香兰,朱慎林. 高等传递过程原理[M]. 北京:化学工业出版社,2005.

[3]　王运东,骆广生,刘谦. 传递过程原理[M]. 北京:清华大学出版社,2002.

[4]　Papadakis V G,Vayenas C G,Fardis M N. Fundamental modeling and experimental investigation of concrete carbonation[J]. ACI Materials Journal,1991,88(4):363-373.

[5]　张巨松. 混凝土学[M]. 2 版. 哈尔滨:哈尔滨工业大学出版社,2017.

[6]　柳俊哲. 混凝土碳化研究与进展(1)——碳化机理及碳化程度评价[J]. 混凝土,2005,(11):10-13.

[7]　Taylor H F W. Cement Chemistry[M]. 2nd ed. London:Thomas Telford Publishing,1997.

[8]　蓝俊康,王焰新. 酸性气体对混凝土耐久性的影响及研究进展[J]. 地质灾害与环境保护,2002,13(3):22-26.

[9]　魏有仪,罗健,肖允发,等. 水泥砂浆酸性侵蚀试验研究:Ⅰ. 非流动酸性水侵蚀试验[J]. 硅酸盐学报,1998,(4):417-423.

[10]　Gabrisová A,Havlica J,Sahu S. Stability of calcium sulphoaluminate hydrates in water solutions with various pH values[J]. Cement and Concrete Research,1991,21(6):1023-1027.

[11]　Atkins M,Macphee D,Kindness A,et al. Solubility properties of ternary and quaternary compounds in the CaO-Al$_2$O$_3$-SO$_3$-H$_2$O system[J]. Cement and Concrete Research,1991,21(6):991-998.

[12]　肖佳,周士琼. 低钙粉煤灰对水泥砂浆在酸雨条件下硫酸盐型侵蚀的影响[C]//生态环境与混凝土技术国际学术研讨会,乌鲁木齐,2005:239.

第3章　混凝土中性化研究方法

一般大气环境是一种对混凝土无明显化学腐蚀作用的环境,其环境参数主要有大气中有害气体浓度、结构物所处环境温度和相对湿度、干湿交替情况等。影响混凝土耐久性的因素众多,是一个多因素共同作用的复杂问题。对于混凝土结构,一般大气环境中的侵蚀介质主要有 CO_2 和酸雨等酸性物质,此外,混凝土结构受荷情况等也对其耐久性有较大影响。本章针对一般大气环境的主要特点,重点阐述目前混凝土碳化试验、酸雨侵蚀试验以及承载混凝土中性化的试验方法,为多因素共同作用混凝土耐久性研究奠定基础。

3.1　混凝土碳化试验方法

实验室研究中,当碳化箱中的碳化试件到达相应龄期后,通过劈裂破型和酚酞滴定显色,测量混凝土碳化深度。现场检测则是通过钻芯取样,后经酚酞滴定显色,测量混凝土碳化深度。

1. 自然碳化法(natural carbonation method,NCM)

欧洲标准化委员会(European Committee for Standardization,CEN)设计了一个室内试验方法[1],具体为:试件尺寸为 510mm×100mm×100mm,养护温度 $(20\pm2)℃$,环境相对湿度 $65\%\pm5\%$,CO_2 体积分数为 $0.035\%\pm0.05\%$。试件成型后,表面覆盖不可渗透塑料膜,24h 后揭膜并在模具中放置 3d。在养护 28d、91d、182d、273d 和 364d(有 $\pm2\%$ 的调整空间)后,对碳化试件破型测试混凝土碳化深度。

Jones 等[2]在此设计基础上,提出了用不同暴露等级模拟不同环境的研究方法,具体如下:

(1)暴露等级 1:CEN 草案中的养护条件。

(2)暴露等级 2:在暴露等级 1 基础上,每隔 28d 将试件从 CEN 试验条件中取出,在 $(20\pm2)℃$ 的水中浸泡 6h,待表面干燥后再放回实验室。此暴露等级用来模拟中等湿度的自然环境。

(3)暴露等级 3:每隔 7d 将试件从 CEN 试验条件中取出,在 $(20\pm2)℃$ 的水中浸泡 6h,待表面干燥后再放回 CEN 实验室。此暴露等级用来模拟干湿交替环境。

两年后的测试结果表明,各配合比试件的碳化深度从暴露等级 1 到暴露等级 3 呈递减趋势。但是对工程师而言,这些暴露等级并无太多实际意义,其中暴露等级

3 明显比其他环境更潮湿,测得的碳化深度却很小,与事实不符。

2. 快速碳化法(accelerated carbonation method,ACM)

目前为止,混凝土快速碳化试验方法并无统一的国际标准。我国以前较多采用高压或高浓度的试验方法[3],即将混凝土试件放在充满一定浓度 CO_2 的高压容器内或 CO_2 体积分数为 50% 的常压容器内进行快速碳化,但这样不能正确反映大气中混凝土自然碳化的机理和规律。20 世纪 70 年代以来,很多国家均倾向于采用常压、低浓度的快速试验方法来模拟混凝土的碳化进程。

《普通混凝土长期性能和耐久性能试验方法标准》(GB/T 50082—2009)[4] 中的混凝土快速碳化试验方法规定,试件先经过 28d 标准养护,后在温度(20±2)℃、相对湿度 70%±5%、CO_2 体积分数 20%±3% 的碳化箱中进行加速碳化,到 3d、7d、14d、28d 龄期,对试件破型测试混凝土碳化深度。

欧洲 DuraCrete[5] 耐久性设计指南中的快速碳化试验方法规定,试件经过 7d 水养后再标准养护 21d,随后在温度(20±2)℃、相对湿度 65%±5%、CO_2 体积分数 2% 的碳化箱中进行快速碳化试验。快速碳化试验中最适宜的 CO_2 体积分数为 1%～3%,这样可以减少在实际大气情况下并不会生成的碳化相。

3. 自然碳化法与快速碳化法的相关性分析

混凝土快速碳化深度与自然碳化深度之间的关系为[6]

$$x_n = x_c \sqrt{\frac{C_0 t}{C_{a0} t_a}} \tag{3.1}$$

式中,x_n 为龄期为 t 年的混凝土碳化深度,mm;x_c 为快速碳化试验所测得的碳化深度,mm;C_0 为自然碳化时空气中的 CO_2 体积分数,%;C_{a0} 为快速碳化时空气中的 CO_2 体积分数,%;t_a 为快速碳化时间,a;t 为自然碳化时间,a。

张令茂等[7] 在一系列水灰比混凝土自然碳化与快速碳化对比试验中发现,快速碳化 3d、7d 和 14d 的碳化深度与自然碳化 5 年的碳化深度存在较好的线性关系,其相关性如图 3.1 所示。

张海燕等[8] 采用式(3.1),根据快速碳化 28d 的碳化深度推测出自然碳化 1 年的碳化深度,并与实际自然碳化 1 年的检测值进行比较,二者偏差为 −5%,初步验证式(3.1)是较可靠的。

自然碳化试验的碳化系数 K_n 与快速碳化试验的碳化系数 K_c 的相关关系如图 3.2 和式(3.2)所示。

$$K_n = 0.969 + 0.0252 K_c \tag{3.2}$$

DuraCrete[5] 采用有效碳化阻力来表征混凝土碳化程度,即

$$R_{\text{ACM},0}^{-1} = \left(\frac{x_c}{\tau}\right)^2 \tag{3.3}$$

式中,$R_{\text{ACM},0}$ 为快速碳化试验测得的有效碳化阻力,$(\text{m}^2/\text{s})(\text{kg}/\text{m}^3)$;$x_c$ 为快速碳化试验测得的碳化深度,m;τ 为时间常数,$[\text{s}/(\text{kg}/\text{m}^3)]^{0.5}$。

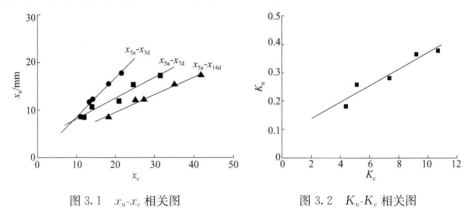

图 3.1 x_n-x_c 相关图   图 3.2 K_n-K_c 相关图

FIB[9]也采用此参数,且给出了自然碳化法与快速碳化法有效碳化阻力倒数之间的关系,如图 3.3 所示。可以看出,在数据密集区域,两种方法得出的有效碳化阻力倒数呈较明显的线性关系,可初步说明快速碳化法的可行性,即它能够比较客观地反映混凝土的碳化规律。

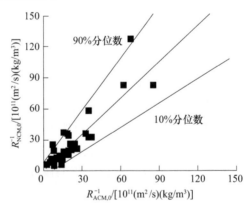

图 3.3   自然碳化法与快速碳化法测得的有效碳化阻力倒数的关系

4. 混凝土碳化的评价方法

混凝土碳化程度通常根据混凝土碳化深度和混凝土不同碳化深度孔溶液的 pH 来评价。

1) 混凝土碳化深度的测量方法

通常采用酚酞试剂法和彩虹试剂法测定混凝土碳化深度,但最常用的还是酚酞试剂法。

　　将待测试件断面清洗、晾干后喷上浓度为 1% 的酒精酚酞试剂,未碳化的混凝土呈红色,已碳化的混凝土无色。经过 30s 后,按原先标定的测点用游标卡尺测定试件各侧面的碳化深度。图 3.4 为碳化后试件横截面俯视图,将四个侧面分为顶面(浇筑面)、底面、左侧面和右侧面。如果测点处的碳化分界线上刚好嵌有骨料颗粒,则可取该颗粒两侧处碳化深度的平均值作为该点的实测值。

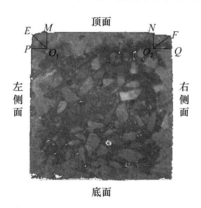

图 3.4　碳化后试件横截面俯视图

　　(1) 混凝土碳化深度的测量。混凝土碳化深度通常指 CO_2 在混凝土中一维扩散的结果,也就是混凝土试件各个面的碳化深度,在测量时只需测量显色区域对应的各面中间区段的碳化深度。例如,在测量顶面碳化深度时,先分别找到顶面与左侧面、右侧面碳化深度的交点 O_1 和 O_2,只测量线段 O_1M 与 O_2N 之间的区段(即显色区域对应的顶面区段),碳化深度测量精确至 0.01mm。按照此方法测量混凝土试件其他面的碳化深度,取 n_s 个试件的碳化深度平均值作为该龄期混凝土的碳化深度,碳化深度可按式(3.4)计算,计算精确至 0.01mm。

$$x_c = \frac{\sum_{j=1}^{n_s} \left(\sum_{i=1}^{n} \frac{x_{j,ci}}{n_j} \right)}{n_s} \tag{3.4}$$

式中,x_c 为混凝土试件一定龄期后的碳化深度,mm;$x_{j,ci}$ 为第 j 个试件上第 i 测点的碳化深度,mm;n_s 为试件个数;n_j 为第 j 个试件的测点总数。

　　(2) 角区混凝土二维碳化深度的测量。角区混凝土碳化与混凝土各个面的一维扩散不同,它是 CO_2 沿试件相邻两个面同时发生扩散的结果。图 3.5 为角区混凝土二维碳化深度示意图,角区混凝土碳化深度边界线近似圆弧状,碳化边界线离混凝土试件角点 E 距离最近的点为 O_1,O_1 点与 E 点的连线即为角区混凝土的二维碳化深度。

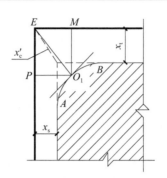

图 3.5　角区混凝土二维碳化深度示意图

2）混凝土 pH 的测试方法

前面所述混凝土碳化深度测量方法操作简单易行,测量方便,因而被广泛使用。然而,上述测量方法只能粗略地测出混凝土 pH 达到某特定数值时的碳化深度,并不能测出混凝土自表面沿深度方向上不同碳化区的 pH 以及 pH 的梯度变化。

当试验或工程有相关要求时,可直接测试碳化混凝土的 pH。为测得混凝土的 pH,首先需要制备混凝土孔溶液。目前,用于制备混凝土孔溶液的方法有三种:一是固液萃取法,将混凝土试件磨粉,然后将粉末以一定比例的液固比浸泡在水中制得孔溶液;二是压榨法,将混凝土试件破碎并剔除粗骨料,然后喷雾饱和混凝土碎块,最后放入压榨装置中进行压榨,得到混凝土孔溶液;三是原位浸出法,即在混凝土试件表面钻孔,然后倒入少量蒸馏水,塞紧孔口并静置一段时间,待蒸馏水和混凝土孔溶液达到平衡后得到孔溶液。

固液萃取法和压榨法这两种方法应用较广。固液萃取法操作简单且耗时较短,但液固比对结果有较大影响,且磨粉和稀释的过程也会影响测试结果。压榨法是国际公认的混凝土 pH 测试方法,制备的孔溶液是混凝土真实孔溶液,结果较为精确;但需要对混凝土试件进行预处理且压滤所得的孔溶液较少,不便于测试。

压榨法测试碳化混凝土孔溶液 pH 的步骤为:将混凝土试件沿碳化深度方向切片,每隔 5mm 切取一薄片;将薄片置于 60℃ 烘箱中干燥 8h,将烘干好的薄片破碎成粒径为 5mm 的小碎块并剔除粗骨料;然后采用蒸馏水喷雾饱和碎块,将预处理过的试样放置于压榨装置中,而后将装置放在压力机上榨取孔溶液;采用 pH 计直接测试孔溶液 pH。

3.2　混凝土酸雨侵蚀试验方法

3.2.1　混凝土酸雨侵蚀评价指标

由于酸雨中存在 H^+、SO_4^{2-} 等腐蚀性离子,混凝土受酸雨侵蚀的实质是与 H^+

的溶解性破坏和 SO_4^{2-} 的膨胀性破坏。混凝土中性化深度能直接反映试件受 H^+ 腐蚀的程度；由于 H^+、SO_4^{2-} 的存在，混凝土质量、强度等物理力学性能会发生明显变化。因此，本节主要从中性化深度、质量变化和强度变化三个指标评价混凝土酸雨侵蚀程度。

1. 混凝土中性化深度

取 n_s 个试件的中性化深度平均值作为混凝土酸雨侵蚀中性化深度，中性化深度测试与计算方法同混凝土碳化深度。计算公式为

$$x = \frac{\sum\limits_{j=1}^{n_s}\left(\sum\limits_{i=1}^{n}\dfrac{x_{j,i}}{n_j}\right)}{n_s} \tag{3.5}$$

式中，x 为混凝土试件酸雨侵蚀后的中性化深度，mm；$x_{j,i}$ 为第 j 个试件上第 i 测点的中性化深度，mm；n_s 为试件个数；n_j 为第 j 个试件的测点总数。

2. 混凝土质量损失率

混凝土质量损失率 ΔW 的计算公式为

$$\Delta W = \frac{W_t - W_0}{W_0} \times 100\% \tag{3.6}$$

式中，ΔW 为混凝土质量损失率；W_t 为酸雨侵蚀后的混凝土质量，g；W_0 为酸雨侵蚀前的混凝土质量，g。

3. 混凝土抗压强度变化率

按照《混凝土物理力学性能试验方法标准》(GB/T 50081—2019)[10] 测试酸雨侵蚀后的混凝土抗压强度，抗压强度变化率 Δf_c 计算公式为

$$\Delta f_c = \frac{f_{ct} - f_{c0}}{f_{c0}} \times 100\% \tag{3.7}$$

式中，Δf_c 为混凝土抗压强度变化率；f_{ct} 为酸雨侵蚀后的混凝土抗压强度，MPa；f_{c0} 为混凝土初始抗压强度，MPa。

3.2.2　模拟酸雨溶液配制

我们对全国酸雨控制区内的城市降水情况做了调研分析，其中酸雨化学成分数据较全的城市列于表 3.1。

一般情况下，大气降水中的阴离子有 SO_4^{2-}、NO_3^-、Cl^-、F^-、HCO_3^-，阳离子有 NH_4^+、Ca^{2+}、Na^+、K^+、Mg^{2+}、H^+。图 3.6 是根据表 3.1 数据绘制的我国大气降水中主要离子分布图。

表 3.1　全国酸雨控制区城市降水中的离子浓度

城市	pH	Ca^{2+} / (μmol/L)	Mg^{2+} / (μmol/L)	NH_4^+ / (μmol/L)	K^+ / (μmol/L)	Na^+ / (μmol/L)	SO_4^{2-} / (μmol/L)	NO_3^- / (μmol/L)	Cl^- / (μmol/L)	SO_4^{2-} / NO_3^-
浏阳	4.46	32.50	3.33	76.11	5.38	8.64	76.46	23.55	9.30	3.25
福州	5.69	32.75	1.25	78.33	4.10	2.73	48.54	25.00	21.41	1.94
厦门	4.57	21.50	5.00	37.78	3.59	37.73	31.25	22.10	23.66	1.41
三明	5.52	47.75	4.17	122.78	3.59	3.64	83.44	10.97	3.38	7.61
龙岩	5.91	54.50	4.58	47.22	14.62	40.91	38.96	6.77	63.38	5.75
佛山	4.52	119.25	22.50	116.67	10.51	12.73	237.81	30.00	13.52	7.93
南昌	4.65	31.25	4.17	42.78	8.21	15.00	64.58	21.13	8.17	3.06
景德镇	4.66	63.50	2.08	36.67	8.46	13.18	52.08	5.97	19.44	8.72
常德	4.70	49.50	7.92	166.67	12.31	14.09	130.94	36.77	17.18	3.56
长沙	4.80	54.25	5.00	64.44	5.90	8.18	75.00	25.48	13.52	2.94
株洲	4.91	119.75	12.08	343.89	9.23	20.45	253.33	43.06	32.96	5.88
湘潭	4.77	29.00	7.08	64.44	6.15	10.91	73.65	23.39	20.00	3.15
衡阳	4.78	64.25	7.08	66.67	13.08	9.55	69.90	36.94	369.01	1.89
岳阳	5.15	41.75	6.67	149.44	9.49	11.82	110.83	26.29	24.51	4.22
益阳	4.80	70.00	8.33	137.78	18.46	35.00	132.92	32.26	27.89	4.12
怀化	4.41	28.00	4.17	63.33	4.36	3.18	80.94	38.23	6.76	2.12
柳州	5.42	184.75	60.42	357.78	24.10	76.36	382.19	126.61	41.97	3.02
绵阳	4.42	17.00	2.50	138.89	4.62	2.27	42.08	21.61	14.65	1.95
湛江	4.64	41.25	19.17	102.78	22.05	107.73	37.50	24.68	47.89	1.52
重庆	4.88	372.50	99.17	196.11	46.41	39.09	397.81	73.39	67.04	5.42

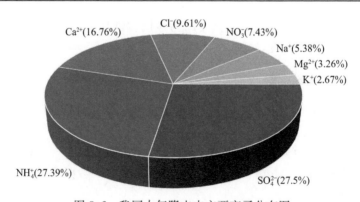

图 3.6　我国大气降水中主要离子分布图

程新金等[11]采用 $A=[SO_4^{2-}]/[NO_3^-]$ 作为划分酸雨类型的特征参量,将酸雨分为三种类型:$A{\leqslant}0.5$,为硝酸型或燃油型;$0.5{<}A{<}3.0$ 为混合型;$A{\geqslant}3.0$ 为硫酸型或燃煤型。

图 3.6 中 $[SO_4^{2-}]/[NO_3^-]$ 的比值为 3.72,可见我国属于典型的硫酸型酸雨。从图 3.6 可以看出,我国降水中最主要的阴离子是 SO_4^{2-}、Cl^- 和 NO_3^-,阳离子则以 NH_4^+ 和 Ca^{2+} 为主。由 Ca^{2+} 和阴离子构成的 $CaSO_4$ 和 $Ca(NO_3)_2$ 为盐类,pH 在 7 左右,只有 NH_4^+ 以及部分游离的 H^+ 与 SO_4^{2-} 和 NO_3^- 形成的物质才是降水酸度的主导因素。因此,针对我国硫酸型酸雨的特点,本篇试验采用硫酸铵和硝酸的混合溶液来配制模拟酸雨溶液,其中硫酸铵控制 SO_4^{2-} 浓度,硝酸调节溶液的 pH。

3.2.3　酸雨侵蚀模拟试验方法

目前,酸雨侵蚀的试验方法主要有实验室加速模拟试验[12,13]、户外暴露试验[14]等。张学元等[15]通过试验模拟酸雨对材料的腐蚀,认为酸雨对材料的腐蚀机制受诸多因素影响,采取何种试验方法对获取相关信息至关重要。

酸雨对混凝土材料的侵蚀破坏主要以材料表面剥蚀和内部材料组成发生变化为主,其他如温度突变、干湿交替、阳光照射等自然因素也会加剧材料的破坏。因此,如何较真实、全面地考虑各因素的影响,是实验室模拟的关键问题之一。

由于酸雨侵蚀混凝土耐久性研究开展较少,目前无相应的试验标准、规程可循,在参考硫酸盐腐蚀试验方法[16]基础上,采用浸烘制度来模拟干湿交替,浸泡过程相当于降雨过程中混凝土受酸雨腐蚀,烘干过程模拟雨水停止之后混凝土遭受夏季高温曝晒。具体模拟制度为:将试件浸泡于模拟酸雨溶液中 36h,取出晾干 1h,放入 60℃烘箱中烘干 10h,冷却 1h 为一个循环,一个循环共计 48h。

酸雨侵蚀与硫酸盐侵蚀的差异在于,硫酸盐侵蚀的浸泡溶液 pH 一般在 7 以上,或者不控制 pH;而酸雨侵蚀不仅要求 SO_4^{2-} 浓度达到设计值,而且溶液 pH 也要调节到 5.6 以下。此外,现场暴露的混凝土构件处于恒定离子浓度和恒定 pH 侵蚀环境中,而在试验模拟浸泡过程中,混凝土中的碱性物质不断析出会使溶液的 pH 上升,并且 SO_4^{2-} 浓度也随浸泡时间的增加而降低,所以在试验过程中为了保持模拟酸雨溶液的 pH 和 SO_4^{2-} 浓度恒定,需每隔 12h 测定溶液 pH 并调整至设计酸度,10 次循环之后更换模拟酸雨溶液。

3.3　承载混凝土中性化试验方法

实际工程中,混凝土结构大多是在承载状态下遭受环境介质侵蚀的,因此为了使研究成果更接近工程实际,更好地反映混凝土结构的实际侵蚀特征,有必要开展承载混凝土的中性化研究,揭示承载混凝土在环境侵蚀下的耐久性能,为混凝土结构的耐久性设计和评估提供可靠依据。

承载混凝土耐久性试验的关键在于如何施加荷载,并在加载状态下进行耐久性加速试验。实际工程结构的受荷大小以及传力方式异常复杂,试图通过室内试验真实地反映混凝土工作状态下的受力情况和孔结构变化情况非常困难,更无法对处于一个实际受力状态下的混凝土结构进行耐久性试验。但是根据混凝土在结构中的受力和变形特点及原理,可在实验室内开展简化模拟试验。

1. 荷载作用下混凝土裂缝发展

对承载混凝土耐久性的研究主要包括荷载类型(压力、拉力、弯曲荷载)、加载方式(持载、循环荷载或加载到一定程度卸载)、荷载大小(一般为极限荷载的百分比)及混凝土类型(普通混凝土、轻质混凝土、高性能混凝土等)。

以单调短期加载试件为例,试件在加载前,混凝土中就存在收缩裂缝和骨料周围泌水产生的微裂缝(黏结裂缝);加载后,当应力较小时,骨料和水泥石产生弹性变形,初始微裂缝基本不发展;当加载至极限荷载的 65% 左右时,骨料颗粒与水泥石的接触面产生局部应力集中,因拉应力超过黏结强度将出现一些新的裂缝(砂浆裂缝),同时初始微裂缝进一步扩展;当加载至极限荷载的 85% 左右时,砂浆裂缝急剧扩展,并与大骨料的黏结裂缝连通,再连通小骨料的黏结裂缝,成为非稳定裂缝;在极限荷载下,形成平行于加载方向的纵向贯通裂缝,将试块分割成许多小柱体,最后小柱体崩裂,导致混凝土破坏。因此,混凝土破坏是内部开裂的裂缝逐渐发展的结果,破坏只是裂缝发展的最后阶段。

2. 加载装置

加载装置必须具有足够的荷载精度,并且考虑到混凝土试件一般尺寸较大且质量较重,所以加载装置应尽可能简易实用。目前,对混凝土试件施加弯曲应力的装置从加载原理上可分为以下三种。

1) 根据杠杆原理设计的加载装置

杠杆加载系统原理简明,具有荷载可控制性强、受温度变化影响小、干扰因素少等优点,但该装置仅适合于应力水平较低的加载试验,并且要占据较大的空间。

林毓梅等[17]设计的双杠杆(三点)加载装置如图 3.7 所示,该加载装置稳定性好,但拉杆易受温度影响。图 3.8 为国外采用的杠杆(四点)加载装置[18]。若采用该加载装置对 40mm×40mm×160mm 的试件施加应力水平为 0.5 的弯曲应力,则杠杆臂长至少应为 0.6m,如果减小杠杆臂长,荷载精度下降[19]。此外,在加载条件下进行抗冻、碳化等试验时受试验箱容积的限制,也无法实现大批量试验,而且该系统只能对一个试件加载,试验效率较低,当施加较大荷载时杠杆系统还有可能失稳。

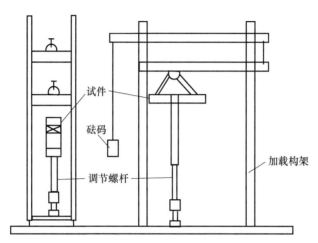

图 3.7　双杠杆(三点)加载装置[17]

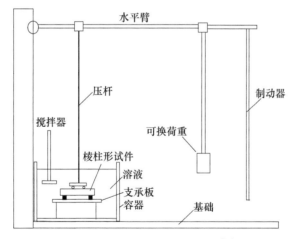

图 3.8　杠杆(四点)加载装置[18]

2) 基于胡克定律的弹簧加载装置

采用弹簧加载装置,对试件施加荷载之前,应预先测定弹簧刚度,这样通过压缩弹簧进行加载时,只需根据胡克定律计算出压缩长度,并利用扳手扳至所需位置即可。

慕儒等[20]采用图 3.9 所示的弹簧加载装置,进行了冻融循环与外部弯曲应力、盐溶液复合作用下混凝土耐久性试验。

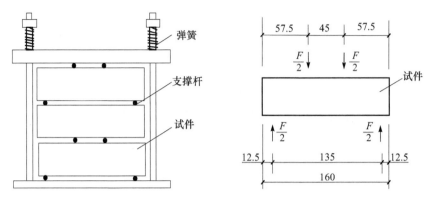

图 3.9　弹簧加载装置示意图(单位:mm)[20]

　　为了防止加载架和支点锈蚀引起的应力松弛,将上述部位与受腐蚀试件和溶液分开,并对容器内部采用高分子防锈涂层处理。加载时要注意左右平衡,避免一端加压过大。此装置原理简明,体积小巧,适用于 40mm×40mm×160mm 的试件;且不受温度变化的影响,不受盐溶液的腐蚀,能满足短期内大批量试验需求,可以将试件和装置一起置于冻融、碳化等试验箱,实现多因素的耐久性损伤试验研究。

　　邢锋等[21]针对弹簧装置只能实施小尺寸试件加载的不足,对弹簧加载装置进行了改进,如图 3.10 所示。该装置结构形式不变,尺寸规格改变,即可用于大尺寸试件的加载。多功能装置实现了多组试件的同时加载,适合于长期遭受环境侵蚀并且承受荷载的耐久性试验;但是由于烘箱容积有限,利用此装置进行承载混凝土酸雨侵蚀试验比较困难。

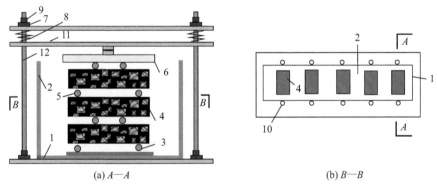

(a) A—A　　　　　　　　　　(b) B—B

图 3.10　多功能加载装置[21]

1. 底板;2. 容器;3. 支撑杆;4. 试件;5. 支撑杆;6. 上加强板;7. 垫圈;
8. 弹簧;9. 螺母;10. 螺栓孔;11. 杆梁;12. 螺杆

3) 拉杆加载系统

Castel 等[22]采用三点弯曲加载装置,通过拉杆施加荷载,进行了钢筋混凝土梁的碳化试验,加载系统如图 3.11 所示。该加载方式简单,但是对施加荷载的精度控制不够。

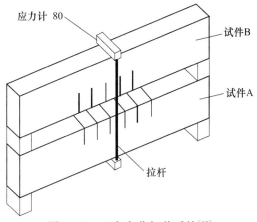

图 3.11　三点弯曲加载系统[22]

　　李金玉等[23]和邹超英等[24]也曾使用拉杆加载系统进行承载混凝土耐久性试验,荷载大小由应力扳手控制,其示意图与图 3.9 相似(去掉弹簧)。李金玉等[23]的耐久性试验中应力架的材料由铝合金制成,有一定的防腐作用,通过应力扳手拧紧螺母,从而使上下横梁产生挤压荷载,应力架中的试件在力和反力的作用下产生相同的弯曲荷载,这种加载方式同样只适合小尺寸试件。对于尺寸略大的试件,袁承斌等[25]通过旋紧高强螺栓杆上的螺母使两端钢板挤压试件来施加轴向压力(见图 3.12),通过在浇筑试件时的预留孔道用拉杆施加受拉荷载(见图 3.13)。

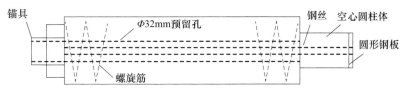

图 3.12　受压状态试件示意图[25]

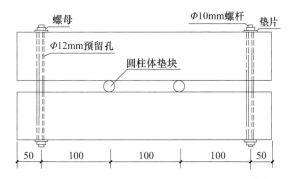

图 3.13　受拉状态试件示意图(单位:mm)[25]

3. 本试验的加载装置与加载方法

在对比上述三种加载方式后,选用自重和体积都较小的拉杆加载系统对试件进行加载。试验采用图 3.14 所示的拉杆加载装置施加弯曲应力来模拟实际构件中的简支梁。

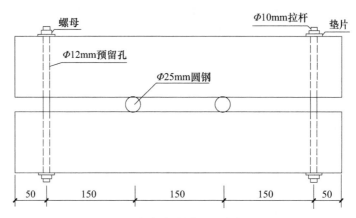

图 3.14　拉杆加载装置(单位:mm)

在一般大气环境下粉煤灰混凝土多因素侵蚀试验中选取的应力类型为弯曲应力,试验包括弯曲应力作用下粉煤灰混凝土碳化试验和酸雨侵蚀试验。为了模拟实际钢筋混凝土构件,试件采用 100mm×100mm×550mm 的棱柱体。混凝土试件按规定时间养护和烘干后,两个试件构成一组放入加载装置,分别加荷至混凝土极限弯折强度的 20%、40% 和 60%,即混凝土试件承受的弯曲应力水平为 0.2、0.4、0.6。然后按前面所述试验方法进行混凝土快速碳化试验和酸雨侵蚀试验。

用精度为 0.1N·m 的扭矩扳手施加荷载的方法进行混凝土试件弯折破坏试验。经测定,当扭矩达到 25N·m 时,混凝土试件 FA1 发生了弯折破坏,可认为拉杆承受 25N·m 扭矩时混凝土试件 FA1 达到弯折破坏强度。各混凝土试件的弯折强度试验结果如表 3.2 所示,可以看出,混凝土试件 FA1、FA2、FA3 的弯折强度相差较小。

表 3.2　混凝土试件的弯折强度及拉杆施加的扭矩值

试件编号	弯折强度/MPa	施加扭矩值/(N·m)		
		弯曲应力水平 0.2	弯曲应力水平 0.4	弯曲应力水平 0.6
FA1	5.175(28d)	5.0	10.0	15.0
FA2	5.355(90d)	5.2	10.4	15.6
FA3	5.355(90d)	5.1	10.2	15.3

　　因此,可通过对拉杆施加不同的扭矩值来控制混凝土试件的弯曲应力水平。各混凝土试件所要施加的扭矩值列于表 3.2 中。图 3.15 为用扭矩扳手控制弯曲应力水平,图 3.16 为碳化箱中的加载试件,图 3.17 为对加载混凝土试件进行酸雨浸泡和烘干试验。

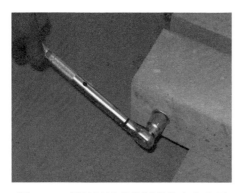

图 3.15　用扭矩扳手控制弯曲应力水平

图 3.16　碳化箱中的加载试件

图 3.17　加载混凝土试件酸雨浸泡和烘干试验

参 考 文 献

[1]　European Committee for Standardisation (CEN) CR 12793-1997. Measurement of the carbonation depth of hardened concrete[S]. Brussels:CEN Report,1997.

[2]　Jones M R , Dhir R K , Newlands M D . A study of the CEN test method for measurement of the carbonation depth of hardened concrete[J]. Materials and Structures,2000,33(226):135-142.

[3]　杨静.混凝土的碳化机理及其影响因素[J].混凝土,1995(6):23—28.

[4]　中华人民共和国国家标准.普通混凝土长期性能和耐久性能试验方法标准(GB/T 50082—2009)[S].北京:中国建筑工业出版社,2010.

[5]　DuraCrete. Probabilistic performance based durability design of concrete structures

(DuraCrete Project Document BE95-1347/R8)[R]. Gouda：The European Union-Brite EuRam III,1999.

[6] 阿列克谢耶夫. 钢筋混凝土结构中钢筋腐蚀与保护[M]. 黄可信,吴兴祖,蒋仁敏,等译. 北京：中国建筑工业出版社,1983.

[7] 张令茂,江文辉. 混凝土自然碳化及其与人工加速碳化的相关性研究[J]. 西安建筑科技大学学报(自然科学版),1990,(3)：207-214.

[8] 张海燕,把多铎,王正中. 混凝土碳化深度的预测模型[J]. 武汉大学学报(工学版),2006,39(5)：44-47.

[9] FIB. Model code for service life design(FIB MC-SLD)[R]. La Plata：FIB,2002.

[10] 中华人民共和国国家标准. 混凝土物理力学性能试验方法标准(GB/T 50081—2019)[S]. 北京：中国建筑工业出版社,2019.

[11] 程新金,黄美元. 降水化学特性的一种分类分析方法[J]. 气候与环境研究,1998,3(1)：83-89.

[12] 谢绍东,周定,岳奇贤,等. 模拟酸雨对砂浆的强度、物相和孔结构影响的研究[J]. 环境科学学报,1997,17(1)：25-31.

[13] 蓝俊康. 模拟酸雨对灰岩的侵蚀性研究[J]. 桂林工学院学报,1997,(2)：164-169.

[14] 胡晓波. 酸雨侵蚀混凝土的试验模拟分析[J]. 硅酸盐学报,2008,(s1)：147-152.

[15] 张学元,安百刚,韩恩厚,等. 酸雨对材料的腐蚀/冲刷研究现状[J]. 腐蚀科学与防护技术,2002,14(3)：157-160.

[16] 马孝轩,冷发光,郭向勇. 混凝土材料抗硫酸盐腐蚀试验方法研究[C]//混凝土标准规范及工程应用. 北京：中国建材工业出版社,2005：19-23.

[17] 林毓梅,冯琳. 在海水中混凝土应力腐蚀试验研究[J]. 水利学报,1995,(2)：40-45.

[18] Schneider U,Nägele E,Dumat F. Stress corrosion initiated cracking of concrete[J]. Cement and Concrete Research,1986,16(4)：535-544.

[19] 焦楚杰,张亚芳,魏晓峰,等. 一种混凝土耐久性实验的加载装置[J]. 中山大学学报(自然科学版),2012,51(4)：14-18.

[20] 慕儒,严安,严捍东,等. 冻融和应力复合作用下 HPC 的损伤与损伤抑制[J]. 建筑材料学报,1999,(4)：359-364.

[21] 邢锋,冷发光,冯乃谦,等. 长期持续荷载对素混凝土氯离子渗透性的影响[J]. 混凝土,2004,(5)：3-8.

[22] Castel A,Francois R,Arliguie G. Effect of loading on carbonation penetration in reinforced concrete elements[J]. Cement and Concrete Research,1999,29(4)：561-565.

[23] 李金玉,曹建国. 水工混凝土耐久性的研究和应用[M]. 北京：中国电力出版社,2004.

[24] 邹超英,徐天水,胡琼. 应力状态对抗冻混凝土力学性能的影响[J]. 低温建筑技术,2005,6(108)：6-7.

[25] 袁承斌,张德峰,刘荣桂,等. 不同应力状态下混凝土抗氯离子侵蚀的研究[J]. 河海大学学报(自然科学版),2003,31(1)：50-54.

第4章 掺合料混凝土碳化性能

混凝土碳化问题一直是混凝土耐久性研究的重点,研究者在这一领域开展了大量研究工作并取得了丰硕的研究成果[1~4]。然而,以往的试验通常以素混凝土为对象,忽略了配筋对混凝土碳化的影响,且多数试验仅针对CO_2在混凝土中的一维扩散开展研究,忽略了混凝土构件的关键部位——角区混凝土的碳化情况。实际上,构件角区混凝土碳化是由CO_2二维扩散作用引起的,并非CO_2一维扩散问题。近年来,粉煤灰混凝土在大型工程中得到了广泛的应用,开展粉煤灰混凝土抗碳化性能研究,分析配筋对粉煤灰混凝土碳化的影响,特别是CO_2二维扩散作用对粉煤灰混凝土构件角区碳化深度的影响具有重要意义。为此,本章将通过粉煤灰混凝土的实验室快速碳化试验,分析各种因素(水胶比、粉煤灰掺量、浇筑面、配筋)对粉煤灰混凝土碳化规律的影响。

4.1 粉煤灰混凝土碳化性能

4.1.1 碳化试验设计及试件分组

粉煤灰混凝土实验室快速碳化试验主要考察水胶比(0.35、0.45、0.55)、粉煤灰掺量(0、15%、30%)、浇筑面及配筋对粉煤灰混凝土碳化规律的影响,试验考察因素及试件分组见表4.1,配筋试件的钢筋位置如图4.1所示。试验按照《普通混凝土长期性能和耐久性能试验方法标准》(GB/T 50082—2009)[5]中的碳化试验方法进行,碳化时间取为 3d、7d、14d、28d。为了便于对比多因素的试验结果,对C-FA1、C-FA2、C-FA3试件还测试了6d、9d、21d的碳化深度。

具体试验步骤如下:

(1) 按照设计配合比制作混凝土试件,碳化试件尺寸为 100mm×100mm×300mm,强度试件尺寸为 100mm×100mm×100mm。拌制混凝土之前先对砂子和碎石进行冲洗并充分晾干,混凝土注入模具之后放在小型振动台上进行振捣。

(2) 混凝土试件浇筑24h后拆模,之后将试件放入标准养护室养护。除了C-FA1试件养护 28d 外,其余试件养护 30d 后,再自然养护 60d。

(3) 按标准试验方法测试养护 28d 和 90d 的混凝土抗压强度。

(4) 碳化试件养护至规定龄期前 2d,放入烘箱干燥,60℃下烘 48h 后将试件的端面用加热的石蜡密封,其他四个侧面均不密封(考察浇筑面的影响),在侧面沿长度方向用铅笔以 10mm 间距画出平行线来标定碳化深度的测点。

（5）将经过处理的试件放入碳化箱内，各试件之间应至少保持 50mm 的间距。

（6）碳化进行至 3d、7d、14d、28d 时，取出试件切割以测定其碳化深度。具体做法是将试件在岩石切割机上从一端开始破型，每次切割的厚度为 30mm，将破型试件的切割面用石蜡封好后，再放入碳化箱内继续碳化。

表 4.1 碳化试验考察因素及试件分组

试件分组	试件编号	强度等级	粉煤灰掺量/kg	水胶比	养护龄期/d	考察因素
A	C-W1	—	95	0.35	90	水胶比
	C-W2	—	74	0.45	90	
	C-W3	—	60	0.55	90	
B	C-FA1	C30	0(Ⅱ级 0)	—	28	粉煤灰掺量
	C-FA2	C30	75(Ⅱ级 15%)	—	90	
	C-FA3	C30	150(Ⅱ级 30%)	—	90	
C	C-FA2-RC	C30	75(Ⅱ级 15%)	—	90	配筋

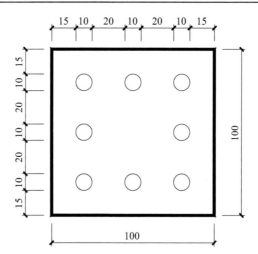

图 4.1 配筋试件的钢筋位置（单位：mm）

4.1.2 混凝土碳化深度测试结果

A、B、C 各组试件 3d、7d、14d、28d 后的碳化深度测试结果见表 4.2。可以看出，碳化时间为 3d 时，B 组试件碳化深度最大，特别是 C-FA3 试件的碳化深度达 2.73mm，A 组试件次之，C 组试件最小。此外，各试件顶面碳化深度往往大于其他面的碳化深度，其他碳化时间也有类似的规律，可见，混凝土试件顶面的抗碳化能力较弱。

表 4.2　试件碳化深度测试结果

碳化时间/d	部位	碳化深度/mm						
		C-W1	C-W2	C-W3	C-FA1	C-FA2	C-FA3	C-FA2-RC
3	顶面	0.61	1.05	1.96	0.74	2.02	2.73	0.65
	底面	—	0.48	1.12	0.63	1.18	1.66	0.46
	左侧面	—	0.59	1.59	0.77	1.54	2.22	0.52
	右侧面	—	0.58	1.57	0.67	1.22	2.22	0.48
7	顶面	1.08	2.13	4.20	1.23	3.04	4.53	1.99
	底面	—	1.17	3.01	0.97	1.79	3.65	0.85
	左侧面	—	1.37	4.21	1.05	2.31	4.15	1.30
	右侧面	—	1.37	4.39	1.19	2.36	4.18	1.36
14	顶面	1.39	3.34	5.85	1.47	4.08	6.93	3.14
	底面	—	1.73	4.70	1.36	2.94	6.00	1.72
	左侧面	—	2.28	6.16	1.32	3.10	6.07	2.21
	右侧面	—	2.26	6.32	1.66	3.25	5.97	1.88
28	顶面	1.52	4.18	6.92	1.78	5.16	9.05	4.20
	底面	—	2.12	5.68	1.61	3.63	7.68	2.86
	左侧面	—	2.97	7.18	1.62	4.04	8.16	2.96
	右侧面	—	2.91	7.15	1.88	3.97	8.23	3.48

注：—表示无明显的碳化深度。

　　试件 C-FA2、C-FA3 角区混凝土二维碳化深度测试结果见表 4.3。可以看出，随着碳化时间的增加，各试件角区混凝土碳化深度增大，各试件 28d 的碳化深度为 7d 时的 2 倍左右；各试件左角区碳化深度和右角区碳化深度相当，即左、右角区混凝土的碳化进程相似。

表 4.3　试件 C-FA2、C-FA3 角区混凝土二维碳化深度测试结果

碳化时间/d	碳化深度/mm			
	C-FA2		C-FA3	
	左角区	右角区	左角区	右角区
7	4.81	4.51	7.45	7.67
9	5.37	5.04	8.80	8.31
14	6.27	6.16	11.94	11.86
21	7.16	7.32	13.26	13.36
28	7.95	8.18	14.19	14.05

4.1.3　水胶比对混凝土碳化深度的影响

　　图 4.2 为 A 组试件混凝土碳化深度与碳化时间的关系曲线。可以看出，不同

水胶比粉煤灰混凝土碳化深度均随碳化时间的增加而增大,混凝土碳化深度早期增加较快,后期增加逐渐变缓,主要原因是碳化生成的 $CaCO_3$ 和其他固态产物堵塞在混凝土孔隙中,减弱了后续 CO_2 的扩散。水胶比为 0.35 的混凝土试件 C-W1,虽然粉煤灰掺量最多,但是仍然具有较好的抗碳化能力,可见水胶比是影响混凝土碳化的最主要因素。增大水胶比会增加用水量,混凝土硬化时水分蒸发,会在自由水占据的空间形成微孔或毛细管等,从而导致混凝土孔隙率增加,促进 CO_2 的扩散,加速混凝土碳化进程。

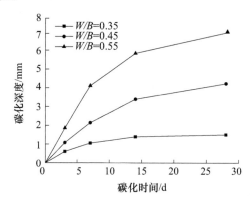

图 4.2　A 组试件混凝土碳化深度与碳化时间的关系曲线

CO_2 在混凝土中的扩散服从 Fick 第一定律,由 Fick 第一定律得到的混凝土碳化深度模型可以表示为

$$x_c = k_c \sqrt{t} \tag{4.1}$$

式中,k_c 为碳化速度系数;t 为碳化时间,d。

图 4.3 为不同碳化时间下混凝土碳化速度系数与水胶比的关系曲线。可以看出,随着水胶比的增加,混凝土碳化速度系数逐渐增大,二者呈指数关系。

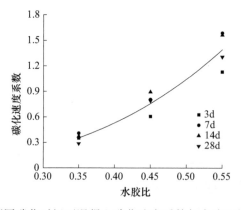

图 4.3　不同碳化时间下混凝土碳化速度系数与水胶比的关系曲线

经回归分析，可得混凝土碳化速度系数与水胶比之间的关系为

$$k_c = 8.536 \left(\frac{W}{B}\right)^{3.033} \tag{4.2}$$

式中，W/B 为水胶比。

4.1.4　粉煤灰掺量对混凝土碳化深度的影响

取 B 组试件左右两侧面的碳化深度平均值分析粉煤灰掺量对混凝土碳化深度的影响，图 4.4 给出了 B 组试件混凝土碳化深度与碳化时间的关系曲线。

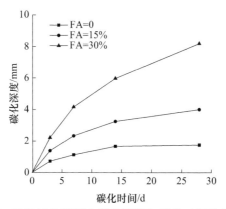

图 4.4　B 组试件混凝土碳化深度与碳化时间的关系曲线

从图 4.4 可以看出，不同粉煤灰掺量混凝土碳化深度均随碳化时间的增加而增大，掺加粉煤灰的混凝土碳化深度大于普通混凝土，且掺量越大，碳化深度越大，掺量 15% 的粉煤灰混凝土 28d 碳化深度是普通混凝土的 2.3 倍，掺量 30% 的粉煤灰混凝土 28d 碳化深度是普通混凝土的 4.7 倍，说明混凝土中掺加粉煤灰对混凝土抗碳化性能不利。产生这种差异的原因主要是随着粉煤灰掺量的增加，相应的水泥用量减少，水泥水化生成的可碳化物质也随之减少，混凝土碱性物质储备降低；此外，粉煤灰掺量越大，粉煤灰中活性 SiO_2 和 Al_2O_3 二次水化时消耗的 $Ca(OH)_2$ 越多，导致混凝土碱性降低，抗碳化能力减弱。

图 4.5 为不同碳化时间下混凝土碳化速度系数与粉煤灰掺量的关系曲线。可以看出，随着粉煤灰掺量的增加，混凝土碳化速度系数增大。

经回归分析，可得混凝土碳化速度系数与粉煤灰掺量之间的关系为

$$k_c = 0.409 \exp(0.0439 FA) \tag{4.3}$$

式中，FA 为粉煤灰掺量，%。

4.1.5　浇筑面对混凝土碳化深度的影响

图 4.6 为普通混凝土试件 C-FA1 各面的碳化深度对比，图 4.7 和图 4.8 分别

为粉煤灰混凝土试件 C-FA2 和 C-FA3 各面的碳化深度对比。

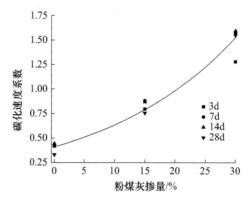

图 4.5　不同碳化时间下碳化速度系数与粉煤灰掺量的关系曲线

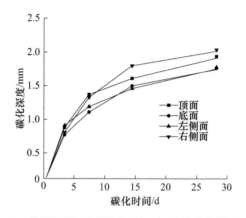

图 4.6　普通混凝土试件 C-FA1 各面的碳化深度对比

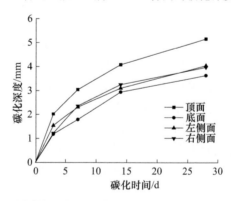

图 4.7　粉煤灰混凝土试件 C-FA2 各面的碳化深度对比

从图 4.6~图 4.8 可以看出,普通混凝土碳化深度较小,试件各面的碳化深度基本相同,其中顶面和右侧面碳化深度略大;粉煤灰混凝土试件各面的碳化深度大小具有规律性,均是顶面碳化深度最大,其次是侧面,底面最小。这是因为混凝土试件浇筑振捣时,粗骨料下沉,胶凝材料上浮,使试件的底面变得密实,而顶面浮浆较多,密实度较差,侧面相对底面和顶面来说更均匀一些,这与实际工程中混凝土浇筑成型的情况基本相似。

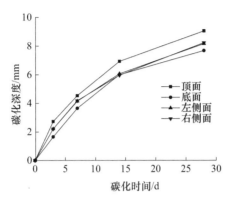

图 4.8　粉煤灰混凝土试件 C-FA3 各面的碳化深度对比

4.1.6　配筋对混凝土碳化深度的影响

配筋试件 C-FA2-RC 与对比试件 C-FA2 的一维碳化深度测试结果见表 4.2。配筋对不同碳化时间试件各面碳化深度的影响如图 4.9 所示。

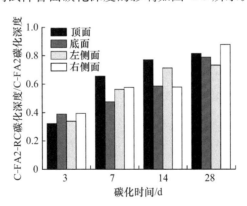

图 4.9　配筋对不同碳化时间试件各面碳化深度的影响

从图 4.9 可以看出,在不同碳化时间内,配筋试件 C-FA2-RC 各面的碳化深度与无筋试件 C-FA2 碳化深度的比值均小于 1,并且比值随碳化时间的增加而增大。可见,在碳化时间 28d 内,钢筋的存在对混凝土碳化起一定的抑制作用,配筋试件的碳化深度均小于无筋试件的碳化深度;此外,碳化时间越长,配筋对混凝土碳化的抑制作用越不显著。通过观察试件 C-FA2-RC 与 C-FA2 切开后的截面发现,试件 C-FA2-RC 的孔隙在数量和尺寸上都要少于试件 C-FA2 的孔隙,即试件 C-FA2-RC 密实度更好,因此碳化速度也较慢。本次试验中钢筋的存在对混凝土碳化深度有显著影响,配筋对碳化起一定的抑制作用,实际混凝土构件中钢筋的存在对碳化性能的影响是否存在类似规律、试件的尺寸效应等仍需要开展进一步深入研究。

4.1.7　角区混凝土碳化深度

1. 角区混凝土二维碳化深度与相邻面混凝土碳化深度的比较

以试件 C-FA2、C-FA3 右角区混凝土二维碳化深度为例,右角区与相邻面(顶面和右侧面)混凝土二维碳化深度的对比分别如图 4.10 和图 4.11 所示。

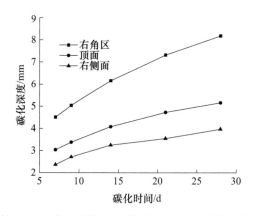

图 4.10　试件 C-FA2 角区混凝土二维碳化深度与相邻面碳化深度的对比

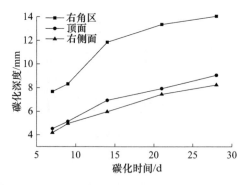

图 4.11　试件 C-FA3 角区混凝土二维碳化深度与相邻面碳化深度的对比

从图 4.10 和图 4.11、表 4.2 和表 4.3 可以看出,右角区混凝土二维碳化深度显著大于顶面和右侧面的混凝土碳化深度,碳化 7d、9d、14d、21d 和 28d 时,试件 C-FA2 右角区的碳化深度分别是顶面的 1.48 倍、1.49 倍、1.51 倍、1.55 倍和 1.59

倍,分别是右侧面的 1.91 倍、1.86 倍、1.90 倍、2.06 倍和 2.06 倍;试件 C-FA3 右角区的碳化深度是顶面和右侧面碳化深度的 1.55～1.99 倍。同样,左角区混凝土二维碳化深度也大于相邻面(顶面、左侧面)的碳化深度。不同碳化龄期,试件 C-FA2、C-FA3 左角区的碳化深度是左侧面和顶面的碳化深度的 1.53～2.08 倍。

2. CO_2 二维扩散对角区混凝土碳化深度的影响

假设 CO_2 两个相邻面的一维扩散对相应角区混凝土的碳化深度无交互作用,则可利用混凝土相邻面的碳化深度计算角区混凝土二维碳化深度(图 3.5 中的 x'_c),计算公式为

$$x'_c = \sqrt{x_{ct}^2 + x_{cs}^2} \tag{4.4}$$

式中,x'_c 为不考虑相邻面 CO_2 一维扩散交互作用的角区混凝土二维碳化深度;x_{ct} 为顶面混凝土碳化深度;x_{cs} 为侧面混凝土碳化深度。

表 4.4 给出了角区混凝土二维碳化深度实测值,同时列出按式(4.4)计算得到的角区混凝土二维碳化深度值。可以看出,角区混凝土二维碳化深度计算值均小于实测值,原因在于角区混凝土的碳化深度边界线为近似圆弧形状,非直角交汇(见图 3.5)。因此,在计算角区混凝土二维碳化深度时,不能简单地按式(4.4)计算,而应同时考虑 CO_2 在角区双向扩散的交互影响。

表 4.4　角区混凝土二维碳化深度计算值与实测值的对比

| 碳化时间/d | C-FA2 碳化深度/mm | | | | C-FA3 碳化深度/mm | | | |
| | 左角区 | | 右角区 | | 左角区 | | 右角区 | |
	计算值	实测值	计算值	实测值	计算值	实测值	计算值	实测值
7	3.82	4.81	3.85	4.51	6.14	7.45	6.16	7.67
9	4.26	5.37	4.33	5.04	7.09	8.80	7.14	8.31
14	5.12	6.27	5.22	6.16	9.21	11.94	9.15	11.86
21	5.99	7.16	5.91	7.32	10.83	13.26	10.87	13.36
28	6.55	7.95	6.51	8.18	12.19	14.19	12.23	14.05

3. 角区 CO_2 扩散交互影响系数

为了反映角区混凝土二维碳化深度是由两个相邻面上 CO_2 一维扩散交互作用的结果,引入角区 CO_2 扩散交互影响系数 ξ_c,即

$$\xi_c = \frac{x'_{c,n}}{x'_c} \tag{4.5}$$

式中,$x'_{c,n}$ 为角区混凝土二维碳化深度实测值。

角区混凝土 CO_2 扩散交互影响系数的计算结果见表 4.5。

表 4.5　角区混凝土 CO_2 扩散交互影响系数 ξ_c 计算结果

碳化时间/d	ξ_c (C-FA2)		ξ_c (C-FA3)	
	左角区	右角区	左角区	右角区
7	1.26	1.17	1.21	1.25
9	1.26	1.16	1.24	1.16
14	1.22	1.18	1.30	1.30
21	1.20	1.24	1.22	1.23
28	1.21	1.26	1.16	1.15
平均值	1.216		1.222	

从表 4.5 可以看出,碳化时间对角区 CO_2 扩散交互影响系数几乎无影响,粉煤灰混凝土试件 C-FA2 的交互影响系数平均值为 1.216,试件 C-FA3 的交互影响系数平均值为 1.222,二者较为接近。可见,对于中低掺量的粉煤灰混凝土,粉煤灰掺量对角区 CO_2 扩散交互影响系数无明显影响,建议角区 CO_2 扩散交互影响系数取 1.2。因此,角区混凝土二维碳化深度的计算公式为

$$x'_c = 1.2\sqrt{x_{ct}^2 + x_{cs}^2} \tag{4.6}$$

式中,x'_c 为角区混凝土二维碳化深度;x_{ct} 为顶面混凝土碳化深度;x_{cs} 为侧面混凝土碳化深度。

由式(4.6)可知,混凝土角区 CO_2 扩散交互影响系数均大于 1,说明在周围 CO_2 浓度恒定的情况下,碳化前锋有可能最先到达角区钢筋,导致角区钢筋率先发生锈蚀,这对进一步研究混凝土构件中钢筋开始锈蚀时间及锈蚀发生的位置具有重要意义。

在工程检测中,精确测量梁、柱角区混凝土二维碳化深度是比较困难的,而两个相邻面的碳化深度容易精确测量,因此可以利用式(4.6)计算角区混凝土二维碳化深度。

4.2　复掺矿物掺合料混凝土碳化性能

在混凝土中掺入粉煤灰、矿渣、硅灰等矿物掺合料,不仅能改善混凝土的性能,还可以节约水泥及能源,有利于保护环境,符合我国可持续发展战略。随着粉煤灰、矿渣和硅灰等掺合料在混凝土中的应用日益广泛,掺合料混凝土碳化性能已成为混凝土耐久性领域研究的热点。

关于复掺粉煤灰、矿渣、硅灰混凝土的碳化问题,研究者进行了大量研究。Khana 等[6]的试验结果表明,双掺粉煤灰、硅灰混凝土的碳化深度大于单掺粉煤灰混凝土。Sisomphon 等[7]的研究表明,粉煤灰混凝土的抗碳化性能优于矿渣水泥混凝土,双掺粉煤灰、矿渣混凝土的抗碳化能力最低。对于同强度等级混凝土,双掺粉煤灰、矿渣和双掺粉煤灰、硅灰混凝土的抗碳化性能均低于单掺粉煤灰混凝土和普通混凝土[8]。掺合料细度对混凝土碳化性能也有影响,掺合料细度越大,其二

次水化反应越充分,抗碳化性能越好[9]。

本节考虑水胶比、掺合料种类、掺量等因素,通过快速碳化试验对掺加粉煤灰、矿渣、硅灰等复掺矿物掺合料混凝土的碳化规律进行研究。

4.2.1　试验设计

1. 原材料

水泥采用 42.5R 普通硅酸盐水泥,其物理性能和力学性能见表 4.6。粉煤灰为二级粉煤灰,矿渣采用矿渣粉,硅灰为 Elkem Microsilica,减水剂采用聚羧酸高效减水剂,水为普通自来水。

表 4.6　水泥的物理性能和力学性能

抗压强度/MPa		抗折强度/MPa		凝结时间/min	
3d	28d	3d	28d	初凝	终凝
27.2	49.2	6.3	9.8	160	210

试验考虑单掺粉煤灰(FA)、矿渣(BFS)、硅灰(SF),双掺粉煤灰和矿渣、双掺粉煤灰和硅灰,以及三掺粉煤灰、矿渣、硅灰,掺合料等量取代水泥,减水剂为胶凝材料总量的 0.5%。混凝土配合比和抗压强度见表 4.7。

表 4.7　混凝土配合比和抗压强度

水胶比	矿物掺合料掺量/%			材料用量/(kg/m³)				抗压强度/MPa	
	粉煤灰	矿渣	硅灰	水泥	砂	石	水	28d	90d
0.35	20	30	—	318.5	640	1145	160	50.8	63.6
0.45	20	30	—	248.5	675	1210	160	46.9	55.4
0.55	20	30	—	203.0	700	1250	160	35.1	46.2
0.45	0	0	0	355.0	675	1210	160	44.2	57.1
0.45	10	—	—	319.5	675	1210	160	48.2	58.0
0.45	20	—	—	284.0	675	1210	160	49.6	57.0
0.45	30	—	—	248.5	675	1210	160	38.0	48.6
0.45	—	30	—	248.5	675	1210	160	47.6	54.5
0.45	—	—	10	319.5	675	1210	160	54.4	56.7
0.45	10	30	—	213.0	675	1210	160	50.1	54.3
0.45	30	30	—	142.0	675	1210	160	39.8	47.5
0.45	20	30	—	177.5	675	1210	160	46.9	55.4
0.45	20	40	—	142.0	675	1210	160	39.2	46.7
0.45	20	50	—	106.5	675	1210	160	36.7	46.4
0.45	40	20	—	142.0	675	1210	160	35.7	48.3

水胶比	矿物掺合料掺量/%			材料用量/(kg/m³)				抗压强度/MPa	
	粉煤灰	矿渣	硅灰	水泥	砂	石	水	28d	90d
0.45	10	—	10	284.0	675	1210	160	53.1	61.8
0.45	50	—	10	142.0	675	1210	160	28.4	37.1
0.45	30	—	10	213.0	675	1210	160	43.0	54.9
0.45	30	—	5	230.8	675	1210	160	43.4	56.6
0.45	30	—	15	195.3	675	1210	160	44.0	56.9
0.45	15	30	5	177.5	675	1210	160	49.4	60.8
0.45	20	30	10	142.0	675	1210	160	50.5	56.5
0.45	25	30	5	142.0	675	1210	160	44.6	61.8
0.45	15	40	5	142.0	675	1210	160	40.8	54.6
0.45	15	50	5	106.5	675	1210	160	35.1	47.7

2. 试件制作与试验方法

按照设计配合比制作混凝土试件,碳化试件尺寸为 100mm×100mm×300mm,强度试件尺寸为 100mm×100mm×100mm。混凝土试件浇筑 24h 后拆模,之后将试件放入标准养护室内养护 30d,再自然养护 60d。

试验依据《普通混凝土长期性能和耐久性能试验方法标准》(GB/T 50082—2009)中的碳化试验规定进行,碳化时间为 3d、7d、14d、28d、56d 时测量混凝土试件碳化深度。

4.2.2　试验结果分析

1. 水胶比对掺合料混凝土碳化深度的影响

水胶比是影响混凝土碳化的重要因素。随着水胶比的增加,混凝土碳化深度增大。图 4.12 为双掺粉煤灰 20%、矿渣 30%混凝土碳化深度与碳化时间的关系曲线。

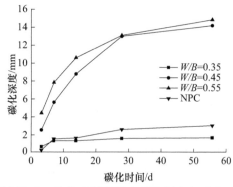

图 4.12　不同水胶比双掺掺合料混凝土碳化深度与碳化时间的关系曲线

从图 4.12 可以看出,水胶比为 0.35 的掺合料混凝土各龄期碳化深度显著低于水胶比为 0.45 和 0.55 的掺合料混凝土;水胶比为 0.35 的掺合料混凝土 56d 碳化深度不足 2mm,而相同龄期水胶比为 0.45 的掺合料混凝土碳化深度已达到 14mm,是前者的 7 倍。因此,降低水胶比可显著提高掺合料混凝土的抗碳化能力。此外,水胶比为 0.45 的掺合料混凝土各龄期碳化深度均显著大于普通混凝土。

2. 掺合料种类及掺量对混凝土碳化深度的影响

图 4.13 给出了水胶比为 0.45 的单掺掺合料混凝土碳化深度与碳化时间的关系曲线。可以看出,单掺掺合料混凝土 28d、56d 碳化深度从小到大排序为:普通混凝土<掺 10% 粉煤灰混凝土<掺 10% 硅灰混凝土<掺 30% 矿渣混凝土<掺 20% 粉煤灰混凝土<掺 30% 粉煤灰混凝土。当掺合料掺量较小(如 10%)时,混凝土 56d 碳化深度较接近普通混凝土,对混凝土抗碳化性能无明显影响。

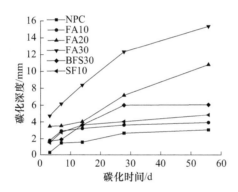

图 4.13 单掺掺合料混凝土碳化深度与碳化时间的关系曲线

增加粉煤灰掺量将显著降低混凝土的抗碳化能力,粉煤灰混凝土各龄期碳化深度随着粉煤灰掺量的增加而增大,如掺 10% 粉煤灰混凝土 56d 碳化深度为同龄期普通混凝土的 1.3 倍;当粉煤灰掺量增加到 30% 时,其 56d 碳化深度达到普通混凝土的 5 倍。与图 4.12 的结果相比,单掺 30% 粉煤灰混凝土 56d 碳化深度大于同龄期双掺粉煤灰 20%、矿渣 30% 混凝土的碳化深度。因此,为保证混凝土的抗碳化性能,应将粉煤灰掺量控制在合理范围内。

图 4.14 为双掺粉煤灰、矿渣混凝土碳化深度与碳化时间的关系曲线。可以看出,当矿渣掺量不变时,混凝土各龄期碳化深度随着粉煤灰掺量的增加而增大;当粉煤灰掺量不变时,混凝土各龄期混凝土碳化深度随着矿渣掺量的增加先减小后增大;当粉煤灰、矿渣总掺量不变时,粉煤灰与矿渣掺量之比为 0.5 的混凝土各龄期碳化深度最小,而粉煤灰与矿渣掺量之比分别为 1.0 和 2.0 的混凝土 56d 碳化深度均为 19mm,达同龄期掺量之比为 0.5 的混凝土碳化深度的约 2 倍。对比

图 4.13 和图 4.14 可以看出,双掺粉煤灰 10%、矿渣 30%混凝土具有较好的抗碳化性能,其 56d 碳化深度为 3.78mm,仅为同龄期普通混凝土碳化深度的 1.2 倍,而且其各龄期碳化深度均小于单掺 10%粉煤灰混凝土的碳化深度;双掺粉煤灰 20%、矿渣 40%混凝土各龄期碳化深度也都小于单掺 30%粉煤灰混凝土碳化深度。因此,若采用合理的掺量,双掺粉煤灰、矿渣混凝土不仅能得到较高的抗碳化能力,还可以大幅度提高水泥取代量。

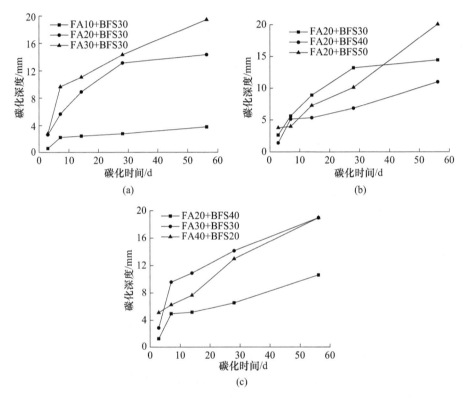

图 4.14　双掺粉煤灰、矿渣混凝土碳化深度与碳化时间的关系曲线

图 4.15 给出了双掺粉煤灰、硅灰混凝土碳化深度与碳化时间的关系曲线。从图中可知,当硅灰掺量不变时,混凝土各龄期碳化深度随粉煤灰掺量的增加而增大,掺 50%粉煤灰混凝土 3d 碳化深度已大于掺 10%粉煤灰混凝土 56d 碳化深度,且略大于掺 30%粉煤灰混凝土 14d 碳化深度;当粉煤灰掺量不变时,混凝土 56d 碳化深度规律为:掺 10%硅灰混凝土>掺 15%硅灰混凝土>掺 5%硅灰混凝土。这是因为当粉煤灰掺量不变时,随着硅灰掺量的增加,单位体积混凝土可碳化物质减少,混凝土抗碳化能力降低;另外,双掺粉煤灰 30%、硅灰 15%的混凝土火山灰复合效应、微骨料复合效应大于双掺粉煤灰 30%、硅灰 10%混凝土,使得硅灰掺量

15％混凝土仍具有较好的抗碳化性能。对比图 4.14 和图 4.15 可以看出，双掺粉煤灰、矿渣混凝土的抗碳化性能总体上优于双掺粉煤灰、硅灰混凝土。

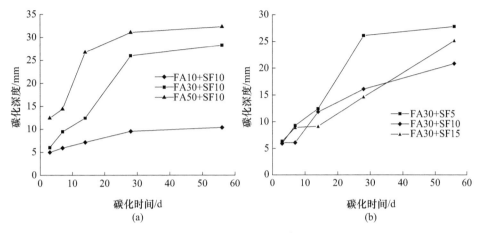

图 4.15　双掺粉煤灰、硅灰混凝土碳化深度与碳化时间的关系曲线

　　图 4.16 为三掺粉煤灰、矿渣、硅灰混凝土碳化深度与碳化时间的关系曲线。可以看出，当矿渣和硅灰掺量不变时，混凝土各龄期碳化深度随粉煤灰掺量的增加而增大；当掺合料总量及矿渣掺量不变时，3d、7d、14d 及 28d 混凝土碳化深度差别不大，28d 后碳化深度随硅灰掺量的增加而增大；当粉煤灰和硅灰掺量不变时，混凝土 56d 碳化深度随着矿渣掺量的增加而增大，且掺 50％矿渣混凝土各龄期碳化深度最大；掺 30％矿渣混凝土早期碳化速度较快，但是从碳化时间 14d 开始，碳化速度增加缓慢，56d 碳化深度与 28d 碳化深度基本相同。

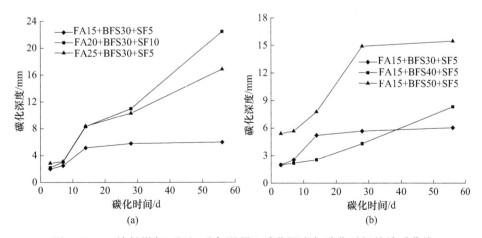

图 4.16　三掺粉煤灰、矿渣、硅灰混凝土碳化深度与碳化时间的关系曲线

　　对比图 4.14(b)与图 4.16(b)可以看出,掺合料总量相同时,三掺掺合料混凝土(以 5%硅灰取代双掺掺合料混凝土中的粉煤灰)56d 碳化深度均低于同掺量的双掺粉煤灰、矿渣混凝土,如掺合料总量为 50%时,三掺粉煤灰 15%、矿渣 30%、硅灰 5%的混凝土 56d 碳化深度仅为 5.93mm,而双掺粉煤灰 20%、矿渣 30%的混凝土同龄期碳化深度为 14.1mm,约是前者的 2.4 倍。主要原因是水泥、粉煤灰、矿渣与硅灰组成的四元体系的级配得到进一步优化,硬化浆体的孔隙率降低,此外,多元复合矿物掺合料在混凝土中产生火山灰效应、微骨料复合效应等交互作用,改善了硬化浆体及骨料-浆体过渡区的孔结构,使 CO_2 在三掺掺合料混凝土中的扩散系数比在双掺掺合料混凝土中小。因此,三掺掺合料混凝土的抗碳化能力优于同掺量双掺掺合料混凝土。

参 考 文 献

[1]　Biczok I. Concrete Corrosion and Concrete Protection[M]. New York:Chemical Publishing,1967.

[2]　阿列克谢耶夫. 钢筋混凝土结构中钢筋腐蚀与保护[M]. 黄可信,吴兴祖,蒋仁敏,等译. 北京:中国建筑工业出版社,1983.

[3]　牛荻涛. 混凝土结构耐久性与寿命预测[M]. 北京:科学出版社,2003.

[4]　张誉,蒋利学,张伟平,等. 混凝土结构耐久性概论[M]. 上海:上海科学技术版社,2003.

[5]　中华人民共和国国家标准. 普通混凝土长期性能和耐久性能试验方法标准标准(GB/T 50082—2009)[S]. 北京:中国建筑工业出版社,2009.

[6]　Khana M I,Lynsdale C J. Strength,permeability,and carbonation of high-performance concrete [J]. Cement and Concrete Research,2002,32(1):123-131.

[7]　Sisomphon K,Franke L. Carbonation rates of concretes containing high volume of pozzolanic materials[J]. Cement and Concrete Research,2007,37(12):1647-1653.

[8]　Jones M R,Dhir R K,Magee B J. Concrete containing ternary blended binders:Resistance to chloride ingress and carbonation[J]. Cement and Concrete Research,1997,27(6):825-831.

[9]　Sulaphal P,Wong S F,Wee T H,et al. Carbonation of concrete containing mineral admixtures[J]. Journal of Materials in Civil Engineering,2003,15(2):134-143.

第5章　粉煤灰混凝土酸雨侵蚀性能

酸雨是全球性环境问题,大量调查和研究结果表明,在酸雨侵蚀过程中,材料的组成、结构会发生一系列的物理、化学变化[1~3]。关于混凝土抗酸雨侵蚀性能的研究已有一些报道[4~7],但混凝土中掺加粉煤灰后的抗酸雨侵蚀性能研究仍处于起步阶段。

认识酸雨侵蚀过程中粉煤灰混凝土结构组成变化规律,对提出粉煤灰混凝土抗酸雨侵蚀性能的改善措施是极其重要的。从工程应用来看,人们更关心粉煤灰混凝土在酸雨侵蚀过程中的护筋性能和力学性能。因此,本章将通过粉煤灰混凝土实验室模拟酸雨侵蚀试验,分析粉煤灰混凝土的抗酸雨侵蚀性能。

5.1　试验设计与试验方法

从材料本身考虑,粉煤灰混凝土在酸雨环境下耐久性能的影响因素主要有混凝土水胶比、粉煤灰掺量和浇筑面;侵蚀介质主要有酸雨溶液的 SO_4^{2-} 浓度和pH。在调研全国酸雨状况并借鉴其他领域酸雨侵蚀试验基础上,本次试验的酸雨侵蚀溶液采用 SO_4^{2-} 浓度为 0.10mol/L、0.15mol/L、0.20mol/L 三种,pH 为 3、4、5 三种。表 5.1 列出了酸雨侵蚀试验考察因素及试件分组。

试验主要考察酸雨侵蚀粉煤灰混凝土的质量损失、强度损失及中性化规律,分析水胶比、粉煤灰掺量、浇筑面及酸雨模拟溶液的 SO_4^{2-} 浓度和 pH 等对酸雨侵蚀粉煤灰混凝土中性化的影响规律,揭示粉煤灰混凝土在最不利酸雨环境下(pH 为 3、SO_4^{2-} 浓度为 0.20mol/L)的性能劣化规律。

具体试验步骤如下:

(1) 按照设计配合比制作混凝土试件,混凝土中性化试件尺寸为 100mm×100mm×300mm,混凝土质量损失、强度损失试件尺寸为 100mm×100mm×100mm。

(2) 混凝土试件浇筑 24h 后拆模,之后将试件放入标准养护室养护。除了 A-FA1 试件养护 28d 外,其余试件养护 30d 后,再自然养护 60d。

(3)试件养护至龄期前 2d 时,放入烘箱内干燥,60℃下烘 48h。烘干后,对质量损失试件称重,记为原始质量;将中性化试件的端面用加热的石蜡密封,四个侧面不密封,以考察浇筑面的影响。

(4) 按照 3.2.3 节中的酸雨侵蚀模拟试验制度,将试件浸泡于模拟酸雨溶液中,每次循环后称重,每 10 次循环后测试混凝土抗压强度和中性化深度。

（5）中性化深度按照《普通混凝土长期性能和耐久性能试验方法标准》（GB/T 50082—2009）[8]中混凝土碳化深度的测试方法进行测试。

（6）每 12h 测量模拟酸雨溶液的 pH，并用 HNO_3 调节至设计的酸度值，每 10 次循环后更换模拟酸雨溶液。

表 5.1　酸雨侵蚀试验考察因素及试件分组

试件分组	试件编号	酸雨环境		考察因素	因素水平
		SO_4^{2-} 浓度/(mol/L)	pH		
D	A-W1	0.15	4	水胶比	0.35
	A-W2	0.15	4		0.45
	A-W3	0.15	4		0.55
E	A-FA1	0.15	4	粉煤灰掺量	0
	A-FA2	0.15	4		15%
	A-FA3	0.15	4		30%
F	A-FA2-pH1	0.15	3	pH	3
	A-FA2-pH2	0.15	4		4
	A-FA2-pH3	0.15	5		5
G	A-FA2-S1	0.10	4	SO_4^{2-} 浓度	0.10mol/L
	A-FA2-S2	0.15	4		0.15mol/L
	A-FA2-S3	0.20	4		0.20mol/L
H	A-FA2-RC	0.15	4	配筋	
I	A-FA2-pH1S3	0.20	3	最不利酸雨环境	

5.2　酸雨侵蚀粉煤灰混凝土性能劣化

5.2.1　酸雨侵蚀粉煤灰混凝土外观分析

在酸雨侵蚀下粉煤灰混凝土外观将发生明显变化，如图 5.1 所示。

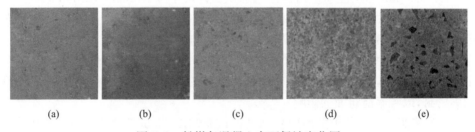

(a)　　　　(b)　　　　(c)　　　　(d)　　　　(e)

图 5.1　粉煤灰混凝土表面侵蚀变化图

作为骨料的砂子和石子具有极好的化学稳定性,在酸性物质中呈惰性不参与反应,化学反应主要发生在水泥水化物与侵蚀组分之间。从图 5.1 可以看出,粉煤灰混凝土在酸雨侵蚀下的外观变化大致分为五个阶段:

(1) 最初由于混凝土中的碱性物质与酸雨发生反应,表面泛出大量白色物质,如图 5.1(a)所示。

(2) 随着侵蚀时间增长,白色渐渐褪去,混凝土表面呈灰黑色,并逐渐变深,如图 5.1(b)所示。

(3) 混凝土表面颜色变成淡黄色,并出现许多小坑,如图 5.1(c)所示。

(4) 随着表面胶凝材料的流失,坑蚀孔洞逐渐变大,表面细骨料外露、脱落,如图 5.1(d)所示。

(5) 随着表层细骨料的分层脱落,混凝土粗骨料暴露,如图 5.1(e)所示。

当酸雨与混凝土表面接触之后,先在混凝土表面发生反应,水泥水化物分解,生成白色絮状硅酸凝胶和大量石膏,这些产物散落在溶液中或沉淀在反应界面上,对侵蚀介质起到一定的阻碍作用。而表层反应后的另一种白色析出物——石膏也附着在试件表面和填充于试件的孔隙中,对酸雨侵蚀起到抑制作用。

随着酸雨侵蚀循环过程的持续,这些白色产物逐渐散落到酸雨溶液中,混凝土表面白色也渐渐褪去,呈现出自身特有的灰黑色。由于石膏体积远大于反应物体积,混凝土表面反应层变得更加致密,酸雨溶液中的 H^+ 和 SO_4^{2-} 通过混凝土表面反应层的扩散速度减小,开始从混凝土孔隙向混凝土内部扩散。H^+ 进入混凝土孔隙后,不仅要与 $Ca(OH)_2$ 反应,还要与 Ca^{2+} 代换,侵蚀性酸性物质被大量消耗。孔溶液的 pH 仍维持在较高水平,这时反应溶出的 Fe^{3+} 与 OH^- 反应生成黄褐色 $Fe(OH)_3$,析出的 $Fe(OH)_3$ 填充于混凝土孔隙和附着在混凝土表面,混凝土表面呈现染色现象。

孔隙中继续发生溶蚀作用,水泥水化物流失,混凝土表面出现坑蚀;随着酸雨侵蚀循环次数的增加,坑蚀面积和数量不断增多,细骨料裸露;继续反应,水泥石溶解,与之相黏结的细骨料开始脱落,最终粗骨料暴露。

在 50 次循环全部完成后,通过对比发现:

(1) 酸雨侵蚀溶液的 SO_4^{2-} 浓度保持不变时,pH 越低,混凝土表面的坑蚀孔洞越多,表面越粗糙,侵蚀程度越严重,如图 5.2 所示。可以看出,在 pH 为 3 的酸雨侵蚀溶液中,混凝土表面的粗糙程度远大于 pH 为 4 和 5 的情况。

(2) 酸雨侵蚀溶液 pH 相同时,SO_4^{2-} 浓度越大,混凝土表面越粗糙,腐蚀程度越严重,如图 5.3 所示。通常酸雨中的 SO_4^{2-} 浓度越高,混凝土表面越疏松,脱落现象越严重,SO_4^{2-} 浓度为 0.20mol/L 时混凝土试块的棱角基本被溶蚀掉。

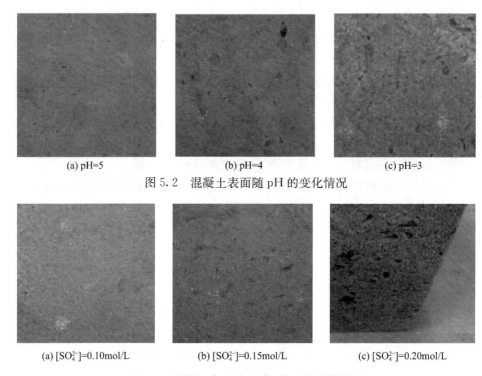

(a) pH=5　　　　　　　(b) pH=4　　　　　　　(c) pH=3

图 5.2　混凝土表面随 pH 的变化情况

(a) $[SO_4^{2-}]$=0.10mol/L　　　　(b) $[SO_4^{2-}]$=0.15mol/L　　　　(c) $[SO_4^{2-}]$=0.20mol/L

图 5.3　混凝土表面随 SO_4^{2-} 浓度的变化情况

5.2.2　酸雨侵蚀粉煤灰混凝土质量变化规律

混凝土酸雨侵蚀过程中溶蚀现象的出现意味着混凝土质量的减少,每次循环烘干后对混凝土立方体试件称重,并与混凝土原始质量对比,分析模拟酸雨侵蚀试验中粉煤灰混凝土的质量变化情况。

图 5.4 为不同条件下粉煤灰混凝土酸雨侵蚀后的质量变化规律。可以看出,酸雨侵蚀前期,溶蚀现象不太明显,酸雨中的 SO_4^{2-} 被固化在水泥胶体中,生成侵蚀产物石膏($CaSO_4 \cdot 2H_2O$),这是混凝土试件质量在侵蚀前期不减反增的主要原因。当侵蚀循环 10 次后,由于溶蚀现象加剧,以及部分细骨料开始脱落、流失,混凝土试件质量开始持续减少。

从图 5.4(a)可以看出,水胶比越小,混凝土试件的孔隙率越小,固化残留在混凝土孔隙中的 SO_4^{2-} 也相对较少,所以在酸雨侵蚀前期,水胶比小的试件质量增加要小于水胶比大的试件;随着侵蚀循环次数的增加,混凝土试件质量开始减少,水胶比越小,质量损失越大,这是因为在相同用水量下,混凝土试件水胶比越小,试件中的水泥量就越多,与酸雨溶液接触并发生反应的水泥水化物的量也越多,因此造成的质量损失越显著。

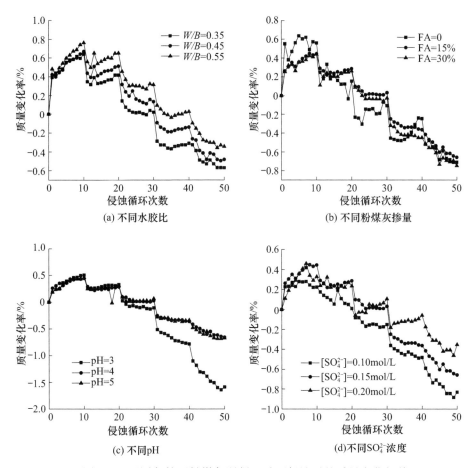

图 5.4　不同条件下粉煤灰混凝土酸雨侵蚀后的质量变化规律

从图 5.4(b)可以看出,普通混凝土试件所含水泥水化物较多,与酸雨溶液反应剧烈,导致试件质量变化显著,混凝土试件的质量增加或减少出现波动现象。对粉煤灰混凝土试件,粉煤灰的活性效应是依靠牺牲 $Ca(OH)_2$ 来实现的,粉煤灰掺量越多,混凝土中水泥水化后的 $Ca(OH)_2$ 就越少,粉煤灰二次水化消耗的 $Ca(OH)_2$ 也越多,这些都导致混凝土的碱度降低。在酸雨侵蚀过程中,$Ca(OH)_2$ 将被继续消耗,混凝土碱性持续降低,达到一定程度时,水泥胶凝材料内部的 C-S-H 等物质开始分解,发生溶蚀现象。粉煤灰掺量越大,酸雨侵蚀过程中混凝土反应层的碱性就越低,溶蚀现象也越明显。因此,与粉煤灰掺量 30% 的试件相比,粉煤灰掺量 15% 的试件在酸雨侵蚀前期质量增加较多,后期质量减少相差不大。侵蚀前期出现质量增加差异的原因是粉煤灰掺量大,混凝土中能与酸雨侵蚀溶液反应的水泥水化物质就少,前期被固化在混凝土孔隙中的 SO_4^{2-} 也会减少,因此,混凝土试件的质量增加相对较少。

从图 5.4(c)可以看出,pH 为 4 和 5 时,粉煤灰混凝土质量变化规律非常接近;但 pH 为 3 时,侵蚀循环 20 次后,混凝土试件质量损失速度加快,且随着试验循环次数的加大,质量损失呈加速趋势。由此可以得出,对于 pH 在 4~5 的酸雨环境,粉煤灰混凝土的质量变化规律基本一致,与 pH 关系不大;pH=3 的酸雨环境对粉煤灰混凝土的质量变化影响较大。由于 pH 与 H^+ 浓度为负对数关系,pH 越低,H^+ 浓度越高,因此混凝土表面反应层的 pH 越低,发生的溶蚀现象也就越突出。

从图 5.4(d)可以看出,在 SO_4^{2-} 浓度高的酸雨侵蚀溶液中,粉煤灰混凝土试件在侵蚀前期质量增加多,后期质量损失少。这是因为 SO_4^{2-} 浓度越大,被固化残留在混凝土中生成的石膏也就越多,所以表现在酸雨侵蚀前期混凝土试件质量增加显著;此外,SO_4^{2-} 浓度越高,生成的石膏越多,石膏堵塞在混凝土孔隙中降低了 H^+ 和 SO_4^{2-} 的扩散速度,也降低了水泥水化物的溶蚀速度,因此酸雨侵蚀后期混凝土试件质量减少变缓。

需要说明的是,图 5.4 中每 10 次循环后质量出现急剧下降,是更换模拟酸雨溶液造成的。

5.2.3　酸雨侵蚀粉煤灰混凝土抗压强度变化规律

粉煤灰混凝土在不同模拟酸雨溶液中侵蚀循环 10 次、20 次、30 次、40 次、50 次后的抗压强度试验结果见表 5.2,酸雨侵蚀粉煤灰混凝土抗压强度变化曲线如图 5.5 所示。

表 5.2　酸雨侵蚀粉煤灰混凝土抗压强度及其变化率试验结果

试件分组	试件编号	不同侵蚀循环次数下抗压强度及其变化率										
		0	10		20		30		40		50	
		f_{c0} /MPa	f_{c10} /MPa	Δf_c /%	f_{c20} /MPa	Δf_c /%	f_{c30} /MPa	Δf_c /%	f_{c40} /MPa	Δf_c /%	f_{c50} /MPa	Δf_c /%
D	A-W1	54.6	56.3	3.1	54.7	0.2	51.1	−6.4	48.0	−12.1	43.2	−20.9
	A-W2	48.9	51.2	4.7	48.9	0	46.6	−4.7	45.7	−6.5	40.8	−16.6
	A-W3	44.8	44.5	−0.7	41.8	−6.7	42.6	−4.9	40.2	−10.3	37.4	−16.5
E	A-FA1	33.8	37.7	11.5	36.7	8.6	36.5	8.0	33.1	−2.1	32.7	−3.3
	A-FA2	47.3	53.0	12.1	49.6	4.9	46.9	−0.8	41.6	−12.1	35.5	−24.9
	A-FA3	48.6	50.3	3.5	49.4	1.6	47.5	−2.3	41.4	−14.8	39.8	−18.1
F	A-FA2-pH1	47.3	52.9	11.8	48.6	2.7	45.7	−3.4	42.8	−9.5	38.2	−19.2
	A-FA2-pH2	47.3	53.0	12.1	49.6	4.9	46.9	−0.8	41.6	−12.1	35.5	−24.9
	A-FA2-pH3	47.3	53.8	13.7	49.4	4.4	45.3	−4.2	40.7	−14.0	37.9	−19.9

续表

试件分组	试件编号	不同侵蚀循环次数下抗压强度及其变化率										
		0	10		20		30		40		50	
		f_{c0} /MPa	f_{c10} /MPa	Δf_c /%	f_{c20} /MPa	Δf_c /%	f_{c30} /MPa	Δf_c /%	f_{c40} /MPa	Δf_c /%	f_{c50} /MPa	Δf_c /%
G	A-FA2-S1	47.3	50.5	6.8	49.2	4.0	43.9	−7.2	41.7	−11.8	35.8	−24.3
	A-FA2-S2	47.3	53.0	12.1	49.6	4.9	46.9	−0.8	41.6	−12.1	35.5	−24.9
	A-FA2-S3	47.3	41.9	−11.4	39.6	−16.3	36.8	−22.2	32.5	−31.3	29.4	−37.8

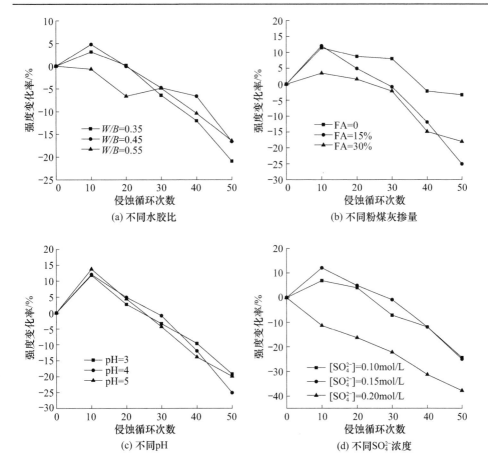

图 5.5　不同条件下酸雨侵蚀粉煤灰混凝土抗压强度变化曲线

从表 5.2 可以看出,酸雨侵蚀早期混凝土抗压强度有所增长,随着侵蚀循环次数的增加,后期抗压强度下降较快。混凝土早期抗压强度增长的原因主要有两方面:一方面是侵蚀早期 SO_4^{2-} 固化在表层混凝土孔隙中,对混凝土起到密实填充作用;另一方面是粉煤灰的二次水化,火山灰效应提高了混凝土抗压强度。随着酸雨侵蚀循环次数的增加,酸雨溶液中的 H^+ 和 SO_4^{2-} 不断向混凝土内部扩散,使混凝土碱性降低,水泥水化物逐渐分解溶析;同时反应生成的膨胀性物质石膏也逐渐增多,导致混凝土体积增大,且在干燥时结晶膨胀。无胶凝性物质的不断增加和体积膨胀,使材料晶体间的连接键变弱、结构松散,混凝土孔体积增加,密实度减小,最终导致混凝土强度下降。

从图 5.5(a)可以看出,酸雨侵蚀前期,水胶比 0.45 的粉煤灰混凝土抗压强度增长快于水胶比 0.35 的粉煤灰混凝土,原因在于水胶比大的混凝土孔隙多, SO_4^{2-} 在混凝土中的扩散速度快,填充的反应产物相对较多,混凝土变得更致密,故混凝土强度提高较多;而水胶比 0.55 的粉煤灰混凝土抗压强度在早期就出现了降低,说明混凝土劣化速度快于自身强度的增长速度。在酸雨侵蚀后期,水胶比对混凝土抗压强度劣化规律的影响不明显,但基本趋势是混凝土抗压强度持续降低。

从图 5.5(b)可以看出,粉煤灰掺量越大,侵蚀离子的扩散和溶蚀速度越快,混凝土抗压强度降低越多;普通混凝土试件抗压强度的降低比同强度等级粉煤灰混凝土试件小,粉煤灰掺量 30% 的混凝土试件抗压强度损失前期大于粉煤灰掺量 15% 的混凝土试件。

从图 5.5(c)可以看出,由于混凝土抗压强度的变化主要与酸雨侵蚀溶液中 SO_4^{2-} 的扩散以及混凝土内部的碱度有关,而与酸雨侵蚀溶液中 H^+ 浓度关系不大。因此,在酸雨溶液的 pH 为 3~5 内,酸雨溶液 pH 变化对混凝土抗压强度的变化速率无明显影响。

从图 5.5(d)可以看出, SO_4^{2-} 浓度为 0.10mol/L 和 0.15mol/L 时,粉煤灰混凝土试件的抗压强度均为前期增加后期减小,变化规律基本一致; SO_4^{2-} 浓度为 0.20mol/L 时,粉煤灰混凝土抗压强度随酸雨侵蚀循环次数的增长直线下降,并未出现侵蚀前期增长的现象。说明 0.20mol/L 的 SO_4^{2-} 浓度在混凝土试件中产生了足够大的膨胀力,使混凝土试件在早期就出现了性能劣化。

若忽略侵蚀前期混凝土抗压强度的增加(因为增加幅度较小,均不超过15%),通过对试验结果的回归分析,粉煤灰混凝土抗压强度的衰减规律为

$$f_{ct} = 58.779 \exp(-0.0044t) \tag{5.1}$$

式中, t 为酸雨侵蚀时间,d。

5.2.4　酸雨侵蚀粉煤灰混凝土中性化规律

酸雨侵蚀混凝土中性化深度实际上反映了 H^+ 在混凝土中的扩散深度,在一定程度上体现了酸雨对混凝土的侵蚀程度。取混凝土试件左右两侧面中性化深度的平均值作为酸雨侵蚀粉煤灰混凝土中性化深度,试验结果列于表 5.3。

表 5.3　酸雨侵蚀粉煤灰混凝土中性化深度试验结果

试件分组	考察因素	试件编号	不同侵蚀时间下的中性化深度/mm				
			20d	40d	60d	80d	100d
D	水胶比	A-W1	0.34	0.63	0.84	0.85	1.15
		A-W2	0.68	0.80	0.86	0.96	1.15
		A-W3	0.78	0.86	1.05	0.95	1.19
	浇筑面	A-W2 顶面	0.77	0.82	0.96	1.10	1.19
		A-W2 底面	0.51	0.64	0.73	0.92	1.03
		A-W2 左侧	0.75	0.82	0.89	0.88	1.11
		A-W2 右侧	0.68	0.78	0.82	0.97	1.18
E	粉煤灰掺量	A-FA1	0.55	0.80	0.97	0.97	1.09
		A-FA2	0.57	0.89	1.07	1.16	1.18
		A-FA3	0.70	1.07	1.22	1.30	1.40
F	溶液 pH	A-FA2-pH1	0.78	0.97	1.18	1.30	1.45
		A-FA2-pH2	0.57	0.89	1.07	1.16	1.18
		A-FA2-pH3	0.36	0.68	0.92	1.00	1.01
G	SO_4^{2-} 浓度	A-FA2-S1	0.41	0.79	0.90	1.04	1.17
		A-FA2-S2	0.57	0.89	1.07	1.16	1.18
		A-FA2-S3	0.61	1.00	1.18	1.20	1.33
H	配筋	A-FA2-RC	0.43	0.63	1.21	1.11	1.21

1. 水胶比对酸雨侵蚀粉煤灰混凝土中性化的影响

图 5.6 为不同水胶比粉煤灰混凝土中性化深度的变化曲线。可以看出,在酸雨侵蚀前期,粉煤灰混凝土中性化深度增长较快,约 20d 后中性化深度发展减缓,并且随着水胶比的增大,粉煤灰混凝土中性化深度略有增大。这是因为水胶比越小,混凝土越密实,混凝土孔隙也越少,H^+ 的扩散速度越慢,中性化深度越小。

假定粉煤灰混凝土酸雨侵蚀中性化规律服从 Fick 第一定律,则混凝土中性化深度可表示为

$$x_a = k_a \sqrt{t} \tag{5.2}$$

式中,x_a 为混凝土中性化深度,mm;k_a 为混凝土中性化速度系数;t 为酸雨侵蚀时间,d。

图 5.7 给出了水胶比对酸雨侵蚀粉煤灰混凝土中性化速度系数的影响。经回归分析可得混凝土中性化速度系数与水胶比的关系为

$$k_a = 0.202 \left(\frac{W}{B} \right)^{0.676} \tag{5.3}$$

式中，W/B 为水胶比。

式(5.3)的相关系数为 0.648。说明实际酸雨侵蚀粉煤灰混凝土中性化规律与假设的中性化深度模型不太相符，即与混凝土碳化发展规律并不完全一致。

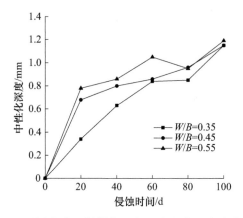

图 5.6　不同水胶比粉煤灰混凝土中性化深度变化曲线

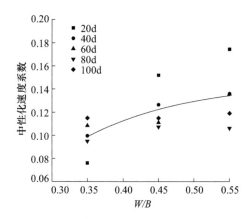

图 5.7　水胶比对酸雨侵蚀粉煤灰混凝土中性化速度系数的影响

2. 粉煤灰掺量对酸雨侵蚀粉煤灰混凝土中性化的影响

图 5.8 为不同粉煤灰掺量混凝土中性化深度变化曲线。可以看出，随着粉煤灰掺量的增加，$Ca(OH)_2$ 浓度降低，混凝土抗酸雨侵蚀能力下降，因此中性化深度越大。

图 5.9 为粉煤灰掺量对酸雨侵蚀混凝土中性化速度系数的影响。经回归分析可得混凝土中性化速度系数与粉煤灰掺量的关系为

$$k_a = 0.117\exp(0.0087FA) \tag{5.4}$$

式中，FA 为粉煤灰掺量，%。

式(5.4)的相关系数为 0.852,说明实际酸雨侵蚀粉煤灰混凝土中性化规律与假设的中性化深度模型符合程度一般。

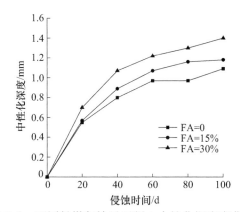

图 5.8　不同粉煤灰掺量混凝土中性化深度变化曲线

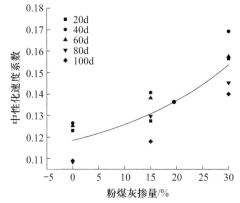

图 5.9　粉煤灰掺量对酸雨侵蚀混凝土中性化速度系数的影响

3. 酸雨溶液 pH 对粉煤灰混凝土中性化的影响

图 5.10 为不同 pH 酸雨侵蚀下粉煤灰混凝土中性化深度变化曲线。可以看出,酸雨溶液 pH 越低,混凝土酸蚀程度越严重,中性化深度越大。当酸雨侵蚀 100d 时,pH=5 的酸雨溶液侵蚀下的粉煤灰混凝土中性化深度仅为 pH=3 的 62%左右。

图 5.11 为酸雨溶液 pH 对粉煤灰混凝土中性化速度系数的影响。经回归分析可得,混凝土中性化速度系数与酸雨溶液 pH 的关系为

$$k_a = -0.0251pH + 0.23 \tag{5.5}$$

式(5.5)的相关系数为 0.8836,说明实际酸雨侵蚀粉煤灰混凝土中性化规律与假设的中性化深度模型符合程度相对较好。

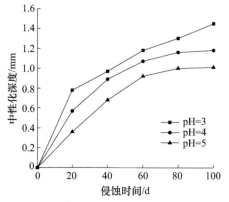

图 5.10　不同 pH 酸雨侵蚀下粉煤灰混凝土中性化深度变化曲线

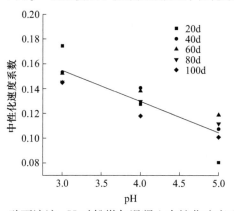

图 5.11　酸雨溶液 pH 对粉煤灰混凝土中性化速度系数的影响

4. 酸雨溶液 SO_4^{2-} 浓度对酸雨侵蚀粉煤灰混凝土中性化的影响

图 5.12 为不同 SO_4^{2-} 浓度酸雨溶液侵蚀下粉煤灰混凝土中性化深度变化曲线。可以看出,SO_4^{2-} 浓度越高,酸雨侵蚀粉煤灰混凝土中性化深度越大。原因在于 SO_4^{2-} 作用可以使混凝土表面疏松,有利于 H^+ 向混凝土内部的扩散。

图 5.13 为酸雨溶液 SO_4^{2-} 浓度对粉煤灰混凝土中性化速度系数的影响。经回归分析可得,混凝土中性化速度系数与 SO_4^{2-} 浓度的关系为

$$k_a = 0.0427\ln[SO_4^{2-}] + 0.212 \tag{5.6}$$

式(5.6)的相关系数为 0.7723,说明实际酸雨侵蚀粉煤灰混凝土中性化规律与假设的中性化深度模型符合程度一般。

5. 浇筑面对酸雨侵蚀粉煤灰混凝土中性化的影响

浇筑面对酸雨侵蚀粉煤灰混凝土中性化深度的影响如图 5.14 所示。可以看出,浇筑面对中性化深度的影响规律与混凝土碳化规律一致,均是顶面中性化深度

最大,侧面居中,底面最小。以试件左、右侧面的中性化深度平均值作为基准,可以得出试件顶面的混凝土中性化速度是侧面的 $1.03\sim1.19$ 倍,平均为 1.09 倍;试件底面的中性化速度是侧面的 $66\%\sim87\%$,平均为 78%。

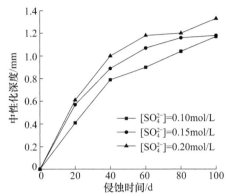

图 5.12　不同 SO_4^{2-} 浓度酸雨溶液侵蚀下粉煤灰混凝土中性化深度变化曲线

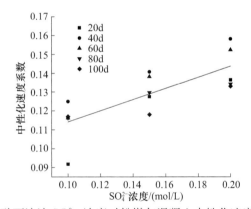

图 5.13　酸雨溶液 SO_4^{2-} 浓度对粉煤灰混凝土中性化速度系数的影响

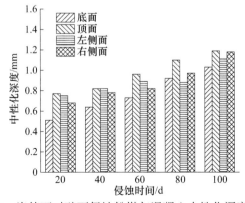

图 5.14　浇筑面对酸雨侵蚀粉煤灰混凝土中性化深度的影响

6. 配筋对混凝土中性化的影响

　　配筋试件 A-FA2-RC 与对比试件 A-FA2 的混凝土中性化深度试验结果见表 5.3。由于酸雨侵蚀混凝土中性化深度较小,远未到达钢筋表面,对比表 5.3 中数据可知,配筋对酸雨侵蚀混凝土中性化深度无明显影响。

5.2.5　粉煤灰混凝土在模拟酸雨溶液侵蚀下的反应程度分析

　　在模拟酸雨溶液侵蚀下,混凝土中的碱性成分与溶液的酸性成分发生中和反应,使模拟溶液的 pH 升高。根据 pH 的定义可以计算出 H^+ 浓度,若认为在每次侵蚀初期酸雨的 pH 恒定,则每次循环后测得的 pH 可反映混凝土的碱性成分与酸雨的中和反应程度。

　　试验中采用放入烘箱前测得的 pH 来评价此次循环的中性化反应程度。图 5.15 和图 5.16 分别为不同水胶比和不同粉煤灰掺量混凝土试件在 pH＝4 模拟酸雨溶液中的反应程度随侵蚀时间的变化规律。可以看出,水胶比和粉煤灰掺量对反应程度虽有一定影响,但并不显著。

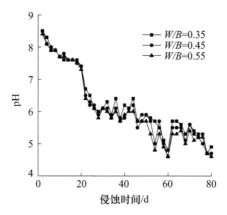

图 5.15　不同水胶比试件在模拟酸雨溶液中的反应程度随侵蚀时间
的变化规律(pH＝4,[SO_4^{2-}]＝0.15mol/L)

　　图 5.17 为粉煤灰混凝土在不同 SO_4^{2-} 浓度模拟酸雨溶液中的反应程度随侵蚀时间的变化规律。可以看出,在酸雨侵蚀初期,SO_4^{2-} 浓度影响不明显,但随着侵蚀时间的增长,SO_4^{2-} 浓度越大,化学反应程度越小。原因是 SO_4^{2-} 浓度越大,反应后存留在混凝土中的 SO_4^{2-} 越多,烘干后填充在混凝土孔隙和微裂缝中的 $CaSO_4$ 会越多,这阻止了酸雨溶液中 H^+ 的进一步渗透。

　　图 5.18 为粉煤灰混凝土在不同 pH 模拟酸雨溶液中的反应程度随侵蚀时间的变化规律。可以看出,模拟酸雨溶液的 pH 对化学反应的强弱程度有显著影

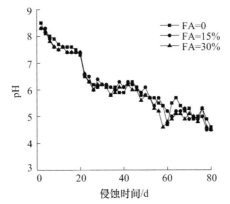

图 5.16　不同粉煤灰掺量试件在模拟酸雨溶液中的反应程度随侵蚀时间
的变化规律(pH＝4,$[SO_4^{2-}]$＝0.15mol/L)

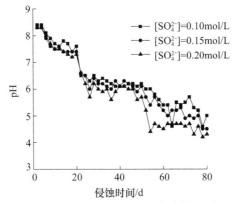

图 5.17　粉煤灰混凝土在不同 SO_4^{2-} 浓度模拟酸雨溶液中的
反应程度随侵蚀时间的变化规律(pH＝4)

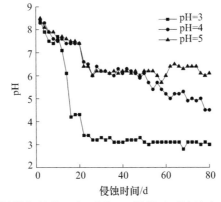

图 5.18　粉煤灰混凝土在不同 pH 模拟酸雨溶液中的反应程度
随侵蚀时间的变化规律($[SO_4^{2-}]$＝0.15mol/L)

响。侵蚀前期的化学反应非常剧烈,当进行 5 次循环时,即酸雨侵蚀 10d 后,粉煤灰混凝土在 pH＝3 的模拟酸雨溶液中的反应速率急剧下降,侵蚀 20d 后反应速率逐渐趋于平缓;在 pH＝4 和 pH＝5 的模拟酸雨溶液中的反应速率则长时间保持平稳,仅在酸雨侵蚀 50d 后呈现差异,在 pH＝4 的模拟酸雨溶液中的反应速率总体呈下降趋势,而 pH＝5 的模拟酸雨溶液中的反应速率先下降后上升,总体趋于稳定。

如果不考虑 SO_4^{2-} 浓度带来的差异,在混凝土遭受酸雨侵蚀时,可认为只有酸雨自身的 pH 对化学反应速率有影响。由于化学反应速率很难通过试验测得,采用模拟酸雨溶液 pH 的变化来评价混凝土酸雨侵蚀的反应程度。模拟酸雨溶液 pH 随侵蚀时间的变化规律如图 5.19 和图 5.20 所示,对试验数据进行回归分析可得

当溶液初始 pH＝3 时,

$$pH = 10.495 t^{-0.296} \tag{5.7}$$

当溶液初始 pH＝4 时,

$$pH = 0.0005 t^2 - 0.0825 t + 8.459 \tag{5.8}$$

当溶液初始 pH＝5 时,

$$pH = -0.656 \ln t + 8.907 \tag{5.9}$$

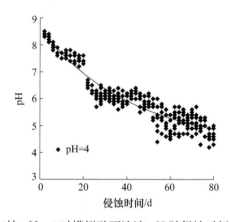

图 5.19　初始 pH＝4 时模拟酸雨溶液 pH 随侵蚀时间的变化规律

5.2.6　最不利酸雨环境下粉煤灰混凝土的性能退化

为了研究粉煤灰混凝土在最不利酸雨环境中的耐久性能,采用 pH＝3、SO_4^{2-} 最大浓度 0.20mol/L 的模拟酸雨溶液对试件 A-FA2-pH1S3 进行试验,同时与粉煤灰混凝土在 pH＝4、SO_4^{2-} 浓度 0.20mol/L 的模拟酸雨溶液和 pH＝3、SO_4^{2-} 浓度 0.15mol/L 的模拟酸雨溶液下的性能退化进行对比。

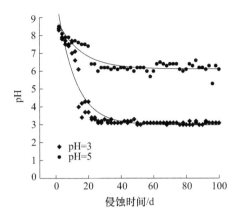

图 5.20 初始 pH＝3 和 5 时模拟酸雨溶液 pH 随侵蚀时间的变化规律

图 5.21 和图 5.22 分别为三种模拟酸雨环境中粉煤灰混凝土试件的质量与抗压强度变化规律。可以看出,酸雨溶液的 SO_4^{2-} 浓度相同时,pH 越低,酸雨侵蚀后混凝土质量损失越大;pH 越高,酸雨侵蚀后粉煤灰混凝土抗压强度降低越多。原因在于 pH 越低,H^+ 浓度越大,溶出的 Ca^{2+} 越多,生成并填充在混凝土孔隙中的石膏也越多,对混凝土抗压强度有一定的提高作用。当模拟酸雨溶液的 pH 相同时,SO_4^{2-} 浓度越高,混凝土质量损失越少,抗压强度损失越大,主要是因为 SO_4^{2-} 浓度越高,生成的膨胀物质越多,质量损失越少,但混凝土变得更酥松,强度损失更大。

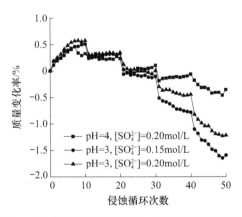

图 5.21 三种模拟酸雨环境中粉煤灰混凝土质量变化规律

图 5.23 为三种模拟酸雨环境中粉煤灰混凝土中性化深度变化规律。可以看出,三种模拟酸雨环境中粉煤灰混凝土中性化深度相差不大,pH 高的模拟酸雨环境中粉煤灰混凝土的中性化深度略小于其他两种模拟酸雨环境。

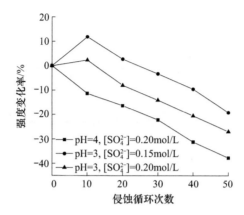

图 5.22　三种模拟酸雨环境中粉煤灰混凝土抗压强度变化规律

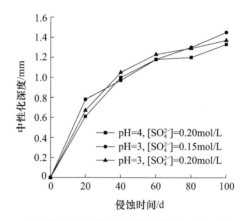

图 5.23　三种模拟酸雨环境中粉煤灰混凝土中性化深度变化规律

参 考 文 献

[1] Kanazu T, Matsumura T, Nishiuchi T, et al. Effect of simulated acid rain on deterioration of concrete[J]. Water, Air & Soil Pollution, 2001, 130(1-4): 1481-1486.

[2] 柯伟. 中国腐蚀调查报告[M]. 北京: 化学工业出版社, 2003.

[3] 胡晓波, 侯晓燕, 龙亭, 等. 酸雨侵蚀下的水泥石组成变化分析[J]. 铁道科学与工程学报, 2007, 4(4): 47-51.

[4] 谢绍东, 周定. 模拟酸雨对钢筋混凝土和三种外装饰材料影响的研究[J]. 西华师范大学学报(自然科学版), 1995, (1): 43-50.

[5] 刘惠玲, 周定, 谢绍东. 我国西南地区酸雨对混凝土性能影响的研究[J]. 哈尔滨工业大学学报, 1997, (6): 101-104.

[6] 谢绍东, 周定. 酸沉降对非金属建筑材料腐蚀机理的探讨[J]. 环境科学研究, 1998,

(2):15-17.

[7]　张倩,赵洁,成华.酸雨对水泥砼强度影响的模拟及其腐蚀的化学机理分析[J].重庆交通大学学报(自然科学版),2005,24(3):49-51.

[8]　中华人民共和国国家标准.普通混凝土长期性能和耐久性能试验方法标准标准(GB/T 50082—2009)[S].北京:中国建筑工业出版社,2009.

第6章 碳化-酸雨共同作用下粉煤灰混凝土性能劣化

随着环境问题的日益突出,混凝土工程的使用环境也越来越复杂,一般大气环境中,CO_2和酸雨是引起混凝土中性化的主要原因。混凝土碳化研究已较为成熟,取得了一系列相对完善的研究成果,而酸雨对混凝土的侵蚀以及碳化与酸雨共同作用下混凝土的耐久性研究相对较少。本章将通过一般大气环境中碳化与酸雨侵蚀共同作用下粉煤灰混凝土耐久性试验,系统研究粉煤灰混凝土遭受碳化与酸雨侵蚀共同作用时的耐久性损伤机理和性能退化规律。

6.1 碳化-酸雨共同作用下混凝土耐久性试验

碳化与酸雨作用于混凝土时,将在混凝土表面和孔隙内充满酸雨溶液,溶液中CO_2溶解较少,难以侵入混凝土内部发生碳化反应,可以认为酸雨作用时无碳化反应发生。因此,碳化与酸雨共同作用等同于混凝土遭受干湿循环作用,在降雨过程中混凝土遭受酸雨侵蚀,雨水蒸发后将发生CO_2的扩散,使混凝土发生碳化反应。

由于一年内不同地区的碳化与酸雨作用时间所占比例不同,酸雨期长时碳化时间短,酸雨期短时则碳化时间长。本章采用SO_4^{2-}浓度为0.15mol/L、pH为4的模拟酸雨溶液进行混凝土酸雨侵蚀试验;混凝土碳化试验采用快速碳化试验方法进行,碳化试验间隔取为快速碳化3d和7d两种类型。

由于混凝土碳化机理与酸雨侵蚀机理不同,腐蚀后混凝土表层的产物也不相同。碳化一般使表层混凝土变得致密,而酸雨使表层混凝土疏松。为了考察这种差异,采用两种试验模式:一种为先酸雨后碳化,另一种为先碳化后酸雨。

采用AC3、AC7、C3A和C7A四种试验模式,具体如下:

(1) AC3:酸雨侵蚀试验10次后碳化试验3d为一个共同作用循环,一个共同作用循环为23d,共进行3次共同作用循环。

(2) AC7:酸雨侵蚀试验10次后碳化试验7d为一个共同作用循环,一个共同作用循环为27d,共进行3次共同作用循环。

(3) C3A:碳化试验3d后酸雨侵蚀试验10次为一个共同作用循环,一个共同作用循环为23d,共进行3次共同作用循环。

(4) C7A:碳化试验7d后酸雨侵蚀试验10次为一个共同作用循环,一个共同作用循环为27d,共进行3次共同作用循环。

粉煤灰混凝土碳化和酸雨侵蚀共同作用试验中,混凝土强度和质量控制试件

尺寸为 $100mm \times 100mm \times 100mm$，中性化试验试件尺寸为 $100mm \times 100mm \times 300mm$。每次酸雨循环后测定混凝土试件的质量，每次共同作用循环后测试混凝土强度与中性化深度。表 6.1 为碳化-酸雨共同作用下混凝土耐久性试验分类表。

表 6.1　碳化-酸雨共同作用下混凝土耐久性试验分类

试件分组	试件编号	粉煤灰掺量/kg	试验模式	养护龄期/d	试验时间/d
J	CA-FA1	0	AC3	28	69
			AC7		81
			C3A		69
			C7A		81
	CA-FA2	75(Ⅱ级 15%)	AC3	90	69
			AC7		81
			C3A		69
			C7A		81
	CA-FA3	150(Ⅱ级 30%)	AC3	90	69
			AC7		81
			C3A		69
			C7A		81

　　按照以上试验方法，重点研究粉煤灰混凝土在碳化与酸雨共同作用下的质量和强度变化规律以及中性化性能，分析试验模式对混凝土中性化的影响，揭示碳化与酸雨共同作用下的混凝土耐久性损伤机理。

6.2　碳化-酸雨共同作用下混凝土质量变化规律

　　混凝土质量变化在一定程度上可以反映试件腐蚀程度的大小，研究混凝土在碳化-酸雨共同作用下的质量变化规律，有助于分析碳化-酸雨共同作用对混凝土的侵蚀机理。

　　图 6.1～图 6.3 分别为普通混凝土试件 CA-FA1、粉煤灰混凝土试件 CA-FA2 和 CA-FA3 在不同碳化-酸雨共同作用试验模式下的质量变化规律。与单独酸雨侵蚀(A)混凝土质量变化规律相比，由于碳化作用，不同试验模式下混凝土试件的质量变化规律出现了新特点。

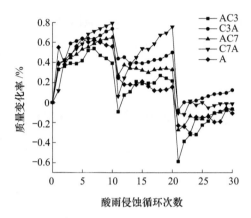

图 6.1　普通混凝土试件 CA-FA1 在不同试验模式下的质量变化规律

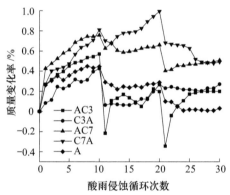

图 6.2　粉煤灰混凝土试件 CA-FA2 在不同试验模式下的质量变化规律

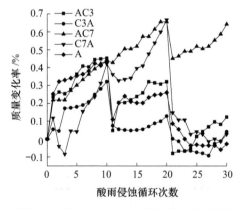

图 6.3　粉煤灰混凝土试件 CA-FA3 在不同试验模式下的质量变化规律

　　从图 6.1～图 6.3 可以看出,在 AC3 与 AC7 试验模式下,第一次共同作用循环的混凝土质量变化与单独酸雨侵蚀下的规律基本一致,除了粉煤灰混凝土试件

CA-FA2 在 AC7 试验模式下的质量变化略大之外,其余试件与酸雨单独侵蚀下的
规律基本相同。对于不同的混凝土试件,AC3 试验模式下的质量变化规律是一致
的,总体上呈降低趋势,但在每次共同作用循环结束时质量增加,过程中有波动。
由于 AC7 试验模式的碳化时间长于 AC3 试验模式,AC7 试验模式下混凝土的质
量增加要多于 AC3 试验模式,并且在三次共同作用循环试验后,混凝土试件 CA-
FA3 的质量尚未出现衰减。在 C3A 和 C7A 试验模式下,普通混凝土试件 CA-
FA1 在每次共同作用循环中的质量增加都要高于单独酸雨侵蚀,而粉煤灰混凝土
试件 CA-FA2 和 CA-FA3 在 C7A 试验模式下的质量增加明显高于单独酸雨侵蚀。
在 C3A 试验模式下,除了在首次碳化后遭受酸雨侵蚀时混凝土质量变化有所波动
外,其余阶段质量变化均较平稳,混凝土试件的质量增加基本都低于单独酸雨侵蚀。
C7A 试验模式同样在首次碳化后进行酸雨侵蚀时有质量波动,但其质量增加幅度都
要大于 AC3 试验模式。

　　酸雨侵蚀生成的石膏和碳化反应生成的 $CaCO_3$ 都比原反应物质质量大,所以
在共同作用试验初期,无论是酸雨侵蚀还是碳化反应都会使混凝土质量增加。之
后,表层混凝土水化产物进一步分解、溶蚀,造成混凝土质量下降。只有溶蚀速度
大于混凝土质量的增加速度时,混凝土质量才会减小。

6.3　碳化-酸雨共同作用下混凝土抗压强度变化规律

　　图 6.4~图 6.6 分别为普通混凝土试件 CA-FA1、粉煤灰混凝土试件 CA-FA2
和 CA-FA3 在不同碳化-酸雨共同作用试验模式下的抗压强度变化规律。

　　从图 6.4~图 6.6 可以看出,在先酸雨侵蚀后碳化作用下,所有混凝土试件的
抗压强度均先增大后减小,与混凝土单独遭受酸雨侵蚀时的规律基本一致;而先碳
化后酸雨侵蚀作用下,混凝土抗压强度则无明显规律可循。

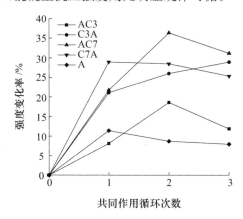

图 6.4　普通混凝土试件 CA-FA1 在不同试验模式下的抗压强度变化规律

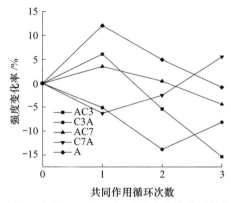

图 6.5　粉煤灰混凝土试件 CA-FA2 在不同试验模式下的抗压强度变化规律

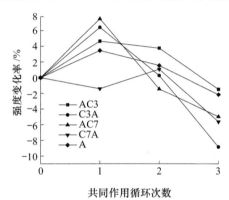

图 6.6　粉煤灰混凝土试件 CA-FA3 在不同试验模式下的抗压强度变化规律

在碳化-酸雨共同作用初期,多数碳化试件的混凝土抗压强度均明显增长,原因在于碳化使混凝土更加密实,从而提高了其抗压强度。而受酸雨侵蚀试件的早期强度增长主要有两方面原因:一方面是硫酸盐早期侵蚀对混凝土的密实填充作用,这一阶段硫酸盐侵蚀生成的石膏晶体仅仅起到填充混凝土内部孔隙的作用,尚未达到使混凝土膨胀开裂的程度,从而混凝土试件的强度有所增长;另一方面是粉煤灰火山灰效应的发挥及水泥熟料的进一步水化在这一阶段十分明显。

在碳化-酸雨共同作用后期,混凝土抗压强度的降低主要是由于遭受酸雨侵蚀时 SO_4^{2-} 被固化在混凝土内部,生成具有膨胀性的石膏,使混凝土变得酥松质软,进而导致强度降低。

6.4　碳化-酸雨共同作用下混凝土中性化规律

6.4.1　碳化-酸雨共同作用混凝土中性化试验结果

表 6.2 为混凝土试件快速碳化 3d、6d、7d、9d、14d、21d 的碳化深度与酸雨侵蚀

10 次、20 次、30 次后的中性化深度试验结果,表 6.3 为碳化-酸雨共同作用下混凝土中性化深度试验结果。可以看出,碳化-酸雨共同作用下混凝土碳化深度基本大于酸雨侵蚀后的中性化深度。

表 6.2　单独快速碳化和单独酸雨侵蚀试验的混凝土中性化深度

试件编号	中性化深度/mm								
	碳化时间						酸雨侵蚀循环次数		
	3d	6d	7d	9d	14d	21d	10	20	30
FA1	0.72	1.22	1.12	1.27	1.49	1.62	0.55	0.80	0.97
FA2	1.38	2.22	2.34	2.65	3.18	3.60	0.57	0.89	1.07
FA3	2.22	4.13	4.16	4.92	6.02	7.42	0.60	1.07	1.22

表 6.3　碳化-酸雨共同作用下混凝土中性化深度

试验模式	中性化深度/mm								
	CA-FA1			CA-FA2			CA-FA3		
	第一次共同作用循环	第二次共同作用循环	第三次共同作用循环	第一次共同作用循环	第二次共同作用循环	第三次共同作用循环	第一次共同作用循环	第二次共同作用循环	第三次共同作用循环
AC3	0.60	0.78	1.03	0.66	1.00	1.05	0.94	1.44	1.86
C3A	1.10	1.20	1.26	1.32	1.56	1.86	3.30	3.62	4.00
AC7	0.96	0.98	1.02	0.97	1.02	1.10	1.28	1.57	2.24
C7A	1.88	2.34	2.69	2.51	3.78	4.26	5.67	6.73	7.86

6.4.2　粉煤灰掺量对混凝土中性化深度的影响

不同碳化-酸雨共同作用试验模式下,混凝土中性化深度随粉煤灰掺量的变化规律如图 6.7 所示。

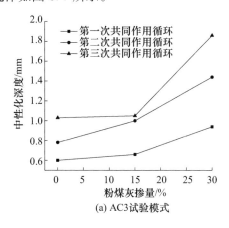

(a) AC3试验模式

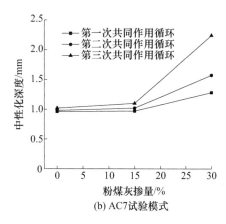

(b) AC7试验模式

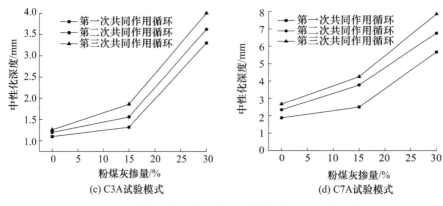

图 6.7　混凝土中性化深度随粉煤灰掺量的变化规律

从图 6.7 可以看出,不同试验模式下,粉煤灰混凝土的中性化深度均大于普通混凝土,且中性化深度随粉煤灰掺量的增加而增大,中性化深度增加速率也随粉煤灰掺量的增加而加大。这说明在一般大气环境中,粉煤灰混凝土抵抗碳化-酸雨共同作用引起的中性化性能较差,混凝土中掺入大量粉煤灰并不利于改善混凝土抗碳化-酸雨侵蚀性能。原因在于粉煤灰中的火山灰物质能进一步和水泥熟料水化产物发生化学反应,消耗硬化水泥浆体中的 $Ca(OH)_2$ 晶体,降低混凝土的碱物质储备,导致混凝土抗酸雨侵蚀能力的下降。

6.4.3　试验模式对混凝土中性化的影响

1. 碳化时间为 3d 时的混凝土中性化深度

当碳化时间为 3d 时,不同试验模式下混凝土中性化深度对比如图 6.8 所示。可以看出:

(1) 酸雨侵蚀(A)混凝土中性化深度最小,其次是先酸雨侵蚀后碳化作用(AC3)的混凝土中性化深度。

(2) 先酸雨侵蚀后碳化作用(AC3)的混凝土中性化深度小于先碳化后酸雨侵蚀作用(C3A)的混凝土中性化深度,也小于碳化与酸雨单独作用下混凝土中性化深度的直接叠加值(A+C3),也小于单独碳化作用(C3)下的碳化深度。

(3) 在 C3A 试验模式下,混凝土中性化深度除了试件 B3 在第一次共同作用循环结束超过了碳化与酸雨单独作用下的叠加值外,其余试件均小于叠加值,并且第二、三次共同作用循环后,所有先碳化(C3A)混凝土试件的中性化深度均小于单独碳化作用(C3)的中性化深度。

通过以上对比可以看出,在一般大气环境中,酸雨侵蚀和混凝土碳化在混凝土中性化过程中相互影响,存在耦合效应。

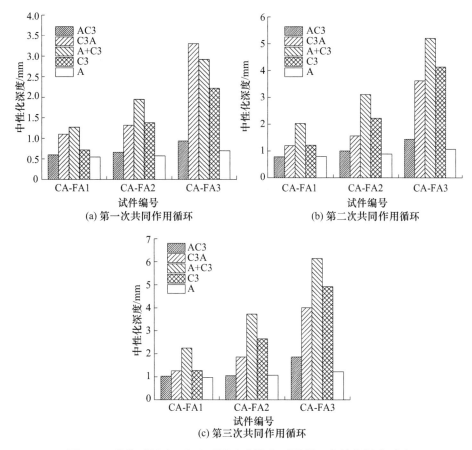

图 6.8　碳化时间为 3d 时不同试验模式下混凝土中性化深度对比

2. 碳化时间为 7d 时的混凝土中性化深度

当碳化时间为 7d 时,不同试验模式下混凝土中性化深度对比如图 6.9 所示。可以看出:

(1) 受酸雨侵蚀(A)混凝土中性化深度远小于单独碳化混凝土(C7)碳化深度,且随着粉煤灰掺量的增加,两者相差变大。因此,可认为一般大气环境中酸雨侵蚀对混凝土中性化贡献较小,混凝土中性化主要是由碳化引起的。

(2) 先酸雨侵蚀后碳化作用(AC7)的混凝土中性化深度均小于先碳化后酸雨侵蚀(C7A)的混凝土中性化深度,并且随着粉煤灰掺量的增加,两者相差变大。

(3) 先碳化后酸雨侵蚀(C7A)的混凝土中性化深度比单独碳化(C7)和单独酸雨(A)作用下的混凝土中性化深度大。在 C7A 试验模式下,混凝土试件 CA-FA1 的中性化深度大于酸雨和碳化单独作用下的叠加值;对于粉煤灰混凝土试件,除了第一次共同作用循环后试件 CA-FA3 的中性化深度大于叠加值之外,其余试件均小于直接叠加值。

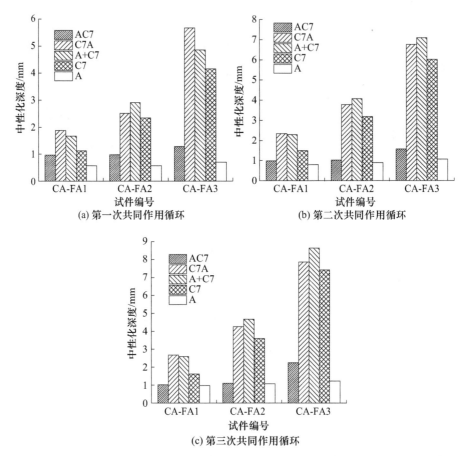

图 6.9　碳化时间为 7d 时不同试验模式下混凝土中性化深度对比

以上分析再次说明酸雨侵蚀和混凝土碳化在混凝土中性化过程中存在相互影响,并且有不同程度的抑制作用。

3. 不同试验模式下混凝土的中性化规律

碳化-酸雨共同作用下混凝土中性化深度随时间的变化规律如图 6.10 所示。可以看出,随着共同作用循环次数的增加,各试验模式下的混凝土中性化深度均增加,从中性化深度的大小来看,无论是普通混凝土还是粉煤灰混凝土,都有C7A＞C3A＞AC7＞AC3＞A。在最初的共同作用循环内,各试验模式下混凝土中性化速度较快,之后中性化速度逐渐减缓,这是因为在试验初期,混凝土中可供碳化反应的物质较多,反应比较剧烈,中性化发展迅速,随着反应的持续进行,可供碳化反应的物质逐渐被消耗,所以后期中性化发展较慢。

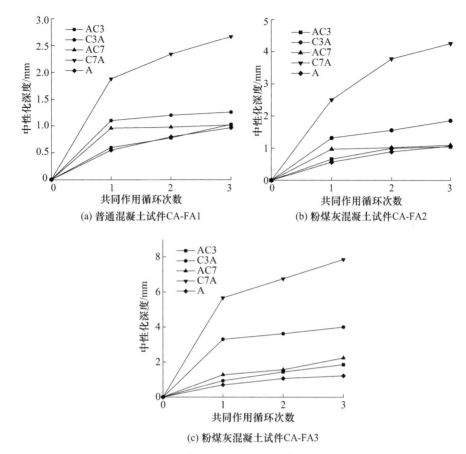

(a) 普通混凝土试件CA-FA1

(b) 粉煤灰混凝土试件CA-FA2

(c) 粉煤灰混凝土试件CA-FA3

图 6.10　碳化-酸雨共同作用下混凝土中性化深度随时间的变化规律

从碳化-酸雨共同作用试验结果来看,在经历一次共同作用循环之后,先遭受酸雨侵蚀的混凝土试件中性化深度增长基本停滞。其原因主要是:

(1) 在先酸雨后碳化试验模式下,混凝土孔隙中主要的填充物是由酸雨侵蚀生成的石膏,石膏体积比原反应物体积增大较多,混凝土孔隙截面急剧减小,这对 CO_2 的扩散起到了抑制作用。

(2) 混凝土试件遭受一次酸雨侵蚀后,反应生成物石膏会堵塞在混凝土的孔隙中,再经历一次碳化,反应的生成物 $CaCO_3$ 会继续填堵在混凝土孔隙中。

(3) 致密的石膏层吸附在混凝土孔隙内壁,同时也阻隔了 CO_2 和酸雨侵蚀介质与水泥碱性物质的反应。

因此,先酸雨后碳化试验模式下混凝土中性化过程主要受酸雨控制,其对混凝土碳化过程有明显的抑制作用。

而对于先碳化的混凝土试件,经历一次碳化后,反应生成物 $CaCO_3$ 堵塞在混凝土孔隙中,由于 $CaCO_3$ 体积小于石膏体积,此时混凝土孔隙大于先酸雨侵蚀试件混凝土的孔隙,对继续进行的酸雨侵蚀影响不大。此外,碳化生成物 $CaCO_3$ 还可以继续与酸雨中的 H^+ 和 SO_4^{2-} 反应生成石膏,反应式为

$$CaCO_3 + SO_4^{2-} + 2H^+ + H_2O \longrightarrow CaSO_4 \cdot 2H_2O + CO_2 \qquad (6.1)$$

这个过程相当于消耗了一部分 H^+,延缓了酸雨侵蚀混凝土中性化过程。从试验结果看,主要表现在碳化-酸雨共同作用下混凝土中性化深度小于碳化与酸雨单独作用下中性化深度的叠加值。因此,先碳化后酸雨侵蚀试验模式的混凝土中性化过程主要是碳化起控制作用,并对酸雨侵蚀过程有一定程度的抑制。

6.4.4　碳化-酸雨共同作用的耦合效应分析

实验室快速碳化试验和酸雨侵蚀试验分别把大气中 CO_2 浓度和酸雨中 SO_4^{2-} 浓度扩大若干倍,从试验结果看,先碳化后酸雨侵蚀试验模式下混凝土试件的中性化过程与实际一般大气环境的混凝土中性化过程更为接近;而先酸雨侵蚀后碳化试验模式下,由于酸雨侵蚀溶液中 SO_4^{2-} 浓度较大,完全抑制了混凝土碳化的发生,混凝土试件的中性化过程与真实一般大气环境的混凝土中性化过程不符。事实上,酸雨侵蚀产物石膏的累积是一个非常缓慢的过程,不会显著抑制混凝土的碳化过程。

基于以上分析,选用先碳化后酸雨侵蚀试验模式下的混凝土中性化试验结果,分析碳化-酸雨共同作用对混凝土中性化的贡献程度。

引入混凝土中性化酸雨影响系数 λ_a 和混凝土中性化碳化影响系数 λ_c,定义为

$$\lambda_a = \frac{x}{x_c} \qquad (6.2)$$

$$\lambda_c = \frac{x}{x_a} \qquad (6.3)$$

式中,x 为碳化-酸雨共同作用下混凝土中性化深度,mm;x_c 为混凝土碳化深度,mm;x_a 为混凝土酸雨侵蚀中性化深度,mm。

根据式(6.2)和式(6.3)的定义,$\lambda_a = 1$,说明酸雨侵蚀在混凝土中性化耦合过程中不起作用;$\lambda_a < 1$,说明酸雨侵蚀对混凝土中性化耦合过程起抑制作用;$\lambda_a > 1$,说明酸雨侵蚀对混凝土中性化耦合过程起促进作用,并且比值越大,促进作用越显著。同理,λ_c 可以反映碳化在混凝土中性化耦合过程中所起的作用。

根据表 6.2 和表 6.3 的试验结果,分别按式(6.2)和式(6.3)计算混凝土中性化酸雨影响系数 λ_a 和混凝土中性化碳化影响系数 λ_c,计算结果列于表 6.4 和表 6.5。

表 6.4　混凝土中性化酸雨影响系数 λ_a 计算结果

试件编号	λ_a(C3A/C3)			λ_a(C7A/C7)		
	第一次共同作用循环	第二次共同作用循环	第三次共同作用循环	第一次共同作用循环	第二次共同作用循环	第三次共同作用循环
CA-FA1	1.53	0.98	0.99	1.68	1.57	1.65
CA-FA2	0.96	0.70	0.70	1.07	1.19	1.18
CA-FA3	1.49	0.88	0.81	1.36	1.12	1.06

表 6.5　混凝土中性化碳化影响系数 λ_c 计算结果

试件编号	λ_c(C3A/A)			λ_c(C7A/A)		
	第一次共同作用循环	第二次共同作用循环	第三次共同作用循环	第一次共同作用循环	第二次共同作用循环	第三次共同作用循环
CA-FA1	2.00	1.50	1.30	3.42	2.93	2.75
CA-FA2	2.32	1.75	1.74	4.40	4.25	3.98
CA-FA3	4.71	3.38	3.28	8.10	6.32	6.44

从表 6.4 可以看出,当混凝土碳化时间为 7d 时,λ_a 均大于 1,说明酸雨侵蚀加速了混凝土中性化过程;当混凝土碳化时间为 3d 时,除 CA-FA1、CA-FA2 在第一次共同作用循环 λ_a 小于 1 外,其余 λ_a 均大于 1,表明酸雨侵蚀严重抑制了混凝土中性化过程,这与实际情况不符,因此 C3A 这种试验模式并不能真实反映实际一般大气环境中碳化与酸雨的共同作用。

从表 6.5 可以看出,无论是 C3A 还是 C7A,λ_c 都远大于 1,说明混凝土中性化耦合过程中碳化起主要作用。此外,随着碳化-酸雨共同作用试验循环次数的增加,λ_c 逐渐变小,原因是碳化速度在不断地变慢;随着粉煤灰掺量的增加,该值也逐渐增大,原因在于粉煤灰掺量越高,混凝土的碳化速度越快。

为了描述碳化-酸雨共同作用时碳化与酸雨的耦合效应,引入混凝土中性化耦合系数 ψ,定义为

$$\psi = \frac{x}{x_c + x_a} \tag{6.4}$$

式中,碳化-酸雨共同作用时间与碳化和酸雨单独作用时间的叠加值等同。

混凝土碳化-酸雨共同作用时中性化耦合系数 ψ 的计算结果见表 6.6。可以看出,对于同一种共同作用试验模式,混凝土中性化耦合系数大致相等。C3A 试验模式下普通混凝土的中性化耦合系数平均值为 0.67,粉煤灰混凝土的中性化耦合系数平均值为 0.69;C7A 试验模式下普通混凝土的中性化耦合系数平均值为 1.06,粉煤灰混凝土的中性化耦合系数平均值为 0.96。

表 6.6　混凝土碳化-酸雨共同作用时中性化耦合系数 ψ 计算结果

试件编号	$\psi(C3A/(C3+A))$				$\psi(C7A/(C7+A))$			
	第一次共同作用循环	第二次共同作用循环	第三次共同作用循环	平均值	第一次共同作用循环	第二次共同作用循环	第三次共同作用循环	平均值
CA-FA1	0.87	0.59	0.56	0.67	1.13	1.02	1.03	1.06
CA-FA2	0.68	0.50	0.50	0.69	0.86	0.93	0.91	0.96
CA-FA3	1.13	0.70	0.65		1.17	0.95	0.91	

　　由前面分析可知,C3A 模式模式与实际一般大气环境混凝土中性化发展过程不符,而 C7A 模式模式只是试验时的一种设计模式,能在一定程度上说明实际一般大气环境混凝土的中性化情况。实验室混凝土碳化加速试验与实际一般大气环境混凝土碳化速度的相关性已有较明确的结论,但是酸雨加速试验与实际一般大气环境的相关性尚不清楚。试验研究表明,在一般大气环境中,混凝土碳化-酸雨共同作用对混凝土中性化过程具有一定的耦合效应,但耦合效应并不显著。

6.5　混凝土碳化-酸雨共同作用机理分析

　　处于一般大气环境中的混凝土结构,遭受碳化与酸雨共同作用时,两种侵蚀相当于干湿循环作用,两种作用对混凝土的腐蚀机理和腐蚀程度不完全一致。当遭受酸雨侵蚀时,混凝土结构表面被酸雨溶液覆盖,CO_2 很难扩散进入混凝土,即使有部分 CO_2 扩散到混凝土内部,酸雨中的高 H^+ 浓度也会对 H_2CO_3 的分解有抑制作用,使 CO_2 引起的混凝土碳化有减弱趋势,此时是以酸雨侵蚀为主。在无降水情况下,混凝土结构只发生碳化。根据气象观测资料,各地降水量和降水时间有限,即使在降水充沛的地区,仍涉及酸雨发生的频率问题。暴露于室外一般大气环境中的混凝土结构在多数时间内都发生碳化,只是偶尔受到酸雨侵蚀,因此可以认为混凝土中性化过程以碳化为主。

　　根据共同作用试验结果以及实际一般大气环境混凝土中性化进程的分析,混凝土在一般大气环境中的酸雨侵蚀过程大致如下。

　　酸雨侵蚀初期,CO_2 扩散至混凝土内部与水结合形成碳酸,碳酸与 $Ca(OH)_2$ 和水化硅酸钙反应生成溶解度很低的 $CaCO_3$。由于之前的碳化过程已经消耗了混凝土表层的 $Ca(OH)_2$ 和水化硅酸钙,当有酸性降水时,酸雨与混凝土表面接触,H^+ 只会与混凝土表层的其他水化产物发生反应并溶出大量 Ca^{2+}。除此之外,H^+ 还可与混凝土表层已形成的碳化产物 $CaCO_3$ 发生反应,即

$$CaCO_3 + 2H^+ \longrightarrow Ca^{2+} + H_2O + CO_2 \tag{6.5}$$

$$Ca^{2+} + SO_4^{2-} + 2H_2O \longrightarrow CaSO_4 \cdot 2H_2O \tag{6.6}$$

这些 Ca^{2+} 与酸雨中的 SO_4^{2-} 反应生成石膏,附着在混凝土表面。

在这个阶段,混凝土中可供反应的物质较多,反应较为剧烈,碳化在混凝土孔隙中进行,而酸雨侵蚀仅在混凝土表面发生,混凝土碳化与酸雨侵蚀基本上不产生影响。该阶段混凝土中性化深度主要是由 CO_2 扩散造成的,中性化深度增长迅速,混凝土碳化产物填塞于混凝土孔隙中,结构变得更密实,混凝土抗压强度和质量都有所增加。

在酸雨侵蚀中期,CO_2 继续向混凝土内部扩散,由于孔隙减小,混凝土中性化速度减缓。而混凝土表层经历了酸雨侵蚀作用的累积,在混凝土表层形成了致密的石膏层,阻碍了酸雨介质侵入混凝土内部,少量 H^+ 透过石膏层遇到了强碱性的混凝土,H^+ 与 Ca^{2+} 发生代换反应,使高钙硅比低含水率的水化物向低钙硅比高含水率的水化物转化,这个过程并不属于混凝土中性化。但是在混凝土孔隙处,酸雨会和混凝土孔隙中的填塞物 $CaCO_3$ 发生反应生成石膏,石膏取代了孔隙中 $CaCO_3$ 的位置,混凝土孔隙进一步缩小,混凝土的碳化速度也将继续降低。

在酸雨侵蚀后期,混凝土碳化仍在缓慢进行,酸雨中的 SO_4^{2-} 不断渗透并与 H^+ 代换出来的 Ca^{2+} 结合,在混凝土内部生成大量石膏,石膏质地较软,强度不高,具有很大的膨胀力,使混凝土产生膨胀性裂缝,最终导致混凝土抗压强度降低。此外,混凝土中的 $Ca(OH)_2$ 浓度下降,pH 降低,一些在石灰的极限浓度下才能稳定存在的水化物(如水化硅酸钙、水化铝酸钙)逐渐分解、脱落,混凝土质量减少。

综上所述,在碳化与酸雨共同作用下,混凝土是由外向内逐渐发生侵蚀的,碳化是引起混凝土中性化的主要因素,酸雨侵蚀主要影响混凝土的质量和强度。酸雨侵蚀作用累积过程很慢,其对混凝土孔隙的减小程度有限,因此酸雨对混凝土的中性化影响不是特别显著。

第7章 荷载与环境共同作用下混凝土中性化性能

结构的使用荷载和服役环境是共存的,实际工程中的混凝土结构往往承受荷载作用,并经受着有害介质渗透、冻融、化学侵蚀等多种环境因素作用。20世纪90年代以来,研究者在承受弯曲荷载的混凝土抗冻融性能[1,2],$(NH_4)_2SO_4$、NH_4NO_3、Na_2SO_4 溶液中的抗腐蚀性能[3~5],冻融和盐湖卤水复合环境中的耐久性能[6],以及在弯曲拉应力下粉煤灰混凝土的碳化性能[7]等方面已经取得了一些探索性研究成果,但是关于承载混凝土在酸雨环境下的耐久性能和碳化-酸雨共同作用下的中性化性能研究相对较少。

本章通过承载混凝土的快速碳化试验、酸雨侵蚀试验和碳化-酸雨共同作用试验,研究普通混凝土和粉煤灰混凝土中性化深度随应力状态、应力水平及粉煤灰掺量的变化规律,为建立荷载与环境共同作用下粉煤灰混凝土的中性化深度模型奠定基础。

7.1 试 验 设 计

弯曲加载试验的试件尺寸为 100mm×100mm×550mm,混凝土采用三种配合比,试验分为碳化环境(K)、酸雨侵蚀环境(M)、CO_2 与酸雨侵蚀复合环境(N)三组。其中,K组进行 7d、14d、28d 的快速碳化试验,研究弯曲应力水平(0.2、0.4、0.6)和粉煤灰掺量(0、15%、30%)对承载混凝土碳化规律的影响;M组进行 20d、40d、60d 的酸雨侵蚀试验,研究弯曲应力水平(0.2、0.4、0.6)和粉煤灰掺量(0、15%、30%)对酸雨侵蚀承载混凝土中性化规律的影响;N组按 AC7 和 C7A 试验模式进行加载状态下的碳化-酸雨共同作用试验,研究承载混凝土在 CO_2 与酸雨复合环境下的中性化性能。表7.1为弯曲荷载下混凝土中性化试验试件分组。

表 7.1 弯曲荷载下混凝土中性化试验试件分组

试件分组	试件编号	应力水平	试验天数/d
K组(CO_2)	LC-FA1	0.2	7/14/28
		0.4	
		0.6	
	LC-FA2	0.2	
		0.4	
		0.6	

试件分组	试件编号	应力水平	试验天数/d
K 组（CO₂）	LC-FA3	0.2 0.4 0.6	7/14/28
M 组（酸雨）	LA-FA1	0.2 0.4 0.6	20/40/60
	LA-FA2	0.2 0.4 0.6	
	LA-FA3	0.2 0.4 0.6	
N 组（CO₂＋酸雨）	LCA-FA1	0.2 0.4 0.6	27
	LCA-FA2	0.2 0.4 0.6	
	LCA-FA3	0.2 0.4 0.6	

7.2　承载混凝土碳化性能

对 K 组混凝土试件进行不同应力状态和不同应力水平下的快速碳化试验,碳化深度测试结果如表 7.2 所示。为了比较弯曲荷载对混凝土碳化深度的影响,将第 4 章表 4.2 中 B 组混凝土试件(无弯曲应力)左右两侧面碳化深度的平均值作为应力水平为 0 时的碳化深度一并列于表 7.2 中。

表 7.2　K 组承载混凝土碳化深度试验结果

试件编号	碳化时间/d	不同应力水平下的碳化深度/mm						
		0	0.2		0.4		0.6	
		无应力	受拉区	受压区	受拉区	受压区	受拉区	受压区
LC-FA1	7	1.12	1.59	1.12	2.16	1.06	2.56	0.90
	14	1.49	2.04	1.36	2.92	1.29	3.12	1.08
	28	1.75	2.62	1.64	3.55	1.59	3.69	1.35

续表

试件编号	碳化时间/d	不同应力水平下的碳化深度/mm						
		0	0.2		0.4		0.6	
		无应力	受拉区	受压区	受拉区	受压区	受拉区	受压区
LC-FA2	7	2.34	2.83	2.24	3.22	2.04	3.64	1.84
	14	3.18	3.85	3.16	4.08	3.12	4.47	2.51
	28	4.01	4.80	4.00	5.02	3.98	5.43	3.23
LC-FA3	7	4.16	—	—	5.74	3.90	—	—
	14	6.02	—	—	6.96	5.76	—	—
	28	8.20	9.32	6.88	9.97	6.57	10.61	6.11

假设承载状态下混凝土的碳化过程仍服从 Fick 第一定律,其碳化深度模型为

$$x_{c,\sigma} = k_{c,\sigma}\sqrt{t} = \alpha_{c,\sigma}k_c\sqrt{t} = \alpha_{c,\sigma}x_c \tag{7.1}$$

式中,$x_{c,\sigma}$ 为应力水平 σ 时混凝土的碳化深度;$k_{c,\sigma}$ 为应力水平 σ 时混凝土的碳化速度系数;x_c 为无应力时混凝土的碳化深度;k_c 为无应力时混凝土的碳化速度系数;t 为碳化时间;$\alpha_{c,\sigma}$ 为混凝土碳化应力影响系数,计算公式为

$$\alpha_{c,\sigma} = \frac{x_{c,\sigma}}{x_c} \tag{7.2}$$

7.2.1　承载普通混凝土碳化性能

1. 弯曲拉应力对普通混凝土碳化的影响

普通混凝土碳化深度与弯曲拉应力水平的关系如图 7.1 所示。可以看出,承受弯曲拉应力的普通混凝土碳化深度均大于无应力普通混凝土碳化深度,且随着弯曲拉应力水平的增加,混凝土碳化深度逐渐增大,即弯曲拉应力加速了混凝土碳

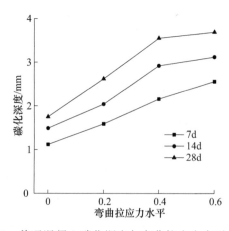

图 7.1　普通混凝土碳化深度与弯曲拉应力水平的关系

化。普通混凝土碳化 28d 后,与无应力试件相比,弯曲拉应力水平 0.2 下的混凝土碳化深度增大了 50%,弯曲拉应力水平 0.4 下的混凝土碳化深度增大了 103%,弯曲拉应力水平 0.6 下的混凝土碳化深度增大了 111%。其原因在于,随着弯曲拉应力的增加,混凝土拉应力增大,造成了混凝土内部缺陷(孔隙、气孔、微裂缝等)的发展或增多,导致 CO_2 扩散系数相应增大,因此混凝土碳化速度和碳化深度也随之增大。

2. 弯曲压应力对普通混凝土碳化的影响

普通混凝土碳化深度与弯曲压应力水平的关系如图 7.2 所示。可以看出,承受弯曲压应力的普通混凝土碳化深度小于无应力普通混凝土碳化深度,并且随着弯曲压应力水平的增加,混凝土碳化深度逐渐减小。例如,普通混凝土碳化 28d 后,与无应力试件相比,弯曲压应力水平 0.2 下的混凝土碳化深度减小了 6%,弯曲压应力水平 0.4 下的混凝土碳化深度减小了 9%,弯曲压应力水平 0.6 下的混凝土碳化深度减小了 23%。弯曲压应力使普通混凝土的抗碳化能力略有增强,其原因在于,当弯曲压应力较小时,混凝土的微观裂缝闭合或宽度减小,CO_2 扩散系数减小,从而降低了混凝土的碳化速度;但当弯曲压应力过大时,会使混凝土产生微观裂缝,反而使混凝土碳化速度加快。

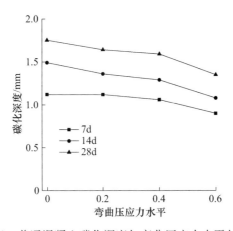

图 7.2　普通混凝土碳化深度与弯曲压应力水平的关系

3. 普通混凝土碳化应力影响系数

按照式(7.2)计算普通混凝土碳化应力影响系数,计算结果列于表 7.3。可以看出,普通混凝土碳化拉应力影响系数均大于 1,且随着弯曲拉应力水平的增加而增大;而混凝土碳化压应力影响系数均小于或等于 1,且随着弯曲压应力水平的增加而逐渐减小。

表 7.3　普通混凝土碳化应力影响系数

试件编号	碳化时间/d	不同应力水平下碳化应力影响系数						
		0	0.2		0.4		0.6	
		无应力	受拉区	受压区	受拉区	受压区	受拉区	受压区
	7	1.00	1.42	1.00	1.93	0.95	2.29	0.80
LC-FA1	14	1.00	1.37	0.91	1.96	0.87	2.09	0.72
	28	1.00	1.50	0.94	2.03	0.91	2.11	0.77

普通混凝土碳化拉(压)应力影响系数与弯曲拉(压)应力水平的关系曲线如图 7.3(图 7.4)所示。

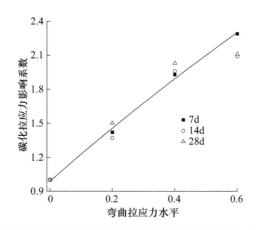

图 7.3　普通混凝土碳化拉应力影响系数与弯曲拉应力水平的关系

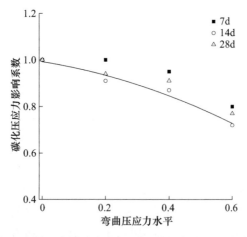

图 7.4　普通混凝土碳化压应力影响系数与弯曲压应力水平的关系

对表 7.3 的数据进行回归分析,可得普通混凝土碳化拉(压)应力影响系数与弯曲拉(压)应力水平的关系为

$$\alpha_{c,\sigma}^{t} = -1.489\sigma_{t}^{2} + 2.909\sigma_{t} + 0.977, \quad 弯曲受拉 \quad (7.3)$$

$$\alpha_{c,\sigma}^{c} = -0.564\sigma_{c}^{2} + 0.0331\sigma_{c} + 0.995, \quad 弯曲受压 \quad (7.4)$$

7.2.2　承载粉煤灰混凝土碳化规律分析

1. 弯曲拉应力对粉煤灰混凝土碳化的影响

粉煤灰混凝土碳化深度与弯曲拉应力水平的关系如图 7.5 所示。可以看出,与普通混凝土相似,无论弯曲拉应力水平高低,承受弯曲拉应力的粉煤灰混凝土碳化深度均大于无应力粉煤灰混凝土碳化深度。对碳化 28d 的粉煤灰混凝土,与无应力试件相比,弯曲拉应力水平 0.2 下的粉煤灰混凝土碳化深度增大了 20%,弯曲拉应力水平 0.4 下的粉煤灰混凝土碳化深度增大了 25%,弯曲拉应力水平 0.6 下的粉煤灰混凝土碳化深度增大了 35%。与普通混凝土相比,相同弯曲拉应力水平下粉煤灰混凝土碳化深度增大的幅度偏小。这是由于粉煤灰的微骨料效应和二次水化反应,减少了混凝土内部毛细孔隙,使混凝土孔隙率减小,密实度提高,在弯曲拉应力作用下产生的微观裂缝数量较少,宽度较小。

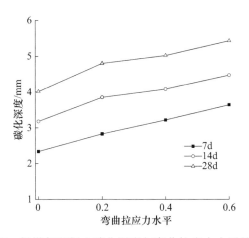

图 7.5　粉煤灰混凝土碳化深度与弯曲拉应力水平的关系

2. 弯曲压应力对粉煤灰混凝土碳化的影响

粉煤灰混凝土碳化深度与弯曲压应力水平的关系如图 7.6 所示。可以看出,承受弯曲压应力的粉煤灰混凝土碳化深度小于无应力粉煤灰混凝土碳化深度,弯曲压应力水平越大,粉煤灰混凝土碳化深度减小越多。对碳化 28d 的粉煤灰混凝

土,与无应力试件相比,弯曲压应力水平 0.2 下的粉煤灰混凝土碳化深度基本不变;弯曲压应力水平 0.4 下的粉煤灰混凝土碳化深度减小了 1%;弯曲压应力水平 0.6 下的粉煤灰混凝土碳化深度减小了 19%。

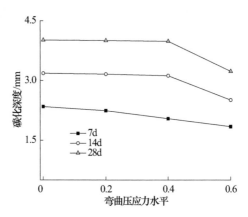

图 7.6　粉煤灰混凝土碳化深度与弯曲压应力水平的关系

3. 粉煤灰混凝土碳化应力影响系数

按照式(7.2)计算粉煤灰混凝土碳化应力影响系数,计算结果列于表 7.4。可以看出,与普通混凝土碳化应力影响系数规律一致,粉煤灰混凝土碳化拉应力影响系数均大于 1,且随着弯曲拉应力水平的增加而增大;碳化压应力影响系数均小于或等于 1 且随弯曲压应力水平的增大而减小。

表 7.4　粉煤灰混凝土碳化应力影响系数

试件编号	碳化时间/d	不同应力水平下碳化应力影响系数						
		0	0.2		0.4		0.6	
		无应力	受拉区	受压区	受拉区	受压区	受拉区	受压区
LC-FA2	7	1.00	1.21	0.96	1.38	0.87	1.56	0.79
	14	1.00	1.21	0.99	1.28	0.98	1.41	0.79
	28	1.00	1.20	1.00	1.25	0.99	1.35	0.81

粉煤灰混凝土碳化拉(压)应力影响与弯曲拉(压)应力水平的关系如图 7.7(图 7.8)所示。经回归分析,可得粉煤灰混凝土碳化拉(压)应力影响系数与弯曲拉(压)应力水平的关系为

$$\alpha_{c,\sigma}^{t} = -0.443\sigma_{t}^{2} + 0.973\sigma_{t} + 1.007, \quad 弯曲受拉 \tag{7.5}$$

$$\alpha_{c,\sigma}^{c} = -0.860\sigma_{c}^{2} + 0.189\sigma_{c} + 0.995, \quad 弯曲受压 \tag{7.6}$$

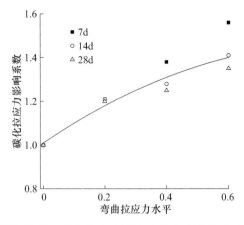

图 7.7　粉煤灰混凝土碳化拉应力影响系数与弯曲拉应力水平的关系

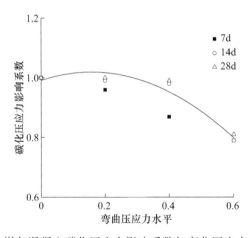

图 7.8　粉煤灰混凝土碳化压应力影响系数与弯曲压应力水平的关系

7.2.3　粉煤灰掺量对承载混凝土碳化的影响

1. 粉煤灰掺量对混凝土碳化深度的影响

通过对 K 组试件施加不同应力水平的弯曲荷载开展快速碳化试验,研究粉煤灰掺量对混凝土碳化深度的影响。弯曲拉(压)应力水平 0.4 下混凝土碳化深度与粉煤灰掺量的关系如图 7.9(图 7.10)所示。

不同弯曲拉应力和弯曲压应力水平下混凝土 28d 碳化深度与粉煤灰掺量的关系分别如图 7.11 和图 7.12 所示。

从图 7.9~图 7.12 可以看出,在相同弯曲拉应力或弯曲压应力水平下,各碳化龄期混凝土碳化深度均随粉煤灰掺量的增加而增大。从图 7.9 和图 7.10 可以看

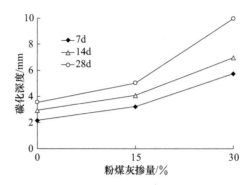

图 7.9　弯曲拉应力水平 0.4 下混凝土碳化深度与粉煤灰掺量的关系

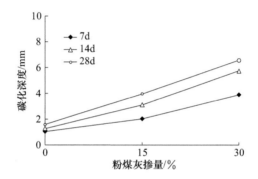

图 7.10　弯曲压应力水平 0.4 下混凝土碳化深度与粉煤灰掺量的关系

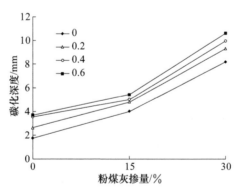

图 7.11　不同弯曲拉应力水平下混凝土 28d 碳化深度与粉煤灰掺量的关系

出,粉煤灰掺量为 15% 时,弯曲应力水平对混凝土碳化深度的影响较小,粉煤灰掺量为 30% 时,弯曲应力水平对混凝土碳化深度的影响较大;弯曲拉应力水平下碳化深度呈非线性增大趋势,而弯曲压应力水平下碳化深度的增大趋势相对较缓,说明受拉状态下粉煤灰掺量对混凝土碳化深度的影响较大。

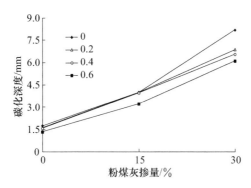

图 7.12　不同弯曲压应力水平下混凝土 28d 碳化深度与粉煤灰掺量的关系

从图 7.11 和图 7.12 可以看出,随着弯曲拉应力水平的增大,相同粉煤灰掺量混凝土的碳化深度均有所增加;随着弯曲压应力水平的增大,相同粉煤灰掺量混凝土的碳化深度均减小。当不掺加粉煤灰时,弯曲压应力对混凝土碳化深度几乎无影响;当粉煤灰掺量为 15% 时,弯曲压应力对混凝土碳化深度的影响较小;当粉煤灰掺量为 30% 时,弯曲压应力对混凝土碳化深度的影响较为明显。

2. 不同粉煤灰掺量混凝土碳化应力影响系数

按照式(7.2)计算 K 组试件快速碳化 28d 的碳化应力影响系数,计算结果见表 7.5。可以看出,不同弯曲拉应力水平下,混凝土碳化应力影响系数的大小顺序为:LC-FA1>LC-FA2>LC-FA3,说明粉煤灰掺量越大,弯曲拉应力对混凝土碳化应力影响系数的影响越小;当粉煤灰掺量相同时,弯曲拉应力水平越高,混凝土碳化应力影响系数越大。不同弯曲压应力水平下,混凝土碳化应力影响系数均小于或等于1,其顺序为:LC-FA2>LC-FA1>LC-FA3,说明弯曲压应力对混凝土的碳化有抑制作用,但对粉煤灰掺量为 15% 的混凝土抑制效果略差。

表 7.5　粉煤灰混凝土碳化 28d 的碳化应力影响系数

应力水平	碳化应力影响系数(弯曲拉应力)			碳化应力影响系数(弯曲压应力)		
	LC-FA1	LC-FA2	LC-FA3	LC-FA1	LC-FA2	LC-FA3
0.2	1.50	1.20	1.14	0.94	1.00	0.84
0.4	2.03	1.25	1.22	0.91	0.99	0.80
0.6	2.11	1.35	1.29	0.77	0.81	0.75

7.3　酸雨侵蚀承载混凝土中性化性能

对 M 组混凝土试件在不同应力状态和不同应力水平下进行酸雨侵蚀试验,中性化深度试验结果如表 7.6 所示。为了对比弯曲应力对混凝土酸雨侵蚀中性化深度的影响,将第 5 章表 5.3 中 E 组混凝土试件(无弯曲应力)酸雨侵蚀中性化深度也列于表 7.6 中。

表 7.6　M 组承载混凝土中性化深度试验结果

试件编号	侵蚀时间/d	不同应力水平下中性化深度/mm						
		0	0.2		0.4		0.6	
		无应力	受拉区	受压区	受拉区	受压区	受拉区	受压区
LA-FA1	20	0.55	—	—	0.63	0.49	—	—
	40	0.80	—	—	0.92	0.71	—	—
	60	0.97	1.00	0.95	1.03	0.91	1.11	0.88
LA-FA2	20	0.57	0.73	0.57	0.74	0.54	0.82	0.48
	40	0.89	0.98	0.84	1.00	0.80	1.02	0.74
	60	1.07	1.12	0.98	1.21	0.91	1.24	0.86
LA-FA3	20	0.70	—	—	0.89	0.74	—	—
	40	1.07	—	—	1.29	0.82	—	—
	60	1.22	1.31	1.20	1.38	1.10	1.41	1.03

与混凝土碳化应力影响系数类似,定义混凝土酸雨侵蚀中性化应力影响系数为

$$\alpha_{\mathrm{a},\sigma} = \frac{x_{\mathrm{a},\sigma}}{x_{\mathrm{a}}} \tag{7.7}$$

式中,$x_{\mathrm{a},\sigma}$ 为应力水平 σ 时酸雨侵蚀混凝土中性化深度,mm;x_{a} 为无应力时酸雨侵蚀混凝土中性化深度,mm;$\alpha_{\mathrm{a},\sigma}$ 为混凝土酸雨侵蚀中性化应力影响系数。

7.3.1　弯曲荷载对酸雨侵蚀混凝土中性化的影响

普通混凝土试件 LA-FA1 与粉煤灰混凝土试件 LA-FA2 在弯曲拉(压)应力水平 0.4 下的中性化深度与无应力情况下的中性化深度对比分别如图 7.13 和图 7.14 所示。

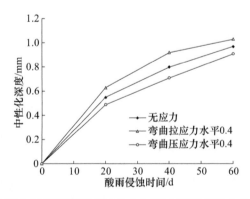

图 7.13　弯曲应力对普通混凝土试件 LA-FA1 酸雨侵蚀中性化深度的影响

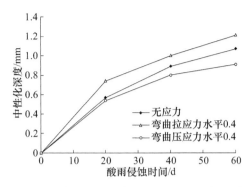

图 7.14　弯曲应力对粉煤灰混凝土试件 LA-FA2 酸雨侵蚀中性化深度的影响

从图中可以看出,在弯曲拉应力状态下,酸雨侵蚀混凝土中性化深度大于无应力混凝土中性化深度;在弯曲压应力状态下,酸雨侵蚀混凝土中性化深度小于无应力混凝土中性化深度。其原因主要是:施加弯曲应力对混凝土内部微细裂缝的扩展将会起到促进或抑制作用,弯曲拉应力使 H^+ 和 SO_4^{2-} 更容易向混凝土内部渗透,加快了混凝土的中性化速度;而弯曲压应力使混凝土内大量微裂缝宽度减小甚至闭合,H^+ 和 SO_4^{2-} 渗透速度减慢,从而减小了混凝土的中性化速度。

7.3.2　粉煤灰掺量对承载混凝土酸雨侵蚀中性化的影响

1. 粉煤灰掺量对混凝土酸雨侵蚀中性化深度的影响

通过对施加不同应力水平的 M 组混凝土试件进行酸雨侵蚀试验,分析粉煤灰掺量对酸雨侵蚀混凝土中性化深度的影响。

弯曲拉(压)应力水平 0.4 下混凝土酸雨侵蚀中性化深度与粉煤灰掺量的关系如图 7.15(图 7.16)所示。可以看出,在相同弯曲拉(压)应力水平下,粉煤灰掺量越大,混凝土中性化深度越大。这是因为在普通硅酸盐水泥混凝土中掺入粉煤灰,使水泥用量减少,碱性物质储备降低,混凝土抗中性化能力降低。

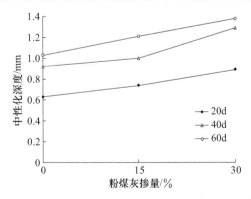

图 7.15　弯曲拉应力水平 0.4 下混凝土酸雨侵蚀中性化深度与粉煤灰掺量的关系

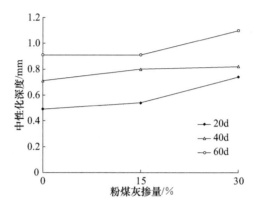

图 7.16　弯曲压应力水平 0.4 下混凝土酸雨侵蚀中性化深度与粉煤灰掺量的关系

　　不同弯曲拉(压)应力水平下混凝土酸雨侵蚀 60d 的中性化深度与粉煤灰掺量的关系如图 7.17(图 7.18)所示。可以看出,随着弯曲拉应力水平的增大,相同粉煤灰掺量混凝土中性化深度均有所增加;随着弯曲压应力水平的增大,相同粉煤灰掺量混凝土中性化深度均减小。

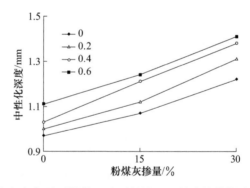

图 7.17　不同弯曲拉应力水平下混凝土酸雨侵蚀 60d 的中性化深度与粉煤灰掺量的关系

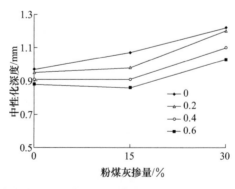

图 7.18　不同弯曲压应力水平下混凝土酸雨侵蚀 60d 的中性化深度与粉煤灰掺量的关系

2. 不同粉煤灰掺量混凝土酸雨侵蚀中性化应力影响系数

根据式(7.7)计算 M 组混凝土试件酸雨侵蚀 60d 的中性化应力影响系数,计算结果见表 7.7。可以看出,在各弯曲拉应力水平下,混凝土酸雨侵蚀中性化应力影响系数与碳化应力影响系数的大小顺序正好相反,为 LA-FA3>LA-FA2>LA-FA1,即粉煤灰掺量越大,弯曲拉应力对混凝土酸雨侵蚀中性化应力影响系数的影响越大;当粉煤灰掺量一定时,弯曲拉应力水平越高,混凝土酸雨侵蚀中性化应力影响系数越大。在各弯曲压应力水平下,压应力对混凝土的中性化有抑制作用,混凝土酸雨侵蚀中性化应力影响系数均小于 1,大小顺序为 LA-FA1>LA-FA2>LA-FA3。

表 7.7　混凝土酸雨侵蚀 60d 的中性化应力影响系数

应力水平	中性化应力影响系数(弯曲拉应力)			中性化应力影响系数(弯曲压应力)		
	LA-FA1	LA-FA2	LA-FA3	LA-FA1	LA-FA2	LA-FA3
0.2	1.03	1.06	1.14	0.98	0.94	0.91
0.4	1.05	1.13	1.16	0.92	0.85	0.80
0.6	1.07	1.13	1.16	0.98	0.90	0.84

7.3.3　承载粉煤灰混凝土酸雨侵蚀中性化性能

1. 弯曲拉应力对粉煤灰混凝土酸雨侵蚀中性化的影响

通过对承载粉煤灰混凝土试件 LA-FA2 进行酸雨侵蚀试验,分析弯曲荷载对粉煤灰混凝土酸雨侵蚀中性化深度的影响。粉煤灰混凝土酸雨侵蚀中性化深度与弯曲拉应力水平的关系如图 7.19 所示。可以看出,与承受弯曲拉应力的粉煤灰混凝土碳化深度规律一样,粉煤灰混凝土酸雨侵蚀中性化深度也是随着弯曲拉应力

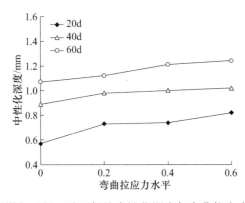

图 7.19　粉煤灰混凝土酸雨侵蚀中性化深度与弯曲拉应力水平的关系

水平的增加而增大。粉煤灰混凝土酸雨侵蚀 60d 后,与无应力试件相比,应力水平 0.2 下的混凝土中性化深度增大了 5%,应力水平 0.4 下的混凝土中性化深度增大了 13%,应力水平 0.6 下的混凝土中性化深度增大了 16%,但增长幅度没有承载粉煤灰混凝土碳化深度明显。

2. 弯曲压应力对粉煤灰混凝土酸雨侵蚀中性化的影响

粉煤灰混凝土酸雨侵蚀中性化深度与弯曲压应力水平的关系如图 7.20 所示。可以看出,承受弯曲压应力的粉煤灰混凝土酸雨侵蚀中性化深度小于无应力酸雨侵蚀混凝土中性化深度;弯曲压应力水平越大,混凝土中性化深度减小也越多。例如,酸雨侵蚀 60d 的粉煤灰混凝土,与无应力试件相比,弯曲压应力水平 0.2 下的混凝土中性化深度减小了 8%,弯曲压应力水平 0.4 下的混凝土中性化深度减小了 15%,弯曲压应力水平 0.6 下的混凝土中性化深度减小了 20%。

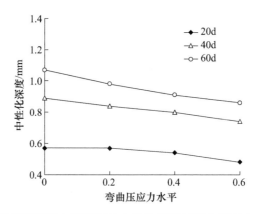

图 7.20　粉煤灰混凝土酸雨侵蚀中性化深度与弯曲压应力水平的关系

3. 粉煤灰混凝土酸雨侵蚀中性化应力影响系数

按照式(7.7)计算粉煤灰混凝土酸雨侵蚀中性化应力影响系数,计算结果列于表 7.8。

表 7.8　粉煤灰混凝土酸雨侵蚀中性化应力影响系数

试件编号	侵蚀时间/d	不同应力水平下中性化应力影响系数						
		0	0.2		0.4		0.6	
		无应力	受拉区	受压区	受拉区	受压区	受拉区	受压区
LA-FA2	20	1.00	1.28	1.00	1.30	0.95	1.44	0.84
	40	1.00	1.10	0.94	1.12	0.90	1.15	0.83
	60	1.00	1.05	0.92	1.13	0.85	1.16	0.80

　　从表 7.8 可以看出,粉煤灰混凝土酸雨侵蚀中性化拉应力影响系数均大于 1,且随应力水平的增大而增大,而压应力影响系数均小于或者等于 1,且随应力水平的增加而减小。

　　根据表 7.8 的结果,粉煤灰混凝土酸雨侵蚀中性化拉(压)应力影响系数与应力水平的关系曲线如图 7.21(图 7.22)所示,经回归分析,可得粉煤灰混凝土酸雨侵蚀中性化应力影响系数与弯曲拉(压)应力水平的关系为

$$\alpha_{a,\sigma}^t = -0.479\sigma_t^2 + 0.683\sigma_t + 1.007, \quad 弯曲受拉 \tag{7.8}$$

$$\alpha_{a,\sigma}^c = -0.165\sigma_c^2 + 0.190\sigma_c + 0.999, \quad 弯曲受压 \tag{7.9}$$

　　式(7.8)的相关系数为 0.692,回归效果一般,这主要与酸雨侵蚀粉煤灰混凝土中性化深度较小有关,偏差相对略大。

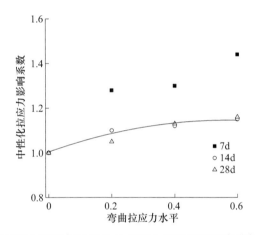

图 7.21　粉煤灰混凝土酸雨侵蚀中性化拉应力影响系数与弯曲拉应力水平的关系

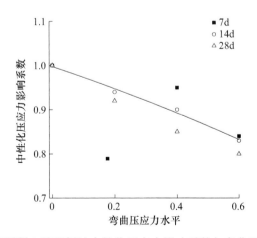

图 7.22　粉煤灰混凝土酸雨侵蚀中性化压应力影响系数与弯曲压应力水平的关系

7.4　碳化-酸雨共同作用下承载混凝土中性化性能

对承受弯曲荷载的 N 组混凝土试件按照前述章节的试验方法进行碳化-酸雨共同作用试验,中性化深度试验结果见表 7.9。为了比较弯曲荷载对碳化-酸雨共同作用下混凝土中性化深度的影响,将第 6 章中 J 组混凝土试件(无弯曲应力)在碳化-酸雨共同作用下的中性化深度也列于表 7.9 中。

表 7.9　N 组承载混凝土中性化深度试验结果

试验模式	试件编号	不同应力水平下中性化深度/mm						
		0	0.2		0.4		0.6	
		无应力	受拉区	受压区	受拉区	受压区	受拉区	受压区
	LCA-FA1	1.88(CA-FA1)	1.94	1.87	2.35	1.77	2.70	1.72
LC7A	LCA-FA2	2.51(CA-FA2)	2.98	2.46	3.43	2.38	3.79	2.29
	LCA-FA3	5.67(CA-FA3)	5.77	5.63	6.20	5.44	7.13	5.27
	LCA-FA1	0.96(CA-FA1)	0.89	0.87	0.92	0.80	0.98	0.72
LAC7	LCA-FA2	0.97(CA-FA2)	1.02	0.98	1.07	0.91	1.14	0.86
	LCA-FA3	1.28(CA-FA3)	1.33	1.24	1.58	1.20	1.70	1.17

注:L 代表荷载。

7.4.1　弯曲荷载对碳化-酸雨共同作用下混凝土中性化的影响

1. 弯曲拉应力对碳化-酸雨共同作用下混凝土中性化的影响

在 LC7A 和 LAC7 试验模式下,承载混凝土在碳化-酸雨共同作用下的中性化深度与弯曲拉应力水平的关系分别如图 7.23 和图 7.24 所示。

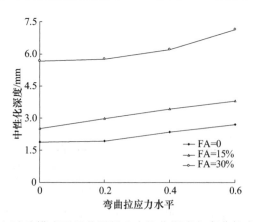

图 7.23　LC7A 试验模式下承载混凝土中性化深度与弯曲拉应力水平的关系

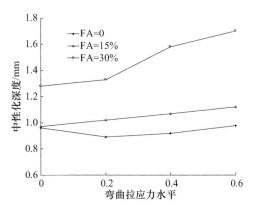

图 7.24　LAC7 试验模式下承载混凝土中性化深度与弯曲拉应力水平的关系

从图中可以看出,虽然 LC7A 试验模式下的混凝土中性化深度大于 LAC7 试验模式下的中性化深度,但均表现为承受弯曲拉应力的混凝土在碳化-酸雨共同作用下的中性化深度大于无应力混凝土的中性化深度,并随着弯曲拉应力水平的增加,中性化深度增加。同时,随着粉煤灰掺量的增加,混凝土中性化深度加大,这与前述无应力混凝土的中性化规律一致。

2. 弯曲压应力对碳化-酸雨共同作用下混凝土中性化的影响

在 LC7A 和 LAC7 试验模式下,承载混凝土在碳化-酸雨共同作用下的中性化深度与弯曲压应力水平的关系分别如图 7.25 和图 7.26 所示。

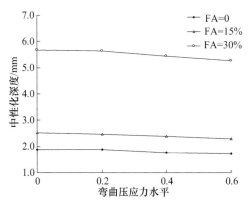

图 7.25　LC7A 试验模式下承载混凝土中性化深度与弯曲压应力水平的关系

从图中可以看出,承受弯曲压应力的混凝土在碳化-酸雨共同作用下的中性化深度要小于无应力混凝土中性化深度,并随着弯曲压应力水平的增加,中性化深度减小,说明弯曲压应力对混凝土中性化有抑制作用。

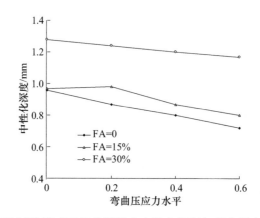

图 7.26　LAC7 试验模式下承载混凝土中性化深度与弯曲压应力水平的关系

3. 承载混凝土在碳化-酸雨共同作用下的中性化应力影响系数

根据式(7.7)计算 LC7A 和 LAC7 两种试验模式下混凝土中性化应力影响系数,结果列于表 7.10 中。可以看出,除了 LAC7 试验模式下的试件 LCA-FA1 外,拉应力影响系数都大于 1,并且随弯曲拉应力水平的增大而增加;除 LAC7 试验模式下的试件 LCA-FA2 在弯曲压应力水平 0.2 时压应力影响系数大于 1 外,其余压应力影响系数均小于 1,并且随弯曲压应力水平的增大而减小。

表 7.10　承载混凝土在碳化-酸雨共同作用下的中性化应力影响系数

试验模式	试件编号	α_σ(无应力)	α_σ^t(弯曲拉应力水平)			α_σ^c(弯曲压应力水平)		
		0	0.2	0.4	0.6	0.2	0.4	0.6
	LCA-FA1	1.00	1.03	1.25	1.44	0.99	0.94	0.91
LC7A	LCA-FA2	1.00	1.19	1.37	1.51	0.98	0.95	0.91
	LCA-FA3	1.00	1.02	1.09	1.26	0.99	0.96	0.93
	LCA-FA1	1.00	0.93	0.96	1.02	0.91	0.83	0.75
LAC7	LCA-FA2	1.00	1.05	1.10	1.15	1.01	0.90	0.82
	LCA-FA3	1.00	1.04	1.23	1.33	0.97	0.94	0.91

LC7A 试验模式下混凝土中性化应力影响系数与弯曲拉(压)应力水平的关系如图 7.27(图 7.28)所示。经回归分析,可得混凝土碳化-酸雨共同作用的中性化应力影响系数与弯曲应力水平的关系为

$$\alpha_\sigma^t = 0.542\sigma_t^2 + 0.358\sigma_t + 0.997, \quad 弯曲受拉 \tag{7.10}$$

$$\alpha_\sigma^c = -0.125\sigma_c^2 - 0.068\sigma_c + 1.0013, \quad 弯曲受压 \tag{7.11}$$

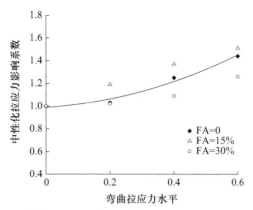

图 7.27 LC7A 试验模式下混凝土中性化拉应力影响系数与弯曲应力水平的关系

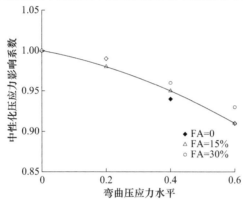

图 7.28 LC7A 试验模式下混凝土中性化压应力影响系数与弯曲应力水平的关系

7.4.2 承载混凝土在碳化-酸雨共同作用下的耦合效应分析

将第 6 章的混凝土中性化酸雨影响系数 λ_a 和混凝土中性化碳化影响系数 λ_c 引入承载混凝土,分析粉煤灰混凝土试件 LCA-FA2 在 LC7A 和 LAC7 试验模式下碳化-酸雨共同作用对承载混凝土中性化的贡献程度。

定义

$$\lambda_{a,\sigma} = \frac{x_{\sigma}}{x_{c,\sigma}} \tag{7.12}$$

$$\lambda_{c,\sigma} = \frac{x_{\sigma}}{x_{a,\sigma}} \tag{7.13}$$

式中,x_{σ} 为碳化-酸雨共同作用下承载混凝土中性化深度,mm;$x_{c,\sigma}$ 为承载混凝土碳化深度,mm;$x_{a,\sigma}$ 为承载混凝土酸雨侵蚀中性化深度,mm。

将以上试验结果代入式(7.12)和式(7.13)计算承载混凝土中性化酸雨影响系数 $\lambda_{a,\sigma}$ 和中性化碳化影响系数 $\lambda_{c,\sigma}$,计算结果见表 7.11。

表 7.11　承载混凝土中性化酸雨影响系数 $\lambda_{a,\sigma}$ 和碳化影响系数 $\lambda_{c,\sigma}$ 计算结果

应力水平	LC7A				LAC7			
	$\lambda_{a,\sigma}$		$\lambda_{c,\sigma}$		$\lambda_{a,\sigma}$		$\lambda_{c,\sigma}$	
	受拉区	受压区	受拉区	受压区	受拉区	受压区	受拉区	受压区
0.2	1.05	1.10	4.08	4.32	0.36	0.44	1.40	1.72
0.4	1.07	1.17	4.64	4.41	0.33	0.45	1.45	1.69
0.6	1.04	1.24	4.62	4.77	0.31	0.47	1.39	1.79

从表 7.11 可以看出,在 LC7A 试验模式下,$\lambda_{a,\sigma}$ 和 $\lambda_{c,\sigma}$ 均大于 1,这说明碳化与酸雨都对承载混凝土中性化有贡献,并且混凝土碳化的贡献程度是酸雨的 4 倍左右。在 LAC7 试验模式下,$\lambda_{c,\sigma}$ 值大于 1,$\lambda_{a,\sigma}$ 值远小于 1,说明碳化对承载混凝土中性化有贡献,而酸雨对承载混凝土中性化有明显抑制作用,这与一般大气环境混凝土中性化过程不符,因为酸雨侵蚀是一个缓慢积累的过程,实验室采用的增大离子浓度的快速试验方法并不能准确反映该累积效应。因此,LC7A 试验模式更贴近实际情况。

在 LC7A 试验模式下,承载混凝土碳化-酸雨共同作用中性化深度并不等于其在碳化和酸雨单独作用叠加值,说明承载混凝土中性化过程中,碳化和酸雨作用存在一定的耦合效应。

为了描述承载混凝土在碳化-酸雨共同作用时的耦合效应,将第 6 章的混凝土中性化耦合系数扩展到承载混凝土,定义为

$$\psi_\sigma = \frac{x_\sigma}{x_{c,\sigma} + x_{a,\sigma}} \tag{7.14}$$

LC7A 试验模式下承载混凝土碳化-酸雨共同作用时中性化耦合系数计算结果见表 7.12。可以看出,弯曲拉应力状态下承载混凝土碳化-酸雨共同作用中性化耦合系数十分接近,约为 0.85,且与弯曲拉应力水平关系不大;而弯曲压应力状态下承载混凝土碳化-酸雨共同作用中性化耦合系数基本在 0.90 以上,且随弯曲压应力水平的增大而变大。

表 7.12　LC7A 试验模式下承载混凝土碳化-酸雨共同作用时
中性化耦合系数 ψ_σ 计算结果

应力水平	x_σ/mm		$x_{c,\sigma}$/mm		$x_{a,\sigma}$/mm		ψ_σ	
	受拉区	受压区	受拉区	受压区	受拉区	受压区	受拉区	受压区
0.2	2.98	2.46	2.83	2.24	0.73	0.57	0.84	0.88
0.4	3.43	2.38	3.22	2.04	0.74	0.54	0.87	0.92
0.6	3.79	2.29	3.64	1.84	0.82	0.48	0.85	0.99

参 考 文 献

[1] Zhou Y,Cohen M D,Dolch L W. Effect of external loads on the frost-resistant proper-
    ties of mortar with and without silica fume[J]. ACI Material Journal,1994,91(6):595-
    601.

[2] Sun W,Zhang Y,Yan H,et al. Damage and damage resistance of high strength con-
    crete under the action of load and freeze-thaw cycles[J]. Cement and Concrete Re-
    search,1999,29(9):1519-1523.

[3] Schneider U,Chen S W. The chemomechanical effect and the mechanochemical effect
    on high-performance concrete subjected to stress corrosion[J]. Cement and Concrete
    Research,1998,28(4):509-522.

[4] Schneider U,Chen S W. Behaviour of high-performance concrete under ammonium ni-
    trate solution and sustained load[J]. ACI Material Journal,1999,96(1):47-51.

[5] 王爱勤,曹建国,李金玉,等. 高浓度和荷载条件下混凝土硫酸盐侵蚀特性及抗侵蚀技
    术[C]// 全国水泥基复合材料科学与技术学术讨论会,北京,1999:176-178.

[6] 余红发,孙伟,鄢良慧,等. 在盐湖环境中高强与高性能混凝土的抗冻性[J]. 硅酸盐学
    报,2004,32(7):1213-1217.

[7] 张云升,孙伟,陈树东,等. 弯拉应力作用下粉煤灰混凝土的 1D 和 2D 碳化[J]. 东南大
    学学报(自然科学版),2007,(1):118-122.

第8章 一般大气环境混凝土中性化深度模型

一般大气环境下,与混凝土发生化学反应的酸性物质主要是 CO_2 和酸雨,反应后混凝土 pH 降低,导致钢筋表面钝化膜破坏,在一定条件下钢筋出现锈蚀。因此,研究混凝土在碳化与酸雨共同作用下的中性化性能,建立一般大气环境下粉煤灰混凝土中性化预测模型,可为进一步研究混凝土中钢筋锈蚀与混凝土结构的寿命预测提供基础,对混凝土结构的耐久性设计及其评估具有重要意义。

8.1 混凝土碳化深度模型现状

影响混凝土碳化的因素众多,如混凝土水胶比、密实度、可碳化物质含量、环境温度与相对湿度、环境 CO_2 浓度等。研究者提出了多种混凝土碳化深度模型,但同时考虑环境温度、相对湿度、混凝土扩散系数等众多因素影响的混凝土碳化深度模型相对较少,现有混凝土碳化深度模型可分为理论模型和经验模型两类。

8.1.1 混凝土碳化深度理论模型

混凝土碳化是环境中的 CO_2 向混凝土内部扩散,并与混凝土中的可碳化物质发生化学反应的过程,因此许多学者应用扩散理论研究混凝土的碳化发展规律。

混凝土碳化深度理论模型之一是基于 Fick 第一定律和 CO_2 在多孔材料中的扩散和吸收建立的,并在推导混凝土碳化深度模型时做如下假定[1]。

(1) CO_2 在混凝土孔隙中的扩散遵循 Fick 第一定律,即

$$N_{CO_2} = D_{e,CO_2} \frac{d[CO_2]}{dx} \tag{8.1}$$

式中, N_{CO_2} 为 CO_2 扩散速度,$mol/(m^2 \cdot s)$; D_{e,CO_2} 为 CO_2 在混凝土中的有效扩散系数,m^2/s; $[CO_2]$ 为混凝土内部 CO_2 浓度,mol/m^3; x 为混凝土深度,m。

(2) 假设大气中的 CO_2 浓度为 $[CO_2]_0$,随着 CO_2 向混凝土内部不断扩散, CO_2 浓度在混凝土内部近似呈线性规律降低,在发生完全碳化反应的界面处,CO_2 浓度降为零,如图 8.1 所示。这一假定得到了文献[2]的验证。

(3) 忽略部分碳化区的影响。

根据以上假定,在 dt 时间内从孔隙扩散进入混凝土内的 CO_2 会被 dx 长度内的混凝土可碳化物质吸收,则有

$$m_0 dx = N_{CO_2} dt \tag{8.2}$$

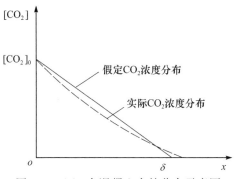

图 8.1　CO_2 在混凝土中的分布示意图

推导可得混凝土碳化深度理论模型为

$$x_c = \sqrt{\frac{2D_{e,CO_2}[CO_2]_0}{m_0}} \sqrt{t} \tag{8.3}$$

式中，$[CO_2]_0$ 为混凝土内 CO_2 初始浓度，即大气中 CO_2 浓度；m_0 为单位体积混凝土吸收 CO_2 的量，mol/m^3；t 为碳化时间，s；D_{e,CO_2} 为 CO_2 在混凝土中的有效扩散系数，m^2/s。

（4）单位体积混凝土吸收 CO_2 的量 m_0 为常数。

混凝土碳化理论模型之二是 Papadakis 等[2] 根据碳化反应中各物质的质量平衡条件建立的，可以表示为

$$x_c = \sqrt{\frac{2D_{e,CO_2}^c[CO_2]_0}{[CH]_0 + 3[C\text{-}S\text{-}H]_0 + 3[C_3S]_0 + 2[C_2S]_0}} \sqrt{t} \tag{8.4}$$

式中，$[CH]_0$、$[C\text{-}S\text{-}H]_0$、$[C_3S]_0$、$[C_2S]_0$ 分别为 CH、C-S-H、C_3S、C_2S 的初始浓度；D_{e,CO_2}^c 为 CO_2 在完全碳化混凝土中的有效扩散系数，计算公式为

$$D_{e,CO_2}^c = 1.64 \times 10^{-6} \varepsilon_p^{1.8}(1-RH)^{2.2} \tag{8.5}$$

式中，ε_p 为碳化混凝土的孔隙率；RH 为环境相对湿度，%。

8.1.2　混凝土碳化深度经验模型

混凝土碳化深度理论模型虽具有明确的物理意义，但模型参数不易确定。从工程实用性角度而言，工程技术人员更希望建立混凝土碳化深度与混凝土强度、水灰比、水泥用量等因素相联系的实用模型。

1. 混凝土碳化深度的多系数模型

龚洛书等[3] 根据大量试验与调查结果，提出了混凝土碳化深度多系数模型，即

$$x_c = \eta_1 \eta_2 \eta_3 \eta_4 \eta_5 \eta_6 \sqrt{t} \tag{8.6}$$

式中，η_1 为水泥用量影响系数；η_2 为水灰比影响系数；η_3 为粉煤灰取代量影响系

数;η_4 为水泥品种影响系数;η_5 为骨料品种影响系数;η_6 为养护方法影响系数。

2. 基于混凝土抗压强度的碳化深度模型

牛荻涛等[4]利用工程实测结果和气象调查资料,建立了以混凝土立方体抗压强度标准值为主要参数的碳化深度模型,可以表示为

$$x_c = K_{CO_2} K_e \left(\frac{57.94}{f_{cu}} m_c - 0.761 \right) \sqrt{t} \tag{8.7}$$

式中,f_{cu} 为混凝土立方体抗压强度,MPa;m_c 为混凝土立方体抗压强度平均值与标准值的比值;K_{CO_2} 为 CO_2 浓度影响系数,$K_{CO_2} = \sqrt{\dfrac{C_0}{0.03}}$;$K_e$ 为环境影响系数,可以表示为

$$K_e = \frac{\sqrt[4]{T}(100 - RH)RH}{A} \tag{8.8}$$

式中,A 为地区月平均温湿度影响系数;T 为环境月平均温度,℃;RH 为环境月平均相对湿度,%。

3. 基于水灰比、水泥用量的混凝土碳化深度模型

张誉等[5]在分析混凝土碳化机理的基础上,基于水灰比、水泥用量给出了混凝土碳化深度模型,即

$$x_c = K_{RH} K_{CO_2} K_T K_s 839 (1 - RH) 1.1 \sqrt{\frac{\frac{1}{\gamma_c} \frac{W}{C} - 0.34}{\gamma_{HD} \gamma_c C}} \sqrt{[CO_2]} \sqrt{t} \tag{8.9}$$

式中,K_{RH} 为环境相对湿度影响系数;K_{CO_2} 为 CO_2 浓度影响系数;K_T 为环境温度影响系数;K_s 为混凝土应力影响系数;γ_{HD} 为水泥水化程度影响系数,90d 养护取 1.0,28d 养护取 0.85;γ_c 为水泥品种影响系数,硅酸盐水泥取 1.0,其他水泥取 1.0 - 掺合料含量;W/C 为水灰比;C 为水泥用量。

4. DuraCrete 的混凝土碳化深度模型

DuraCrete[6]考虑养护条件、环境影响、试验方法等因素提出的混凝土碳化深度模型为

$$x_c = \sqrt{\frac{2K_c K_e K_t D_{e,CO_2}[CO_2]}{m_0}} \sqrt{t} \left(\frac{t_0}{t} \right)^{n_{CO_2}} \tag{8.10}$$

式中,K_c 为养护条件影响系数;K_t 为试验方法影响系数;D_{e,CO_2} 为 CO_2 在混凝土中的有效扩散系数;$[CO_2]$ 为混凝土内部的 CO_2 浓度;m_0 为单位体积混凝土吸收 CO_2 的量;t_0 为基准时间;n_{CO_2} 为龄期参数;K_e 为环境影响系数,可表示为

$$K_e = \left(\frac{1 - RH^f}{1 - RH_{ref}^f} \right)^g \tag{8.11}$$

式中,$f=1\sim10$;$g=2\sim5$;RH_{ref}为标准湿度。

5. Bakker 的混凝土碳化深度模型

Bakker[7]同时考虑水分扩散、浓度梯度、水化程度和干湿循环对混凝土碳化速度的影响,提出了混凝土碳化模型,即

$$x_c = A \sum_{i=1}^{n} \sqrt{t_{di} - \frac{x_{ci-1}}{B}} \tag{8.12}$$

$$A = \sqrt{\frac{2D_{e,CO_2}(C_1 - C_2)}{a_{ak}}} \tag{8.13}$$

$$B = \sqrt{\frac{2D_v(C_3 - C_4)}{b_w}} \tag{8.14}$$

$$b = W - 0.25C \cdot DH - 0.15C \cdot DH \cdot D_{gel} - W \cdot DH \cdot D_{cap} \tag{8.15}$$

式中,A 为混凝土碳化速度函数;B 为混凝土干燥速度函数;t_{di} 为第 i 个干燥期时间,s;x_{ci-1} 为第 $(i-1)$ 个干湿循环后的混凝土碳化深度,mm;$C_1 - C_2$ 为空气中和碳化前锋线 CO_2 浓度差;$C_3 - C_4$ 为空气中和混凝土水分蒸发前锋线湿度差;a_{ak} 为混凝土中碱含量,kg/m³;b_w 为混凝土中蒸发水含量,kg/m³;D_{e,CO_2} 为 CO_2 有效扩散系数;D_v 为水汽有效扩散系数;DH 为水化程度;D_{gel} 为凝胶孔中物理结合水程度;D_{cap} 为毛细孔中物理结合水程度;W 为混凝土用水量,kg/m³;C 为混凝土中水泥用量,kg/m³。

6. Papadakis 的混凝土碳化深度模型

Papadakis 等[2,8]基于混凝土碳化的物理化学过程,应用化学反应动力学方法建立了混凝土碳化速度与各反应物质浓度间的关系,并根据碳化反应过程中 CO_2、CH 及水化硅酸钙的质量平衡条件建立了混凝土碳化深度模型,即

$$x_c = \sqrt{\frac{2D_{e,CO_2}^c [CO_2]_0}{[CH]_0 + 3[C\text{-}S\text{-}H]_0 + 3[C_3S]_0 + 2[C_2S]_0} t} \tag{8.16}$$

$$D_{e,CO_2}^c = 1.64 \times 10^{-6} \varepsilon_p^{1.8} \left(1 - \frac{RH}{100}\right)^{2.2} \tag{8.17}$$

$$\varepsilon_p(t) = \varepsilon(t) \left(1 + \frac{\dfrac{a\rho_c}{C\rho_a}}{1 + \dfrac{W\rho_c}{C\rho_w}}\right) \tag{8.18}$$

式中,$\varepsilon_p(t)$ 为硬化水泥浆的孔隙率;$\varepsilon(t)$ 为混凝土的孔隙率;D_{e,CO_2}^c 为 CO_2 在完全碳化混凝土中的有效扩散系数,是混凝土孔隙率、时间、孔隙水饱和度的函数;ρ_c、ρ_a、ρ_w 分别为水泥、骨料和水的密度。

8.1.3　混凝土碳化深度随机模型

无论基于混凝土碳化机理的理论模型还是基于碳化试验的经验模型,几乎都是平均碳化深度的预测模型,均未考虑混凝土碳化过程的随机性。因此,如何建立预测混凝土碳化深度的实用随机模型是混凝土结构碳化耐久性评估的关键问题之一。

1. 混凝土碳化深度随机模型的提出

由混凝土碳化过程及影响因素可知,导致混凝土碳化深度产生变异的主要原因来自混凝土自身的变异性和环境作用的变异性。本节在文献[4]和[9]的基础上,提出以环境条件与混凝土质量影响为主,并考虑碳化位置、混凝土浇筑面、应力修正的预测混凝土碳化深度的多系数随机模型,即

$$X_c(t) = k_c\sqrt{t} \tag{8.19}$$
$$k_c = K_{mc}K_jK_{CO_2}K_pK_sK_eK_f \tag{8.20}$$

式中,k_c 为混凝土碳化速度系数;t 为碳化时间;K_j 为构件角部修正系数;K_{CO_2} 为 CO_2 浓度影响系数;K_p 为浇筑面修正系数;K_s 为应力影响系数;K_e 为环境影响系数;K_f 为混凝土质量影响系数;K_{mc} 为计算模式不定性随机变量,主要反映碳化模型计算结果与实际工程测试结果之间的差异,同时,也包含其他一些在计算模型中未考虑的随机因素对混凝土碳化的影响。

从式(8.19)和式(8.20)可以看出,建立预测混凝土碳化深度随机模型的关键是合理确定式(8.20)中的各参数值。

2. 混凝土质量影响系数 K_f 的确定

目前建立的混凝土碳化深度模型大多数以水灰比作为反映混凝土品质的主要参数。混凝土水灰比与混凝土碳化的物理化学过程密切相关,因此混凝土碳化速度与混凝土水灰比的相关性较好。然而,其不足之处在于:①水灰比是决定混凝土性能的一个主要参数,但不能全面反映混凝土的质量;②工程技术人员熟悉的是混凝土抗压强度,且在实际工程中,混凝土抗压强度容易测定,水灰比往往较难准确得到。混凝土抗压强度是反映混凝土力学性能的合理指标,它综合反映了混凝土水灰比、水泥品种、骨料品种、水泥用量、施工质量及养护条件等对混凝土品质的影响。混凝土强度高,其密实性好,抗碳化能力强。因此,以混凝土抗压强度为随机变量,建立混凝土碳化预测模型更具实际意义。

文献[4]收集了 64 组长期暴露试验与实际工程调查的碳化数据。将收集到的所有数据换算到同一标准环境(标准环境为西安地区室外环境,$C_0 = 0.03\%$,$RH = 71\%$,$T = 13℃$)进行分析,得到标准环境下混凝土质量影响系数与混凝土立方体抗压强度标准值的关系(见图 8.2)为

$$K_f = \frac{57.94}{f_{cu,k}} - 0.76 \tag{8.21}$$

式中，$f_{cu,k}$ 为混凝土立方体抗压强度标准值，MPa；K_f 为混凝土质量影响系数，$mm/\sqrt{a}$。

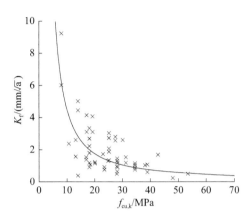

图 8.2　混凝土质量影响系数与混凝土抗压强度标准值的关系

3. 其他参数的确定

1) CO_2 浓度影响系数 K_{CO_2}

环境中 CO_2 浓度增大对混凝土碳化有促进作用，CO_2 浓度影响系数的计算公式为[1]

$$K_{CO_2} = \sqrt{\frac{C_0}{0.03}} \tag{8.22}$$

式中，C_0 为混凝土表面的 CO_2 体积分数，可视为环境中的 CO_2 体积分数，%。当缺乏环境 CO_2 浓度数据时，K_{CO_2} 可根据建筑物所处环境及人群密集程度按表 8.1 取值。

表 8.1　CO_2 浓度影响系数 K_{CO_2} 取值

人群密集程度	K_{CO_2}	典型建筑类别
人群密集	1.8~2.5	医院、商店
人群较密集	1.6~2.0	食堂、影剧院
人群密集程度一般	1.2~1.8	办公楼、宿舍、住宅
人群稀少	1.0~1.5	车库、库房

注：(1) 工业建筑室内环境，根据其环境状况，参考民用建筑室内环境取值。
　　(2) 室外环境，取 $K_{CO_2} = 1.1 \sim 1.4$。

2) 环境影响系数 K_e

环境影响系数主要考虑环境温度与相对湿度对混凝土碳化的影响[10]，由于环

境温度、相对湿度有较强的相关性,将环境温度影响与相对湿度影响综合为环境影响系数 K_e,即

$$K_e = 2.56\sqrt[4]{T}(1-\text{RH})\text{RH} \qquad (8.23)$$

式中,T 为环境年平均温度,℃;RH 为环境年平均相对湿度,%。

由于混凝土碳化是一个漫长过程,往往经历十几年甚至几十年,而环境温度、湿度的变化基本上是以年为周期,相对于混凝土碳化的整个历程而言,环境温湿度的变异性较小(为 3%～8%)。牛荻涛等[9]分析了环境变异性对混凝土碳化深度标准差的影响,从分析结果可以看出,环境因子变异对碳化深度标准差的影响甚小。因此,在对混凝土结构进行寿命分析时可将环境因子作为确定性变量处理。

3) 构件角部修正系数 K_j、浇筑面修正系数 K_p 及应力影响系数 K_s

屈文俊等[11]考虑角部混凝土碳化实际上是双向扩散,通过理论分析得出角部混凝土碳化深度是非角部的 $\sqrt{2}$ 倍。参考这一结果及实际工程检测结果,建议角部取 $K_j=1.4$,非角部取 $K_j=1.0$。

浇筑面修正系数 K_p 主要考虑混凝土在施工过程中振捣、养护及拆模时间对碳化速度的影响,根据实际工程调查,建议取 $K_p=1.2$。

混凝土受压时取 $K_s=1.0$,受拉时取 $K_s=1.1$。

4. 混凝土碳化深度统计分析

混凝土碳化是一个复杂的物理化学过程,由于建筑物所处环境和混凝土本身的质量均具有较强的随机性,混凝土碳化深度也具有随机性,即使同一环境、同一设计强度的混凝土构件,其碳化深度也有较大差异。

文献[12]对使用 13～54 年的建筑物进行实际调查,分析了同一建筑物,环境条件相同、覆盖层相同、设计混凝土强度相同的混凝土构件碳化深度的统计特征。图 8.3 为碳化深度的频率分布。可以看出,碳化深度较好地服从正态分布。

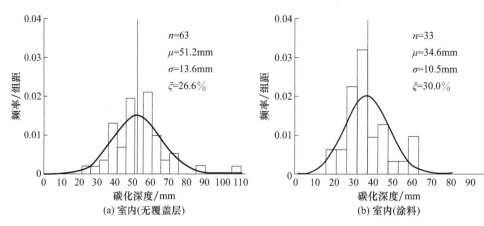

(a) 室内(无覆盖层)　　　　　(b) 室内(涂料)

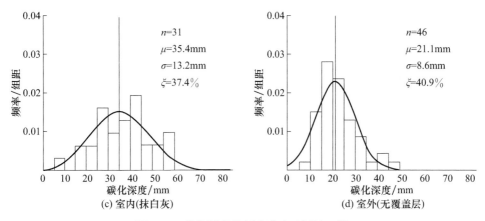

图 8.3　碳化深度的频率分布(实际工程)

5. 混凝土碳化随机模型

混凝土碳化深度不仅具有随机性,而且具有随机过程性。根据碳化深度随时间增大的特征,宜用非平稳随机过程对混凝土碳化深度进行描述,其一维概率密度函数可表示为[9]

$$f_{X_c}(x,t) = \frac{1}{\sqrt{2\pi}\sigma_{X_c}(t)} \exp\left\{-\frac{\left[x-\mu_{X_c}(t)\right]^2}{2\left[\sigma_{X_c}(t)\right]^2}\right\} \qquad (8.24)$$

式中,$\mu_{X_c}(t)$ 和 $\sigma_{X_c}(t)$ 分别为混凝土碳化深度平均值函数与标准差函数;t 为碳化时间。

$$\mu_{X_c}(t) = \mu_{k_c}\sqrt{t} \qquad (8.25)$$

$$\sigma_{X_c}(t) = \sigma_{k_c}\sqrt{t} \qquad (8.26)$$

式中,μ_{k_c} 为碳化速度系数平均值,σ_{k_c} 为碳化速度系数标准差。

将式(8.20)~式(8.23)代入式(8.19),可得

$$\mu_{k_c} = 2.56\mu_{K_{mc}}K_j K_{CO_2}K_p K_s \sqrt[4]{T}(1-RH)RH\left(\frac{57.94}{f_{cu,k}} - 0.76\right) \qquad (8.27)$$

$$\sigma_{k_c} = \sqrt{\left(\frac{\partial k_c}{\partial K_{mc}}\right)_m^2 \sigma_{K_{mc}}^2 + \left(\frac{\partial k_c}{\partial f_{cu}}\right)_m^2 \sigma_{f_{cu}}^2} \qquad (8.28)$$

式中,$\mu_{K_{mc}}$ 和 $\sigma_{K_{mc}}$ 分别为混凝土碳化深度计算模式不定性随机变量的平均值和标准差;$\sigma_{f_{cu}}$ 为混凝土立方体抗压强度标准差;$\left(\frac{\partial k_c}{\partial K_{mc}}\right)_m$、$\left(\frac{\partial k_c}{\partial f_{cu}}\right)_m$ 分别表示偏导数在碳化速度系数平均值处取值。

混凝土碳化深度平均值和标准差随碳化时间的变化曲线如图 8.4 和图 8.5 所示。可以看出,混凝土碳化深度平均值和标准差均随碳化时间的增加而增大。

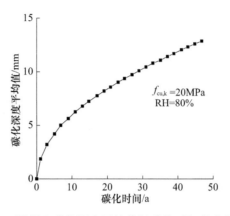

图 8.4　混凝土碳化深度平均值随碳化时间的变化曲线

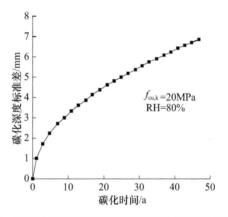

图 8.5　混凝土碳化深度标准差随碳化时间的变化曲线

8.2　粉煤灰混凝土碳化深度模型

　　一般大气环境下,混凝土碳化是导致钢筋发生锈蚀的主要因素。理想的混凝土碳化深度理论模型不仅应有合理的理论依据,符合混凝土碳化机理,而且应充分反映影响混凝土碳化速度的各种因素,具有广泛的适用性和实用性。式(8.3)为基于气体扩散理论的混凝土碳化深度模型,即目前公认的混凝土碳化理论模型。从式(8.3)可以看出,混凝土的碳化速度主要取决于 CO_2 的扩散系数和混凝土中可碳化物质含量。因此,粉煤灰混凝土碳化深度理论模型的建立就归结为表达式中参数 m_0 和 D_{e,CO_2} 的确定问题。

8.2.1　模型参数 m_0 的确定

　　从第 2 章混凝土碳化的化学方程式不难看出,单位体积混凝土吸收 CO_2 的量

m_0 与单位体积混凝土胶凝材料中产生的 $CaCO_3$ 的物质的量相等,即

$$m_0 = [CaCO_3] \tag{8.29}$$

根据式(2.27)～式(2.30)可得

$$m_0 = [CH] + 3[C\text{-}S\text{-}H] + 3[C_3S] + 2[C_2S] \tag{8.30}$$

若 $a\%$ 的 C_4AF 与 $C\bar{S}H_2$ 反应,$b\%$ 的 C_3A 与 $C\bar{S}H_2$ 反应,由式(2.23)和式(2.24)可得

$$2a[C_4AF] + b[C_3A] = [C\bar{S}H_2] \tag{8.31}$$

根据水泥水化过程的反应式(2.21)～式(2.26),可得到在完全水化情况下,各可碳化物质的浓度为

$$[CH] = \frac{3}{2}[C_3S] + \frac{1}{2}[C_2S] - 2a[C_4AF] - 4(1-a)[C_4AF] - (1-b)[C_3A]$$

$$= \frac{3}{2}[C_3S] + \frac{1}{2}[C_2S] - 4[C_4AF] - [C_3A] + (2a[C_4AF] + b[C_3A])$$

$$= \frac{3}{2}[C_3S] + \frac{1}{2}[C_2S] - 4[C_4AF] - [C_3A] + [C\bar{S}H_2] \tag{8.32}$$

$$[C\text{-}S\text{-}H] = \frac{1}{2}[C_3S] + \frac{1}{2}[C_2S] \tag{8.33}$$

$$[C_3S] = 0 \tag{8.34}$$

$$[C_2S] = 0 \tag{8.35}$$

将式(8.32)～式(8.35)代入式(8.30),可得

$$m_0 = 3[C_3S] + 2[C_2S] - 4[C_4AF] - [C_3A] + [C\bar{S}H_2] \tag{8.36}$$

目前,工程中常用的粉煤灰混凝土是用粉煤灰取代部分硅酸盐水泥或者普通硅酸盐水泥来配置混凝土,下面将根据不同情况分别讨论 m_0 的计算问题。

1. 采用硅酸盐水泥配制混凝土

硅酸盐水泥即国外通称的波特兰水泥,它是由硅酸盐水泥熟料、0～5%石灰石或粒化高炉矿渣、适量石膏共同磨细而制成的水硬性胶凝材料。表 8.2 为硅酸盐水泥主要的矿物组成[13]。

表 8.2 硅酸盐水泥主要的矿物组成[13]

化学名称	缩写符号	摩尔质量/(g/mol)	质量分数/%
$3CaO \cdot SiO_2$	C_3S	228.30	50
$2CaO \cdot SiO_2$	C_2S	172.22	25
$4CaO \cdot Al_2O_3 \cdot Fe_2O_3$	C_4AF	486.96	8
$3CaO \cdot Al_2O_3$	C_3A	270.18	12
$CaSO_4 \cdot 2H_2O$	$C\bar{S}H_2$	172.17	3.5

文献[14]给出了我国常用硅酸盐水泥熟料的矿物组成,即 C_3S 占 $50\%\sim$ 60%、C_2S 约占 20%、C_4AF 和 C_3A 约占 22%、其他约占 3%。

硅酸盐水泥的矿物组成可以由直接分析法测定,但需专门技术和昂贵的设备。硅酸盐水泥的常规化学分析采用标准方法,水泥中的每种元素以其氧化物形式列出,其化学分析结果容易获得,主要的氧化物分析结果列于表 8.3。

表 8.3   硅酸盐水泥主要的氧化物组成

化学名称	缩写符号	摩尔质量 /(g/mol)	质量分数/%	
			文献[15]	文献[13]
CaO	C	56.08	$60\sim67$	63
SiO_2	S	60.09	$17\sim25$	22
Al_2O_3	A	101.96	$3\sim8$	6
Fe_2O_3	F	159.70	$0.5\sim6$	2.5
MgO	M	40.31	$0.1\sim5.5$	2.6
K_2O+Na_2O	K+Na	$94.20+61.98$	$0.5\sim1.3$	0.6
SO_3	$\bar{S}$	80.07	$1\sim3$	2
CO_2	$\bar{C}$	44.01	—	—
H_2O	H	18.02	—	—

ASTM C150/C150M 给出了由氧化物的质量分数计算硅酸盐水泥矿物组成的鲍格公式[16],即

当 $A/F\geqslant0.64$ 时,

$$\begin{cases}C_3S=4.071C-7.600S-6.718A-1.430F-2.852\bar{S}\\C_2S=2.867S-0.7544C_3S\\C_3A=2.650A-1.692F\\C_4AF=3.043F\end{cases}\quad(8.37)$$

当 $A/F<0.64$ 时,

$$\begin{cases}C_3S=4.071C-7.600S-6.718A-1.430F-2.852\bar{S}\\C_2S=2.867S-0.7544C_3S\\C_3A=0\\C_4AF-C_2F=2.100A+1.702F\end{cases}\quad(8.38)$$

将文献[13]中氧化物的质量分数代入式(8.37)($A/F\geqslant0.64$),得到 $C_3S=39.69\%$,$C_2S=33.13\%$,$C_3A=11.67\%$,$C_4AF=7.61\%$。

将计算得到的硅酸盐水泥典型的矿物组成成分代入式(8.36),可得

$$m_0=b\left(\frac{3\times39.69\%}{228}+\frac{2\times33.13\%}{172}-\frac{4\times7.61\%}{486}-\frac{11.67\%}{270}+\frac{3.5\%}{172}\right)\times10^3$$

$$(8.39)$$

将式(8.39)化简后可得单位体积硅酸盐水泥混凝土吸收 CO_2 的量 m_0 为

$$m_0 = 8.22b \tag{8.40}$$

式中,b 为单位体积混凝土中水泥与矿物掺合料构成的胶凝材料总用量,kg/m^3,对硅酸盐水泥配制的混凝土则为水泥用量。

2. 采用普通硅酸盐水泥配制混凝土

普通硅酸盐水泥简称普通水泥,是由硅酸盐水泥熟料、6%～15%混合材料、适量石膏共同磨细而制成的水硬性胶凝材料。

普通硅酸盐水泥中水泥熟料的化学组成可按硅酸盐水泥组成比例取值,因此单位体积普通硅酸盐水泥混凝土吸收 CO_2 的量 m_0 可按式(8.41)计算:

$$m_0 = (1 - \alpha') \times 8.22b \tag{8.41}$$

式中,α' 为普通硅酸盐水泥中混合材料掺量,参照《通用硅酸盐水泥》(GB 175—2007)[17],取值为 6%～15%。

由于不同水泥中掺入的混合材料不同,为简化分析,可不考虑混合材料中的可碳化物质。若 α' 取混合材料最大掺量 15%,这样得到普通硅酸盐水泥单位体积混凝土吸收 CO_2 的量 m_0 为

$$m_0 = 6.99b \tag{8.42}$$

3. 粉煤灰取代部分水泥配制混凝土

目前,工程中常用粉煤灰取代部分水泥来配制粉煤灰混凝土。粉煤灰取代部分水泥后,首先是水泥熟料水化,生成 $Ca(OH)_2$,pH 达到一定值后,$Ca(OH)_2$ 将与粉煤灰玻璃体中的活性 SiO_2、Al_2O_3 反应生成水化硅酸钙及水化铝酸钙。普通硅酸盐水泥混凝土水泥熟料的主要矿物成分为 C_3S、C_2S、C_4AF、C_3A,水化 28d 后的水化率分别为 90%、65%、66%、96%[18]。粉煤灰的球形玻璃体经高温熔融形成,较稳定,表面相当致密、不易水化。试验结果表明,在水泥水化 7d 后,粉煤灰颗粒表面几乎无变化,直到 28d 后,才能看到粉煤灰颗粒表面开始初步水化,略有凝胶状的水化物出现;在水泥水化 90d 后,粉煤灰颗粒表面才开始生成大量的水化硅酸钙凝胶体,它们相互交叉连接,形成很好的黏结强度[18]。

粉煤灰中的氧化钙可与水生成 $Ca(OH)_2$,增加可碳化物质。

$$CaO + H_2O \longrightarrow Ca(OH)_2 \tag{8.43}$$

粉煤灰中活性物质的水化反应式为[19]

$$2SiO_2 + 3Ca(OH)_2 \longrightarrow 3CaO \cdot 2SiO_2 \cdot 3H_2O \tag{8.44}$$

当有石膏存在时,Al_2O_3 按如下反应进行水化:

$$Al_2O_3 + CaSO_4 \cdot 2H_2O + 3Ca(OH)_2 + 7H_2O$$
$$\longrightarrow 4CaO \cdot Al_2O_3 \cdot CaSO_4 \cdot 12H_2O \tag{8.45}$$

当石膏消耗完后,Al_2O_3 按式(8.46)发生水化:

$$Al_2O_3 + 4Ca(OH)_2 + 9H_2O \longrightarrow 4CaO \cdot Al_2O_3 \cdot 13H_2O \tag{8.46}$$

根据式(8.44),SiO_2 水化将可碳化物质 $Ca(OH)_2$ 转化成另一种可碳化物质 C-S-H,对 m_0 值无影响。Al_2O_3 在发生二次水化反应时,认为石膏基本被水泥矿物成分水化消耗,可不考虑石膏存在的水化,Al_2O_3 仅按式(8.46)发生水化反应,这样 Al_2O_3 将消耗 4 倍的可碳化物质 $Ca(OH)_2$。

一般情况下,粉煤灰的火山灰效应发挥较慢,养护 90d 龄期时,已水化的粉煤灰仍只有 20%左右,在粉煤灰混凝土使用期间,火山灰效应仍会继续发挥作用[20~22]。

引入系数 β 表示粉煤灰混合材料中活性物质参与火山灰反应的程度,当粉煤灰取代硅酸盐水泥时,单位体积混凝土吸收 CO_2 的量 m_0 可表示为

$$m_0 = (1 - FA) \times 8.22b + \left(\frac{CaO}{56} - 4\beta\frac{Al_2O_3}{102}\right) FA\, b \times 10^3 \tag{8.47}$$

式中,FA 为粉煤灰掺量,%;β 为粉煤灰活性物质参与火山灰反应的程度,在混凝土养护结束未碳化之前取 0.2,在计算物质储备时取 0.5,故此处取 0.5。

文献[23]通过对全国 100 多家火力发电厂的 365 个粉煤灰样品进行化学分析,得到了我国粉煤灰主要化学成分及含量,见表 8.4。

表 8.4　我国火电厂粉煤灰主要化学成分及含量(质量分数)　(单位:%)

SiO_2	Al_2O_3	TiO_2	FeO	CaO	MgO	K_2O	Na_2O	MnO	P_2O_5	SO_3
49.22	27.80	1.29	6.63	3.22	0.84	1.21	0.45	0.06	0.28	0.71

将 CaO 和 Al_2O_3 的质量分数代入式(8.47),化简可得

$$m_0 = (8.22 - 13.10FA)b \tag{8.48}$$

同理,粉煤灰取代普通硅酸盐水泥时,单位体积混凝土吸收 CO_2 的量为

$$m_0 = (6.99 - 11.87FA)b \tag{8.49}$$

由于 $m_0 \geqslant 0$,式(8.48)和式(8.49)的使用范围分别为 FA<62.7%、FA<58.9%。

8.2.2　模型参数 D_{e,CO_2} 的确定

气体在混凝土中的扩散主要受气体动力学特性及介质性态影响,其影响因素可分为混凝土自身因素和环境因素。混凝土自身因素主要与混凝土的孔结构和孔隙率

有关,环境因素主要包括环境温度、相对湿度等。环境相对湿度决定混凝土孔隙水饱和度的大小,相对湿度较小时,混凝土处于干燥或含水率较低的状态,气体扩散快,反之,气体扩散慢;根据气体动力学理论,温度越高,气体扩散越快。CO_2 在混凝土中的有效扩散系数 D_{e,CO_2} 与单位面积混凝土中气态孔隙截面积的大小直接相关,即与混凝土的孔隙率及孔隙饱和度有关,而孔隙饱和度主要受环境相对湿度的影响。

Papadakis 等[2] 自行研制了测试气体扩散系数的装置,通过试验建立了混凝土中 CO_2 有效扩散系数 D_{e,CO_2} 与碳化后水泥石孔隙率之间的关系为

$$D_{e,CO_2} = 1.64 \times 10^{-6} p^{1.8} (1 - RH)^{2.2} \tag{8.50}$$

式中,p 为碳化后水泥石的孔隙率;RH 为环境相对湿度。

水泥混凝土碳化后的总孔隙率可表示为[24]

$$p = p_{air} + \frac{W}{\rho_w} - \Delta p_h - \Delta p_{ad} - \Delta p_c \tag{8.51}$$

式中,p_{air} 为混凝土中引入的气泡体积分数(按 1.5% 计);W/ρ_w 为混凝土用水量引起的孔隙率;Δp_h 为水泥水化引起的孔隙率减小值;Δp_{ad} 为辅助胶凝材料水化反应引起的孔隙率减小值;Δp_c 为混凝土碳化引起的孔隙率减小值。

1. 水泥水化引起的孔隙率减小值 Δp_h

水泥水化引起的混凝土孔隙率减小值 Δp_h 的计算公式为[8]

$$\Delta p_h = (C_3S)\Delta \bar{V}_{C_3S} + (C_2S)\Delta \bar{V}_{C_2S} + (C_3A)\Delta \bar{V}_{C_3A} + (C_4AF)\Delta \bar{V}_{C_4AF} \tag{8.52}$$

式中,$\Delta \bar{V}_X$ 为水泥中各物质水化反应后与反应前固相物质的摩尔体积差(下标 X 分别代表 C_3S、C_2S、C_3A、C_4AF),取值分别为 $0.233 \times 10^{-3}\,m^3/mol$、$0.229 \times 10^{-3}\,m^3/mol$、$0.577 \times 10^{-3}\,m^3/mol$ 和 $0.232 \times 10^{-3}\,m^3/mol$。

硅酸盐水泥熟料、主要水化产物的摩尔质量与摩尔体积见表 8.5[25]。

表 8.5　硅酸盐水泥熟料、主要水化产物的摩尔质量与摩尔体积[25]

化合物	摩尔质量 /(g/mol)	摩尔体积 /($10^{-6}\,m^3$/mol)	化合物	摩尔质量 /(g/mol)	摩尔体积 /($10^{-6}\,m^3$/mol)
C_3S	228.30	71.34	$C_3S_2H_3$	342.41	150
C_2S	172.22	52.19	C_4AH_{13}	560.47	272.07
C_3A	270.18	89.17	C	56.08	16.89
C_4AF	485.96	128.9	S	60.08	27.28
CH	74.1	33.08	A	101.96	25.49

将 $\Delta \bar{V}_X$ 的数值代入式(8.52),可得硅酸盐水泥和普通硅酸盐水泥水化引起的

孔隙率减小值分别为

$$\Delta p_h = 0.2533 \times 10^{-3}(1-FA)b \tag{8.53}$$

$$\Delta p_h = 0.2153 \times 10^{-3}(1-FA)b \tag{8.54}$$

2. 辅助胶凝材料水化反应引起的孔隙率减小值 Δp_{ad}

以粉煤灰为辅助胶凝材料，根据粉煤灰氧化物参与水化反应的公式计算水化引起的孔隙率，即

$$\Delta \varepsilon_{ad} = [CaO]\Delta \bar{V}_C + \beta([Al_2O_3]\Delta \bar{V}_A + [SiO_2]\Delta \bar{V}_S) \tag{8.55}$$

计算得 $\Delta \bar{V}_C = 16.19 \times 10^{-6}\ m^3/mol$，$\Delta \bar{V}_A = 114.26 \times 10^{-6}\ m^3/mol$，$\Delta \bar{V}_S = -3.80 \times 10^{-6}\ m^3/mol$。混凝土碳化反应发生前，粉煤灰活性物质参与火山灰反应的程度 β 取 0.2，并将表 8.4 给出的粉煤灰中氧化物质量分数代入式(8.55)，可得

$$\Delta p_{ad} = 0.0778 \times 10^{-3}FA\,b \tag{8.56}$$

3. 混凝土碳化引起的孔隙率减小值 Δp_c

由于混凝土碳化反应复杂和混合料取代水泥量的不同，由混凝土碳化引起的孔隙率减小值计算较为烦琐。反应式(2.29)与式(2.30)中固态物摩尔体积的变化较小，可以忽略不计，混凝土中的可碳化物质全部按式(2.27)与式(2.28)发生碳化反应。

经计算，按式(2.27)反应的摩尔体积差 $\Delta \bar{V}_{CH} = 3.85 \times 10^{-6}\ m^3/mol$，$\Delta \bar{V}_{CSH}$ 按文献[8]取为 $15.39 \times 10^{-6}\ m^3/mol$，则混凝土碳化引起的混凝土孔隙率减小值为

$$\Delta p_c = [CH]\Delta \bar{V}_{CH} + [C\text{-}S\text{-}H]\Delta \bar{V}_{C\text{-}S\text{-}H} \tag{8.57}$$

用硅酸盐水泥配制的粉煤灰混凝土的[CH]和[C-S-H]的浓度等于硅酸盐水泥和粉煤灰两部分水化产生的[CH]和[C-S-H]的浓度。硅酸盐水泥水化产生的[CH]和[C-S-H]的浓度可将水泥中各矿物成分的含量代入式(8.32)与式(8.33)，经计算可得

$$[CH] = 2.719(1-FA)b \tag{8.58}$$

$$[C\text{-}S\text{-}H] = 3 \times 1.833(1-FA)b = 5.499(1-FA)b \tag{8.59}$$

粉煤灰水化产生的[CH]和[C-S-H]的浓度可根据式(8.60)和式(8.61)计算：

$$[CH] = [CaO] - \frac{3}{2}[SiO_2] - 4[Al_2O_3] = -22.632FA\,b \tag{8.60}$$

$$[C\text{-}S\text{-}H] = \frac{1}{2}[SiO_2] = 4.102FA\,b \tag{8.61}$$

将式(8.66)和式(8.61)代入式(8.57)，可得

$$\Delta p_c = (0.095 - 0.119\mathrm{FA})b \times 10^{-3} \tag{8.62}$$

同理,可计算出普通硅酸盐水泥配制粉煤灰混凝土时由混凝土碳化引起的孔隙率减小值为

$$\Delta p_c = (0.081 - 0.105\mathrm{FA})b \times 10^{-3} \tag{8.63}$$

4. 粉煤灰混凝土硬化和碳化后的总孔隙率

将各部分孔隙率变化结果代入式(8.51),可得水泥混凝土硬化和碳化后的总孔隙率为

$$p = 0.015 + \frac{b}{1000}\left(\frac{W}{B} + 0.295\mathrm{FA} - 0.348\right) \tag{8.64}$$

将式(8.64)代入式(8.50),即可求得 CO_2 在混凝土中的有效扩散系数 D_{e,CO_2}。

8.2.3　粉煤灰混凝土碳化深度计算模型

根据理想气体状态方程,CO_2 体积分数与浓度$[CO_2]$的关系为

$$[CO_2] = \frac{P_{CO_2}V}{RT} \tag{8.65}$$

式中,P_{CO_2} 为 CO_2 分压,atm[①];V 为 CO_2 体积,取单位体积 $1\mathrm{m}^3$;R 为理想气体常数,$R=0.0821\mathrm{atm \cdot L/(mol \cdot K)}$;$T$ 为热力学温度,K。

将上述参数代入式(8.65),可得

$$[CO_2] = 41.57C_0 \tag{8.66}$$

将式(8.50)和式(8.66)代入式(8.3),可得粉煤灰混凝土碳化深度计算模型为

$$x_c = \sqrt{\frac{1.36C_0(1-\mathrm{RH})^{2.2}p^{1.8} \times 10^{-4}}{m_0}}\sqrt{t} \tag{8.67}$$

式中,m_0 按式(8.48)式(8.49)计算;p 按式(8.64)计算。

由式(8.67)可以看出,粉煤灰混凝土碳化深度计算模型基本考虑了影响粉煤灰混凝土碳化的因素。其中环境相对湿度和 CO_2 体积分数直接可见,而水胶比、水泥品种、水泥用量和粉煤灰掺量均隐含在参数 p 中。此外,在公式适用范围内,随着粉煤灰取代水泥量的增大,一方面使碱性物质储备减少,混凝土的抗碳化能力降低,碳化深度增大;另一方面将导致混凝土的有效孔隙率减小,混凝土抗碳化能力提高,碳化深度减小。

8.2.4　粉煤灰混凝土碳化深度计算模型验证

粉煤灰混凝土碳化深度计算模型是为了预测实际混凝土构件的碳化深度,混

---

① 1atm=1.01325×10⁵Pa,下同。

凝土发生碳化时,已经过充分的养护,其内部的水化过程已趋于稳定。然而,室内加速碳化试验通常不考虑粉煤灰混凝土的二次水化效应,一般在粉煤灰混凝土养护28d时便开始试验,这样测得的粉煤灰混凝土碳化深度往往偏大。本篇第4章粉煤灰混凝土快速碳化试验采用90d养护龄期,基本接近粉煤灰混凝土构件的实际情况,可用该碳化试验结果来验证所建立的粉煤灰混凝土碳化模型,同时,还采用了文献[26]和[27]中养护90d的粉煤灰混凝土碳化试验结果一并进行验证。验证结果见表8.6。

表8.6 粉煤灰混凝土碳化深度计算模型验证结果

编号	数据来源	试验值/mm	计算值/mm	试验值/计算值
1	第4章	4.00	4.78	0.84
2		8.20	6.33	1.29
3		2.94	5.41	0.54
4		7.16	7.06	1.02
5	文献[26]	3.23	3.90	0.83
6		3.40	5.66	0.60
7		3.81	6.14	0.62
8		5.74	6.99	0.82
9		6.50	7.78	0.84
10		12.90	14.18	0.91
11	文献[27]	6.10	4.63	1.32
12		6.10	4.00	1.53
13		7.50	5.82	1.29
14		6.10	5.24	1.16
15		6.20	5.68	1.09
16		6.20	6.24	0.99
17		6.90	7.16	0.96
18		9.00	8.26	1.09
19		6.20	6.86	0.90
20		6.40	7.64	0.84
21		6.50	8.18	0.79
22		7.10	9.61	0.74
23		11.40	10.94	1.04
24		7.50	8.63	0.87
25		11.50	9.94	1.16
26		12.10	11.81	1.02
27		13.10	13.36	0.98

根据表 8.6 的计算结果,混凝土碳化深度试验值与模型计算值之比的平均值为 0.966,标准差为 0.179,变异系数为 0.185。由此可见,本章建立的粉煤灰混凝土碳化深度模型与试验结果吻合较好。

养护龄期对粉煤灰混凝土快速碳化试验结果影响很大,由于二次水化的反应时间较长,养护龄期短,二次水化过程不够充分,混凝土孔隙率较大,有利于 CO_2 的扩散,导致混凝土碳化深度较大。因此,混凝土养护龄期越长,其二次水化过程越充分,碳化深度越小。

定义混凝土养护龄期系数 l 为

$$l = \frac{x_{t=90d}}{x_{t<90d}} \tag{8.68}$$

式中,$x_{t=90d}$ 为养护龄期为 90d 的粉煤灰混凝土碳化深度,mm;$x_{t<90d}$ 为养护龄期小于 90d 的粉煤灰混凝土碳化深度,mm。

通过文献[28]~[30]中养护 60d 和 28d 的粉煤灰混凝土碳化试验结果与本章粉煤灰混凝土碳化模型计算结果对比确定养护龄期系数,计算结果见表 8.7。

表 8.7　粉煤灰混凝土养护龄期系数计算结果

编号	试验值/mm	计算值/mm	l	l 平均值	折算的养护 90d 试验值/mm	折算的养护 90d 试验值/计算值	养护龄期
1	17.40	10.77	0.62		9.05	0.84	
2	15.60	6.65	0.43		8.11	1.22	
3	16.90	8.98	0.53		8.79	0.98	
4	14.70	7.99	0.54	0.52	7.64	0.96	60d
5	17.30	8.71	0.50		9.00	1.03	
6	15.30	7.89	0.52		7.96	1.01	
7	17.60	8.71	0.50		9.15	1.05	
8	17.40	5.41	0.31		4.87	0.90	
9	17.50	4.56	0.26	0.28	4.90	1.07	28d
10	29.8	8.19	0.27		8.34	1.02	

根据表 8.7 中的计算结果,取粉煤灰混凝土 60d 养护龄期系数为 0.52,28d 养护龄期系数为 0.28。引入养护龄期系数之后,折算的 90d 粉煤灰混凝土碳化深度试验值与模型计算值之比的平均值为 1.008,标准差为 0.071,变异系数为 0.070,可见本章提出的粉煤灰混凝土碳化深度理论模型与试验结果符合较好。因此,可用本章建议的碳化深度理论模型计算不同养护龄期粉煤灰混凝土的碳化深度。

8.3 酸雨侵蚀粉煤灰混凝土中性化深度模型

由于酸雨侵蚀引起的混凝土中性化深度小,易被忽视,加之酸雨中侵蚀离子的渗透扩散难以量测,目前对混凝土酸雨侵蚀中性化模型的研究较少。本节将在酸雨侵蚀混凝土试验研究基础上,建立酸雨侵蚀粉煤灰混凝土中性化深度理论模型,并用试验结果对模型进行验证。

8.3.1 酸雨侵蚀混凝土中性化深度模型

对混凝土酸雨侵蚀中性化深度做如下界定:混凝土中性化深度是指混凝土表层可中性化物质全部与侵入的酸性物质发生反应的某一深度范围。因此,在中性化深度 x 处,dt 时间内扩散进入混凝土内部的酸性物质全部被 dx 长度范围内混凝土中的可中性化物质吸收,即

$$m_{0A} dx = N_A dt \tag{8.69}$$

式中,m_{0A} 为完全反应时单位体积混凝土吸收酸性物质的量,mol/m^3;N_A 为酸性物质在混凝土中的扩散通量,$mol/(m^2 s)$。

由式(2.17)可得

$$N_A = \frac{m D_A C_{A0}}{\tanh(m\delta)} \tag{8.70}$$

式中,C_{A0} 为酸性物质 A 的初始浓度,$kmol/m^3$;D_A 为酸性物质 A 在混凝土中的扩散系数,m^2/s;m 为参数,$m^2 = k_r/D_A$,k_r 为化学反应速率。

将式(8.70)代入式(8.69),化简后可得

$$\tanh\left(\sqrt{\frac{k_r}{D_A}} x\right) d\left(\sqrt{\frac{k_r}{D_A}} x\right) = \frac{C_{A0} k_r}{m_{0A}} dt \tag{8.71}$$

对式(8.71)两边积分,可得

$$\ln ch\left(\sqrt{\frac{k_r}{D_A}} x\right) = \frac{C_{A0} k_r}{m_{0A}} t + C \tag{8.72}$$

代入边界条件:$t=0$ 时,$x=0$,得出常数 $C=0$,于是有

$$ch\left(\sqrt{\frac{k_r}{D_A}} x\right) = \frac{1}{2}\left[\exp\sqrt{\frac{k_r}{D_A}} x + \exp\left(-\sqrt{\frac{k_r}{D_A}} x\right)\right] = \exp\frac{C_{A0} k_r}{m_{0A}} \tag{8.73}$$

将式(8.73)按级数

$$e^u = 1 + u + \frac{1}{2!} u^2 + \cdots + \frac{1}{n!} u^n + \cdots = \sum_{n=0}^{\infty} \frac{u^n}{n!} \tag{8.74}$$

展开,并保留前二阶项,整理可得

$$\left(\frac{C_{A0} k_r}{m_{0A}} t + 1\right)^2 = \frac{k_r}{D_A} x^2 + 1 \tag{8.75}$$

于是可得酸雨侵蚀混凝土中性化深度模型为

$$x_a = \sqrt{\frac{D_A}{k_r}\left[\left(\frac{C_{A0}k_r}{m_{0A}}t+1\right)^2 - 1\right]} \tag{8.76}$$

式中，x_a 为混凝土酸雨侵蚀中性化深度，m；C_{A0} 为酸性物质 A 的初始浓度，kmol/m³；D_A 为酸性物质 A 在混凝土中的扩散系数，m²/s；m_{0A} 为完全反应时单位体积混凝土吸收酸性物质的量，mol/m³；k_r 为化学反应速率；t 为酸雨侵蚀时间，s。

8.3.2 模型参数的确定

从式(8.76)可以看出，模型参数主要有 C_{A0}、m_{0A}、k_r、D_A。其中，C_{A0} 可以根据实际酸雨情况进行测试，其余三个参数都需要借助试验分析来确定。

1. 模型参数 m_{0A}

m_{0A} 表示完全反应时单位体积混凝土吸收酸性物质的量，可按混凝土碳化模型参数 m_{0A} 的取值计算。

当粉煤灰取代硅酸盐水泥时，完全反应时单位体积混凝土吸收酸性物质的量为

$$m_{0A} = (8.22 - 13.10FA)b \tag{8.77}$$

当粉煤灰取代普通硅酸盐水泥时，完全反应时单位体积混凝土吸收酸性物质的量为

$$m_{0A} = (6.99 - 11.87FA)b \tag{8.78}$$

2. 模型参数 k_r

k_r 反映酸雨侵蚀混凝土中性化反应的累积效果，定义

$$k_r = \frac{pH_1 - pH(t)}{pH_1} \tag{8.79}$$

式中，pH_1 表示第一次酸雨侵蚀后模拟溶液的 pH，根据 5.2.5 节中的试验结果，初始 pH 为 3、4 和 5 的模拟酸雨溶液第一次侵蚀后 pH 均接近 9，故取 pH_1 为 9；$pH(t)$ 为侵蚀反应时刻 t 模拟酸雨溶液的 pH，由式(5.7)~式(5.9)计算。

将式(5.7)~式(5.9)分别代入式(8.79)，可得

当溶液初始 pH=3 时，

$$k_r = 1 - 1.166t - 0.296 \tag{8.80}$$

当溶液初始 pH=4 时，

$$k_r = 0.06 + 0.0092t \tag{8.81}$$

当溶液初始 pH=5 时，

$$k_r = 0.0728\ln t + 0.0103 \tag{8.82}$$

3. 扩散系数 D_A

D_A 表示酸性物质 A 在混凝土中的扩散系数,与 CO_2 在混凝土中的有效扩散系数相似,D_A 也受众多因素影响。由第 5 章酸雨侵蚀混凝土试验结果分析可以看出,影响粉煤灰混凝土中性化深度的因素包括材料因素和环境因素两大类。材料因素包括混凝土水胶比、粉煤灰掺量等,它们主要通过影响混凝土碱度和密实性来影响混凝土的中性化速度。环境因素包括酸雨侵蚀溶液的 pH、SO_4^{2-} 浓度等,它们主要通过影响 H^+ 在混凝土中的扩散速度及中性化反应速率来影响混凝土中性化速度。

1) 水胶比

水胶比对酸性物质在混凝土中的扩散有显著影响。水胶比越大,混凝土内部的孔隙率就越大,混凝土越不密实,侵蚀介质 H^+、SO_4^{2-} 在混凝土中的扩散也越容易,混凝土中性化深度越大。

2) 粉煤灰掺量

在普通硅酸盐水泥混凝土中,掺入粉煤灰有两方面影响,一方面是由于水泥用量减少,碱性物质储备降低,混凝土抗中性化能力降低;另一方面是粉煤灰的二次水化填充效应可显著改善混凝土的孔结构,提高混凝土密实度,但粉煤灰混凝土早期强度低,孔结构差,其二次水化填充效应不能充分发挥,从而使混凝土中性化速度加快。因此,粉煤灰掺量对混凝土中性化深度的影响非常显著,粉煤灰掺量越大,混凝土中性化深度越大。

3) 酸雨 pH

混凝土酸雨侵蚀是一种化学中和反应,侵蚀溶液中酸性物质浓度对混凝土中性化深度影响很大。酸雨侵蚀溶液的 pH 越小,H^+ 浓度越高,混凝土内外的 H^+ 浓度差越大,H^+ 在混凝土内的扩散速度越快,扩散进入混凝土中的 H^+ 越多,侵蚀后混凝土的中性化深度越大。

4) SO_4^{2-} 浓度

SO_4^{2-} 浓度对酸性物质在混凝土中的扩散有显著影响。SO_4^{2-} 浓度越大,其扩散进入混凝土内部的量越多,从而在混凝土保护层内生成大量的膨胀物质石膏,使表层混凝土孔隙减小,从而减缓 H^+ 向混凝土内部的进一步扩散。因此,可认为 SO_4^{2-} 浓度与酸性物质在混凝土中的扩散系数呈反比关系。

根据酸雨侵蚀混凝土扩散系数影响因素的分析,假设酸雨在混凝土中的扩散系数 D_a 按式(8.83)计算:

$$D_a = a_1 \frac{W}{B}(1 + FA)\left(\frac{[H^+]}{[SO_4^{2-}]}\right)^{a_2} \tag{8.83}$$

式中,D_a 为酸雨在混凝土中的扩散系数;W/B 为混凝土的水胶比;FA 为粉煤灰掺量,%;[H$^+$]为酸雨溶液的 H$^+$ 浓度,mol/L;[SO$_4^{2-}$]为酸雨溶液的 SO$_4^{2-}$ 浓度,mol/L;a_1、a_2 为参数。

根据第 5 章酸雨侵蚀混凝土的性能退化试验结果,利用 Matlab 软件拟合可得 $a_1 = 6.437 \times 10^{-4}$ 和 $a_2 = -0.850$,并代入式(8.83)可得酸雨环境下粉煤灰混凝土扩散系数 D_a 的计算公式为

$$D_a = 6.437 \times 10^{-4} \frac{W}{B}(1 + FA)\left(\frac{[H^+]}{[SO_4^{2-}]}\right)^{-0.850} \tag{8.84}$$

由于试验采用的 SO$_4^{2-}$ 浓度比实际酸雨的 SO$_4^{2-}$ 浓度大很多,混凝土表层除了变得致密外,还发生了体积膨胀,呈现出混凝土中性化深度结果并非完全与 SO$_4^{2-}$ 浓度成反比,因此参数 a_2 为负数。

8.3.3 酸雨侵蚀混凝土中性化深度模型验证

按 8.3.2 节得到的酸雨侵蚀混凝土中性化深度模型计算粉煤灰混凝土的中性化深度,并与第 5 章酸雨侵蚀混凝土中性化试验结果比较,见表 8.8。可以看出,模型计算值与试验值之比的平均值为 1.007,标准差为 0.1420,表明模型计算值与试验值吻合较好。

表 8.8 酸雨侵蚀粉煤灰混凝土中性化深度模型验证结果

编号	t/d	C_{A0}/(kmol/m³)	k_r	m_{0A}/(mol/m³)	D_a/(m²/s)	计算值/mm	试验值/mm	计算值/试验值
1	20	0.001	0.520	2004.055	0.0220	0.66	0.78	0.849
2	40	0.001	0.609	2004.055	0.0220	0.94	0.97	0.965
3	60	0.001	0.653	2004.055	0.0220	1.15	1.18	0.972
4	80	0.001	0.681	2004.055	0.0220	1.32	1.30	1.019
5	100	0.001	0.702	2004.055	0.0220	1.48	1.45	1.021
6	20	0.0001	0.221	2004.055	0.1554	0.56	0.57	0.977
7	40	0.0001	0.338	2004.055	0.1554	0.79	0.89	0.885
8	60	0.0001	0.410	2004.055	0.1554	0.96	1.07	0.901
9	80	0.0001	0.438	2004.055	0.1554	1.11	1.16	0.960
10	100	0.0001	0.421	2004.055	0.1554	1.25	1.18	1.055
11	20	0.00001	0.229	2004.055	1.0991	0.47	0.36	1.301
12	40	0.00001	0.279	2004.055	1.0991	0.66	0.68	0.974
13	60	0.00001	0.309	2004.055	1.0991	0.81	0.92	0.881
14	80	0.00001	0.330	2004.055	1.0991	0.94	1.00	0.936

编号	t/d	C_{A0}/(kmol/m³)	k_r	m_{0A}/(mol/m³)	D_a/(m²/s)	计算值/mm	试验值/mm	计算值/试验值
15	100	0.00001	0.346	2004.055	1.0991	1.05	1.01	1.037
16	20	0.0001	0.221	2523.265	0.1295	0.45	0.34	1.332
17	40	0.0001	0.338	2523.265	0.1295	0.64	0.63	1.017
18	60	0.0001	0.410	2523.265	0.1295	0.78	0.84	0.934
19	80	0.0001	0.438	2523.265	0.1295	0.91	0.85	1.066
20	100	0.0001	0.421	2523.265	0.1295	1.01	1.15	0.881
21	20	0.0001	0.221	1966.005	0.1665	0.58	0.68	0.856
22	40	0.0001	0.338	1966.005	0.1665	0.82	0.80	1.029
23	60	0.0001	0.410	1966.005	0.1665	1.01	0.86	1.172
24	80	0.0001	0.438	1966.005	0.1665	1.16	0.96	1.212
25	100	0.0001	0.421	1966.005	0.1665	1.30	1.15	1.132
26	20	0.0001	0.221	1620.129	0.2035	0.71	0.78	0.909
27	40	0.0001	0.338	1620.129	0.2035	1.00	0.86	1.165
28	60	0.0001	0.410	1620.129	0.2035	1.23	1.05	1.169
29	80	0.0001	0.438	1620.129	0.2035	1.42	0.95	1.492
30	100	0.0001	0.421	1620.129	0.2035	1.58	1.19	1.332
31	20	0.0001	0.221	2691.150	0.1415	0.46	0.55	0.834
32	40	0.0001	0.338	2691.150	0.1415	0.65	0.80	0.811
33	60	0.0001	0.410	2691.150	0.1415	0.79	0.97	0.819
34	80	0.0001	0.438	2691.150	0.1415	0.92	0.97	0.946
35	100	0.0001	0.421	2691.150	0.1415	1.03	1.09	0.941
36	20	0.0001	0.221	2004.055	0.1554	0.56	0.57	0.977
37	40	0.0001	0.338	2004.055	0.1554	0.79	0.89	0.885
38	60	0.0001	0.410	2004.055	0.1554	0.96	1.07	0.901
39	80	0.0001	0.438	2004.055	0.1554	1.11	1.16	0.960
40	100	0.0001	0.421	2004.055	0.1554	1.25	1.18	1.055
41	20	0.0001	0.221	1321.484	0.1673	0.71	0.70	1.016
42	40	0.0001	0.338	1321.484	0.1673	1.01	1.07	0.940
43	60	0.0001	0.410	1321.484	0.1673	1.23	1.22	1.010
44	80	0.0001	0.438	1321.484	0.1673	1.42	1.30	1.095
45	100	0.0001	0.421	1321.484	0.1673	1.59	1.40	1.136

编号	t /d	C_{A0} /(kmol/m^3)	k_r	m_{0A} /(mol/m^3)	D_a /(m^2/s)	计算值 /mm	试验值 /mm	计算值/ 试验值
46	20	0.0001	0.221	2004.055	0.1101	0.47	0.41	1.143
47	40	0.0001	0.338	2004.055	0.1101	0.66	0.79	0.839
48	60	0.0001	0.410	2004.055	0.1101	0.81	0.90	0.902
49	80	0.0001	0.438	2004.055	0.1101	0.94	1.04	0.901
50	100	0.0001	0.421	2004.055	0.1101	1.05	1.17	0.896
51	20	0.0001	0.221	2004.055	0.1984	0.63	0.61	1.032
52	40	0.0001	0.338	2004.055	0.1984	0.89	1.00	0.890
53	60	0.0001	0.410	2004.055	0.1984	1.09	1.18	0.924
54	80	0.0001	0.438	2004.055	0.1984	1.26	1.20	1.049
55	100	0.0001	0.421	2004.055	0.1984	1.41	1.33	1.058

　　需要指出的是,由于粉煤灰混凝土酸雨侵蚀化学反应速率和酸性物质扩散系数的复杂性,该模型还需进一步改进和完善。

8.4　一般大气环境粉煤灰混凝土中性化深度模型

8.4.1　模型的提出

　　由于混凝土酸雨侵蚀研究较少,其实验室加速试验结果和实际一般大气环境粉煤灰混凝土中性化深度之间尚未建立起相关关系,故酸雨侵蚀混凝土中性化深度模型应用时存在较大的局限性。

　　与此相比,混凝土碳化理论与试验研究已较为完善,模型的理论基础和参数确定依据也更为充分。从混凝土中性化深度的数值上看,粉煤灰混凝土碳化深度远远大于酸雨侵蚀混凝土中性化深度,且在碳化-酸雨共同作用时粉煤灰混凝土的碳化对混凝土中性化贡献更大。因此,在分别获得粉煤灰混凝土碳化深度模型与粉煤灰混凝土酸雨侵蚀中性化深度模型后,为了反映混凝土碳化作用的主导因素,可在混凝土碳化深度模型基础上引入混凝土中性化酸雨影响系数、应力影响系数来建立一般大气环境粉煤灰混凝土中性化模型。

　　基于以上思路,一般大气环境粉煤灰混凝土中性化模型可以表示为

$$x = \alpha_\sigma \lambda_a \sqrt{\frac{1.36 C_0 (1-\mathrm{RH})^{2.2} p^{1.8} \times 10^{-4}}{m_0}} \sqrt{t} \qquad (8.85)$$

式中,x 为混凝土中性化深度,mm;α_σ 为应力影响系数;λ_a 为混凝土中性化酸雨影

响系数;m_0 为单位体积粉煤灰混凝土吸收 CO_2 的量,$\mathrm{mol/m^3}$;p 为混凝土水化和碳化后的孔隙率;RH 为环境相对湿度,%;C_0 为混凝土表面的 CO_2 体积分数表示,%;t 为碳化时间,s。

1. 单位体积粉煤灰混凝土吸收 CO_2 的量 m_0

当粉煤灰取代硅酸盐水泥、普通硅酸盐水泥时,单位体积粉煤灰混凝土吸收 CO_2 的量可分别采用式(8.48)和式(8.49)计算。

2. 混凝土中性化酸雨影响系数 λ_a

根据表 6.4 的试验结果,不考虑荷载作用,碳化-酸雨共同作用普通混凝土中性化酸雨影响系数取 1.633,粉煤灰混凝土中性化酸雨影响系数取 1.163。

3. 应力影响系数 α_σ

应力影响系数 α_σ 根据式(7.10)和式(7.11)计算。

8.4.2 模型验证

将实验室快速碳化试验所得的碳化深度乘以混凝土中性化酸雨影响系数与应力影响系数便可得到实际情况下混凝土结构构件的中性化深度。按此思路,利用前面试验结果对模型的可行性进行检验。

由混凝土快速碳化试验 7d 的碳化深度试验结果计算承载粉煤灰混凝土遭受碳化-酸雨共同作用时的中性化深度,结果见表 8.9。

表 8.9　一般大气环境承载粉煤灰混凝土中性化深度模型的验证

混凝土	x_c/mm	应力水平		$x_c\lambda_a\alpha_\sigma$/mm	x_σ/mm	$x_c\lambda_a\alpha_\sigma/x_\sigma$
FA1	1.12	受拉区	0.2	1.99	1.94	1.026
			0.4	2.24	2.35	0.953
			0.6	2.57	2.70	0.952
		受压区	0.2	1.80	1.87	0.963
			0.4	1.74	1.77	0.983
			0.6	1.67	1.72	0.971
FA2	2.34	受拉区	0.2	2.96	2.98	0.993
			0.4	3.33	3.43	0.971
			0.6	3.82	3.79	1.008
		受压区	0.2	2.67	2.46	1.085
			0.4	2.59	2.38	1.088
			0.6	2.48	2.29	1.083

混凝土	x_c/mm	应力水平		$x_c\lambda_a\alpha_\sigma$/mm	x_σ/mm	$x_c\lambda_a\alpha_\sigma/x_\sigma$
			0.2	5.27	5.77	0.913
		受拉区	0.4	5.93	6.20	0.956
FA3	4.16		0.6	6.81	7.13	0.955
			0.2	4.75	5.63	0.844
		受压区	0.4	4.62	5.44	0.849
			0.6	4.43	5.27	0.841

根据混凝土碳化深度试验值推导出的一般大气环境粉煤灰混凝土中性化深度计算值与承载粉煤灰混凝土遭受碳化-酸雨共同作用的中性化深度试验值之比的平均值为 0.969,标准差为 0.076,表明本章建立的一般大气环境混凝土中性化模型是可行的。

参 考 文 献

[1] 阿列克谢耶夫.钢筋混凝土结构中钢筋腐蚀与保护[M].黄可信,吴兴祖,蒋仁敏,等译.北京:中国建筑工业出版社,1983.

[2] Papadakis V G,Vayenas C G,Fardis M N. A reaction engineering approach to the problem of concrete carbonation[J]. AIChE Journal,1989,35(10):1639-1650.

[3] 龚洛书,苏曼青,王洪琳.混凝土多系数碳化方程的试验研究[J].建筑科学,1986,(3):31-40.

[4] 牛荻涛,董振平,浦聿修.预测混凝土碳化深度的随机模型[J].工业建筑,1999,29(9):41-45.

[5] 张誉,蒋利学.基于碳化机理的混凝土碳化深度实用数学模型[J].工业建筑,1998,28(1):16-19.

[6] DuraCrete. Probabilistic performance based durability design of concrete structures (DuraCrete Project Document BE95-1347/R8)[R]. Gouda:The European Union-Brite EuRam III,1999.

[7] Bakker R F M. Permeability of blended cement concretes[J]. Special Publication,1983,(79):589-606.

[8] Papadakis V G,Vayenas C G,Fardis M N. Physical and chemical characteristics affecting the durability of concrete[J]. ACI Materials Journal,1991,88(2):186-196.

[9] 牛荻涛,石玉钗,雷怡生.混凝土碳化的概率模型及碳化可靠性分析[J].西安建筑科技大学学报(自然科学版),1995,(3):252-256.

[10] 蒋清野,王洪深,路新瀛.混凝土碳化数据库与混凝土碳化分析[R].攀登计划——钢筋锈蚀与混凝土冻融破坏的预测模型 1997 年度研究报告.北京:清华大学,1997.

[11] 屈文俊,张誉. 混凝土构件截面角区的碳化深度计算[R]. 攀登计划——钢筋锈蚀与混凝土冻融破坏的预测模型 1997 年度研究报告. 北京:清华大学,1997.

[12] 和泉意志登,押田文雄. 経年建築物にぉけゐコンクリートの中性化と鉄筋の腐食[C]∥日本建築學会構造系論文報告集,东京,1989:1-12.

[13] 西德尼·明德,弗朗西斯·杨,戴维·达尔文. 混凝土[M]. 吴科如译. 北京:中国建筑工业出版社,1989:23-24.

[14] 中国建筑科学研究院混凝土研究所. 混凝土实用手册[M]. 北京:中国建筑工业出版社,1987.

[15] 郭成举. 混凝土的物理和化学[M]. 北京:中国铁道出版社,2004.

[16] ASTM C150/C150M. Standard Specification for Portland Cement[S]. Pennsylvania:Annual Book of ASTM Standards,2019.

[17] 中华人民共和国国家标准. 通用硅酸盐水泥(GB 175—2007)[S]. 北京:中国标准出版社,2007.

[18] 沈威,黄文熙,闵盘荣. 水泥工艺学[M]. 北京:中国建筑工业出版社,1986.

[19] Papadakis V G. Effect of fly ash on Portland cement systems:Part I. Low-calcium fly ash[J]. Cement and Concrete Research,1999,29(11):1727-1736.

[20] Lam L,Wong Y L,Poon C S. Degree of hydration and gel/space ratio of high-volume fly ash/cement systems[J]. Cement and Concrete Research,2000,30(5):747-756.

[21] Zhang M H. Microstructure,crack propagation,and mechanical properties of cement pastes containing high volumes of fly ashes[J]. Cement and Concrete Research,1995,25(6):1165-1178.

[22] 郑克仁,孙伟,贾艳涛,等. 水泥矿渣粉煤灰体系中矿渣和粉煤灰反应程度测定方法[J]. 东南大学学报(自然科学版),2004,34(3):361-365.

[23] 袁春林,张金明. 我国火电厂粉煤灰的化学成分特征[J]. 电力科技与环保,1998,(1):9-14.

[24] Papadakis V G,Vayenas C G,Fardis M N. Experimental investigation and mathematical modeling of the concrete carbonation problem[J]. Chemical Engineering Science,1991,46(5-6):1333-1338.

[25] Taylor H F W. Cement Chemistry[M]. 2nd ed. London:Thomas Telford Publishing,1997.

[26] 谭家利. 大掺量粉煤灰混凝土的试验研究[J]. 中外建筑,2001,(3):78-79.

[27] 邢世海. 超掺粉煤灰混凝土耐久性研究与应用[J]. 混凝土,2004,(7):48-49.

[28] 陈迅捷,张燕驰,欧阳幼玲. 活性掺合料对混凝土抗碳化耐久性的影响[J]. 混凝土与水泥制品,2002,(3):7-9.

[29] 林力勋,丁志贤. 清镇电厂风选粉煤灰混凝土的抗碳化性能[J]. 施工技术,1997,(5):14-15.

[30] 苏祖平. 芜湖长江大桥泵送粉煤灰混凝土耐久性研究[J]. 粉煤灰,2000,(1):10-12.

第二篇　冻融环境混凝土耐久性

第9章 冻融环境混凝土耐久性研究现状

9.1 研究背景和意义

寒冷地区混凝土工程调查结果表明,大多混凝土工程都存在不同程度的冻融破坏现象[1~3]。1978年,美国仅除冰盐引起的州际公路盐剥蚀破坏和钢筋锈蚀的大修和重修费用高达100亿美元;1988年,美国高速公路由于冻融和腐蚀破坏而导致的桥梁维修费用高达160亿~240亿美元,此外,每年仍需增加4亿美元的维修费用[4]。在英国,20世纪60~80年代建造于寒冷地区的公路、钢筋混凝土桥梁因除冰盐引起钢筋锈蚀的问题突出,英格兰岛中环线快车道上有11座高架桥(全长21km),总建造费2800万英镑,由于冬季撒除冰盐,两年后发现钢筋腐蚀致使混凝土胀裂,随后的15年期间,修补费用已高达4500万英镑(为造价的1.6倍)[5]。

我国地域辽阔,在长江中下游、东北、华北及西北等地,冬季气温都在−5℃以下,这些地区普遍存在混凝土冻融破坏现象。处于东北、华北和西北地区的水利大坝,往往遭受不同程度的冻融破坏,这些大型混凝土工程的服役寿命一般30年左右,有些甚至不到20年,远达不到设计使用年限[6]。例如,云峰宽缝重力坝运行19年后,下游面混凝土受冻破损严重,混凝土表面剥蚀露出骨料[7];丰满重力坝自开始运行便年年维修,运行33年后上下游水面及尾水闸墩混凝土破损严重,钢筋外露,致使坝顶抬高约10cm,1986年丰满坝在泄洪时12~14号坝段溢流面被冲毁,分析认为,长年冻融循环作用造成的混凝土表面剥落、冻胀开裂是导致坝段被冲毁的主要原因之一[8]。

巴恒静等[9]曾在1998年调查了我国北方某国际机场使用数年的停机坪,发现混凝土机场路面多数出现坑蚀剥落现象,严重影响飞机的正常起降,主要由路面混凝土遭受冻融和除冰盐侵蚀的双重作用所致。哈绥公路自1994年下半年开始铺设水泥混凝土面层,到1995年8月末完成,1996年冬季因降雪量大,公路管理部门撒除冰盐,1997年2月在撒除冰盐路面和路肩板表面出现大面积的剥蚀破坏,破损路段(K402+000~K421+500标段)长度约19.5km。

北京西直门立交桥建于1979年,却在1999年拆除重建,使用时间不到19年,主要原因为冻融破坏致使混凝土结构耐久性降低;东直门桥、大北窑桥等21座城区桥中,部分桥的腐蚀破坏较为严重,甚至有些后期建成的预应力混凝土桥使用不到10年,氯离子已经渗透到钢筋表面并接近钢筋腐蚀的临界浓度,这预示着部分桥梁的腐蚀问题还会陆续暴露。

由此可以看出,寒冷地区的混凝土结构面临的冻融破坏日益严峻,应引起学术界和工程界的高度重视。

9.2　混凝土抗冻性研究现状

9.2.1　混凝土抗冻性

自静水压和渗透压理论被提出后,关于混凝土冻融破坏机理的研究并没有突破性进展。在经典理论基础上,学者多以试验为基本手段,研究混凝土材料及其组成和外部环境对混凝土冻融破坏的影响[10,11]。

1. 引气混凝土抗冻性

含气量是影响混凝土抗冻性的主要因素,尤其是掺入引气剂形成的微小气孔对提高混凝土抗冻性尤为重要,掺引气剂已成为提高混凝土抗冻性的基本措施。我国水工混凝土有关标准早已规定寒冷地区混凝土都必须引气[12]。北美、欧洲等国家的大部分混凝土也是引气混凝土。在日本,无论混凝土的使用环境还是所处部位,只要是建筑用混凝土都必须引气。

范沈抚[13]和谭克锋[14]的研究表明,掺入适量引气剂后,普通混凝土能获得较好的抗冻耐久性。

王修田等[15]通过调整高效减水剂中的引气成分来控制混凝土含气量,研究含气量对混凝土工作性能、抗冻性及抗渗性的影响。结果表明,混凝土中含气量的增加,可以显著提高混凝土的抗冻性,改善混凝土和易性,但是抗压强度有所下降。

方璟等[16]通过试验研究了混凝土内部微气孔对提高抗冻性的作用,分析了普通混凝土破坏和掺引气剂混凝土渐进性破坏的特点及其机理,认为混凝土内部裂缝在冻融循环作用下扩展并与气泡连通后,气泡才能够发挥缓解冻胀力的作用。因此,引气混凝土和普通混凝土在冻融循环初期,相对动弹性模量下降的差异较小,这表明此时引气剂形成的气泡尚未发挥作用;引气混凝土和普通混凝土冻融破坏进程有明显差异,引气混凝土的外观破坏形式为由表及里的缓慢剥落破坏,而普通混凝土表现为迅速的整体破坏。

2. 粉煤灰混凝土抗冻性

在混凝土中掺入粉煤灰,不仅能代替部分水泥,降低工程造价,而且能改善和提高混凝土性能。但是有关资料表明[17~19],粉煤灰混凝土的抗冻性能随粉煤灰掺量的增加而降低。

潘钢华等[20]研究了粉煤灰掺量、冻融方式和混凝土组成材料的变化对混凝土冻融损伤的影响,通过慢冻法和快冻法分别分析了混凝土抗压强度损失率和残余变形。结果表明,抗冻能力大小顺序为:净浆＞砂浆＞混凝土;三种冻融试验条件下试件的破坏程度为:水冻水融＞气冻水融＞气冻气融。

3. 再生骨料混凝土抗冻性

Mandal 等[21]和张雷顺等[22]对再生骨料混凝土抗冻性进行了研究,结果表明,再生骨料混凝土的抗冻性能劣于普通骨料混凝土,但当掺入引气剂后,再生骨料混凝土能获得与普通骨料混凝土相当的抗冻性能。随着冻融循环的进行,再生骨料混凝土的质量损失和相对动弹性模量下降速度均小于普通骨料混凝土,但是强度的下降速度要大于普通骨料混凝土。陈爱玖等[23]采用正交试验分析了再生粗骨料对再生混凝土抗冻性的影响,结果表明,随着再生粗骨料掺量的增加,再生骨料混凝土抗冻性下降,但与普通混凝土相比下降幅度不大,抗冻等级可以满足工程要求。

4. 混凝土抗冻模型

Fagerlund[24]提出了临界饱和度理论,认为混凝土饱和度 S 是影响混凝土抗冻性的关键因素,并建议计算公式为

$$S = \frac{V}{P} \tag{9.1}$$

式中,V 为混凝土中可蒸发水的总体积;P 为混凝土中总孔隙体积。

Fagerlund 等[24~26]认为混凝土中存在一个临界饱和度 S_{cr},当混凝土饱和度 S 低于临界饱和度 S_{cr} 时,混凝土不会发生冻害;当混凝土饱和度 S 超过临界饱和度 S_{cr} 时,混凝土将会加速破坏。提出的混凝土冻融损伤演变方程为

$$D_N = K_N(S - S_{cr}), \quad S \geqslant S_{cr} \tag{9.2}$$

式中,D_N 为混凝土冻融损伤度,可用相对动弹性模量损失率或强度损失率表示;K_N 为系数,$K_N = A(B+N)$,N 为冻融循环次数,参数 A、B 可由试验确定。

蔡昊等[27]通过对已有试验结果的分析,建立了受冻混凝土动弹性模量损失率和抗压强度损失率的关系,即

$$D_{fc} = 0.3D_{Ed} + 0.7D_P \tag{9.3}$$

式中,D_{fc} 为混凝土抗压强度损失率;D_{Ed} 为混凝土动弹性模量损失率;D_P 为混凝土塑性性能的损失率,$0 < D_P < D_{Ed}$。

许丽萍等[28]以冻融耐久性指数作为混凝土抗冻性的衡量指标,基于有关试验数据,建立的混凝土冻融耐久性指数与平均气泡间距之间的经验关系式为

$$\ln(1-\mathrm{DF}) = -7.34 + 1.73\ln\overline{L}, \quad W/B = 0.35 \sim 0.5 \tag{9.4}$$

$$\ln(1-\mathrm{DF}) = -7.52 + 1.82\ln\overline{L}, \quad W/B = 0.6 \tag{9.5}$$

$$\ln(1-\mathrm{DF}) = -4.38 + 1.37\ln\overline{L}, \quad W/B = 0.7 \tag{9.6}$$

式中，W/B 为混凝土水胶比；DF 为混凝土冻融耐久性指数；$\overline{L}$ 为平均气泡间距。

李金玉等[29]根据试验结果，采用多元回归方法建立了混凝土经受的最大冻融循环次数与水胶比、含气量及粉煤灰掺量间的关系为

$$N_{\max} = (A+1)^{1.5}\exp\left[-11.188\left(\frac{W}{C+FA}-0.794\right)-0.013FA\right] \tag{9.7}$$

式中，$N_{\max}$ 为混凝土经受的最大冻融循环次数（快冻）；A 为混凝土含气量，%；$\dfrac{W}{C+FA}$ 为混凝土水胶比；FA 为粉煤灰掺量，%；C 为水泥掺量，%。

9.2.2　冻融混凝土的力学性能

1. 冻融循环对混凝土力学性能的影响

施士升[30]通过试验研究了冻融循环对混凝土力学性能（抗压强度、抗拉强度、抗剪强度、弹性模量、泊松系数、剪切模量）的影响，分析了高强混凝土和普通混凝土的力学性能变化规律。发现冻融循环次数越多，混凝土抗压强度、抗拉强度、抗剪强度、弹性模量、泊松系数、剪切模量等力学性能的下降越大；高强混凝土经历 90 次冻融循环后，其力学性能均有所下降，除剪切模量外，其他物理量损失都在 10% 左右。

商怀帅等[31,32]对经历规定冻融循环次数的普通混凝土立方体试块进行试验，研究了冻融混凝土的应力-应变关系。结果表明，经受冻融循环的普通混凝土单轴抗压强度与抗拉强度均大幅下降，随冻融循环次数的增加，普通混凝土单轴受压峰值应变明显增加，而单轴受拉峰值应变逐渐减小；随冻融循环的进行，混凝土应力-应变曲线逐渐扁平，峰值点明显下降和右移，表明混凝土抗压强度降低，峰值应变增加，变形模量明显减小。

冻融混凝土强度与应变的计算公式分别为

$$\frac{f_{cN}}{f_{c0}} = 1 - 0.005N \tag{9.8}$$

$$\frac{f_{tN}}{f_{t0}} = 1 - 0.023N, \quad 0 \leqslant N \leqslant 25 \tag{9.9}$$

$$\frac{f_{tN}}{f_{t0}} = 0.048 - 0.002N, \quad 25 \leqslant N \leqslant 100 \tag{9.10}$$

$$\varepsilon_{cN} = (0.234 + 0.027N) \times 10^{-2} \tag{9.11}$$

$$\varepsilon_{tN} = (0.015 - 0.0001N) \times 10^{-2} \tag{9.12}$$

$$\frac{E_{0N}}{E_0} = \frac{E_{pN}}{E_{p0}} = 0.983 - 0.0076N \qquad (9.13)$$

式中，f_{c0}、f_{cN} 为混凝土冻融前后的抗压强度，MPa；f_{t0}、f_{tN} 为混凝土冻融前后的抗拉强度，MPa；ε_{cN}、ε_{tN} 为混凝土单轴受压和单轴受拉峰值应变；E_0、E_{0N} 为混凝土冻融前后的单轴受压初始弹性模量，GPa；E_{p0}、E_{pN} 为混凝土冻融前后的单轴割线弹性模量，GPa；N 为冻融循环次数。

覃丽坤等[33~37]对历经不同冻融循环次数的混凝土进行了单轴压应力和双轴压应力状态下的力学性能研究。结果表明，混凝土主压向的应变随冻融循环次数的增加明显增加，在应力比为 0.25 时，提高值最大；处于双轴压应力状态的混凝土比处于单轴压应力状态的混凝土具有更高的抗冻性。他们建立了同时考虑侧应力比和冻融循环次数的混凝土抗压强度统一破坏准则，即

$$\frac{f_{cN}}{f_{c0}} = 1.58 - 0.0041N - \frac{0.061\dfrac{\sigma_2}{f_{c0}} + 0.62}{\left(1 + \dfrac{\sigma_2}{f_{c0}}\right)^2} \qquad (9.14)$$

式中，$\dfrac{\sigma_2}{f_{c0}}$ 为混凝土侧应力比。

通过冻融循环后普通混凝土三轴抗压强度试验，回归分析后发现八面体正应力和剪应力具有良好的线性关系，即

$$\frac{\tau_{oct}}{f_{c0}} = 0.195 - 0.582\frac{\sigma_{oct}}{f_{c0}} - 0.0007N \qquad (9.15)$$

式中，τ_{oct} 为混凝土八面体剪应力；σ_{oct} 为混凝土八面体正应力。

2. 冻融混凝土本构关系

张众等[38]在试验研究基础上，对单轴压应力及双轴压应力作用下普通混凝土和引气混凝土经历冻融循环后的应力-应变关系进行了分析，建立了相应的非线性弹性本构模型。

在单轴压应力状态下，冻融损伤混凝土的应力-应变关系可表示为

$$\sigma_N = \frac{E_0\varepsilon_N}{1 + \left(\dfrac{E_0}{E_{sN}} - 2\right)\dfrac{\varepsilon_N}{\varepsilon_{pN}} + \left(\dfrac{\varepsilon_N}{\varepsilon_{pN}}\right)^2} \qquad (9.16)$$

式中，σ_N、ε_N、E_{sN}、ε_{pN} 分别为冻融后的混凝土应力、应变、单轴弹性模量和峰值应变；E_0 为混凝土冻融前的单轴初始弹性模量，GPa。

在双轴压应力状态下，冻融损伤混凝土的应力-应变关系可表示为

$$\sigma_{iN} = \frac{E_0\varepsilon_{iN}}{(1-\mu\alpha)\left[1 + \left(\dfrac{1}{1-\upsilon\alpha}\dfrac{E_0}{E_{sN}} - 2\right)\dfrac{\varepsilon_{iN}}{\varepsilon_{ipN}} + \left(\dfrac{\varepsilon_{iN}}{\varepsilon_{ipN}}\right)^2\right]} \qquad (9.17)$$

式中，σ_{iN} 为混凝土第二或第三主应力；ε_{iN} 为混凝土第二或第三主应力对应的应变；μ 为混凝土泊松比；α 为混凝土正交方向的主应力与所考虑方向的主应力之比；ε_{ipN} 为混凝土第二和第三主压应力方向峰值应力点处的应变。

段安等[39]对 $100\text{mm}\times100\text{mm}\times300\text{mm}$ 的棱柱体试件进行了快速冻融试验，冻融循环到规定次数后进行单轴抗压破坏试验，建立了适用于立方体抗压强度为 $30\sim50\text{MPa}$ 的混凝土应力-应变全曲线方程，即

$$y=\frac{\sigma}{\sigma_{cN}}=ax+(3-2a)x^2+(a-2)x^3, \quad 0\leqslant x=\frac{\varepsilon_N}{\varepsilon_{pN}}\leqslant 1 \quad (9.18)$$

$$y=\frac{\sigma}{\sigma_{cN}}=\frac{x}{b(x-1)^2+x}, \quad x=\frac{\varepsilon_N}{\varepsilon_{pN}}\geqslant 1 \quad (9.19)$$

式中，a、b 分别为上升段和下降段方程参数；σ_{cN} 为混凝土峰值应力；ε_{pN} 为混凝土峰值应变。

进一步对尺寸为 $150\text{mm}\times150\text{mm}\times450\text{mm}$ 的棱柱体试件进行冻融循环试验和单轴抗压破坏试验，建立了受冻融循环作用箍筋约束混凝土的应力-应变全曲线方程，即

$$y=\frac{\sigma}{\sigma_{cN}}=\frac{Ax-x^2}{1+(A-2)x}, \quad 0\leqslant x=\frac{\varepsilon_N}{\varepsilon_{pN}}\leqslant 1 \quad (9.20)$$

$$y=\frac{\sigma}{\sigma_{cN}}=\frac{x}{m(x-1)^2+x}, \quad x=\frac{\varepsilon_N}{\varepsilon_{pN}}\geqslant 1 \quad (9.21)$$

9.2.3　多因素作用混凝土抗冻性

余红发等[40]研究了快速碳化 28d 的普通混凝土、大掺量矿物掺合料混凝土和绿色高耐久性混凝土在硫酸盐、氯盐和镁盐化学腐蚀作用及其与弯曲荷载耦合作用下的抗冻性，得出如下结论：

（1）与未碳化试件的抗冻性相比，普通混凝土碳化后试件的冻融寿命接近前者的 6 倍。

（2）硫酸盐、氯盐和镁盐的复合腐蚀均显著降低了普通混凝土和大掺量矿物掺合料混凝土的抗冻性。

（3）外部弯曲荷载作用加速了普通混凝土碳化和大掺量矿物掺合料混凝土在 $MgSO_4$ 溶液、$NaCl$ 溶液和（$MgCl_2+Na_2SO_4$）复合溶液中的冻融破坏，但是对绿色高耐久性混凝土的抗冻性影响不大。

慕儒等[41]进行了冻融与应力共同作用下的混凝土损伤研究，发现弯曲应力加快了混凝土在冻融循环中的损伤速度，应力水平越高，损伤速度越快；弯曲应力对冻融循环过程中混凝土质量损失几乎没有影响。外部弯曲应力、$NaCl$ 溶液、冻融循环三重因素共同作用下，混凝土动弹性模量下降迅速，试件表面剥落严重，质量损失大，加速了混凝土的失效过程，且动弹性模量下降和质量损失都

将达到混凝土冻融破坏标准。他们提出了冻融循环单独作用或与外部弯曲应力、NaCl 溶液、Na_2SO_4 溶液双重或三重复合作用下的混凝土质量损失计算公式为

$$\Delta W = a\lg(bN+1)\left(1+c\frac{10^{0.01N-d}}{1+10^{0.01N-d}}\right)\times100\%\qquad(9.22)$$

式中，ΔW 为混凝土质量损失率；a、b、c、d 为由试验确定的材料特性参数。

综上所述，研究者对混凝土抗冻性已进行了许多研究，也取得了大量的研究成果，但仍存在一些尚未解决的问题：

（1）研究者对混凝土抗冻性开展了一些研究，但现有冻融循环后混凝土性能的试验资料大多是以质量损失与动弹性模量为标准，针对混凝土抗冻安全设计等级而展开的。我国现行标准《普通混凝土长期性能和耐久性能试验方法标准》（GB/T 50082—2009）和《水工混凝土试验规程》（DL/T 5150—2017）对混凝土抗冻等级的规定是同时满足相对动弹性模量不小于 60% 和质量损失率不超过 5% 时的冻融循环次数，没有考虑混凝土的强度指标。然而，在实际应用中，混凝土强度损失直接关系到结构的安全问题，所以工程设计人员更关心的是混凝土的力学性能。

（2）对于冻融循环、碳化等单一因素作用下的混凝土耐久性问题，研究者已经开展了大量研究工作。然而，冻融和碳化共同作用下混凝土的耐久性研究目前处于起步阶段，冻融和酸雨共同作用下混凝土的耐久性研究基本上处于空白。

9.3　本篇主要内容

根据寒冷地区实际工程情况选取最为普遍的因素：冻融循环、氯盐、碳化和酸雨侵蚀，分析单一环境因素和多环境因素共同作用下混凝土的性能劣化。本篇的主要内容如下：

第 10 章给出了混凝土冻融破坏机理、国内外常用的混凝土冻融试验方法与冻融损伤评价指标。

第 11 章在实验室水冻水融及气冻气融试验基础上，分析混凝土质量损失、动弹性模量变化规律、抗压强度衰减规律以及损伤层厚度变化规律；通过冻融混凝土轴心受压试验，建立冻融损伤混凝土本构模型。

第 12 章采用自然扩散法研究冻融损伤对氯离子在混凝土中扩散性能的影响，用快冻法研究混凝土的抗盐冻性能，研究混凝土外观、质量损失率、相对动弹性模量、超声声速、抗压强度随盐冻循环次数的变化规律。

第 13 章开展冻融-碳化共同作用混凝土耐久性试验，研究混凝土遭受冻融循

环和碳化共同作用的性能劣化规律,探讨冻融循环和碳化共同作用下混凝土的损伤过程。

第 14 章开展冻融-酸雨共同作用混凝土耐久性试验,研究混凝土遭受冻融循环和酸雨侵蚀共同作用的性能劣化规律,分析酸雨对混凝土抗冻性的影响及冻融循环和酸雨共同作用下混凝土的损伤过程。

参 考 文 献

[1] 水电部混凝土耐久性调查组. 全国水工混凝土建筑耐久性及病害处理调查报告[R]. 北京:中国人民共和国水电部,1987.

[2] 亢景富,冯乃谦. 水工混凝土耐久性问题与水工高性能混凝土[J]. 混凝土与水泥制品,1997,(4):4-10.

[3] 冯乃谦,邢锋. 混凝土与混凝土结构的耐久性[M]. 北京:机械工业出版社,2009.

[4] Adkins D F,Merkley G P,Brito G. Mathematics of concrete scaling[J]. Journal of Materials in Civil Engineering,1993,5(2):280-288.

[5] Isecke B. Faliure analysis of the collapse of the Berlin Congress Hall[C]//Meeting on Corrosion of Reinforcement in Concrete Construction. London:Society of Chemical Industry Materials Preservation Group,1983:79-89.

[6] 张誉,蒋利学,张伟平,等. 混凝土结构耐久性概论[M]. 上海:上海科学技术出版社,2003.

[7] 于建军,姜殿威,薛捍军. 云峰水电站大坝变形监测设计及监测成果[J]. 大坝与安全,2009,(4):55-57.

[8] 何长利. 丰满大坝运行状况概述[J]. 大坝与安全,1999,(3):4-7.

[9] 巴恒静,赵霄龙,杨英姿. 寒区机场混凝土道面破坏原因分析及提高道面混凝土耐久性的对策研究[C]//高强与高性能混凝土及其应用第三届学术讨论会,济南,1998:1-3.

[10] Pigeon M,Lachance M. Critical air void spacing factors for concretes submitted to slow freeze-thaw cycles[J]. Journal of the ACI,1981,78(4):282-291.

[11] Moukwa M. Deterioration of concrete in cold sea waters[J]. Cement and Concrete Research,1990,20(3):439-446.

[12] 中华人民共和国电力行业标准. 水工混凝土试验规程(DL/T 5150—2017)[S]. 北京:中国电力出版社,2017.

[13] 范沈抚. 掺引气剂混凝土性能的研究[J]. 混凝土与水泥制品,1991,(1):11-13.

[14] 谭克锋. 水灰比和掺合料对混凝土抗冻性能的影响[J]. 武汉理工大学学报,2006,28(3):58-60.

[15] 王修田,钱春香,游有鲲,等. 含气量对混凝土抗冻性能与抗渗性能的影响[J]. 混凝土与水泥制品,2004,(6):16-19.

[16] 方璟,武世翔. 混凝土在试验室条件下冻融破坏的特点[J]. 混凝土与水泥制品,2003,

(4):18-20.

[17] Pigeon M，Malhotra V M. Frost resistance of roller-compacted high-volume fly ash concrete[J]. Journal of Materials in Civil Engineering,1995,7(4):216-216.

[18] 袁晓露,李北星,崔巩,等. 粉煤灰混凝土的抗冻性能及机理分析[J]. 混凝土,2008,
(12):43-44,62.

[19] 程云虹,闫俊,刘斌,等. 粉煤灰混凝土抗冻性能试验研究[J]. 低温建筑技术,2008,
(1):1-3.

[20] 潘钢华,秦鸿根,孙伟,等. 粉煤灰混凝土冻融破坏机理研究[J]. 建筑材料学报,2002,
5(1):37-41.

[21] Mandal S,Chakraborty S,Gupta A. Some studies on durability of recycled aggregate concrete[J]. Indian Concrete Journal,2002,76(6):385-388.

[22] 张雷顺,王娟,黄秋风,等. 再生混凝土抗冻耐久性试验研究[J]. 工业建筑,2005,
35(9):64-68.

[23] 陈爱玖,王静,章青. 再生粗骨料混凝土抗冻耐久性试验研究[J]. 新型建筑材料,
2008,35(12):1-5.

[24] Fagerlund G. Significance of critical degrees of saturation at freezing of porous and brittle materials[C]//Durability of Concrete. Detroit：ACI Special Publication,1975：
13-65.

[25] Fagerlund G. Modeling the service life of concrete exposed to frost[C]//International Conference on Ion and Mass Transport in Cement-Based Materials,Toronto,2001：
195-217.

[26] Nordstrom K,Fagerlund G. Effect of water storage time on frost resistance of concrete[C]//The 8th Durability of Building Materials and Components,Ottawa, 1999：
212-221.

[27] 蔡昊,覃维祖. 冻融循环作用下混凝土力学性能的损失[J]. 工程力学,1996,(A2):29-
33.

[28] 许丽萍,吴学礼,黄士元. 抗冻混凝土的设计[J]. 上海建材学院学报,1993,6(2)：
112-123.

[29] 李金玉,彭小平,邓正刚,等. 混凝土抗冻性的定量化设计[J]. 混凝土,2000,(12)：
61-65.

[30] 施士升. 冻融循环对混凝土力学性能的影响[J]. 土木工程学报,1997,30(4)：35-42.

[31] 商怀帅,宋玉普,覃丽坤. 普通混凝土冻融循环后性能的试验研究[J]. 混凝土与水泥制品,2005,(2)：9-12.

[32] Shang H S,Song Y P. Behavior of air-entrained concrete under the compression with constant confined stress after freeze-thaw cycles[J]. Cement and Concrete Composites,2008,30(9):854-860.

[33] 覃丽坤,宋玉普,于长江,等. 双轴压混凝土在冻融循环后的力学性能及其破坏准则

　　　　[J].工程力学,2004,21(2):188-195.

[34]　覃丽坤,宋玉普,张众,等.冻融循环后混凝土双轴压的试验研究[J].水利学报,
　　　　2004,35(1):95-99.

[35]　覃丽坤,宋玉普,陈浩然,等.冻融循环对混凝土力学性能的影响[J].岩石力学与工
　　　　程学报,2005,24(8):5048-5053.

[36]　覃丽坤,宋玉普,陈浩然,等.双轴拉压混凝土在冻融循环后的力学性能及破坏准则
　　　　[J].岩石力学与工程学报,2005,24(5):1740-1745.

[37]　覃丽坤,宋宏伟,王秀伟.冻融循环后混凝土单轴及多轴强度的对比分析[J].混凝土,
　　　　2013,(2):8-11.

[38]　张众,宋玉普,贾致荣.冻融后普通混凝土双轴等效单轴应变本构模型试验研究[J].
　　　　土木工程学报,2009,42(12):105-111.

[39]　段安,钱稼茹.受冻融环境混凝土的应力-应变全曲线试验研究[J].混凝土,2008,(8):
　　　　13-16.

[40]　余红发,孙伟,李美丹.混凝土在化学腐蚀和冻融循环共同作用下的强度变化[J].沈
　　　　阳建筑大学学报(自然科学版),2006,22(4):588-592.

[41]　慕儒,孙伟,严捍东.双重损伤因子作用下高性能混凝土的损伤与损伤抵制[C]//高强
　　　　与高性能混凝土及其应用第三届学术讨论会,济南,1998.

第 10 章　混凝土冻融破坏机理与试验方法

10.1　混凝土冻融破坏机理

在混凝土建筑物所处环境有正负温交替且混凝土内部含有较多水的情况下，混凝土都可能发生冻融破坏，混凝土冻融破坏是寒冷地区非常重要的耐久性损伤形式。从 20 世纪 30 年代开始，各国学者对混凝土冻融耐久性做了大量研究，提出了一系列假说和冻融破坏理论。

10.1.1　静水压理论

1945 年，Powers[1]提出了静水压假说，该假说认为，混凝土在冰冻过程中，由于混凝土孔隙中的部分孔溶液结冰时体积膨胀约 9.0%，迫使未结冰的孔溶液从结冰区向外迁移；孔溶液在可渗透的水泥浆体结构中移动的同时，必须克服黏滞阻力，从而产生静水压力，形成破坏应力。此压力大小除了取决于毛细孔的含水率外，还取决于冻结速率、水迁移时的路径长短及材料渗透性等。显然，静水压力随孔溶液流程长度的增加而增加。因此，混凝土中存在一个极限流程长度，当孔溶液的流程长度大于该极限流程长度时，产生的静水压力将超过混凝土的抗拉强度，从而造成破坏。

硬化混凝土中的孔隙包括凝胶孔、毛细孔和气泡等，这些孔隙的孔径差距很大，一般凝胶孔径为 15~100nm，毛细孔径为 0.01~10μm，而且往往互相连通，这些毛细孔对混凝土抗冻性是有害的。根据静水压假说，混凝土中掺入引气剂时，硬化后混凝土浆体内分布着不与毛细孔连通的、相互独立且封闭的气泡，气泡孔径大多为 25~500μm，这些封闭气泡能够为孔溶液提供缓冲空间，使未冻溶液排入其中，缩短了形成静水压力的流程长度，从而使混凝土抗冻性显著提高，这就是引气混凝土抗冻性显著高于普通混凝土的根本原因。

1949 年，Powers[2]进一步充实了这一理论，定量讨论了保证水泥石抗冻性的气孔间隔距离。对于非完全饱和水泥浆体，可得

$$P_{max} = \frac{\eta}{3}\left(1.09 - \frac{1}{s}\right)\frac{uR}{K}\phi(L) \tag{10.1}$$

式中，P_{max} 为最大静水压力，N/m²；η 为水的动力黏滞系数；s 为水泥石毛细孔的含水率，以毛细孔含水体积与毛细孔体积之比表示；u 为温度每降低 1℃时冻结水的

增加率;R 为降温速率;K 为与水泥石渗透性有关的系数;$\phi(L)$ 为与气孔间距 L、半径 r_b 有关的函数,可以表示为

$$\phi(L) = \frac{L^3}{r_b} + \frac{3L^2}{2} \tag{10.2}$$

式中,L 为水泥石中气孔间距,或可表述为水泥石孔隙中的溶液要到达气孔所需流经的平均最大距离;r_b 为气孔半径。

对于完全饱和水泥石,可得

$$P_{\max} = 0.03 \eta \frac{uR}{K} \phi(L) \tag{10.3}$$

Powers[3] 在此基础上提出了平均气孔间隔系数 $\overline{L}$ 的定义及测量方法,后来发展为美国标准 ASTM C457《硬化混凝土中气孔含量和气孔体系参数的微观测量标准》[4]。假设混凝土中的气孔都是等直径球体,且在水泥浆体中有规则地排列,则可根据混凝土中水泥浆体的体积分数、气孔的体积分数以及气孔的平均半径计算平均气孔间隔系数,即

$$\overline{L} = 16\overline{r} \left[1.4 \left(\frac{V}{A_r} + 1 \right)^{\frac{1}{3}} - 1 \right] \tag{10.4}$$

式中,V 为混凝土中水泥浆体(不包括气孔)的体积分数;A_r 为混凝土的含气量(体积分数);$\overline{r}$ 为气孔平均半径。

气孔平均半径越大,水泥浆含量越大,含气量越小,则平均气孔间隔系数越大,混凝土的抗冻性能越差。当混凝土平均气孔间隔系数 $\overline{L}$ 小于某个临界值时,毛细孔的静水压力或渗透压力不会超过混凝土抗拉强度,其抗冻性较好,否则较差[4]。平均气孔间隔系数 $\overline{L}$ 具有使用方便、实用效果好等特点,至今仍是指导混凝土抗冻性设计的基础理论。

10.1.2　渗透压理论

提出静水压假说之后,Powers 等[5]继续在试验基础上对混凝土的抗冻性能进行了长期系统的研究,他们发现当水泥浆体孔隙率高、完全饱水时,试验结果可以证明静水压假说的合理性,但是静水压理论仍不能解释其他一些重要的试验现象,如非引气浆体在温度保持不变时出现的连续膨胀、引气浆体在冻结过程中的收缩等。

为此,Powers 等[5]发展了渗透压假说。渗透压假说认为,由于水泥浆体孔溶液呈弱碱性,冰晶体的形成使这些孔隙中未结冰孔溶液的浓度上升,与其他较小孔隙中的未结冰孔溶液之间形成浓度差,在这种浓度差的作用下,较小孔隙中的未结冰孔溶液向已经出现冰晶体的较大孔隙中迁移,产生渗透压力,渗透压力作用于水泥浆体,导致水泥浆体开裂。

渗透压假说与静水压假说最大的不同在于未结冰孔溶液迁移的方向。静水压假说认为孔溶液离开冰晶体,由大孔向小孔迁移;渗透压假说则认为孔溶液由小孔向冰晶体迁移。这两种假说均是混凝土冻融破坏理论的重要组成部分,至今仍被大多数学者认同。

考虑到混凝土受冻破坏为水泥浆体冻害和骨料冻害的综合效应,其机理可表述为:在混凝土中,若水泥浆体内引入气孔的间距足够小,则水泥浆体首先抵抗冻融作用。但如果骨料处于饱水状态,即使是小于临界尺寸、本身抗冻的骨料,也会在骨料与水泥浆体的界面处产生较大的静水压力,引起水泥浆体开裂或骨料-水泥浆体界面分离;而大于临界尺寸的骨料本身会因内部静水压力作用而破坏。

10.1.3　其他冻融破坏理论

1. 水离析成层理论

1944 年,Collions[6]基于冻土试验研究,提出了水离析成层理论。该理论认为,混凝土冻融破坏是由于混凝土由表及里的孔隙水分层结冰,冰晶的增大而形成一系列平行的冷冻薄层,最后造成混凝土层状剥离破坏;当混凝土结构处于低温环境时,在毛细管中的水分由温度高处向温度低处迁移,即由混凝土内部向表面迁移。混凝土受冻时,混凝土表面温度最低,即首先是混凝土表面层受冻,形成结冰层,经过多次冻融循环后,混凝土表层发生剥离,新的表面层又会暴露,进一步受冻后剥离。

2. 临界饱和度理论

20 世纪 70 年代,Fagerlund[7,8]提出了临界饱和度理论(极限充水程度理论)。该理论认为,密封的干燥混凝土在冻融循环过程中几乎不损伤,混凝土冻融破坏取决于硬化的水泥浆体是否含有水分、含水量以及水在冻结过程中是否能产生足够的应力以破坏水泥石的内部结构。混凝土产生冻融破坏有一个临界饱和度 S_{cr},当混凝土饱和度 S 小于临界饱和度 S_{cr} 时,混凝土不会产生冻融破坏。通过分析认为,普通混凝土的临界饱和度为 0.85~0.90,引气混凝土的临界饱和度为 0.75~0.80。

3. 温度应力假说

1992 年,Mehta 等[9]针对高强或高性能混凝土提出了冻融破坏的温度应力假说。该假说认为,高强或高性能混凝土发生冻融破坏是骨料与胶凝材料之间热膨胀系数的差异导致的。基于该假说,增大混凝土的导热系数,缩小各种组成材料之间膨胀系数的差异,适量引气是提高混凝土抗冻性能的有效措施。

4. 微冰晶假说

Setzer[10~12]提出了多孔硬化水泥浆体在冰冻作用下的微冰晶模型。该模型认为,在冰冻过程中,水泥基体压缩,并把部分水从凝胶孔中挤出,从而形成微冰晶体;在融解阶段,水泥基体膨胀,但被挤压出的水却无法返回原凝胶孔中,同时外部自由水被抽吸补给混凝土内部,当达到混凝土临界饱和度时,混凝土发生破坏。该假说认为,温度变化导致的水泥基体变形类似于活塞运动,而活塞运动的驱动力来源于微冰晶体的形成,微冰晶体像水泵的阀门一样控制冻融过程中水的流向与动力。

5. 孔结构理论

吴中伟等[13]提出的孔结构理论认为,混凝土冻融破坏与混凝土内部的微孔结构有关。该理论建议把微孔分为无害孔($r<20\mu m$)、少害孔($r=20\sim50\mu m$)、有害孔($r=50\sim200\mu m$)和多害孔($r>200\mu m$)四个等级。对混凝土冻融破坏影响较大的为半径大于$100\mu m$的孔。

此外,各国学者在前人研究成果基础上不断提出一些新理论,如液态迁移理论[14,15]、热弹性应力理论[16]、温湿耦合理论[17]、低温腐蚀理论[18]等,这些研究极大地推动了混凝土抗冻耐久性理论的发展。

10.2 混凝土冻融破坏的影响因素

混凝土冻融破坏的机理异常复杂,影响因素众多,概括起来可以分为材料因素和环境因素两类。

10.2.1 混凝土材料因素

1. 水胶比

水胶比直接影响混凝土内部的孔结构和孔隙率,从而影响混凝土抗冻性。根据水泥的矿物组成,水泥水化时,约有25%的拌合用水成为水化物中的结合水,约15%的拌合用水成为水泥凝胶孔的吸附水。因此,水胶比越大,混凝土中可冻水的含量越多,并且随着吸附水的蒸发,混凝土内部将产生大量毛细管孔隙。文献[19]给出了混凝土抗冻性能与毛细管孔隙率之间的相关关系,如图10.1所示。可以看出,混凝土抗冻融循环次数随着毛细管孔隙率的增大而递减,当毛细管孔隙率在2%以下时,抗冻融循环次数可达600次以上;当毛细管孔隙率为10%左右时,抗冻融循环次数仅能达到200次左右。

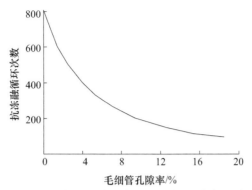

图 10.1　混凝土抗冻性能和毛细管孔隙率的关系

通过适当调整水胶比,可有效减少混凝土内部的可冻水和毛细管孔隙率。因此,各国的混凝土规范对受冻融作用的混凝土规定了水胶比最大限值,如我国《高性能混凝土应用技术规程》(CECS 207—2006)[20]给出如表 10.1 所示的规定,日本《混凝土结构耐久性设计指南及算例》[21]给出如表 10.2 所示的规定,美国 ACI 201 委员会[22]给出如表 10.3 所示的规定。

表 10.1　不同冻害地区混凝土的最大水胶比[20]

外部劣化因素	水胶比最大值
微冻地区(1)	0.50
寒冷地区(2)	0.45
严重冻害地区(3)	0.40

(1) 微冻地区:如湖南、江西、贵州等地的一些山区。
(2) 寒冷地区:如安徽、山东、河南、湖北等地,冬季温度在−16~−10℃。
(3) 严重冻害地区:如西藏、东北、西北、华北等地,冬季温度在−16℃以下。

表 10.2　冻害地区水胶比最大值[21]

劣化外力区分	水胶比最大值
准冻害地区	0.55
一般冻害地区	0.55
重冻害地区	0.50

表 10.3　处于恶劣环境中混凝土的最大水胶比[22]

结构的类型	经常处于潮湿状态并遭受冻融作用的结构(1)	接触海水或硫酸盐的结构(2)
断面细小的构件以及钢筋保护层小于 2.54cm 的截面	0.45	0.40
其他所有的结构	0.50	0.45

(1) 混凝土中须掺引气剂。
(2) 采用抗硫酸盐水泥时,允许水胶比提高 0.05。

2. 水泥品种

水泥品种和活性都会影响混凝土的抗冻性能,随着水泥活性的提高,混凝土的结构更加密实,混凝土抗冻性能提高。朱兴华等[23]进行了水泥品种与混凝土抗冻性的相关研究,结果如表 10.4 所示。

表 10.4　水泥品种对混凝土抗冻性的影响

水泥品种	标号	水泥用量/(kg/m³)	水灰比	冻融循环次数	抗压强度损失率/%
硅酸盐水泥	—	220	0.55	50 100	1.02 2.06
矿渣硅酸盐水泥	—	222	0.55	50 100	−2.25 −11.03
硅酸盐水泥	400	195	0.60	50 100	−0.95 −9.14
矿渣硅酸盐水泥	—	195	0.60	50 100	−3.25 −11.58
火山灰硅酸盐水泥	—	200	0.60	50 100	−10.68 −20.20

3. 骨料

骨料一般占混凝土体积的 70%~80%,主要起骨架作用,与水泥浆体相比,骨料一般具有较大的孔隙尺寸,饱水骨料在冰冻过程中向外排水,在骨料孔隙和骨料-水泥浆界面产生静水压力,超过骨料或界面强度时就会产生破坏。影响骨料抗冻性的主要因素是骨料的吸水率和颗粒大小。

根据美国 ACI 201 委员会[22]的研究,处于潮湿环境中的混凝土,粗骨料吸水饱和时,骨料颗粒在冻结时排出水分所产生的压力将使骨料和水泥砂浆破坏。

依据静水压假说,骨料尺寸越大,受冻后越容易破坏,因此骨料尺寸存在一个临界值,即骨料在冻结过程中,未冻水能排至外表面而不使骨料受静水压力破坏的最大距离。骨料颗粒越大,比表面积越大,界面处的静水压力越大,所以冻融破坏中常见石子剥落现象,而一般细骨料在冻融中不发生破坏,正是由于其尺寸小于临界尺寸。

Kaneuji 等[24]进行了骨料的抗冻性能和平均孔径、全孔隙量的相关研究,如图 10.2 所示。可以看出,平均孔径和全孔隙量较大的骨料抗冻性能较差。

4. 含气量

含气量是指硬化混凝土内气泡总体积占混凝土体积的百分数。根据 Powers[1~3]有关混凝土冻融破坏的冰胀压理论和渗透压理论,混凝土内引入气泡后,特别是加入高效引气剂所形成的微小气孔,会消减或抵制这种破坏压力,并有效阻断相互连接的气泡间水分由已冻结的气泡向未受冻的气泡内迁移。因此,含气量对混凝土抗冻性非常重要。满足抗冻性要求的含气量取决于相应的混凝土等级,混凝土强度越高,满足抗冻性所必需的含气量越低。满足混凝土抗冻性要求的最小含气量见表10.5[25]。

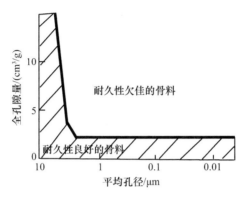

图 10.2　骨料的抗冻性能和平均孔径、全孔隙量的关系

表 10.5　满足混凝土抗冻性要求的最小含气量(耐久性系数为 90)[25]

混凝土类别	不同混凝土强度下最小含气量/%				
	15MPa	20MPa	30MPa	40MPa	50MPa
普通混凝土	3.5	3.5	3.5	2.5	2.5
粉煤灰混凝土	4.5	3.5	3.5	2.5	2.5

注:耐久性系数为 90 表示 300 次冻融循环后动弹性模量不低于初始动弹性模量的 90%。

5. 掺合料

程云虹等[26]对粉煤灰取代水泥量分别为 30%、40%、50% 和 60% 的混凝土抗冻性进行研究,认为当粉煤灰取代水泥量较大时,混凝土抗冻性随着粉煤灰掺量的增加而降低,但掺入适量优质粉煤灰能适当提高或者不影响混凝土的抗冻性。

混凝土中掺入适量硅灰可以大幅度提高混凝土的密实性、强度及耐久性。范沈抚[27]和 Gagné 等[28]通过试验研究探讨了硅灰对混凝土抗冻性的影响,结果表明,掺入硅灰后,混凝土的孔结构得到改善,毛细孔尺寸减小且气泡间距系数变小,从而使混凝土孔隙中的可冻水减少,抗冻性提高。但硅灰掺量不宜超过 15%,硅灰掺量过多后,混凝土抗冻性反而下降。

Gifford 等[29]和高建明等[30]对掺入高炉矿渣混凝土的抗冻性进行了研究,结果表明,高炉矿渣混凝土的抗冻性略优于或相当于普通混凝土,以掺入 40% 左右为宜。

10.2.2 环境因素

1. 饱水程度

混凝土冻害与混凝土内部孔隙的饱水程度直接相关,一般把含水量占孔隙总体积的91.7%称为极限饱和度,含水量小于此值时不会产生冻结膨胀压力,混凝土在完全饱和状态下,其冻结膨胀压力最大。

混凝土结构所处环境决定其饱和状态,水位变动区的混凝土由于长期处于干湿交替的状态下,受冻时极易破坏[31]。

2. 冻结温度和降温速度

混凝土中孔隙水的冻结是由大孔开始逐步向小孔扩展的,大孔的结冰速度快,而小孔的结冰速度慢,结冰速度随温度的降低而降低。李金玉等[32]通过试验证明冻结温度对混凝土冻融破坏有明显影响,冻结温度越低,混凝土的冻融破坏越严重,如表10.6所示。

表 10.6 冻结温度对混凝土冻融破坏的影响

冻结温度/℃	动弹性模量下降40%时的冻融循环次数
−5	133
−10	12
−17	7

李金玉等[32]发现,冻结速率分别为0.17℃/min和0.20℃/min时,混凝土动弹性模量下降40%时所需冻融循环次数分别为7次和5次,由此可知,冻结速率影响混凝土的冻融破坏,且随着冻结速率的提高,冻融破坏力加大,混凝土破坏更加严重。

3. 氯盐

混凝土盐冻破坏一般是指在冻融循环条件下,由盐引起的混凝土表面剥蚀破坏,多发生于寒冷地区海洋环境和除冰盐环境中的混凝土结构。盐冻破坏作为混凝土冻融破坏的一种特殊形式,其破坏机理具有如下特点:一方面盐的存在降低了混凝土中可冻水的冰点,这有利于降低混凝土冻融破坏;另一方面,盐的存在使混凝土饱和度提高,结冰压力和渗透压力增大,同时盐的结晶也会产生一定的膨胀作用,从而加剧了混凝土的冻融破坏[33]。

10.3 混凝土冻融试验方法

混凝土冻融试验方法可分为间接法和直接法两类。间接法是通过硬化混凝土的气泡间隔系数来确定其抗冻性能,由于混凝土冻融破坏机理复杂,间接法不能有效评价混凝土的抗冻性能。直接法是将混凝土试件暴露于冻融条件下,再根据相应的劣化指标来确定混凝土的抗冻性能,是目前广泛采用的方法。

10.3.1　美国的混凝土冻融试验方法

美国材料试验协会标准(ASTM)[34~37]采用的混凝土冻融试验方法有 ASTM C666、ASTM C671、ASTM C672、ASTM C1262 中给出的方法等。

1. ASTM C666 方法[34]

ASTM C666 方法是混凝土快速冻融试验方法,分为水冻水融和气冻水融两种方法。

(1)水冻水融方法。混凝土试件放在水中进行冻融,温度控制在-17.8~4.4℃,试验连续进行到 300 次或混凝土相对动弹性模量下降到 60%时试验结束。

(2)气冻水融方法。混凝土试件在空气中受冻,然后在水中融化,其他同水冻水融方法。

2. ASTM C672 方法[36]

ASTM C672 方法是混凝土表面暴露于除冰盐条件下的冻融试验方法,具体方法如图 10.3 所示。首先在厚度不小于 75mm 的混凝土试件表面加 3%的 NaCl 溶液,液面高度为 6mm。然后将混凝土试件在(-17.8±2.8)℃温度下受冻 16~18h,再将试件暴露在(23±3)℃的实验室环境中 6~8h,此为一个循环。

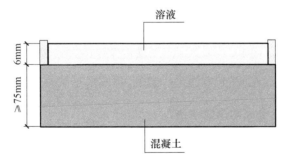

图 10.3　ASTM C672 方法中混凝土盐冻示意图

试件的剥落现象评判分为六个等级:0——无剥落,1——非常轻微剥落,2——轻度剥落,3——中度剥落,4——中度至严重剥落,5——严重剥落。

ASTM C671 方法[35]是测量混凝土受冻膨胀的试验方法,ASTM C1262 方法[37]是评价各类混凝土冻融耐久性的试验方法。

10.3.2　欧洲的混凝土冻融试验方法

1. 国际材料与结构研究实验联合会混凝土冻融试验方法

国际材料与结构研究实验联合会(The International Union of Laboratories and Experts in Construction Materials,Systems and Structures,RILEM)推荐的混凝土冻融试验方法分为盐冻(capillary suction,deicing agent and freeze-thaw test,CDF)方法[38]和水冻(capillary suction,internal damage and freeze-thaw test,CIF)方法[39]两种。

CDF方法是毛细吸盐冻融试验方法,具体方法如图 10.4 所示。将试件放入不锈钢容器中,并将试件垫起离底部 3mm,在容器中倒入 NaCl 溶液,使其浸没底面约几毫米,为保证对温度的良好控制,试件顶部盖有 20mm 厚的隔热层。将装有试件的不锈钢容器置于乙二醇介质中进行冻融试验,温度在 -20~20℃升降,每天进行两个循环。

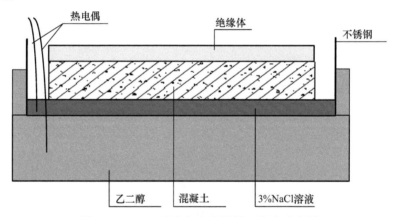

图 10.4　CDF 试验方法中混凝土盐冻示意图

CIF 方法的本质和 CDF 方法是一致的,不同的是试验介质为淡水。

2. 瑞典的混凝土冻融试验方法

瑞典规范 SS 13 72 44[40]中的方法与 ASTM C672 方法相似,为了保证试件单面冻融,在 50mm 厚试件的底面和侧面盖有 20mm 厚隔热层,NaCl 溶液高度为 3mm,在温度 -20~-15℃持续 12h,其中在最低温持续 4h,然后在温度 15~25℃持续 8h。

10.3.3　我国的混凝土冻融试验方法

我国混凝土抗冻性能试验方法主要有慢冻法和快冻法两种[41]。

慢冻法测定混凝土在水和正负温反复作用下的抵抗能力。以边长为 150mm 的混凝土立方体为标准试件,试验前将试件放入(20±3)℃的水中浸泡 4d,将浸水完毕的冻融试件装入底部垫有橡皮板的试件盒中,注入清水,使试件下部浸水 2～3mm,然后将其放入冷冻设备中,在−17～−20℃的气温中冻结 4h;试件冻结完毕后,将试件连同试件盒一起放入温度为(20±3)℃的水中融化 4h(水面应高于试件顶面 2mm),如此反复进行。

快冻法采用 100mm×100mm×400mm 的棱柱体试件,试验前将试件放入 (20±3)℃的水中浸泡 4d,随即将试件装入四周及底垫有橡皮板的试件盒中,加入清水,使其没过试件顶面约 5mm,然后在冷冻设备中进行冻融试验,冻融循环一次历时 2～4h,试件中心温度控制在−17～8℃。

10.4　混凝土冻融损伤评价指标

目前,混凝土冻融损伤评价指标包括动弹性模量改变量、质量损失率、抗压强度损失率及损伤层厚度等。

10.4.1　动弹性模量改变量(DF 值)

ASTM C666[34]方法中提出用抗冻性评价指标(DF 值)表征冻融前后混凝土相对动弹性模量的变化,DF 计算公式为

$$DF = P_N \frac{N}{M} \tag{10.5}$$

式中,P_N 为混凝土 N 次冻融循环后的相对动弹性模量;N 为 P_N 降至 60% 时对应的冻融循环次数,如果 P_N 至试验结束仍大于 60%,则冻融循环次数 N 取 300;M 为最终冻融循环次数,一般取 300 次。

混凝土 N 次冻融循环后的相对动弹性模量计算公式为

$$P_N = \frac{E_{dN}}{E_{d0}} = \frac{F_N^2}{F_0^2} \tag{10.6}$$

式中,E_{dN} 为冻融循环后混凝土试件的动弹性模量,GPa;E_{d0} 为冻融循环前混凝土试件的动弹性模量,GPa;F_N 为 N 次冻融循环后的横向基频,Hz;F_0 为冻融前的初始横向基频,Hz。

10.4.2　混凝土质量损失率

混凝土质量损失率计算公式为

$$\Delta W_N = \frac{W_0 - W_N}{W_0} \times 100\% \tag{10.7}$$

式中,ΔW_N 为 N 次冻融循环后的混凝土质量损失率;W_0 为冻融循环前混凝土试

件质量,g;W_N 为 N 次冻融循环后混凝土试件质量,g。

10.4.3　混凝土抗压强度损失率

混凝土抗压强度损失率的计算公式为

$$\Delta f_c = \frac{f_{c0} - f_{cN}}{f_{c0}} \times 100\% \tag{10.8}$$

式中,Δf_c 为 N 次冻融循环后的混凝土抗压强度损失率;f_{c0} 为混凝土初始抗压强度,MPa;f_{cN} 为 N 次冻融循环后混凝土抗压强度,MPa。

以三个试件抗压强度试验结果的平均值作为测定值。当最大值或最小值与中间值之差超过中间值的 15% 时,剔除此值,取其余两值的平均值作为测定值;当最大值和最小值均超过中间值的 15% 时,则取中间值作为测定值。

10.4.4　混凝土损伤层厚度

混凝土损伤层是混凝土在火灾、冻融、化学侵蚀等物理作用或化学作用下形成的,损伤层混凝土具有不同的微观结构和物理力学性能。混凝土损伤层厚度能有效地表征混凝土材料的受损程度,可通过超声波无损检测技术与惠更斯原理测试计算得到。

冻融环境下混凝土损伤演化呈现出由表及里逐渐发展,外层损伤严重,越向内部损伤程度越轻,在距表面某一深度区域无损伤的特点。这一特点表明冻融损伤后的混凝土可看成由完全损伤层(即损伤层)、损伤过渡层(损伤层与未损伤层之间的过渡区域)和未损伤层三部分组成,如图 10.5(a)所示。由于损伤过渡层混凝土的相对厚度较小,为了便于计算分析,将其归于未损伤混凝土部分,并假设损伤层混凝土的损伤程度是均匀的,且与未损伤层混凝土有明显的界限,如图 10.5(b)所示。

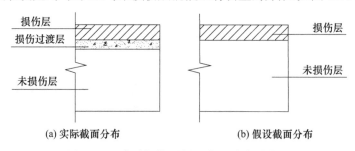

(a) 实际截面分布　　　　　　　　　　(b) 假设截面分布

图 10.5　冻融损伤混凝土截面分布示意图

超声波平测法是无损检测技术的一种,根据脉冲波在混凝土损伤层和未损伤层传播速度的不同来评价混凝土损伤层厚度[42]。试验采用 NM-4B 型非金属超声检测仪,测试方法采用单面平测法,具体测试原理如图 10.6 所示,换能器布置如图 10.6(a)所示。将发射换能器 T 固定于测点 A,接收换能器 R 沿混凝土表面按一定测距(25mm、50mm、100mm、150mm、200mm、250mm、300mm)连续扫测,读取不同位置的声时值。为保证测试结果精度,换能器与混凝土之间涂抹凡士林进行耦合。

测距较小时,接收器感应到的首波只在损伤层混凝土中传播,其声时-测距关系如图 10.6(b)中斜率为 $1/V_d$ 直线所示。随着测距的增大,接收器感应到的首波在损伤层混凝土和未损伤层混凝土中传播,在未损伤层混凝土中的传播速度 V_a 大于损伤层混凝土中的传播速度 V_d(见图 10.6(a)),此时,声时-测距直线的斜率变为 $1/V_a$,如图 10.6(b)所示。

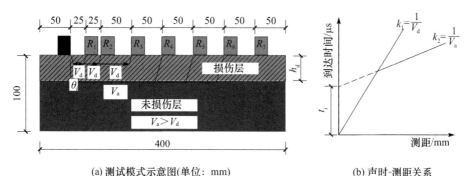

(a) 测试模式示意图(单位: mm)　　　　　(b) 声时-测距关系

图 10.6　损伤层测试方法示意图

当测距较小时,超声波从测点 A 传到接收换能器 R_1 所需时间为

$$t = \frac{x}{V_d} \tag{10.9}$$

当测距较大时,超声波从测点 A 传到接收换能器 R_2 所需时间为

$$t = \frac{2h_d}{V_d\cos\theta_{ic}} + \frac{x - 2h_d\tan\theta_{ic}}{V_a} = \frac{2h_d\cos\theta_{ic}}{V_d} + \frac{x}{V_a} \tag{10.10}$$

根据 Snell 定律,临界入射角 θ_{ic} 可表示为

$$\sin\theta_{ic} = \frac{V_d}{V_a} \tag{10.11}$$

式中,$V_d = k_1^{-1}$,$V_a = k_2^{-1}$。

将式(10.11)代入式(10.10),可得

$$t = \frac{2h_d\sqrt{V_d^2 - V_a^2}}{V_d V_a} + \frac{x}{V_a} \tag{10.12}$$

令 $x=0$,可得直线 k_2 的截距为

$$t_i = \frac{2h_d\sqrt{V_d^2 - V_a^2}}{V_a V_d} \tag{10.13}$$

由此可得混凝土损伤层厚度计算公式为

$$h_d = \frac{V_a V_d t_i}{2\sqrt{V_d^2 - V_a^2}} \tag{10.14}$$

式中,V_d 为超声波在损伤层混凝土中的传播速度,m/s;V_a 为超声波在未损伤层混凝土中的传播速度,m/s;t_i 为直线 k_2 的截距。

参 考 文 献

[1]　Powers T C. Aworking hypothesis for further studies of frost resistance of concrete [J]. Journal of the ACI,1945,16(4):245-272.

[2]　Powers T C. The air requirement of frost-resistance concrete[C] // Proceedings of Highway Research Board,Washington D. C. ,1949:184-202.

[3]　Powers T C. Void space as a basis for producing air-entrained concrete[J]. Journal of the ACI,1954,50(5):741-760.

[4]　ASTM C457. Standard test method for microscopical determination of parameters of the air-void system in hardened concrete[S]. Pennsylvania:Annual Book of ASTM Standards,1990.

[5]　Powers T C,Helmuth R A. Theory of volume changes in hardened Portland cement paste during freezing[C] // Proceedings of Highway Research Board,Washington D. C. 1953:285-297.

[6]　Collions A R. The destruction of concrete by frost[J]. Journal of Institution of Civil Engineers,1944,23(1):29-41.

[7]　Fagerlund G. Significance of critical degrees of saturation at freezing of porous and brittle materials[C] // Durability of Concrete,ACI Special Publication,Detroit,1975:13-65.

[8]　Fagerlund G. Prediction of the service life of concrete exposed to frost action[C] // Studies on Concrete Technology – Swedish Cement and Concrete Research Institute, Stockholm,1979:249-276.

[9]　Mehta P K,Schiessl P,Raupach M. Performance and durability of concrete systems[C] // Proceedings of the 9th International Congress on the Chemistry of Cement, New Delhi,1992:571-659.

[10]　Setzer M J. Mechanical stability criterion,triple-phase condition,and pressure differences of matter condensed in a porous matrix[J]. Journal of Colloid and Interface Science,2001,235(1):170-182.

[11]　Setzer M J. Micro-Ice-Lens formation in porous solid[J]. Journal of Colloid and Interface Science,2001,243(1):193-201.

[12]　Setzer M J. Mechanisms of frost action[C] // Proceedings of the International Workshop on Durability of Reinforced Concrete under Combined Mechanical and Climatic Loads. Freiburg:Aedificatio Publishers,2005:263-274.

[13]　吴中伟,廉慧珍. 高性能混凝土[M]. 北京:中国铁道出版社,1999.

[14]　Jacobsen S. Calculating liquid transport into high-performance concrete during wet freeze thaw[J]. Cement and Concrete Research,2005,35(2):213-219.

[15]　Bager D,Jacobsen S. A model for the destructive mechanism in concrete caused by freeze-thaw[C] // Proceedings of the International RILEM Workshop, Essen: The Publishing Company of RILEM,2002:17-40.

[16]　李守巨,刘迎曦,陈昌林,等. 混凝土大坝冻融破坏问题的数值计算分析[J]. 岩土力学,2004,25(2):189-190.

[17]　Kasparek S,Setzer M J. Analysis of heat flux and moisture transport in concrete during freezing and thawing[C] // Proceedings of the International RILEM Workshop, Essen:The Publishing Company of RILEM,2002:187-196.

[18]　Beddoe R E. Low-temperature phase transitions of pore water in hardened cement-paste[C] // Proceedings of the International RILEM Workshop. Essen:The Publishing Company of RILEM,2002:161-168.

[19]　冯乃谦,邢锋. 混凝土与混凝土结构的耐久性[M]. 北京:机械工业出版社,2009.

[20]　中国工程建设标准化协会标准. 高性能混凝土应用技术规程(CECS 207—2006)[S]. 北京:中国计划出版社,2006.

[21]　日本土木学会. 混凝土结构耐久性设计指南及算例[M]. 向上译. 北京:中国建筑工业出版社,2010.

[22]　American Concrete Institute. ACI 201. 2 R-01:Guide to durable concrete[R]. Farmington Hills:American Concrete Institute,2001.

[23]　朱兴华,王仲华. 水泥品种对混凝土抗冻性的影响[J]. 混凝土及加筋混凝土,1985, (4):26-30.

[24]　Kaneuji M,Winslow D N,Dolch W L. The relationship between an aggregate's pore size distribution and its freeze thaw durability in concrete[J]. Cement and Concrete Research,1980,10(3):433-441.

[25]　成秀珍,张德思. 引气粉煤灰混凝土抗冻融耐久性的研究[J]. 西北建筑工程学院学报,1999,16(4):6-10.

[26]　程云虹,闫俊,刘斌,等. 粉煤灰混凝土抗冻性能试验研究[J]. 低温建筑技术,2008, (1):1-3.

[27]　范沈抚. 高强硅粉混凝土抗冻性及气泡结构的试验研究[J]. 水利学报,1990,(7):20-25.

[28]　Gagné R,Boisvert A,Pigeon M. Effect of superplasticizer dosage on mechanical properties, permeability, and freeze-thaw durability of high-strength concretes with and without silica fume[J]. ACI Materials Journal,1996,93(2):111-120.

[29]　Gifford P M,Gillott J E. Freeze-thaw durability of activated blast furnace slag cement concrete[J]. ACI Materials Journal,1996,93(3):242-245.

[30]　高建明,王边,朱亚菲,等. 掺矿渣微粉混凝土的抗冻性试验研究[J]. 混凝土与水泥制

品,2002,(5):3-5.

[31] 金伟良,赵羽习. 混凝土结构耐久性[M]. 北京:科学出版社,2002.

[32] 李金玉,盛煌,丑亚玲. 混凝土冻融破坏研究现状[J]. 路基工程,2007,(3):1-3.

[33] 赵霄龙,卫军,巴恒静. 高性能混凝土在盐溶液中的抗冻性[J]. 建筑材料学报,2004,
7(1):85-88.

[34] ASTM C666. Standard test method for resistance of concrete to rapid freezing and
thawing[S]. Pennsylvania:Annual Book of ASTM Standards,1996.

[35] ASTM C671. Standard test method for critical dilation of concrete specimens subjec-
ted to freezing[S]. Pennsylvania:Anmual Book of ASTM Standards,1994.

[36] ASTM C672. Standard resistance of concrete surfaces exposed to deicing chemicals
[S]. Pennsylvania:Annual Book of ASTM Standards,2012.

[37] ASTM C1262. Standard test method for evaluating the freeze-thaw durability of man-
ufactured concrete masonry units and related concrete units[S]. Pennsylvania:Annual
Book of ASTM Standards,2018.

[38] Setzer M J,Fagerlund G,Janssen D J. CDF test—Test method for the freeze-thaw re-
sistance of concrete-tests with sodium chloride solution (CDF)[J]. Materials and
Structures,1996,29(9):523-528.

[39] Setzer M J , Heine P , Kasparek S ,et al. Test methods of frost resistance of concrete:
CIF-Test:Capillary suction,internal damage and freeze thaw test—Reference method
and alternative methods A and B[J]. Materials and Structures,2004,37(10):743-
753.

[40] SS 13 72 44. Concrete testing-Hardened concrete-Scaling at freezing[S]. Stockholm:
The National Standards body for Sweden,2005.

[41] 中华人民共和国国家标准. 普通混凝土长期性能和耐久性能试验方法标准(GB/T
50082—2009)[S]. 北京:中国建筑工业出版社,2009.

[42] Mehta P K,Monteiro P J M. Concrete:Microstructure,Properties and Materials[M].
New York:McGraw-Hill Company,2006.

第 11 章　冻融循环作用下粉煤灰混凝土性能劣化

现有关于冻融循环作用后混凝土性能的试验研究大多以混凝土质量损失与相对动弹性模量下降为评价标准。然而，在实际应用中，我们更关心的是混凝土的力学性能劣化和截面损伤，如强度下降及其引起的结构性能退化问题。目前对冻融循环作用后混凝土力学性能的研究资料不多，且已有研究所采取的冻融循环模拟方法不尽相同。因此，本章通过混凝土快速冻融循环试验，研究混凝土的质量损失、动弹性模量变化规律以及混凝土抗压强度衰减规律。

11.1　试 验 概 况

11.1.1　试验材料

1. 水泥

水泥选用 42.5R 普通硅酸盐水泥，水泥性能指标见表 11.1。

表 11.1　42.5R 普通硅酸盐水泥性能指标

凝结时间	抗折强度/MPa		抗压强度/MPa		细度/%	烧失量/%	MgO/%	SO_3/%
	3d	28d	3d	28d				
初凝 65min，终凝 5h	4.3	7.9	24.0	40.5	3.4	2.7	2.2	2.4

2. 粉煤灰

粉煤灰的化学成分和物理性能见表 11.2 和表 11.3。

表 11.2　粉煤灰化学成分（质量分数）　　　　（单位：%）

SiO_2	Al_2O_3	Fe_2O_3	CaO	SO_3	MgO	Na_2O、K_2O
49.02	31.56	6.97	4.88	1.2	0.83	1.78

表 11.3　粉煤灰物理性能　　　　（单位：%）

含水率	烧失量	需水量比	细度(0.045mm)	SO_3 含量
0.3	3.65	94	18	1.2

3. 骨料

砂:中砂,表观密度为 2650kg/m³,堆积密度为 1480kg/m³,含泥量为 1.0%,细度模数为 2.7。

石子:石灰质碎石,无针片状颗粒,粒径为 5~15mm,表观密度为 2820kg/m³,堆积密度为 1435kg/m³,含泥量为 0.3%,压碎指标为 6%。

4. 引气剂

采用以天然野生植物皂类为主要原料研制的 SJ-3 型高效引气剂。

5. 水

水为自来水。

11.1.2　混凝土配合比与试验设计

设计了不同水胶比、粉煤灰掺量以及含气量的混凝土,具体配合比设计如表 11.4 所示。

表 11.4　冻融试验混凝土配合比设计

水胶比	水泥/(kg/m³)	粉煤灰/(kg/m³)	砂/(kg/m³)	石/(kg/m³)	水/(kg/m³)	引气剂/(g/m³)
0.35	350	150	619	1151	180	150
0.45	280	120	637	1183	180	120
0.55	229	98	662	1231	180	98
0.45	400	0	637	1183	180	120
0.45	360	40	637	1183	180	120
0.45	200	200	637	1183	180	120
0.45	280	120	637	1183	180	80
0.45	280	120	637	1183	180	100

试验考察因素主要包括水胶比(0.35、0.45、0.55)、粉煤灰掺量(0、10%、30%、50%)和含气量。其中,含气量根据新拌混凝土的设计要求调整引气剂掺量。混凝土冻融损伤评价指标包括混凝土质量损失、相对动弹性模量损失、混凝土抗压强度损失率等。试验按照《普通混凝土长期性能和耐久性能试验方法标准》(GB/T 50082—2009)[1]中快速冻融试验方法进行,A 组试件试验考察因素见表 11.5。

表 11.5　冻融试验考察因素

试件分组	试件编号	水胶比	粉煤灰掺量/%	引气剂掺量/%	含气量/%	养护龄期/d
A	F0-W1	0.35	30	0.030	3.7	90
	F0-W2	0.45	30	0.030	4.4	
	F0-W3	0.55	30	0.030	4.5	
	F0-FA1	0.45	0	0.030	4.5	
	F0-FA2	0.45	10	0.030	4.5	
	F0-W2	0.45	30	0.030	4.4	
	F0-FA3	0.45	50	0.030	3.5	
	F0-Q1	0.45	30	0.020	3.5	
	F0-Q2	0.45	30	0.025	1.8	
	F0-W2	0.45	30	0.030	4.4	

11.1.3　试验方法

（1）按照设计配合比制作试件，测定混凝土质量损失和动弹性模量的试件尺寸为 100mm×100mm×400mm，测定混凝土抗压强度的试件尺寸为 100mm×100mm×100mm。拌制混凝土之前需对砂子和碎石进行冲洗并充分晾干，混凝土注入试模后放在振动台上均匀振捣。

（2）混凝土试件浇筑 24h 后拆模，之后将试件放入标准养护室养护 30d，再自然养护 60d。

（3）按标准试验方法测定混凝土养护 7d、28d 和 90d 的抗压强度。

（4）试验前将尺寸为 100mm×100mm×400m 的混凝土试件浸泡在水中 4d，使试件处于饱水状态。在放入冻融箱之前，擦去试件表面的水分，测定混凝土质量及动弹性模量。

（5）试件放入冻融箱后，每循环 25 次将试件调头装入，以减少因为试件上下部温差造成的误差。每循环 25 次后擦去试件表面水分，测定混凝土质量及动弹性模量。

（6）每冻融循环 50 次后，取出一组 100mm×100mm×100mm 的混凝土试件，测定其冻融循环后的抗压强度。

11.2　混凝土质量损失分析

11.2.1　混凝土外观损伤分析

试件在实验室快速冻融循环下外观发生明显变化，详见图 11.1，大致分为如下四个阶段：

（1）最初试件表面完整无损伤，如图 11.1(a)所示。

（2）随着冻融循环的进行，试件表面逐渐出现许多小的坑蚀，如图 11.1(b)所示。

（3）随着表面胶凝材料的流失，坑蚀孔洞逐渐变大，表面细骨料外露，且随着冻融循环次数的增加，细骨料逐渐剥落，如图 11.1(c)所示。

（4）随着表层细骨料的分层脱落，最终混凝土试件的粗骨料暴露，如图 11.1(d)所示。

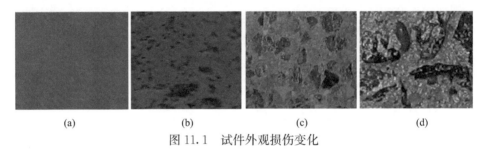

| (a) | (b) | (c) | (d) |

图 11.1　试件外观损伤变化

混凝土试件遭受冻融循环作用后，表面剥落程度随冻融循环次数的增加越来越严重。在进行冻融循环后混凝土试件轴心受压破坏试验时，随着冻融循环次数的增加，混凝土试件破坏时发出的爆裂声也越来越大，尤其是粉煤灰掺量 50% 的F0-FA3 试件，其破坏时发出的爆裂声甚大，且随着荷载增加，混凝土试件表面剥离破坏越来越严重。从外观损伤情况可以看出，粉煤灰掺量对冻融环境下混凝土试件外观的影响最为明显，其次是含气量，经过 300 次冻融循环后，水胶比小的混凝土试件表面剥落情况明显好于水胶比大的混凝土试件。

11.2.2　水胶比对混凝土质量损失的影响

表 11.6 为不同水胶比混凝土试件冻融后的质量试验结果。图 11.2 和图 11.3 分别为不同水胶比混凝土试件的质量和质量损失率随冻融循环次数的变化规律。

从图 11.3 可以看出，混凝土质量损失率随冻融循环次数的增加呈递增趋势，在 300 次冻融循环后，质量损失率均小于 3%。水胶比为 0.35 的混凝土试件质量损失率增加较为平缓，水胶比为 0.55 的混凝土试件质量损失率增加最快。由此说明，水胶比对混凝土质量损失的影响较大，水胶比越小，混凝土质量损失越小。

表 11.6　不同水胶比混凝土试件冻融后的质量试验结果

冻融循环次数	试件质量/kg		
	F0-W1	F0-W2	F0-W3
0	9.418	9.261	9.267
25	9.415	9.260	9.265

续表

冻融循环次数	试件质量/kg		
	F0-W1	F0-W2	F0-W3
50	9.413	9.257	9.258
75	9.411	9.247	9.242
100	9.408	9.244	9.222
125	9.406	9.235	9.205
150	9.405	9.227	9.171
175	9.403	9.204	9.146
200	9.400	9.187	9.131
225	9.397	9.168	9.113
250	9.395	9.134	9.083
275	9.391	9.122	9.061
300	9.388	9.109	9.019

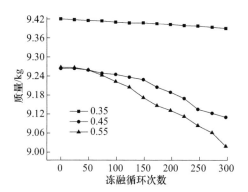

图 11.2　不同水胶比混凝土试件质量随冻融循环次数的变化规律

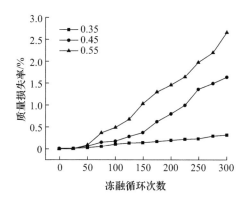

图 11.3　不同水胶比混凝土试件质量损失率随冻融循环次数的变化规律

11.2.3　粉煤灰掺量对混凝土质量损失的影响

表 11.7 为不同粉煤灰掺量混凝土试件冻融后的质量试验结果。

表 11.7　不同粉煤灰掺量混凝土试件冻融后的质量试验结果

冻融循环次数	试件质量/kg			
	F0-FA1	F0-FA2	F0-W2	F0-FA3
0	9.508	9.271	9.261	9.494
25	9.508	9.266	9.260	9.440
50	9.497	9.254	9.257	9.319
75	9.480	9.234	9.247	9.210
100	9.471	9.220	9.244	9.130
125	9.461	9.201	9.235	9.053
150	9.451	9.188	9.227	9.006
175	9.441	9.172	9.204	8.975
200	9.429	9.160	9.187	8.934
225	9.419	9.150	9.168	8.914
250	9.418	9.143	9.134	8.896
275	9.410	9.127	9.122	—
300	9.401	9.112	9.109	—

注:—表示混凝土试件已经破坏。

图 11.4 和图 11.5 分别为不同粉煤灰掺量混凝土试件质量和质量损失率随冻融循环次数的变化规律。可以看出,混凝土质量损失率随冻融循环次数的增加均呈递增规律,粉煤灰掺量不超过 30% 时,试件质量损失率增加基本相差不大,但粉煤灰掺量为 50% 的混凝土试件质量损失率增长速度很快,在 300 次冻融循环后,粉煤灰掺量为 50% 的混凝土试件质量损失率已超过 5%,粉煤灰掺量不超过 30% 的试件质量损失率均小于 2%。因此,掺入适量粉煤灰对混凝土抗冻性无显著影响,但建议粉煤灰掺量不超过 30%。

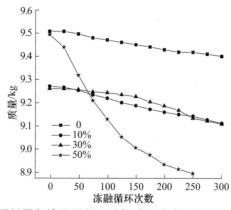

图 11.4　不同粉煤灰掺量混凝土试件质量随冻融循环次数的变化规律

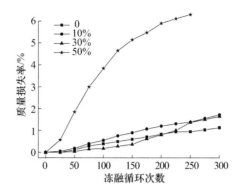

图 11.5　不同粉煤灰掺量混凝土试件质量损失率随冻融循环次数的变化规律

11.2.4　含气量对混凝土质量损失的影响

含气量对混凝土抗冻性有直接影响,混凝土中的含气量大小主要受引气剂掺量影响,当引气剂掺量在 $0.005\%\sim0.03\%$ 内时,随引气剂掺量增加,含气量线性增大[2]。受限于测试手段,本次试验测得含气量离散性较大,因此采用引气剂掺量代替含气量来表征含气量对混凝土抗冻性能的影响。

表 11.8 为不同引气剂掺量混凝土试件冻融后的质量试验结果。

表 11.8　不同引气剂掺量混凝土试件冻融后的质量试验结果

冻融循环次数	试件质量/kg		
	F0-Q1	F0-Q2	F0-W2
0	9.906	9.484	9.267
25	9.870	9.470	9.265
50	9.810	9.342	9.258
75	9.676	9.255	9.242
100	9.590	9.223	9.222
125	9.555	9.213	9.205
150	9.545	9.195	9.171
175	9.543	9.175	9.146
200	9.539	9.158	9.131
225	9.535	9.146	9.113
250	9.511	9.133	9.083
275	9.385	9.110	9.061
300	—	9.098	9.019

注:—表示混凝土试件已经破坏。

图 11.6 和图 11.7 分别为不同引气剂掺量混凝土试件质量和质量损失率随冻

融循环次数的变化规律。可以看出,混凝土试件质量损失率随冻融循环次数的增加均呈递增趋势,引气剂掺量为 0.03% 的混凝土试件质量损失率增长较慢,引气剂掺量为 0.025% 的混凝土试件质量损失率增长很快,在 300 次冻融循环后,试件质量损失率已超过 4%;引气剂掺量为 0.02% 的混凝土试件 300 次冻融循环后质量损失率已经超过 5%。这表明掺入适量引气剂能有效提高混凝土抗冻性。

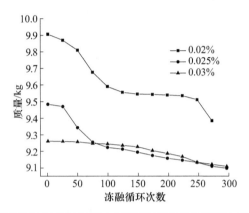

图 11.6　不同引气剂掺量混凝土试件质量随冻融循环次数的变化规律

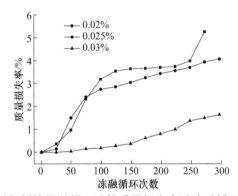

图 11.7　不同引气剂掺量混凝土试件质量损失率随冻融循环次数的变化规律

根据试验结果,混凝土质量损失率与冻融循环次数的关系可表示为

$$\Delta W_N = k_{\mathrm{w}}(2 \times 10^{-5} N^2 + 0.0004 N - 0.0192) \tag{11.1}$$

$$k_{\mathrm{w}} = k_{\mathrm{w,w}} k_{\mathrm{w,f}} k_{\mathrm{w,a}} \tag{11.2}$$

$$k_{\mathrm{w,w}} = 0.954 \left(\frac{W}{B} \right)^{-0.066} \tag{11.3}$$

$$k_{\mathrm{w,f}} = -2.378 \mathrm{FA}^3 + 1.823 \mathrm{FA}^2 - 0.414 \mathrm{FA} + 1.024 \tag{11.4}$$

$$k_{\mathrm{w,a}} = -500 \ln A + 1.155 \tag{11.5}$$

式中,ΔW_N 为混凝土质量损失率;N 为冻融循环次数;k_{w} 为与混凝土材料有关的

参数;$k_{w,w}$、$k_{w,f}$ 和 $k_{w,a}$ 分别为水胶比 W/B、粉煤灰掺量 FA 和引气剂掺量 A 的影响系数。

11.3　混凝土动弹性模量变化规律

11.3.1　水胶比对混凝土动弹性模量损失的影响

表 11.9 为不同水胶比混凝土试件冻融后的动弹性模量试验结果。

表 11.9　不同水胶比混凝土试件冻融后的动弹性模量试验结果

冻融循环次数	动弹性模量/GPa		
	F0-W1	F0-W2	F0-W3
0	44.47	42.17	38.38
25	44.10	41.35	37.70
50	44.02	41.27	37.36
75	43.94	41.00	37.18
100	43.86	40.97	36.97
125	43.76	40.76	36.74
150	43.53	40.53	36.59
175	43.32	40.35	36.32
200	43.23	39.87	36.12
225	43.11	39.66	35.83
250	42.97	39.28	35.50
275	42.91	39.01	35.23
300	42.83	38.56	34.64

图 11.8 和图 11.9 分别为不同水胶比混凝土试件动弹性模量和相对动弹性模量随冻融循环次数的变化规律。可以看出,混凝土试件相对动弹性模量随冻融循环次数的增加呈递减趋势,在 300 次冻融循环后,相对动弹性模量都大于 0.9,仍然具有较好的抗冻性。其中,水胶比为 0.35 的混凝土试件相对动弹性模量大于 0.95,水胶比为 0.45 的混凝土试件相对动弹性模量为 0.91。由此说明,水胶比对混凝土动弹性模量劣化速度的影响较大,水胶比越小,冻融后混凝土相对动弹性模量越大。

11.3.2　粉煤灰掺量对混凝土动弹性模量损失的影响

表 11.10 为不同粉煤灰掺量混凝土试件冻融后的动弹性模量试验结果。

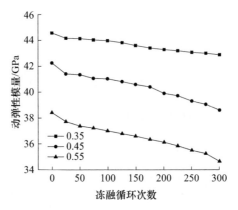

图 11.8　不同水胶比混凝土试件动弹性模量随冻融循环次数的变化规律

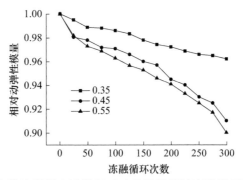

图 11.9　不同水胶比混凝土试件相对动弹性模量随冻融循环次数的变化规律

表 11.10　不同粉煤灰掺量混凝土试件冻融后的动弹性模量试验结果

冻融循环次数	动弹性模量/GPa			
	F0-FA1	F0-FA2	F0-W2	F0-FA3
0	41.32	39.44	42.17	39.71
25	41.23	39.13	41.35	39.24
50	41.12	39.10	41.27	39.22
75	41.08	38.95	41.00	38.83
100	41.06	38.82	40.97	38.50
125	41.05	38.81	40.76	38.28
150	41.02	38.78	40.53	38.11
175	41.00	38.69	40.35	37.27
200	40.98	38.62	39.87	35.92
225	40.88	38.56	39.66	33.44
250	40.83	38.53	39.28	31.00
275	40.79	38.35	39.01	—
300	40.71	38.17	38.56	—

注：—表示混凝土试块已经破坏。

图 11.10 和图 11.11 分别为不同粉煤灰掺量混凝土试件动弹性模量和相对动弹性模量随冻融循环次数的变化规律。可以看出：

（1）混凝土试件在 300 次冻融循环后，除了粉煤灰掺量为 50% 的试件之外，其余混凝土试件相对动弹模量都在 0.9 以上，仍具有较好的抗冻性。

（2）粉煤灰掺量对混凝土试件相对动弹性模量有一定的影响，粉煤灰掺量越小，混凝土试件的相对动弹性模量越大；粉煤灰掺量大于 30% 时，混凝土试件的相对动弹性模量下降明显。

（3）未掺粉煤灰的混凝土试件在 300 次冻融循环内相对动弹性模量缓慢下降；粉煤灰掺量为 10% 的混凝土试件在 250 次冻融循环后相对动弹性模量呈微加速下降趋势；粉煤灰掺量为 30% 的混凝土试件在 175 次冻融循环后相对动弹性模量即呈现加速下降趋势；粉煤灰掺量为 50% 的混凝土试件在 150 次冻融循环后相对动弹性模量便呈现明显的下降趋势。

（4）引气粉煤灰混凝土的抗冻性较好，但粉煤灰掺量不宜大于 30%。

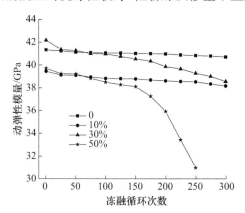

图 11.10　不同粉煤灰掺量混凝土试件动弹性模量随冻融循环次数的变化规律

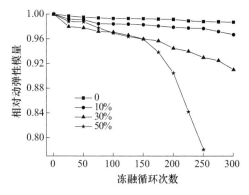

图 11.11　不同粉煤灰掺量混凝土试件相对动弹性模量随冻融循环次数的变化规律

11.3.3　含气量对混凝土动弹性模量损失的影响

表 11.11 为不同引气剂掺量混凝土试件冻融后的动弹性模量试验结果。

表 11.11　不同引气剂掺量混凝土试件冻融后的动弹性模量试验结果

冻融循环次数	动弹性模量/GPa		
	F0-Q1	F0-Q2	F0-W2
0	45.88	39.13	42.17
25	45.39	38.95	41.35
50	44.80	37.82	41.27
75	43.03	37.58	41.00
100	41.43	37.44	40.97
125	39.94	37.39	40.76
150	33.63	37.38	40.53
175	32.20	37.28	40.35
200	31.08	37.12	39.87
225	30.94	37.03	39.66
250	29.19	36.91	39.28
275	—	36.72	39.01
300	—	36.32	38.56

注:—表示混凝土试块已经破坏。

图 11.12 和图 11.13 分别为不同引气剂掺量混凝土试件动弹性模量和相对动弹性模量随冻融循环次数的变化规律。可以看出:

(1) 在 300 次冻融循环后,引气剂掺量为 0.03%和 0.025%的混凝土试件相对动弹性模量都大于 0.9,而引气剂掺量为 0.02%的混凝土试件相对动弹性模量小于 0.65,差异显著。

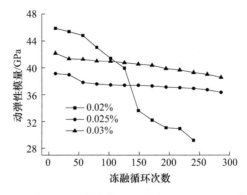

图 11.12　不同引气剂掺量混凝土试件动弹性模量随冻融循环次数的变化规律

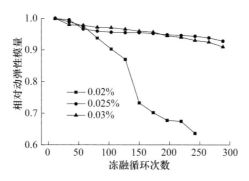

图 11.13　不同引气剂掺量混凝土相对动弹性模量随冻融循环次数的变化规律

（2）引气剂掺量为 0.02% 的混凝土试件在 125 次冻融循环后相对动弹性模量呈明显加速下降趋势；引气剂掺量为 0.025% 的混凝土试件在 150 次冻融循环后相对动弹性模量加速下降；而引气剂掺量为 0.03% 的混凝土试件在 175 次冻融循环后才呈现加速下降趋势。

（3）引气剂掺量对冻融循环后混凝土相对动弹性模量的影响较大，因此对抗冻性有要求的建筑，掺入适量的引气剂是必要的。

根据试验结果，冻融循环作用下混凝土动弹性模量与冻融循环次数的关系为

$$E_{dN} = k_E E_{d0} \exp(BN) \tag{11.6}$$

式中，E_{dN} 为混凝土动弹性模量，GPa；E_{d0} 为混凝土初始动弹性模量，GPa；N 为冻融循环次数；k_E、B 为与混凝土材料有关的系数。

以水胶比 0.45 的混凝土试件动弹性模量试验结果为基准，对其 300 次冻融循环内的试验结果进行回归分析，得到衰减系数 $B = -0.0003$。

取 $K_E = k_{E,w} k_{E,f} k_{E,a}$，其中 $k_{E,w}$、$k_{E,f}$ 和 $k_{E,a}$ 分别为水胶比 W/B、粉煤灰掺量 FA 和引气剂掺量 A 对混凝土试件动弹性模量劣化的影响系数，则混凝土动弹性模量与冻融循环次数 N 的关系为

$$E_{dN} = k_{E,w} k_{E,f} k_{E,a} E_{d0} \exp(-0.0003N) \tag{11.7}$$

以 $W/B = 0.45$，FA $= 30\%$，$A = 0.03\%$ 的混凝土为标准，对不同冻融循环次数的混凝土动弹性模量试验结果分别进行归一化处理，经回归计算得 $k_{E,w}$、$k_{E,f}$ 和 $k_{E,a}$ 的表达式为

$$k_{E,w} = 0.5 \left(\frac{W}{B}\right)^2 - 0.6 \frac{W}{B} + 1.17 \tag{11.8}$$

$$k_{E,f} = -0.1FA + 1.03 \tag{11.9}$$

$$k_{E,a} = 0.608 \ln A + 5.938 \tag{11.10}$$

11.4 混凝土抗压强度衰减规律

11.4.1 水胶比对混凝土抗压强度衰减的影响

不同水胶比混凝土试件冻融后的抗压强度试验结果见表 11.12。

表 11.12 不同水胶比混凝土试件冻融后的抗压强度试验结果

冻融循环次数	抗压强度/MPa		
	F0-W1	F0-W2	F0-W3
0	61.8	49.5	32.2
50	60.9	49.1	31.9
100	59.2	48.3	31.5
150	56.3	42.7	27.7
200	52.7	41.2	27.0
250	49.9	39.6	25.8
300	45.7	35.8	23.1

图 11.14 为不同水胶比混凝土试件抗压强度随冻融循环次数的变化规律。从图可以看出,随冻融循环次数的增加,混凝土试件抗压强度呈递减趋势,其中水胶比为 0.35 的混凝土试件抗压强度在 150 次冻融循环后下降 8.9%,300 次冻融循环后下降 26.1%;水胶比为 0.45 的混凝土试件抗压强度在 300 次冻融循环后下降 27.7%;水胶比为 0.55 的混凝土试件抗压强度在 300 次冻融循环后下降 28.3%。这一结果表明,不同水胶比混凝土抗压强度衰减率在 300 次冻融循环后相差不大,在 26.1%～28.3%。

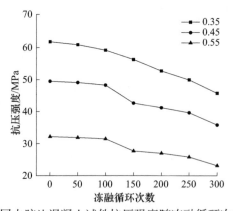

图 11.14 不同水胶比混凝土试件抗压强度随冻融循环次数的变化规律

水胶比对混凝土冻融循环后的力学性能有显著影响,水胶比越小,冻融后混凝土的力学性能越好。因此,有抗冻要求时应优先选用水胶比小、强度等级高的混凝土。

11.4.2　粉煤灰掺量对混凝土抗压强度衰减的影响

采用水胶比为 0.45、引气剂掺量为胶凝材料的 0.03%、强度等级为 C35 的混凝土进行不同粉煤灰掺量混凝土的抗冻性试验,具体试验参数见表 11.13。

表 11.13　考虑粉煤灰掺量影响的混凝土冻融试验相关参数

试件编号	水胶比	含气量/%	粉煤灰掺量/%	引气剂掺量/%
F0-FA1	0.45	4.5	0	0.03
F0-FA2	0.45	4.5	10	0.03
F0-W2	0.45	4.4	30	0.03
F0-FA3	0.45	3.5	50	0.03

表 11.14 为实验室快速冻融循环试验下不同粉煤灰掺量混凝土试件冻融后的抗压强度试验结果。

表 11.14　不同粉煤灰掺量混凝土试件冻融后的抗压强度试验结果

冻融循环次数	抗压强度/MPa			
	F0-FA1	F0-FA2	F0-W2	F0-FA3
0	53.2	52.1	49.5	47.5
50	48.9	51.9	49.1	43.2
100	45.5	51.3	48.3	39.6
150	42.4	48.7	42.7	34.1
200	41.1	42.1	41.2	25.6
250	40.9	39.0	39.6	——
300	38.0	37.6	35.8	

注:—表示混凝土试块已经破坏。

图 11.15 为不同粉煤灰掺量混凝土试件抗压强度随冻融循环次数的变化规律。可以看出,粉煤灰混凝土试件抗压强度随冻融循环次数的增加呈递减趋势,其中粉煤灰掺量 50% 的 F0-FA3 试件抗压强度下降最快,100 次冻融循环后,抗压强度下降 16.6%;200 次冻融循环后,抗压强度下降 46.1%。粉煤灰掺量较小的 F0-FA2 和 F0-W2 试件,200 次冻融循环后,抗压强度分别下降 19.2% 和 16.8%。而未掺粉煤灰的 F0-FA1 试件经过 200 次冻融循环后,抗压强度下降 22.7%。因此,掺入适量粉煤灰对混凝土冻融后的力学性能是有益的,但掺量超过 30% 后,混凝土抗压强度陡降。

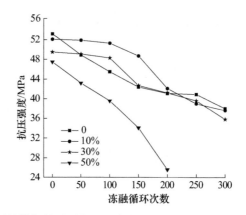

图 11.15　不同粉煤灰掺量混凝土试件抗压强度随冻融循环次数的变化规律

11.4.3　含气量对混凝土抗压强度衰减的影响

不同引气剂掺量混凝土试件冻融后的抗压强度试验结果见表 11.15。

表 11.15　不同引气剂掺量混凝土试件冻融后的抗压强度试验结果

冻融循环次数	抗压强度/MPa		
	F0-Q1	F0-W2	F0-Q2
0	51.2	49.5	49.3
50	46.8	49.1	48.1
100	39.9	48.3	47.8
150	23.8	42.7	41.0
200	—	41.2	38.1
250	—	39.6	36.7
300	—	35.8	32.1

注:—表示混凝土试块已经破坏。

图 11.16 为不同引气剂掺量混凝土试件抗压强度随冻融循环次数的变化规律。可以看出,引气剂掺量为 0.02% 的 F0-Q1 试件抗压强度下降最快,50 次冻融循环后,抗压强度下降了 8.6%;100 次冻融循环后,抗压强度下降了 22.1%;而 150 次冻融循环后,抗压强度下降率超过了 50%。引气剂掺量为 0.025% 和 0.03% 的试件在 300 次冻融循环后,抗压强度分别下降了 34.9% 和 27.7%。

11.4.4　冻融循环作用下混凝土强度衰减模型

1. 模型的提出

试验结果表明,混凝土抗压强度随冻融循环次数的增加大致符合指数衰减规

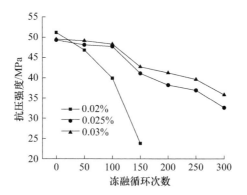

图 11.16　不同引气剂掺量混凝土试件抗压强度随冻融循环次数的变化规律

律。可以认为,原材料、掺合料掺量、水胶比相同的混凝土抗压强度衰减规律相似,其衰减速率 $\mathrm{d}f_{cN}/\mathrm{d}N$ 可以表示为

$$\frac{\mathrm{d}f_{cN}}{\mathrm{d}N} = -\lambda(f_{cN} - f_{c0}) \tag{11.11}$$

$$f_{cN} = k_F f_{c0} \mathrm{e}^{-\lambda N} \tag{11.12}$$

式中,k_F 为待定系数;λ 为衰减系数;f_{c0} 和 f_{cN} 分别为冻融循环前、后混凝土抗压强度;N 为冻融循环次数。

以水胶比 0.45 的混凝土作为标准试件,对 300 次冻融循环内混凝土抗压强度试验结果进行回归分析,可得衰减系数 $\lambda=0.001$,则混凝土抗压强度与冻融循环次数 N 的关系可以表示为

$$f_{cN} = f_{c0} k_F \exp(-0.001N) \tag{11.13}$$

设 $k_F = k_{F,w} k_{F,f} k_{F,a}$,其中 $k_{F,w}$、$k_{F,f}$ 和 $k_{F,a}$ 分别为水胶比、粉煤灰掺量及引气剂掺量对混凝土抗压强度衰减的影响系数,则混凝土抗压强度与冻融循环次数 N 的关系为

$$f_{cN} = f_{c0} k_{F,w} k_{F,f} k_{F,a} \exp(-0.001N) \tag{11.14}$$

2. 影响系数的确定

图 11.17～图 11.19 分别表示不同水胶比、不同粉煤灰掺量及不同引气剂掺量混凝土试件抗压强度损失率的变化情况。

1) 水胶比影响系数 $k_{F,w}$

根据试验结果,以水胶比为 0.45 的混凝土试件为标准,对水胶比为 0.35、0.45和 0.55 的混凝土试件在不同冻融循环次数下的抗压强度损失率分别进行归一化处理,此时粉煤灰掺量为 30%,引气剂掺量为 0.03%。经回归计算,可得影响系数 $k_{F,w}$ 与水胶比的关系为

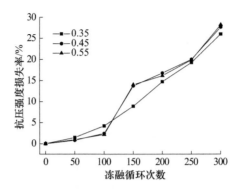

图 11.17　不同水胶比混凝土试件抗压强度损失率的变化规律

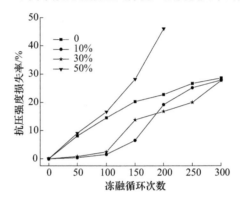

图 11.18　不同粉煤灰掺量混凝土试件抗压强度损失率的变化规律

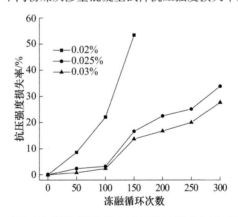

图 11.19　不同引气剂掺量混凝土试件抗压强度损失率的变化规律

$$k_{F,w} = 0.824 \left(\frac{W}{B} \right)^{-0.133} \tag{11.15}$$

2）粉煤灰掺量影响系数 $k_{F,f}$

以粉煤灰掺量为 30% 的混凝土试件为标准,对粉煤灰掺量为 0、10%、30%、

50%的混凝土试件在不同冻融循环次数下的抗压强度损失率分别进行归一化处理,此时水胶比取 0.45,引气剂掺量为 0.03%。经回归计算,可得影响系数 $k_{F,f}$ 与粉煤灰掺量的关系为

$$k_{F,f} = -2.528FA^2 + 1.013FA + 0.956 \qquad (11.16)$$

3）引气剂掺量影响系数 $k_{F,a}$

以引气剂掺量为 0.03%的试件为标准,对引气剂掺量为 0.02%、0.025% 和 0.03%的混凝土试件在不同冻融循环次数下的抗压强度损失率分别进行归一化处理,此时水胶比取 0.45,粉煤灰掺量为 30%。经回归计算,可得影响系数 $k_{F,a}$ 与引气剂掺量的关系为

$$k_{F,a} = 703.84 \exp(-21972A) \qquad (11.17)$$

3. 模型建立

将式(11.15)~式(11.17)代入式(11.14),可得冻融循环作用下混凝土抗压强度衰减模型为

$$f_{cN} = 0.824 \left(\frac{W}{B}\right)^{-0.133} (-2.528FA^2 + 1.013FA + 0.956)$$
$$\times 703.84 \exp(-21972A) \exp(-0.001N) f_{c0} \qquad (11.18)$$

式中,f_{c0} 和 f_{cN} 分别为冻融循环前、后混凝土抗压强度,MPa;N 为冻融循环次数;W/B 为水胶比;FA 为粉煤灰掺量,%;A 为引气剂掺量。

11.5　冻融混凝土的孔隙率

在混凝土冻融破坏过程中,其水化产物结构由密实到松散,这一过程往往伴随着微裂缝的出现和发展。微裂缝不仅存在于水化产物结构中,而且存在于引气混凝土中的气泡壁上,这是导致引气混凝土冻融破坏的主要原因。由于混凝土在冻融破坏过程中,水化产物的成分基本保持不变,混凝土冻融破坏过程基本上被认为是一个物理过程。

混凝土抗冻性不仅与水胶比、胶凝材料掺量、引气剂掺量等因素相关,更大程度上取决于混凝土内部孔隙结构特征[2]。

通过对已有试验数据的分析,得出混凝土孔隙率与冻融循环次数的关系为

$$p_N = p_0 \exp(a_p N) \qquad (11.19)$$

式中,p_N 为经历 N 次冻融循环后混凝土的孔隙率;p_0 为混凝土未受冻融循环的孔隙率;a_p 为与混凝土材料相关的系数,通过分析本节试验数据,可得 a_p 取值如表 11.16 所示。

从表 11.16 可以看出,a_p 值随水胶比的增大而增大,随粉煤灰掺量的增加而增

表 11.16　混凝土孔隙率变化及参数 a_p 的取值

试件编号	水胶比	粉煤灰掺量/%	引气剂掺量/%	p_0/%	p_{300}/%	a_p
F0-W1	0.35	30	0.03	3.05	3.39	0.00035
F0-W2	0.45	30	0.03	4.71	5.26	0.00038
F0-W3	0.55	30	0.03	5.82	6.98	0.00061
F0-FA1	0.45	0	0.03	5.31	5.77	0.00028
F0-FA2	0.45	10	0.03	4.73	5.21	0.00032
F0-FA3	0.45	50	0.03	5.18	6.20	0.00060
F0-Q1	0.45	30	0.02	3.63	11.21	0.00376
F0-Q2	0.45	30	0.02	4.06	5.55	0.00100

大，随引气剂掺量的增大而减小。考虑水胶比、粉煤灰掺量及引气剂掺量对 a_p 的影响，式(11.19)可以改写为

$$p_N = p_0 \exp(0.0004 k_{P,w} k_{P,f} k_{P,a} N) \tag{11.20}$$

式中，$k_{P,w}$、$k_{P,f}$、$k_{P,a}$ 分别为水胶比、粉煤灰掺量和引气剂掺量对混凝土孔隙率的影响系数，以 F0-W2 试件为基准，它们分别表示为

$$k_{P,w} = 26.3\left(\frac{W}{B}\right)^2 - 20.25\frac{W}{B} + 4.79 \tag{11.21}$$

$$k_{P,f} = 3.51 FA^2 - 0.15 FA + 0.77 \tag{11.22}$$

$$k_{P,a} = 0.298 \ln A + 1.965 \tag{11.23}$$

11.6　冻融循环后混凝土动弹性模量与抗压强度的关系

混凝土抗压强度是表征混凝土性能的一个重要技术指标，目前检测在役结构混凝土抗压强度的方法主要有钻芯法、嵌注试件法、回弹法、超声法、超声回弹综合法等[3]。而混凝土动弹性模量是反映混凝土内部特征的重要指标，因此混凝土抗压强度和动弹性模量之间也必然存在相关性。

根据试验数据得出冻融循环作用下混凝土动弹性模量 E_{dN} 随其抗压强度 f_{cN} 呈单调增长的规律，如图 11.20 所示。

通过回归分析可得如下经验公式：

$$E_{dN} = 17.1 f_{cN}^{0.223} \tag{11.24}$$

图 11.21～图 11.23 分别表示不同水胶比、不同粉煤灰掺量及不同引气剂掺量混凝土试件动弹性模量损失率与抗压强度损失率的关系。可以看出，当混凝土抗压强度损失率达到某一值(如 20%)时，水胶比为 0.35 的混凝土试件动弹性模量损

失率约为 3.5%,水胶比为 0.45 的混凝土试件动弹性模量损失率约为 7%,水胶比为 0.55 的混凝土试件动弹性模量损失率约为 8%,说明水胶比较小的混凝土抗冻性能较好。不同粉煤灰掺量和不同引气剂掺量的混凝土试件动弹性模量损失率与抗压强度损失率的关系没有明显规律。

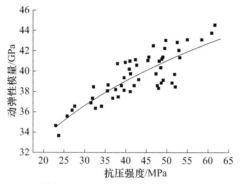

图 11.20　冻融循环下混凝土动弹性模量和抗压强度的关系

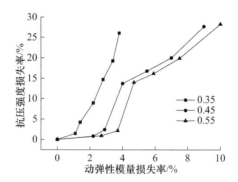

图 11.21　不同水胶比混凝土试件抗压强度损失率与动弹性模量损失率的关系

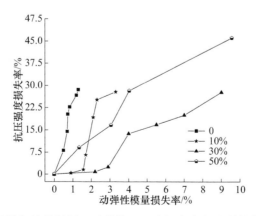

图 11.22　不同粉煤灰掺量混凝土试件抗压强度损失率与动弹性模量损失率的关系

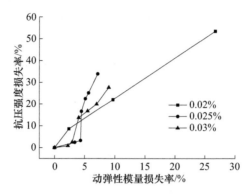

图 11.23　不同引气剂掺量混凝土试件抗压强度损失率与动弹性模量损失率的关系

11.7　混凝土冻融损伤演化方程

混凝土冻融损伤常用损伤演化方程进行描述,在推导混凝土冻融损伤演化方程时,需做如下假设:

(1) 在冻融循环前,认为混凝土的初始损伤为 0。

(2) 混凝土冻融损伤只是冻融循环次数的函数,不考虑冻融温度范围、孔隙率等其他因素的影响。

(3) 随着冻融循环次数的增加,损伤值逐渐增加,且都是正值。

11.7.1　混凝土冻融损伤演化方程的基本形式

混凝土标准试件 F0-W2 的动弹性模量与冻融循环次数的关系为

$$E_{dN} = 41.81 - 0.0076N - 9.93 \times 10^{-6} N^2 \tag{11.25}$$

式中,E_{dN} 为冻融混凝土动弹性模量,GPa;N 为冻融循环次数。

混凝土动弹性模量随冻融循环次数的变化规律如图 11.24 所示。可以看出,拟合效果良好。

根据宏观唯象损伤力学的概念,混凝土冻融损伤可用冻融损伤度描述,定义为[4]

$$D_N = 1 - \frac{E_{dN}}{E_{d0}} \tag{11.26}$$

式中,D_N 为混凝土经历不同冻融循环后的冻融损伤度;E_{dN} 为冻融混凝土动弹性模量,GPa;E_{d0} 为未冻融混凝土动弹性模量,GPa。

根据试验结果,计算得到混凝土在不同冻融循环次数后的冻融损伤度,如表 11.17 所示。

将表 11.17 的结果绘于图 11.25 中,经拟合分析得到标准试件 F0-W2 的冻融损伤演化方程为

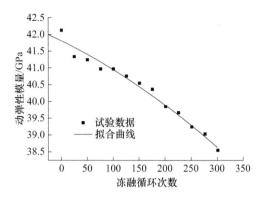

图 11.24　混凝土动弹性模量随冻融循环次数的变化规律

表 11.17　混凝土在不同冻融循环次数后的冻融损伤度计算结果

冻融循环次数	D_N							
	F0-W1	F0-W2	F0-W3	F0-FA1	F0-FA2	F0-FA3	F0-Q1	F0-Q2
0	0	0	0	0	0	0	0	0
25	0.005	0.020	0.018	0.003	0.0080	0.0118	0.0107	0.0047
50	0.011	0.022	0.027	0.005	0.0090	0.0124	0.0235	0.0335
75	0.012	0.028	0.031	0.006	0.0155	0.0222	0.0622	0.0396
100	0.014	0.029	0.037	0.007	0.0157	0.0305	0.0970	0.0432
125	0.017	0.034	0.043	0.007	0.0160	0.0361	0.1295	0.0445
150	0.022	0.040	0.047	0.0073	0.0170	0.0403	0.2670	0.0447
175	0.026	0.043	0.054	0.0078	0.0190	0.0615	0.2982	0.0473
200	0.028	0.055	0.059	0.0083	0.0210	0.0955	0.3226	0.0514
225	0.031	0.060	0.067	0.0107	0.0224	0.1580	0.3257	0.0537
250	0.034	0.070	0.075	0.0119	0.023	0.2194	0.3638	0.0567
275	0.035	0.075	0.083	0.0123	0.028	—	—	0.0616
300	0.038	0.090	0.100	0.0129	0.033	—	—	0.0719

注：—表示试件已破坏。

$$D_N = a + bN \tag{11.27}$$

式中,a、b 为待定参数,根据图 11.25 的拟合计算可得 $a=0.0003$,$b=0.0052$。

　　进一步考虑水胶比、粉煤灰掺量及引气剂掺量对混凝土冻融损伤度的影响,混凝土冻融损伤演化方程的一般形式可表示为

$$D_N = k_D(a + bN) \tag{11.28}$$

式中,k_D 为材料影响系数,可以表示为

$$k_D = k_{D,w} k_{D,f} k_{D,a} \tag{11.29}$$

式中,$k_{D,w}$、$k_{D,f}$ 和 $k_{D,a}$ 分别为水胶比 W/B、粉煤灰掺量 FA 及引气剂掺量 A 对混凝

土冻融损伤度的影响系数。

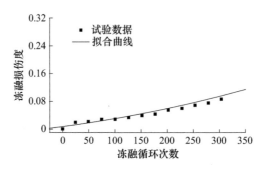

图 11.25　标准试件 F0-W2 冻融损伤度与冻融循环次数的关系曲线

11.7.2　冻融损伤演化方程影响系数的确定

1. 水胶比影响系数 $k_{D,w}$

根据试验结果，以水胶比为 0.45 的混凝土试件为标准，对水胶比为 0.35、0.45、0.55 的试件冻融损伤分别进行归一化处理，此时粉煤灰掺量为 30%，引气剂掺量为 0.03%。经回归计算，可得水胶比影响系数 $k_{D,w}$ 为

$$k_{D,w} = 0.909\ln\left(\frac{W}{B}\right) + 1.718 \tag{11.30}$$

2. 粉煤灰掺量影响系数 $k_{D,f}$

以粉煤灰掺量为 30% 的混凝土试件为标准，对粉煤灰掺量为 0、10%、30%、50% 的试件冻融损伤分别进行归一化处理，此时水胶比取 0.45，引气剂掺量为 0.03%。经回归计算，可得粉煤灰掺量影响系数 $k_{D,f}$ 为

$$k_{D,f} = \begin{cases} 0.567\mathrm{FA} + 0.83, & \mathrm{FA} \leqslant 30\% \\ 18.03\mathrm{FA}^2 - 4.74\mathrm{FA} + 0.95, & \mathrm{FA} > 30\% \end{cases} \tag{11.31}$$

3. 引气剂掺量影响系数 $k_{D,a}$

以引气剂掺量为 0.03% 的混凝土试件为标准，对引气剂掺量为 0.02%、0.025% 和 0.03% 的试件冻融损伤分别进行归一化处理，此时水胶比取 0.45，粉煤灰掺量为 30%。经回归计算，可得引气剂掺量影响系数 $k_{D,a}$ 为

$$k_{D,a} = 0.005A^{-1.67} \tag{11.32}$$

11.7.3　混凝土冻融损伤演化方程验证

表 11.18 为不同冻融循环次数下混凝土冻融损伤度试验值与计算值对比。由

表 11.18 和图 11.26 可见,试验值与计算值之比的平均值为 1.00,标准差为 0.099,表明冻融损伤演化方程与试验结果吻合较好。

表 11.18　不同冻融损伤次数下混凝土冻融损伤度试验值与计算值对比

冻融循环次数	试验值	计算值	试验值/计算值
0	0	0.0074	—
50	0.022	0.0180	1.22
100	0.029	0.0300	0.97
150	0.04	0.0430	0.93
200	0.055	0.0570	0.96
250	0.07	0.0740	0.95
300	0.09	0.0930	0.97

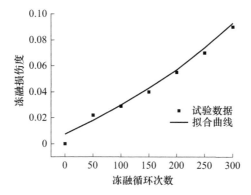

图 11.26　混凝土冻融损伤度与冻融循环次数的关系

11.8　冻融损伤混凝土本构模型

为了研究不同试验方式下的混凝土冻融损伤,本节采用气冻气融试验方法模拟大气环境中混凝土结构遭受到的冻融循环作用,研究混凝土在冻融循环后力学性能的变化规律;同时,基于细观损伤理论,对冻融作用后的混凝土应力-应变关系进行研究,建立混凝土冻融损伤本构模型。

11.8.1　混凝土气冻气融试验

1. 试件制作

试验浇筑 54 个 100mm×100mm×300mm 的棱柱体试件和 57 个 100mm×

100mm×100mm 的立方体试块,共 4 组试件,其中有一组为商品混凝土,其余均为自拌混凝土浇筑成型,混凝土配合比见表 11.19 所示。

表 11.19　气冻气融试验混凝土配合比

试件分组	强度等级	水泥 /(kg/m³)	粉煤灰 /(kg/m³)	砂 /(kg/m³)	石 /(kg/m³)	水 /(kg/m³)	外加剂 /(kg/m³)
A	C30	256	64	765	1150	170	9.6
B	C40	300	70	670	1190	170	11.1
BC(商品混凝土)	C40	350	90	675	1103	170	14.0
C	C50	400	100	620	1150	160	15.0

水泥为 42.5 普通硅酸盐水泥;粉煤灰为Ⅱ级粉煤灰;外加剂为 JDB-T2 牌复合外加剂,减水率为 20%～25%;石子为富平破口石,5～31.5mm 连续级配;砂子为渭河细砂,细度模数为 2.0。

2. 试验设备

冻融试验采用人工气候环境模拟实验室(ZHT/W2300),工作室尺寸为 2500mm×3500mm×2000mm,如图 11.27 所示。温度范围为－20～80℃,湿度范围为 30%～98%,升降温速率均为 1～0.7℃/min(空载),工作室顶部均匀布置 24 个喷淋装置。喷头布置示意图如图 11.28 所示。

图 11.27　气候环境模拟实验室内部空间　　图 11.28　喷头布置示意图(单位:mm)

3. 试验设计

考虑到商品混凝土浇筑成型的混凝土试件质量与自拌混凝土试件质量的差异,以及不同组别混凝土强度的不同,对混凝土冻融循环次数做了相应调整,具体见表 11.20。

表 11. 20　试验设计

试件分组	冻融循环次数	棱柱体数量/个	立方体数量/个
A	300	14	15
B	300	12	12
BC(商品混凝土)	150	13	15
C	300	15	15

4. 试验方法

为了更加真实地模拟大气环境中的冻融循环现象,采用气冻气融方法进行混凝土冻融试验。参照《普通混凝土长期性能和耐久性能试验方法标准》(GB/T 50082—2009)[1]中慢冻法的相关规定,具体试验过程如下:

(1) 试件在浇筑成型养护到 24d 时放置于常温水中进行为期 4d 的浸泡,浸泡时保证水面高出试件表面 20mm,浸泡结束后放置于环境试验箱内进行冻融试验。

(2) 为了使冻融试件可均匀接触到环境试验箱内喷头喷出的水,将所有试件均匀放置在 24 个喷头下面,且试件底面与环境试验箱底板之间用方木条隔离开,以保证试件底部能与其他五个面一样经受环境温度的改变。

(3) 升降温机制如下:高温设定为 15℃,低温为 −19℃。从 15℃ 降温至 −19℃ 用时 2.5h,并在 −19℃ 时恒温 1.5h,整个冻结过程持续 4h,从 −19℃ 升温至 15℃ 用时 0.5h,并在 15℃ 时恒温 1.5h,之后进行三次喷淋,每次喷淋 1min,间隔 1min,三次喷淋结束后,开始下一轮降温过程,至此一个完整的冻融循环周期结束。每 25 次冻融循环暂停试验,进行测试,直至试验结束。

5. 试验破坏准则

根据《普通混凝土长期性能和耐久性能试验方法标准》(GB/T 50082—2009)[1]的规定,达到以下三种情况之一即可认为试件破坏,试验结束。

(1) 冻融循环次数达到 300 次。

(2) 冻融循环作用后混凝土试件的相对动弹性模量小于 60%。

(3) 混凝土质量损失率超过 5%。

11.8.2　混凝土气冻气融损伤分析

1. 混凝土试件表观形貌分析

快速水冻水融试验结果表明,随着冻融循环次数的增加,混凝土试件表面逐渐变得粗糙、凹凸不平,表皮酥松,局部出现缺角、掉皮,粗细骨料也会逐渐显露出来。而气冻气融试验并未出现快速水冻水融试验的那种剥蚀现象,损伤的主要表现是裂纹的产生,随着冻融循环次数的增加,表面裂纹数量逐渐增多,且裂纹宽度逐渐增大,裂纹逐渐向试件内部延伸发展。

实验室浇筑成型的三组试件经过冻融循环作用后,混凝土表面没有明显变化,但商品混凝土组试件表观变化较为显著,如图 11.29 所示。此种现象的原因在于,气冻气融与快速水冻水融两种冻融方式的机制不同。水冻水融时,试块直接浸泡在水中,通过水温的变化进行冻融循环,损伤发展也相对较快,从而会发生质量逐渐减小、表面剥蚀现象。而气冻气融时,试块表面并未直接浸泡在水里,冻融循环作用是通过空气温度的改变来实现的,混凝土孔溶液相态的改变及迁移造成的破坏应力导致了裂纹的产生,随着冻融循环次数的增加,裂缝逐渐增多,裂缝宽度逐渐增大。

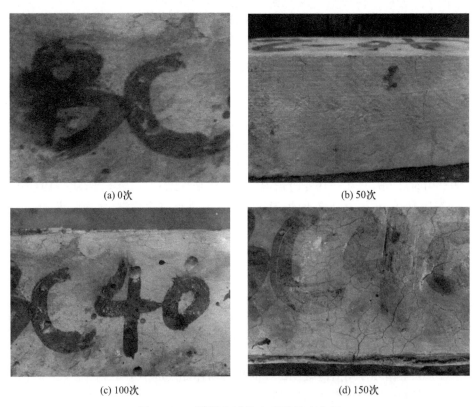

(a) 0次　　　　　　　　　　　　(b) 50次

(c) 100次　　　　　　　　　　　(d) 150次

图 11.29　混凝土试件表观形貌变化图

2. 冻融循环对混凝土相对动弹性模量的影响

在气冻气融循环作用后,混凝土相对动弹性模量随冻融循环次数的变化规律如图 11.30 所示。可以看出,随着冻融循环次数的增加,每组试件的相对动弹性模量逐渐减小,且曲线初期相对平稳,在冻融循环 75 次左右时,曲线下降趋势明显;

到 150 次左右时,曲线又趋于平缓,直到最后阶段曲线下降趋势明显增大,相对动弹性模量下降较大。主要原因是混凝土在冻融初期阶段,其内部的水分促进了粉煤灰的二次水化,使未完全水化的胶凝材料进一步水化,混凝土密实度有所增加,混凝土强度略微增大;随着冻融循环次数的继续增加,混凝土内部损伤不断累积发展,且发展速度越来越快,损伤劣化程度越来越严重,表现为后期下降段发展较快。

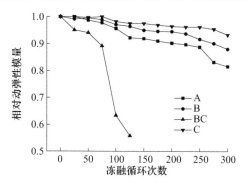

图 11.30   混凝土相对动弹性模量随冻融循环次数的变化规律

同时,不同强度的混凝土相对动弹性模量在相同冻融循环次数下也有所差别,强度低的混凝土试件相对动弹性模量下降较快,而 BC 组虽然混凝土强度等级为 C40,但由于商品混凝土试件所用原材料及其在浇筑成型过程的质量略差于实验室浇筑成型的混凝土试件,混凝土相对动弹性模量下降速率比其他三组明显增大,冻融循环 125 次时,试件就已达到试验终止的标准。

3. 冻融循环对混凝土质量的影响

不同强度混凝土试件的质量及其质量损失率随冻融循环次数的变化规律如图 11.31 和图 11.32 所示。

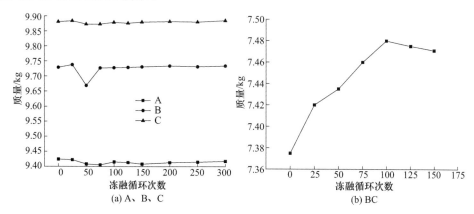

图 11.31   不同强度混凝土试件质量随冻融循环次数的变化规律

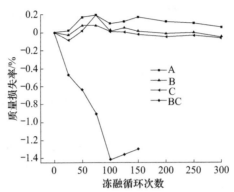

图 11.32　不同强度混凝土试件质量损失率随冻融循环次数的变化规律

从图 11.31(a)和图 11.32 可以看出,气冻气融循环后,A、B、C 三组试件的质量变化不大,甚至还略有增加,表面未出现快速水冻水融时的剥蚀现象;而从图 11.31(b)可以看出,BC 组试件在气冻气融作用后,表面也未出现快速水冻时的剥蚀现象,但质量有明显增加。这是因为气冻气融作用后,试件主要以开裂损伤为主,并未出现剥蚀现象,而由于 BC 组采用商品混凝土各方面性能都劣于其他三组,冻融开裂损伤较为严重,试件内部所含水分也随着冻融循环次数的增多而增加,因此质量有所增大。

4. 冻融循环对混凝土抗压强度的影响

不同强度混凝土试件抗压强度及强度损失率随冻融循环次数的变化规律如图 11.33 和图 11.34 所示。

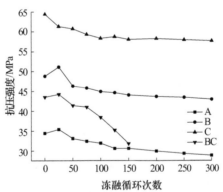

图 11.33　不同强度混凝土试件抗压强度随冻融循环次数的变化规律

从图 11.33 和图 11.34 可以看出,四组混凝土试件的抗压强度均随冻融循环次数的增加而降低,其中 A、B、C 三组试件在冻融 300 次时,混凝土抗压强度分别下降了 16.28%、12.09%、10.56%,而 BC 组试件在冻融循环 150 次时,混凝土抗压强度下降了 26.9%,强度降低明显大于其他三组试件。

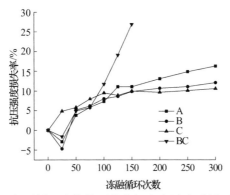

图 11.34　不同强度混凝土试件抗压强度损失率随冻融循环次数的变化规律

根据 11.4.1 节的研究结论:相同配合比及原材料的 C30、C40 及 C50 混凝土试件(分别对应本节 A、B、C 三组试件),在经历了 300 次室内快速水冻水融后的抗压强度分别下降了 28.3%、27.7% 及 26.1%。可以看出,混凝土试件在气冻气融环境下力学性能的劣化程度远小于快速水冻水融,说明气冻气融试验方法可以更真实地模拟大气环境混凝土冻融循环作用。

5. 冻融循环对混凝土损伤层厚度的影响

根据 10.4.4 节的测试方法,可测得超声波在混凝土未损伤层及损伤层中的传播速度,其与冻融循环次数的关系如图 11.35 所示。

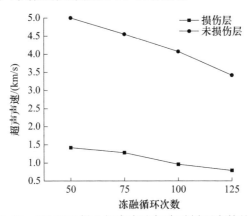

图 11.35　BC 组混凝土超声声速与冻融循环次数的关系

从图 11.35 可以看出,超声波在混凝土冻融损伤层与未损伤层中的传播速度均随冻融循环次数的增加而降低。超声波在损伤层中的传播速度从冻融 50 次的 1.42km/s 下降到冻融循环 125 次的 0.79km/s,下降了 44.4%;而超声波在未损伤层中的传播速度由冻融循环 50 次的 5km/s 下降到冻融循环 125 次的 3.42km/s,

下降了 31.6%。此外,超声波在损伤层中的传播速度远小于在未损伤层中的传播速度,下降了约 74.3%,这是因为超声波在空气(孔隙、孔洞等微缺陷中的空气)中的传播速度要小于固体介质(混凝土)中的传播速度,而冻融循环作用使损伤层中产生了大量的微裂缝、微孔洞,且这些缺陷不断累积扩展,所占的体积比例也逐渐提高,即气体体积越来越大,超声波传播速度越来越慢。

根据式(10.14)可求得混凝土损伤层厚度,其与冻融循环次数的关系如图 11.36 所示。可以看出,混凝土损伤层厚度随气冻气融循环次数的增加而增大,且大致呈线性增长。损伤层厚度在一定程度上可以反映混凝土内部的损伤累积情况,随着冻融循环次数的增加,混凝土内部微结构逐渐劣化,微裂缝不断扩展,损伤不断演化累积,混凝土密实度逐渐降低。

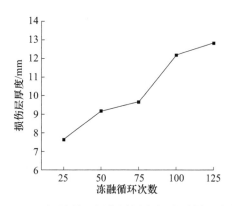

图 11.36　BC 组混凝土损伤层厚度与冻融循环次数的关系

11.8.3　冻融后混凝土轴心受压试验

1. 试验设备

应力-应变试验采用 500 吨微机控制电液伺服压力试验机,最大加载速率为 50mm/min,最小加载速率为 0.01mm/min。数据采集仪为 TDS-602 型数据采集仪,测试设备与采集仪误差为 1%。位移传感器采用 YHD-10 型位移传感器。

2. 加载装置

本次试验测量的标距为 200mm,试件上、下两端各余出 50mm。采用四个灵敏度相同的位移传感器,分别布置在混凝土试件四个侧面的纵向中线位置处,两个对立面为一组,处理数据时,将两对立面采集的试验数据进行平均即最终的混凝土单轴受压应变。

使用固定架将位移传感器安装于试件的四个侧面,该固定架分为上、下两个部分,每部分有 8 个螺栓。将螺栓拧紧顶住混凝土试件使固定架与混凝土试件一起变形,试验系统示意图如图 11.37 所示,加载装置与位移计布置如图 11.38 所示。

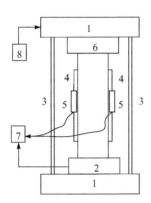

图 11.37　试验系统示意图
1.电液伺服机系统;2.荷载传感器;3.钢压杆;
4.位移传感器固定架;5.位移传感器;6.压头;
7.数据采集系统;8.微机操作控制系统

图 11.38　加载装置与
位移计布置

3. 加载制度

为了保证试件在整个试验过程中都处于轴心受压状态,在加载面垫一个塑料泡沫薄板,使试件能够均匀受力,试验开始前先以 0.5mm/min 等位移预加载至 5kN,观察两个位移计变化量是否一致或接近,若相差较多则停止试验,调整试件位置后再次进行预加载,直至物理对中后正式进行加载试验。

对混凝土试件施加轴向均匀的压力,在荷载达到预估峰值的 70% 前,加载速率为 0.5mm/min,超过预估峰值的 70% 后,加载速率降为 0.02mm/min,直至应力趋于稳定或试件完全破坏。

11.8.4　冻融混凝土轴心受压试验结果与分析

1. 混凝土轴心受压破坏特征

不同强度混凝土试件在相同冻融循环次数下的轴心受压破坏特征基本相同,如图 11.39~图 11.41 所示。随着荷载的不断增大,混凝土试件经历了如下四个过程。

1) 线弹性阶段($\sigma \leqslant 0.4 f_c$)

试件处于弹性阶段时,变形主要是弹性变形,应力-应变曲线近似为直线。在经历不同冻融循环次数后的四组混凝土试件线弹性阶段范围为 0.1~0.4 倍的峰值应力。

2) 峰值前塑性阶段($0.4 f_c < \sigma \leqslant 0.8 f_c$)

当应力超过弹性阶段后,经历冻融循环次数较多的混凝土试件的割线模量略有增加,曲线略微上扬,这是因为冻融循环的作用,在试件内部产生了很多裂缝,在加载初期受压后裂缝被压合,即通常说的"压实"效应,继而割线模量有少许的增加,这个应力范围为 0.4～0.6 倍的峰值应力。随着压力增加到 0.8 倍的峰值应力,体积压缩变形达到极值,不再有"压实"效应,混凝土试件内部的微损伤有了较大的发展,试件横向变形快速增加,纵向塑性应变的发展速度明显加快,应力-应变曲线斜率有所减小,但试件表面尚未出现肉眼可见裂缝。

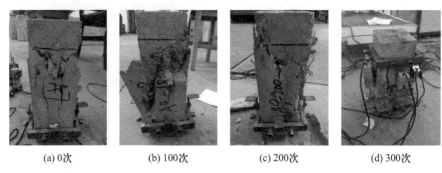

(a) 0次　　　　(b) 100次　　　　(c) 200次　　　　(d) 300次

图 11.39　不同冻融循环次数下 A 组混凝土试件单轴受压破坏形态

(a) 0次　　　　(b) 100次　　　　(c) 200次　　　　(d) 300次

图 11.40　不同冻融循环次数下 B 组混凝土试件单轴受压破坏形态

(a) 0次　　　　(b) 100次　　　　(c) 200次　　　　(d) 300次

图 11.41　不同冻融循环次数下 C 组混凝土试件单轴受压破坏形态

3) 峰值阶段 $(0.8f_c < \sigma \leqslant f_c)$

随着应力的持续增加,应力-应变曲线的斜率减小得越来越快,当应力达到峰值应力 f_c 时,切线呈水平状。在此阶段,试件表面局部被压碎,产生少量碎屑但尚未出现肉眼可见的裂缝。

4) 下降段

应力达到峰值点后逐渐开始减小,而应变继续增加,试件表面出现第一条肉眼可见裂缝,方向大致平行于受力方向。随着应变的继续增大,试件表面沿纵向出现越来越多不连续的短裂缝,试件的承载力急剧下降,试件表面边缘"掉渣、掉皮"现象更加严重,裂缝不断扩展直至贯通试件纵截面。应变继续增大,裂缝宽度在正应力与剪应力的共同作用下逐渐加宽,形成一条破损带,试件出现大块砂浆、粗骨料掉落现象。

四组混凝土试件在气冻气融作用后的轴心受压试验结果见表 11.21,其在不同冻融循环次数下的轴心受压应力-应变曲线如图 11.42 所示。

表 11.21　气冻气融作用后混凝土试件轴心受压试验结果

试件分组	冻融循环次数	峰值应力/MPa	峰值应变/10^{-3}	极限应变/10^{-3}	弹性模量/10^4 MPa
A	0	32.11	2.55	5.36	1.810
	100	30.52	2.89	4.42	1.520
	200	27.26	3.63	5.73	1.170
	300	21.38	4.50	5.81	0.920
B	0	51.87	1.70	3.17	3.587
	100	47.42	1.80	2.53	3.257
	200	45.38	2.01	4.04	2.780
	300	44.08	2.10	4.20	2.080
C	0	60.39	2.08	2.30	4.040
	100	59.64	2.43	2.70	3.420
	200	55.93	2.86	3.18	2.430
	300	54.56	3.15	3.95	2.220
BC	0	32.10	2.67	4.90	1.765
	50	29.09	3.70	7.17	1.050
	100	21.40	4.52	8.06	0.615
	150	20.39	7.60	12.27	0.336

从图 11.42 和表 11.21 可以看出,混凝土试件在不同气冻气融循环次数作用

下的应力-应变曲线形态大致相似。随着冻融循环次数的增加,四组混凝土试件的应力-应变曲线均逐渐趋于扁平,峰值点下降、右移。这是由于冻融循环作用,混凝土内部损伤不断演化发展,表现为曲线的峰值应力逐渐降低、峰值应变逐渐增大,弹性模量逐渐减小。同时,不同强度混凝土试件的应力-应变曲线略有不同,强度较低的试件曲线整体较为扁平,而强度最高的 C 组试件更容易出现脆断现象。

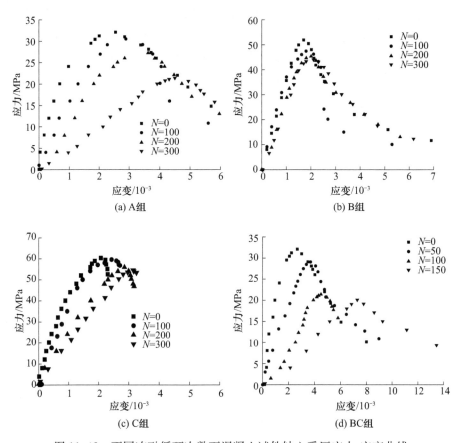

图 11.42　不同冻融循环次数下混凝土试件轴心受压应力-应变曲线

2. 峰值应力

图 11.43 给出了四组混凝土试件相对峰值应力与冻融循环次数的关系,相对峰值应力为冻融循环后混凝土试件的峰值应力与未经历冻融作用混凝土试件的峰值应力之比,图中数据点为每组试件的平均值。试验结果表明,气冻气融循环作用后,四组混凝土试件的峰值应力均逐渐降低,且混凝土强度越低,峰值应力下降越快。

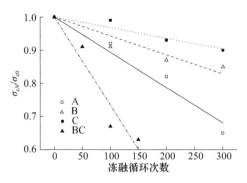

图 11.43　混凝土相对峰值应力与冻融循环次数的关系

从图 11.43 可以看出,四组混凝土试件相对峰值应力与冻融循环次数基本呈线性关系,考虑到 BC 组是商品混凝土,与其他三组差异较大,对 A、B、C 三组不同强度混凝土试件,采用最小二乘法进行回归分析,可以得到相对峰值应力与冻融循环次数和混凝土抗压强度之间的关系为

$$\frac{\sigma_{cN}}{\sigma_{c0}} = 1 - 0.988 f_{cN}^{-1.920} N \tag{11.33}$$

式中,σ_{cN} 和 σ_{c0} 分别为冻融后和未冻融混凝土棱柱体峰值应力,MPa;f_{cN} 为冻融后混凝土抗压强度,MPa;N 为冻融循环次数。

3. 峰值应变

图 11.44 给出了四组混凝土试件相对峰值应变与冻融循环次数的关系。试验结果表明,随着冻融循环次数的增加,混凝土峰值应变逐渐增大,且混凝土抗压强度越小,峰值应变增大越快。

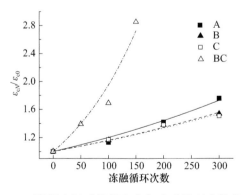

图 11.44　混凝土相对峰值应变与冻融循环次数的关系

从图 11.44 可以看出,混凝土的相对峰值应变与冻融循环次数之间呈指数关

系。同样对 A、B、C 三组不同强度混凝土试件,采用最小二乘法可以得到相对峰值应变与冻融循环次数和混凝土抗压强度之间的关系为

$$\frac{\varepsilon_{cN}}{\varepsilon_{c0}} = \exp(0.028 f_{cN}^{-0.771} N) \tag{11.34}$$

式中,ε_{cN} 和 ε_{c0} 分别为冻融后和未冻融混凝土棱柱体峰值应变。

4. 动弹性模量

图 11.45 给出了四组混凝土试件相对动弹性模量与冻融循环次数的关系。试验结果表明,随着冻融循环次数的增加,混凝土动弹性模量逐渐减小,且混凝土抗压强度越小,动弹性模量减小越快。

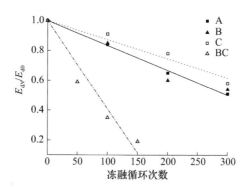

图 11.45　混凝土相对动弹性模量与冻融循环次数的关系

从图 11.45 可以看出,混凝土相对动弹性模量与冻融循环次数之间基本呈线性关系。对 A、B、C 三组混凝土试件,采用最小二乘法进行回归分析,可以得到相对动弹性模量与冻融循环次数和混凝土抗压强度之间的关系为

$$\frac{E_{dN}}{E_{d0}} = 1 - 0.007 f_{cN}^{-0.393} N \tag{11.35}$$

式中,E_{dN} 和 E_{d0} 分别为冻融损伤混凝土和未冻融混凝土试件的动弹性模量,GPa。

11.8.5　冻融损伤混凝土本构模型建立

根据平行杆模型及随机损伤理论,可得经过 N 次冻融循环作用后的混凝土本构关系为

$$\sigma_N = E_{0N}(\varepsilon_N - \varepsilon_{cN})(1 - D_N) \tag{11.36}$$

式中,σ_N、ε_N、E_{0N} 和 ε_{cN} 分别为冻融循环 N 次的混凝土压应力、压应变、初始弹性模量及塑性应变。

混凝土冻融损伤演化方程为

$$D_N(\varepsilon) = \int_0^\varepsilon f(\varepsilon)\,\mathrm{d}\varepsilon = 1 - \exp\left[-\left(\frac{\varepsilon - \gamma_N}{\eta_N}\right)^{m_N}\right] \tag{11.37}$$

式中，m_N 为形状参数；η_N 为刻度参数；γ_N 为损伤阈值，在达到损伤阈值前，试件处于弹性阶段，无损伤。

式(11.37)中的参数 m_N 和 η_N 可根据不同冻融循环次数下的混凝土轴心受压试验结果求得。由应力-应变全曲线特性可知，单轴受压应力-应变曲线具有唯一峰值点应力 σ_c 和与其对应的应变 ε_c，且该峰值点处的斜率为零，即

（1）$\varepsilon = 0$ 时，$\sigma = 0$。

（2）$\varepsilon = 1$ 时，$\sigma = 1$，$\mathrm{d}\sigma/\mathrm{d}\varepsilon = 0$。

（3）当 $\varepsilon \to \infty$，$\sigma \to 0$，$\mathrm{d}\sigma/\mathrm{d}\varepsilon \to 0$。

（4）全部曲线 $\varepsilon \geqslant 0, 0 \leqslant \sigma \leqslant 1$。

则 m_N 和 η_N 的表达式为

$$\begin{cases} m_N = \dfrac{\left[1 - (\varepsilon_{cN})' \mid_{\varepsilon_{cN} = \varepsilon_{pN}}\right](\varepsilon_{pN} - \gamma_N)}{\varepsilon_{pN} - (\varepsilon_{cN})' \mid_{\varepsilon_{cN} = \varepsilon_{pN}}} \left\{\ln \dfrac{E_{0N}\left[\varepsilon_{pN} - (\varepsilon_{cN})' \mid_{\varepsilon_{cN} = \varepsilon_{pN}}\right]}{\sigma_{pN}}\right\}^{-1} \\[4mm] \eta_N = \dfrac{\varepsilon_{pN} - \gamma_N}{\left\{\dfrac{\left[1 - (\varepsilon_{cN})' \mid_{\varepsilon_{cN} = \varepsilon_{pN}}\right](\varepsilon_{pN} - \gamma_N)}{m_N\left[\varepsilon_{pN} - (\varepsilon_{cN})' \mid_{\varepsilon_{cN} = \varepsilon_{pN}}\right]}\right\}^{\frac{1}{m_N}}} \end{cases}$$

$$\tag{11.38}$$

式中，σ_{pN} 和 ε_{pN} 分别为冻融循环 N 次时的混凝土峰值压应力、峰值压应变；$\varepsilon_{cN} = \dfrac{\delta}{1 + \delta}\varepsilon_N$，$\delta$ 为材料系数，可通过试验确定。

根据式(11.38)及相应的试验结果，计算得到不同冻融循环次数下参数 m_N、η_N 的值，如表 11.22 所示。

表 11.22　不同冻融循环次数的 m_N 和 η_N 计算结果

试件分组	冻融循环次数	m_N	$\eta_N/10^{-6}$
A	0	1.603	2.76
	100	1.894	3.18
	200	2.287	4.26
	300	3.808	5.42
B	0	1.321	1.32
	100	1.830	1.45
	200	2.562	1.90
	300	3.059	2.15

续表

试件分组	冻融循环次数	m_N	$\eta_N/10^{-6}$
C	0	1.063	2.05
	100	1.411	2.38
	200	2.959	2.61
	300	3.500	3.49
BC	0	0.855	2.60
	50	2.489	3.93
	100	3.332	5.03
	150	5.083	9.62

1. 冻融循环次数对参数 m_N 的影响

图 11.46 给出了参数 m_N 相对值随冻融循环次数的变化规律。

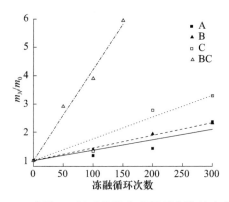

图 11.46　参数 m_N 相对值随冻融循环次数的变化规律

从图 11.46 可以看出,四组试件的 m_N 值均随冻融循环次数的增加而增大,根据参数 m_N 的性质可知,其值越大,概率密度函数值越大,即发生损伤的可能性越大。四组混凝土试件参数 m_N 相对值与冻融循环次数基本呈线性关系,对 A、B、C 三组混凝土试件,采用最小二乘法进行回归分析,可以得到参数 m_N 相对值与冻融循环次数和混凝土抗压强度之间的关系为

$$\frac{m_N}{m_0} = 1 + \frac{N}{475.622 - 5.361 f_{cN}} \tag{11.39}$$

式中,m_N 为冻融损伤混凝土损伤演化方程的形状参数;m_0 为未冻融损伤混凝土的形状参数;f_{cN} 为混凝土抗压强度,MPa。

2. 冻融循环次数对参数 η_N 的影响

图 11.47 给出了参数 η_N 相对值随冻融循环次数的变化规律。

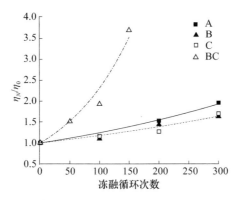

图 11.47　参数 η_N 相对值随冻融循环次数的变化规律

从图 11.47 可以看出,四组试件的 η_N 值均随冻融循环次数的增加而增大,根据参数 η_N 的性质可知,其值越大,概率密度函数值越大,即发生损伤的可能性越大。同时结合表 11.22 还可看出,混凝土强度越低,η_N 增长速度越快。四组混凝土试件参数 η_N 相对值与冻融循环次数基本呈指数关系,对 A、B、C 三组混凝土试件进行回归分析,可得参数 η_N 相对值与冻融循环次数和混凝土抗压强度之间的关系为

$$\frac{\eta_N}{\eta_0} = \exp(0.011 f_{cN}^{-0.458} N) \tag{11.40}$$

式中,η_N 为冻融损伤混凝土损伤演化方程的刻度参数;η_0 为未冻融损伤混凝土的刻度参数。

3. 损伤阈值 γ_N 分析

采用不同损伤阈值 γ_N 对不同冻融循环次数下的混凝土试件应力-应变曲线进行拟合,与相应的试验应力-应变曲线对比分析,确定损伤阈值 γ_N 的取值,分析结果如图 11.48～图 11.51 所示。

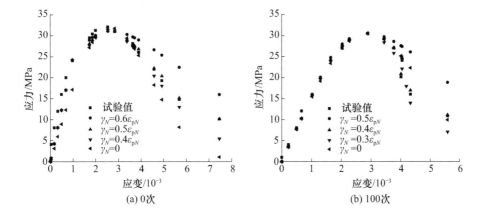

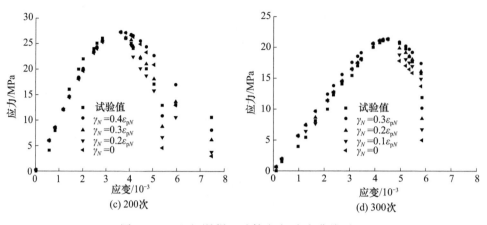

图 11.48　A 组混凝土试件应力-应变曲线对比

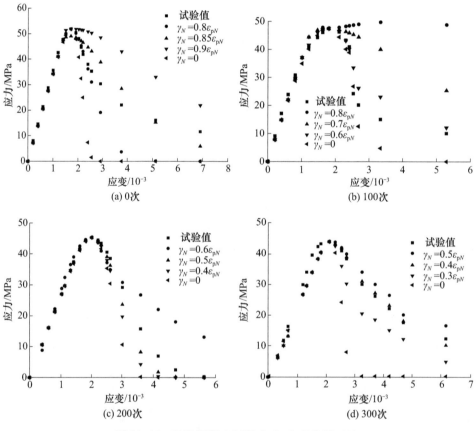

图 11.49　B 组混凝土试件应力-应变曲线对比

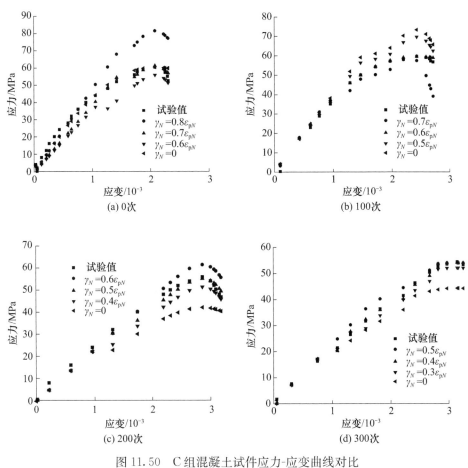

图 11.50　C 组混凝土试件应力-应变曲线对比

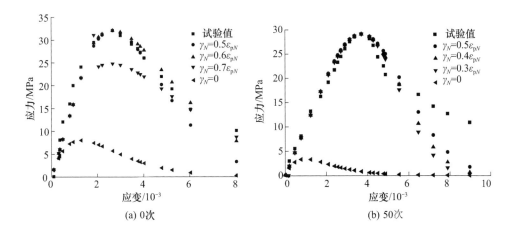

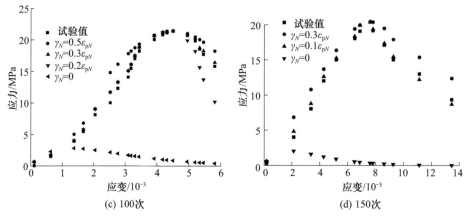

图 11.51　BC 组混凝土试件应力-应变曲线对比

从图 11.48 可以看出,当损伤阈值 γ_N 取 0.5 倍峰值应变、0.4 倍峰值应变、0.3 倍峰值应变、0.2 倍峰值应变时,分别与混凝土试件冻融循环 0 次、100 次、200 次、300 次时的应力-应变曲线拟合效果最好。

从图 11.49 可以看出,当损伤阈值 γ_N 取 0.85 倍峰值应变、0.7 倍峰值应变、0.5 倍峰值应变、0.4 倍峰值应变时,分别与混凝土试件冻融循环 0 次、100 次、200 次、300 次时的应力-应变曲线拟合效果最好。

从图 11.50 可以看出,当损伤阈值 γ_N 取 0.7 倍峰值应变、0.6 倍峰值应变、0.5 倍峰值应变、0.4 倍峰值应变时,分别与混凝土试件冻融循环 0 次、100 次、200 次、300 次时的应力-应变曲线拟合效果最好。

从图 11.51 可以看出,当损伤阈值 γ_N 取 0.6 倍峰值应变、0.4 倍峰值应变、0.3 倍峰值应变、0.1 倍峰值应变时,分别与混凝土试件冻融循环 0 次、50 次、100 次、150 次时的应力-应变曲线拟合效果最好。

由此可以看出,随着冻融循环次数的增加,损伤阈值不断减小,这是因为冻融循环作用促进了混凝土内部微裂缝的开展,单轴受压时发生宏观裂缝的阈值逐渐减小。

不同冻融循环次数下混凝土试件损伤阈值 γ_N 与峰值应变 ε_{pN} 呈线性关系,据此定义冻融循环 N 次后的混凝土损伤阈值系数 α_N 为

$$\alpha_N = \frac{\gamma_N}{\varepsilon_{pN}} \tag{11.41}$$

图 11.52 给出了损伤阈值系数 α_N 相对值与冻融循环次数的关系。可以看出,四组试件 α_N 均随冻融循环次数的增加而减小,混凝土强度越低,α_N 降低的速度越快。四组混凝土试件损伤阈值系数 α_N 相对值与冻融循环次数基本呈线性关系,对 A、B、C 三组混凝土试件,采用最小二乘法进行回归分析,可得损伤阈值系数 α_N 相

对值与冻融循环次数和混凝土抗压强度之间的关系为

$$\frac{\alpha_N}{\alpha_0} = 1 - 0.012 f_{cN}^{-0.500} N \tag{11.42}$$

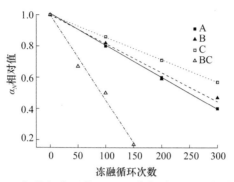

图 11.52　损伤阈值系数 α_N 相对值与冻融循环次数的关系

由式(11.41)和式(11.42)可得

$$\frac{\gamma_N}{\gamma_0} = (1 - 0.012 f_{cN}^{-0.500} N) \frac{\varepsilon_{p0}}{\varepsilon_{pN}} \tag{11.43}$$

式中, α_0、α_N 分别为未冻融与冻融后混凝土损伤阈值系数; ε_{p0}、ε_{pN} 分别为未冻融与冻融后混凝土峰值压应变; γ_0、γ_N 分别为未冻融与冻融后混凝土损伤阈值; f_{cN} 为混凝土抗压强度,MPa; N 为冻融循环次数。

将式(11.38)~式(11.40)和式(11.43)代入式(11.37)中求出 D_N,再代入式(11.36),即可得到冻融后混凝土轴心受压损伤本构模型为

$$\sigma_N = \begin{cases} E_{0N}(\varepsilon_N - \varepsilon_{cN}), & \varepsilon \leqslant \gamma \\ E_{0N}(\varepsilon_N - \varepsilon_{cN})\exp\left\{-\left[\dfrac{\varepsilon_N - (1 - 0.012 f_{cN}^{-0.500} N)\dfrac{\varepsilon_{c0}}{\varepsilon_{cN}}\gamma_0}{\exp(0.011 f_{cN}^{-0.458} N)\eta_0}\right]^{(1+\frac{N}{475.622-5.361 f_{cN}})m_0}\right\}, & \varepsilon > \gamma \end{cases} \tag{11.44}$$

令

$$\begin{cases} a = 1 + \dfrac{N}{475.622 - 5.361 f_{cN}} \\ b = \exp(0.011 f_{cN}^{-0.458} N) \\ c = (1 - 0.012 f_{cN}^{-0.500} N)\dfrac{\varepsilon_{c0}}{\varepsilon_{cN}} \end{cases} \tag{11.45}$$

则式(11.44)可变为

$$\sigma_N = \begin{cases} E_{0N}(\varepsilon_N - \varepsilon_{cN}), & \varepsilon \leqslant \gamma \\ E_{0N}(\varepsilon_N - \varepsilon_{cN})\exp\left[-\left(\dfrac{\varepsilon_N - c\gamma_0}{b\eta_0}\right)^{am_0}\right], & \varepsilon > \gamma \end{cases} \tag{11.46}$$

式中，m_0、η_0 分别为未冻融混凝土的形状参数和刻度参数；ε_{cN} 为冻融后混凝土的塑性应变。

11.8.6　模型验证

将本章的试验数据代入式(11.46)，可得应力-应变理论曲线并与试验曲线进行比较，结果如图 11.53 所示。可以看出，四组混凝土试件的模型计算结果整体上与试验曲线的拟合度较好。C 组试件由于强度较高，混凝土试件的脆性行为更为明显，在试验过程中出现脆断现象，使曲线的下降段没有其他几组试件完整。相比于曲线的上升段，下降段的拟合度相对较差。

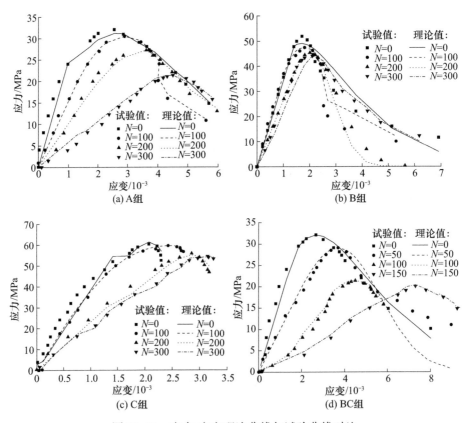

图 11.53　应力-应变理论曲线与试验曲线对比

参 考 文 献

[1]　中华人民共和国国家标准. 普通混凝土长期性能和耐久性能试验方法标准(GB/T

50082—2009)[S].北京:中国建筑工业出版社,2009.

[2]　李金玉,曹建国,徐文雨,等.混凝土冻融破坏机理的研究[J].水利学报,1999,(1):41-49.

[3]　蔡四维,蔡敏.混凝土的损伤断裂[M].北京:人民交通出版社,1999.

[4]　李兆霞.损伤力学及其应用[M].北京:科学出版社,2002.

第 12 章 冻融-氯盐共同作用下混凝土性能劣化

处于寒冷地区海洋环境和除冰盐环境中的混凝土结构受到冻融和氯离子侵蚀的共同作用,冻融循环使混凝土表面产生剥蚀,还会在混凝土内部产生损伤,从而加速氯离子在混凝土中的迁移速度,缩短钢筋发生锈蚀的时间[1]。盐冻破坏作为混凝土冻融破坏的一种特殊形式,其破坏机理既有与混凝土冻融破坏机理相似之处,又有其独有特点。

本章将采用自然扩散法研究冻融损伤后氯离子在混凝土中的扩散性能,用快冻法研究混凝土的抗盐冻性能,考察水胶比、粉煤灰掺量、含气量等因素对混凝土抗盐冻性能的影响,分析混凝土外观、质量损失率、相对动弹性模量、超声声速、抗压强度随盐冻循环次数的变化规律,为海洋环境和除冰盐环境中的混凝土结构耐久性研究提供参考。

12.1 冻融环境粉煤灰混凝土氯离子扩散性能

12.1.1 试验概况

1. 试验材料及混凝土配合比

水泥为 42.5 普通硅酸盐水泥,粉煤灰为Ⅱ级粉煤灰,其基本化学成分见表 12.1,其他性能指标见表 12.2,细骨料为细度模数为 2.62 的河砂,粗骨料为粒径 5～20mm 的碎石。混凝土配合比及抗压强度见表 12.3。

表 12.1 粉煤灰基本化学成分（质量分数） （单位:%）

SiO_2	Fe_2O_3	Al_2O_3	CaO	MgO	SO_3	K_2O	Na_2O	TiO_2	P_2O_5
48.44	4.72	28.52	3.84	0.70	0.84	1.36	0.43	1.37	0.26

表 12.2 粉煤灰其他性能指标

碱含量/%	总氯离子含量/%	水溶性氯离子含量/%	需水量比	细度/%	烧失量/%
1.32	0.0038	0.0016	92.0	11.9	4.86

2. 试验设计

试验主要考察混凝土冻融损伤对自由氯离子和总氯离子扩散性能及氯离子结

合性能的影响,试验考察因素及试件设计见表 12.4,标准冻融试件尺寸为 100mm×100mm×400mm,用于测试混凝土经受不同冻融循环次数时的损伤。

表 12.3　冻融-氯盐共同作用试验混凝土配合比及抗压强度

试件编号	材料用量/(kg/m³)					抗压强度/MPa		
	水泥	粉煤灰	砂子	石子	水	28d	56d	90d
FS	390	43	602	1170	195	49.49	54.46	58.39

表 12.4　冻融-氯盐共同作用试验考察因素及试件设计

试件编号	水胶比	冻融循环次数/次	考察因素	试件个数
FS-N0	0.45	0	冻融损伤	5
FS-N1	0.45	10	冻融损伤	5
FS-N2	0.45	20	冻融损伤	5
FS-N3	0.45	30	冻融损伤	5

首先,将养护至预定龄期的试件放入水中浸泡 4d,然后分批置于快速冻融试验箱中分别冻融循环 10 次、20 次、30 次,并在冻融前和冻融 10 次、20 次、30 次时,取三个标准试件测试混凝土质量和动弹性模量。为了保证试件冻融损伤分布的均匀性,每 5 次冻融循环将试件在试件盒中上下掉转。

将经受不同冻融循环次数试件的两个正方形截面和三个长方形截面用石蜡涂刷,只留出一个长方形侧面作为渗透面,然后将试件浸泡在浓度为 3.5% 的 NaCl 溶液中,浸泡时间分别为 28d、56d、84d、112d、140d,浸泡到预定时间后,取出相应试件磨粉、取样,测试混凝土自由氯离子含量和总氯离子含量。每 28d 更换一次 NaCl 溶液。

12.1.2　试验结果及分析

1. 混凝土冻融损伤分析

表 12.5 为混凝土冻融后的动弹性模量及按式(11.26)计算的冻融损伤度。可以看出,随着冻融循环次数的增加,混凝土动弹性模量逐渐降低,冻融损伤度逐渐增加,即混凝土内部的损伤逐渐加剧。

表 12.5　混凝土动弹性模量与冻融损伤度

冻融循环次数	动弹性模量/MPa	冻融损伤度
0	49.62	0
10	46.60	0.06
20	43.76	0.12
30	41.10	0.18

图 12.1 为混凝土相对动弹性模量与冻融循环次数的关系。可以看出,混凝土相对动弹性模量随冻融循环次数的增加而降低,总体呈线性关系,经历 30 次冻融循环后,相对动弹性模量下降了 17%。

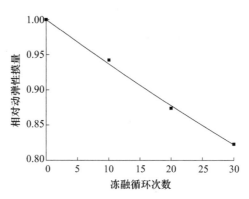

图 12.1　混凝土相对动弹性模量与冻融循环次数的关系

图 12.2 为不同冻融损伤试件渗透面的外观情况。可以看出,未冻融的试件表面基本平整并存在少量小气孔;10 次冻融循环时,试件表面少部分浮浆剥落露

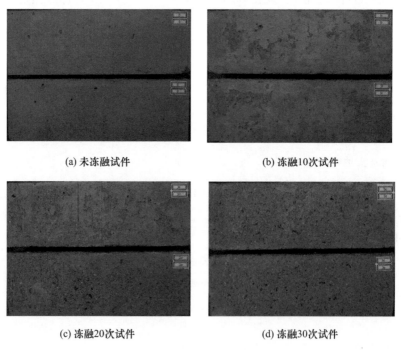

(a) 未冻融试件　　　　　　　　　　(b) 冻融10次试件

(c) 冻融20次试件　　　　　　　　　(d) 冻融30次试件

图 12.2　不同冻融损伤试件渗透面的外观情况

出砂浆层；20 次冻融循环时，试件表面大部分浮浆剥落，个别粗骨料外露；30 次冻融循环时，试件表面浮浆基本上完全剥落，部分粗骨料外露。

2. 混凝土中的氯离子含量分布

图 12.3 为不同冻融损伤混凝土中自由氯离子含量和总氯离子含量分布。可以看出，不同冻融损伤混凝土中氯离子含量随深度的变化趋势与无冻融损伤混凝土中氯离子含量变化趋势基本一致，即混凝土中亦存在毛细吸附区和扩散区；扩散区相同深度处氯离子含量随着浸泡时间的增加而增大；氯离子含量峰值随着混凝土冻融损伤的加剧而降低，但冻融损伤对氯离子含量出现峰值的位置影响不大；氯离子含量峰值随着浸泡时间的增加而增大并逐渐趋于稳定状态，随着冻融损伤的加剧，混凝土中氯离子含量峰值达到稳定状态的时间逐渐缩短。从图 12.3(g) 和 (h) 可以看出，FS-N3 组混凝土试件在浸泡 28d 后，其氯离子含量峰值已达到稳定状态。

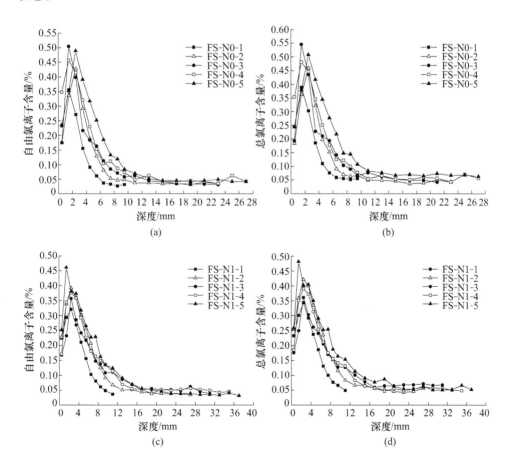

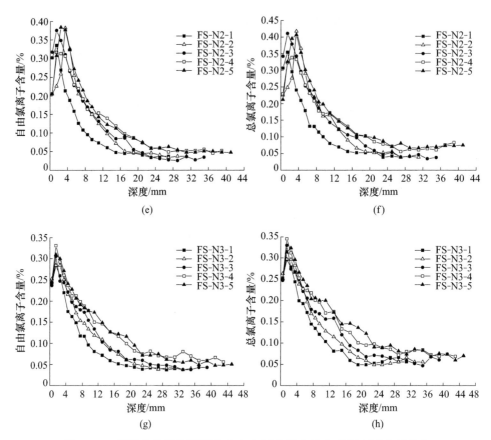

图 12.3　不同冻融损伤混凝土中自由氯离子含量和总氯离子含量分布

氯离子含量为氯离子占混凝土的质量百分比,1、2、3、4、5 分别表示浸泡 28d、56d、84d、112d、140d

1) 冻融损伤对混凝土氯离子含量的影响

图 12.4 和图 12.5 分别为浸泡 140d 时不同冻融损伤混凝土中自由氯离子含量和总氯离子含量分布。可以看出,在浅层扩散区,氯离子含量随着冻融损伤的加剧而减小,而在深层扩散区,氯离子含量随着冻融损伤的加剧而增大,即冻融损伤越大,混凝土中氯离子扩散区的氯离子含量梯度越小。

2) 混凝土中自由氯离子含量与总氯离子含量的关系

浸泡 140d 时不同冻融损伤混凝土中自由氯离子含量与总氯离子含量的关系如图 12.6 所示。可以看出,不同冻融损伤混凝土中自由氯离子含量和总氯离子含量之间存在线性关系。表 12.6 为总氯离子含量与自由氯离子含量的比值,从表中可见,总氯离子含量大约是自由氯离子含量的 1.1 倍,浸泡时间和冻融损伤对比值影响不大。

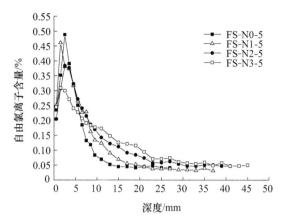

图 12.4　浸泡 140d 时不同冻融损伤混凝土中自由氯离子含量分布

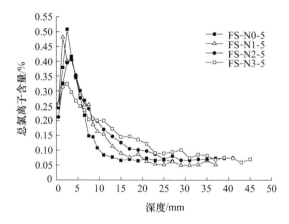

图 12.5　浸泡 140d 时不同冻融损伤混凝土中总氯离子含量分布

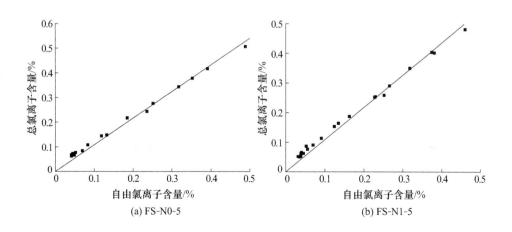

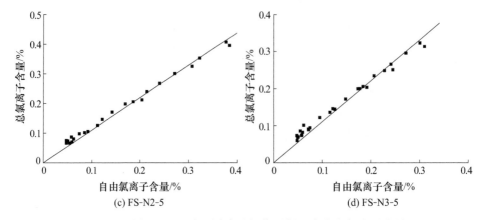

(c) FS-N2-5　　　　　　　　　　　(d) FS-N3-5

图 12.6　浸泡 140d 时不同冻融损伤混凝土中自由氯离子含量
和总氯离子含量的关系

表 12.6　总氯离子含量与自由氯离子含量的比值

浸泡时间/d	总氯离子含量与自由氯离子含量的比值			
	FS-N0	FS-N1	FS-N2	FS-N3
28	1.1124	1.0865	1.0820	1.1137
56	1.0890	1.1070	1.1229	1.1058
84	1.1038	1.1017	1.1136	1.1202
112	1.0702	1.0580	1.0893	1.0856
140	1.0818	1.0900	1.0960	1.1076

3. 混凝土的氯离子结合性能分析

图 12.7 为浸泡 140d 时不同冻融损伤混凝土中结合氯离子含量柱状图。可以看出,在深度大于 16mm 范围内,冻融混凝土中结合氯离子含量整体上低于未冻融混凝土,说明冻融损伤降低了混凝土的氯离子结合性能;在深度小于 16mm 范围内,冻融混凝土中结合氯离子含量整体上高于未冻融混凝土,其原因在于虽然冻融损伤降低了混凝土的氯离子结合性能,但是经受冻融损伤混凝土中氯离子含量的增大增加了氯离子与周围水化产物接触的机会,从而形成更多的结合氯离子,与前者相比,后者占主导地位。

4. 氯离子扩散系数

对混凝土扩散区不同深度处的自由氯离子含量和总氯离子含量测试结果进行分析,计算得到不同冻融损伤混凝土在不同浸泡时间的有效氯离子扩散系数和表观氯离子扩散系数,结果见表 12.7。

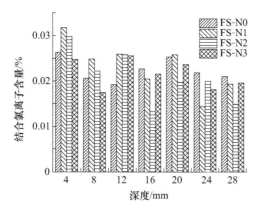

图 12.7　浸泡 140d 时不同冻融损伤混凝土中结合氯离子含量柱状图

表 12.7　不同浸泡时间混凝土氯离子扩散系数

浸泡时间/d	$D_{e,Cl^-}/(10^{-6}\,mm^2/s)$				$D_{a,Cl^-}/(10^{-6}\,mm^2/s)$			
	FS-N0	FS-N1	FS-N2	FS-N3	FS-N0	FS-N1	FS-N2	FS-N3
28	1.89	4.84	6.44	10.77	1.87	7.32	5.46	12.39
56	1.18	4.04	6.34	9.95	1.19	6.46	4.22	10.03
84	0.95	3.55	5.94	9.29	0.97	6.17	3.62	9.45
112	0.84	2.40	4.69	6.01	0.92	5.23	2.58	7.24
140	1.07	2.36	3.09	5.11	1.09	3.31	2.55	5.67

注：D_{e,Cl^-} 为有效氯离子扩散系数，D_{a,Cl^-} 为表观氯离子扩散系数。

1) 冻融损伤对混凝土氯离子扩散系数的影响

图 12.8 和图 12.9 分别为不同冻融损伤混凝土的有效氯离子扩散系数和表观氯离子扩散系数柱状图。可以看出,混凝土有效氯离子扩散系数和表观氯离子扩散系数受冻融损伤影响显著,均随着冻融损伤的加剧而增大。这是因为经过反复冻融后,混凝土内部会发生劣化松弛,产生一系列微裂缝,孔隙率增大[2~4]。因此,为氯离子提供了更多的扩散通道,从而使氯离子扩散系数明显增大。经过 10 次、20 次、30 次冻融循环的混凝土有效氯离子扩散系数分别是未冻融混凝土的 2.2~3.7 倍、2.9~6.2 倍、4.8~9.8 倍,表观氯离子扩散系数分别是未冻融混凝土的 2.3~3.7 倍、3.0~6.4 倍、5.2~9.7 倍,这一结果也表明混凝土冻融损伤对有效氯离子扩散系数和表观氯离子扩散系数的影响程度几乎相同。

图 12.10 给出了浸泡 28d 混凝土试件冻融后有效氯离子扩散系数和表观氯离子扩散系数与冻融前扩散系数之比随与冻融损伤度的变化规律,拟合可得

$$D_{e,Cl^-}^N = D_{e0,Cl^-} \exp(0.102 D_N) \tag{12.1}$$

$$D_{a,Cl^-}^N = D_{a0,Cl^-} \exp(0.111 D_N) \tag{12.2}$$

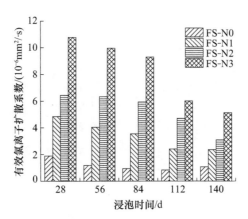

图 12.8　不同冻融损伤混凝土的有效氯离子扩散系数柱状图

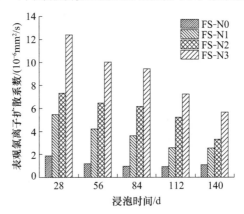

图 12.9　不同冻融损伤混凝土的表观氯离子扩散系数柱状图

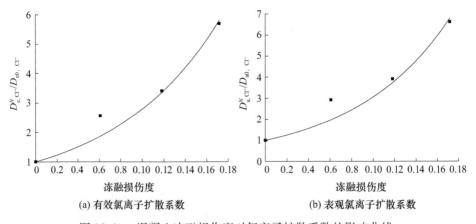

(a) 有效氯离子扩散系数　　　　　(b) 表观氯离子扩散系数

图 12.10　混凝土冻融损伤度对氯离子扩散系数的影响曲线

式中，D_{e,Cl^-}^N 和 D_{a,Cl^-}^N 分别为冻融混凝土的有效氯离子扩散系数和表观氯离子扩散系数,mm^2/s;D_{e0,Cl^-} 和 D_{a0,Cl^-} 分别为未冻融混凝土的有效氯离子扩散系数和表观氯离子扩散系数,mm^2/s;D_N 为混凝土的冻融损伤度。

2) 有效氯离子扩散系数与表观氯离子扩散系数的关系

将有效氯离子扩散系数和表观氯离子扩散系数的比值设为 K,用表 12.7 中氯离子扩散系数计算得到系数 K,结果见表 12.8。可以看出,表观氯离子扩散系数稍大于有效氯离子扩散系数,混凝土冻融损伤能够降低比值 K。

表 12.8　有效氯离子扩散系数和表观氯离子扩散系数的比值系数 K

试件编号	K
FS-N0	0.9887
FS-N1	0.9276
FS-N2	0.9290
FS-N3	0.9195

12.2　混凝土抗盐冻性能

混凝土盐冻破坏是指在冻融循环条件下由盐引起的混凝土表面剥蚀破坏。与一般冻融破坏相比,一方面盐的存在使混凝土中可冻水的冰点降低,这对减小混凝土冻融破坏有利;另一方面盐的存在使混凝土饱水度提高,结冰压力和渗透压力增大,同时盐的结晶也会产生一定膨胀作用,从而加剧了混凝土的冻融破坏。总体看来,盐冻对混凝土的破坏要比一般冻融破坏更加严重。

12.2.1　试验设计与试验方法

1. 试验设计

试验主要考察水胶比(0.35、0.42、0.50)、粉煤灰掺量(0、10%、30%、50%)、含气量(3.8%、4.8%、5.8%)等因素对粉煤灰混凝土抗盐冻性能的影响。试验以混凝土试件相对动弹性模量下降到 60% 或质量损失率达到 5% 作为破坏标准。参考《普通混凝土长期性能和耐久性能试验方法标准》(GB/T 50082—2009)[5]中的试验条件,盐溶液采用浓度为 3.5% 的 NaCl 溶液。试验考察因素及试件分组见表 12.9。

表 12.9　抗盐冻性能试验考察因素及试件分组

试件分组	试件编号	水胶比	含气量/%	粉煤灰掺量/%
	F-W1	0.35	4.8	30
F-W	F-W2	0.42	4.8	30
	F-W3	0.50	4.8	30

续表

试件分组	试件编号	水胶比	含气量/%	粉煤灰掺量/%
F-FA	F-FA1	0.42	4.8	0
	F-FA2	0.42	4.8	10
	F-FA3	0.42	4.8	30
	F-FA4	0.42	4.8	50
F-Q	F-Q1	0.42	3.8	30
	F-Q2	0.42	4.8	30
	F-Q3	0.42	5.8	30

2. 原材料及混凝土配合比

水泥为 42.5R 普通硅酸盐水泥,粉煤灰为 II 级粉煤灰,细骨料为细度模数为 2.62 的河砂,粗骨料为 5~20mm 的碎石,引气剂为 SJ-2 型引气剂。

试验试件共分为 10 组,其中试件 F-W2、F-FA3、F-Q2 采用同一种混凝土配合比。混凝土配合比及抗压强度见表 12.10。

表 12.10 抗盐冻性能试验混凝土配合比及抗压强度

试件编号	材料用量/(kg/m³)					引气剂掺量/‰	含气量/%	抗压强度/MPa		
	水泥	粉煤灰	砂子	石子	水			28d	56d	90d
F-W1	360	154	583	1132	180	0.80	4.7	42.20	48.36	50.02
F-W2	300	129	627	1164	180	0.60	4.8	37.80	43.59	49.74
F-W3	252	108	666	1184	180	0.30	4.9	29.24	35.20	40.86
F-FA1	429	0	627	1164	180	0.22	4.9	37.52	43.37	44.68
F-FA2	386	43	627	1164	180	0.28	4.6	42.42	47.50	50.81
F-FA4	214	214	627	1164	180	0.89	4.9	30.31	35.85	38.90
F-Q1	300	129	627	1164	180	0.50	3.8	38.36	43.64	46.45
F-Q3	300	129	627	1164	180	0.70	5.8	33.98	40.04	43.33

3. 试验方法

1) 试件制作

盐冻试件尺寸为 100mm × 100mm × 400mm,强度试块尺寸为 100mm × 100mm × 100mm。混凝土搅拌采用单轴强制式搅拌机,搅拌时间为 4min。混凝土含气量测试采用 LC-615 型含气量测定仪。混凝土试件浇筑 24h 后拆模,之后将试件放入标准养护室养护 28d,再自然养护 62d。

2）试验方法

将养护至预定龄期的试件放入浓度为 3.5% 的 NaCl 溶液中浸泡 4d,然后将试件放入盛有 3.5%NaCl 溶液的试件盒中,并将试件盒装入快速冻融试验箱中进行冻融试验,每次冻融循环的时间为 2～4h,其中用于融化的时间不小于整个冻融时间的 1/4,在冻结和融化结束时,试件中心温度分别控制在(−17±2)℃和(8±2)℃。

每种配比选定 3 个混凝土试件,在冻融前测试其质量、动弹性模量和超声声时,将其作为初始值,此后每循环 25 次选定 3 个试件测试其混凝土质量、动弹性模量和超声声时,同时分别在 0 次、50 次、100 次、150 次、200 次、250 次、300 次冻融循环时,每种配比混凝土试件各取 1 个切割成 3 个 100mm×100mm×100mm 试块,以切割面作为承压面测试其抗压强度。

3）混凝土冻融评价指标测试

混凝土质量测试采用量程为 15kg、精度为 1g 的电子天平;动弹性模量测试采用 DT-12W 型动弹性模量测定仪;超声声时测试采用 NM-4B 型非金属超声检测分析仪,精度为 0.1μs,测试时分别将两个平面纵波换能器采用对测的形式置于冻融试件的两个端面(见图 12.11),用黄油作耦合剂。

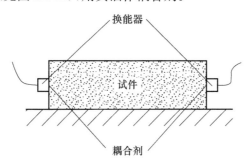

图 12.11　超声测试示意图

12.2.2　试验结果及分析

1. 盐冻循环作用下混凝土质量损失率的变化规律

试验结果表明,各配比混凝土试件发生冻融破坏时,其质量损失率先达到破坏标准,而一般冻融条件下混凝土试件常因相对动弹性模量降低而发生破坏。说明在盐冻环境下,盐的存在加剧了混凝土表面的剥蚀。

图 12.12 为试件 F-W2 在不同盐冻循环时的表面剥蚀状况。可以看出,50 次盐冻循环时,试件浇筑面上的浮浆基本完全剥落,并有少量粗骨料外露,试件侧面呈大面积点状剥蚀,个别粗骨料外露;250 次盐冻循环时,随着表面

砂浆的剥落,大量粗骨料外露,试件侧面有少量粗骨料失去砂浆的包裹而突出;450次盐冻循环时,试件表面的粗骨料基本全部外露,其中浇筑面有少量粗骨料突出,侧面大量粗骨料外露,并有个别粗骨料剥落,导致试件表面凹凸不平。

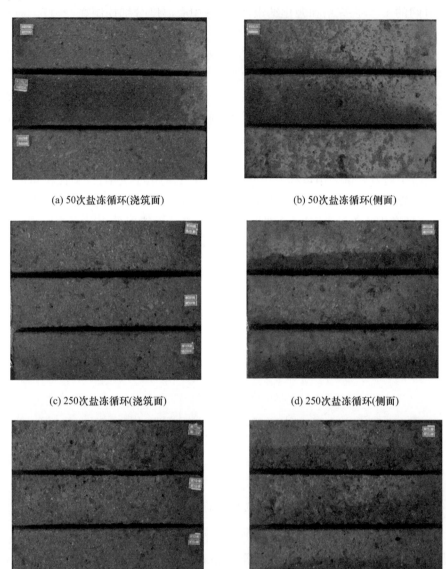

(a) 50次盐冻循环(浇筑面)　　　　　　　　　(b) 50次盐冻循环(侧面)

(c) 250次盐冻循环(浇筑面)　　　　　　　(d) 250次盐冻循环(侧面)

(e) 450次盐冻循环(浇筑面)　　　　　　　(f) 450次盐冻循环(侧面)

图 12.12　试件 F-W2 在不同盐冻循环时的表面剥蚀状况

图 12.13 为混凝土质量损失率随盐冻循环次数的变化曲线。可以看出,试件质量变化过程可分为三个阶段:

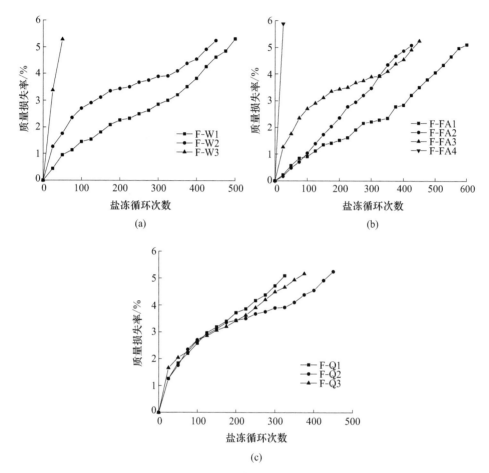

图 12.13　混凝土质量损失率随盐冻循环次数的变化曲线

第一阶段,即盐冻初期阶段,试件成型过程中表面形成的浮浆层孔隙率大于混凝土基体,浮浆层孔隙中的可冻水较多而很快剥落,导致质量损失率迅速增加,其中浇筑面的剥蚀量明显高于其他面,此阶段曲线较为陡峭。

第二阶段,随着试件表面浮浆层的剥落,基体混凝土开始剥落,相比于表面浮浆层,基体混凝土的剥落较为缓慢,且主要为砂浆剥落,此阶段曲线较为平缓。

第三阶段,即试件破坏阶段,在砂浆剥落的同时,个别粗骨料的剥落导致质量损失率快速增加,此阶段曲线再次变得较为陡峭。

从图 12.13(a)可以看出,水胶比对混凝土质量损失率的影响较为明显,盐冻循环次数相同时,随着水胶比的增大,试件的质量损失率增大。其原因在于混凝土的孔隙率随水胶比的增大而增加,表面可冻水随之增加,从而导致混凝土的剥蚀量逐渐增加。其中试件 F-W3 的质量损失率增加极快,盐冻循环不到 50 次,试件质量损失率已达到破坏标准,说明即使在引气条件下,大水胶比混凝土的抗盐冻性能仍然很差。

从图 12.13(b)可以看出,盐冻循环次数相同时,随着粉煤灰掺量的增大,试件质量损失率总体上呈增大趋势。试件 F-FA3 的曲线存在平缓上升段,其原因在于试件 F-FA3 中粉煤灰掺量较大,同时其水化速度较慢,混凝土中存在大量未水化的粉煤灰颗粒,经过一定次数的盐冻循环后,混凝土中会产生许多微裂缝,微裂缝的产生会使部分未水化的胶凝材料颗粒暴露,当微裂缝中有水分进入时,暴露的这部分胶凝材料将继续水化,粉煤灰的二次水化产物对混凝土中的毛细孔和因盐冻产生的微裂缝起到一定的填充作用,使总孔隙率降低,孔径减小,混凝土更加致密,从而在一定程度上缓解了盐冻对混凝土的影响;试验后期,试件 F-FA3 的质量损失率甚至低于试件 F-FA2。试件 F-FA4 的质量损失率增加极快,盐冻循环不到 25 次,试件质量损失率已达到破坏标准,说明即使在引气的条件下,大掺量粉煤灰混凝土的抗盐冻性能仍远达不到要求。

从图 12.13(c)可以看出,在盐冻循环前期,含气量对试件质量损失率的影响并不明显;后期随着盐冻循环次数的增加,试件 F-Q2 的质量损失率逐渐低于试件 F-Q1 和试件 F-Q3,说明混凝土含气量存在临界值,适当含气量可更大限度地提高混凝土的抗冻融能力。

2. 盐冻循环作用下混凝土相对动弹性模量的变化规律

图 12.14 为混凝土相对动弹性模量随盐冻循环次数的变化曲线。可以看出,各配比混凝土试件的相对动弹性模量均随盐冻循环次数的增加而降低。试件破坏时,其相对动弹性模量均在 0.6 以上,且多数试件的相对动弹性模量在 0.8 以上,而一般冻融条件下混凝土试件破坏时,其相对动弹性模量通常在 0.6 以下。这是因为盐的存在降低了混凝土孔隙中可冻水的冰点,缓解了冻融对混凝土产生的损伤,从而使混凝土相对动弹性模量下降较为缓慢。

从图 12.14(a)可以看出,随着盐冻循环次数的增加,试件 F-W1 的相对动弹性模量下降速度高于试件 F-W2,说明在盐冻条件下,当粉煤灰掺量较大时,混凝土的水胶比不能过小。从图 12.14(b)可以看出,随着盐冻循环次数的增加,掺粉煤灰试件 F-FA2 和 F-FA3 的相对动弹性模量低于未掺粉煤灰试件 F-FA1,说明在盐冻条件下,粉煤灰的掺入加快了混凝土的劣化,并且由于试件 F-FA2 的含气量相对较低,其相对动弹性模量下降速度较快。从图 12.14(c)可以看出,试验前期含气量对混凝土试件相对动弹性模量的影响并不明显,试验后期随着盐冻循环次数的增加,试件 F-Q1 的相对动弹性模量逐渐低于含气量更高的试件 F-Q2 和 F-Q3。

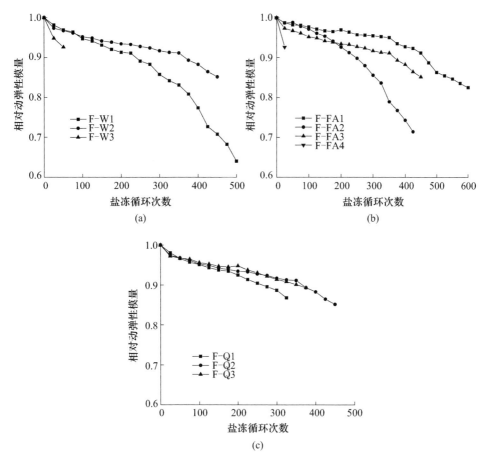

图 12.14　混凝土相对动弹性模量随盐冻循环次数的变化曲线

3. 盐冻循环作用下混凝土超声声速的变化规律

图 12.15 为混凝土试件超声声速随盐冻循环次数的变化曲线。可以看出,各配比混凝土试件的超声声速随着盐冻循环次数的增加总体上呈先上升后下降的趋势。其原因在于,盐冻初始阶段,混凝土固有缺陷位置会产生部分微裂缝,当微裂缝将混凝土的固有缺陷与外界连通时,混凝土缺陷中的空气将被水取代,由于水的声速和声阻抗率比空气的大许多倍,绝大部分脉冲波在缺陷界面不再反射和绕射,而是通过水耦合层穿过缺陷直接传播至接收换能器,从而使混凝土的声速在初始阶段呈现上升趋势;随着盐冻循环次数的增加,混凝土内部微裂缝数量随之增加,混凝土缺陷中的饱水度相应降低,越来越多的脉冲波重新在缺陷界面发生反射或者绕射,从而使超声声速曲线逐渐下降。

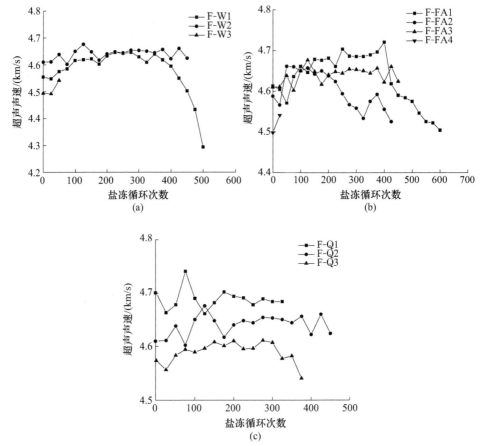

图 12.15 混凝土超声声速随盐冻循环次数的变化曲线

从图 12.15(a)可以看出,盐冻初始阶段,水胶比对试件超声声速的影响较大,随着盐冻循环次数的增加,其影响逐渐减弱;试验后期,试件 F-W2 的超声声速曲线没有明显下降,而试件 F-W1 的超声声速曲线出现了明显下降,说明此时试件 F-W1 的劣化速度明显加快。

从图 12.15(b)可以看出,盐冻初始阶段,除试件 F-FA4 外,粉煤灰掺量对试件超声声速的影响并不显著,随着盐冻循环次数的增加,掺粉煤灰试件 F-FA2 和 F-FA3 的超声声速低于未掺粉煤灰试件 F-FA1。

从图 12.15(c)可以看出,含气量对试件超声声速的影响较为显著,盐冻循环次数相同时,随着含气量的增大,试件的超声声速逐渐减小,其原因在于混凝土中小气泡的增多增加了脉冲波在混凝土中的反射和绕射频率,从而降低了脉冲波的传播速度。

4. 盐冻循环下混凝土抗压强度变化规律

图 12.16 为混凝土抗压强度随盐冻循环次数的变化曲线。可以看出,混凝土

抗压强度随盐冻循环次数的增加呈下降趋势。试件 F-W1 的抗压强度一直处于上下波动状态,250 次盐冻循环时抗压强度未有明显下降;试件 F-W2 的抗压强度基本上呈平稳下降趋势,200 次盐冻循环时,其抗压强度仍为初始值的 98.8%;试件 F-W3 和 F-FA4 经过 50 次盐冻循环,其抗压强度已分别降至初始值的 85.5% 和 91.5%;试件 F-FA1 和 F-FA2 经过 300 次盐冻循环,其抗压强度分别降至初始值的 78.2% 和 88.6%;试件 F-Q1 经过 250 次盐冻循环,其抗压强度降至初始值的 91.8%;试件 F-Q3 经过 300 次盐冻循环,其抗压强度降至初始值的 70.3%。

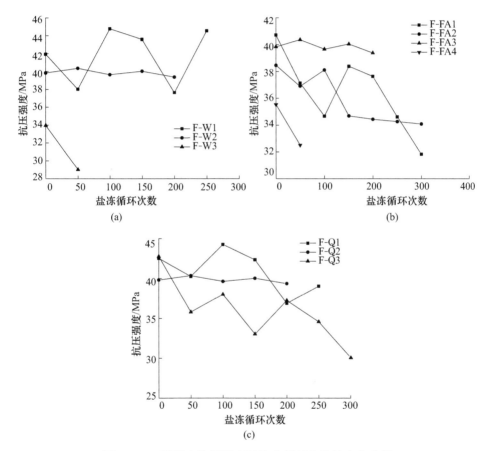

图 12.16　混凝土抗压强度随盐冻循环次数的变化曲线

5. 混凝土抗盐冻循环次数

图 12.17 为混凝土试件的抗盐冻循环次数柱状图。可以看出,除试件 F-W3 和 F-FA4 外,其他试件均能达到 F300 的抗冻指标。

随着水胶比的增大,混凝土试件的抗盐冻循环次数逐渐减少,当水胶比增大到一定程度时,试件的抗盐冻循环次数会急剧下降,可见水胶比是影响混凝土抗盐冻性能的重要因素。

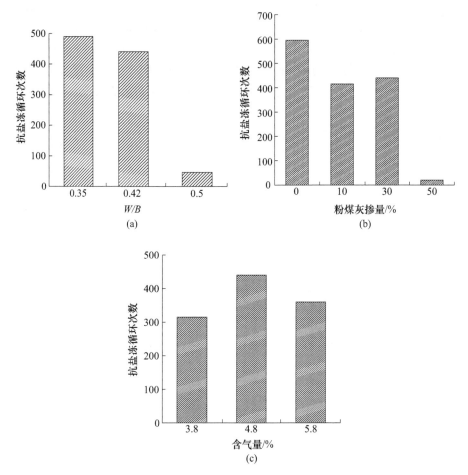

图 12.17　混凝土抗盐冻循环次数柱状图

　　粉煤灰混凝土试件的抗盐冻循环次数低于未掺粉煤灰试件,但是适当的粉煤灰掺量不会显著降低混凝土抗盐冻性能。

　　随着含气量的增加,试件的抗盐冻循环次数呈先增大后减小的趋势,可见混凝土的含气量存在一个临界值,含气量达此值时可最大限度地提高混凝土抗盐冻性能。从表12.10可以看出,混凝土配合比相同时,混凝土含气量增加1%,其抗压强度大约下降3MPa。因此,在通过引气方式提高混凝土抗盐冻性能的同时,还要考虑引气对混凝土抗压强度的影响。

　　通过对混凝土抗盐冻循环次数的分析,考虑水胶比、粉煤灰掺量和含气量影响的混凝土抗盐冻循环次数可表示为

$$N_R = -0.356 \left[\left(\frac{W}{B} \right)^2 - 0.745\,\frac{W}{B} + 0.121 \right] (FA^3 - 66.778FA^2$$

$$+ 1319.04FA - 248833.055)(A^2 - 9.82A + 19.8) \qquad (12.3)$$

式中,N_R 为混凝土抗盐冻循环次数;W/B 为水胶比;FA 为粉煤灰掺量,%;A 为混凝土含气量,%。

混凝土抗盐冻循环次数的试验值和式(12.3)计算值的对比如图 12.18 所示。可以看出,计算值和试验值吻合良好。值得说明的是,式(12.3)主要适用于水胶比为 0.35～0.50、粉煤灰掺量为 0～50%、含气量为 3.8%～5.8% 的混凝土,超出此范围是否适用有待进一步验证。

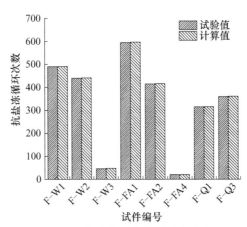

图 12.18　混凝土抗盐冻循环次数试验值与计算值的对比

6. 混凝土抗冻耐久性指数

混凝土抗冻耐久性指数(DF)是表征混凝土抗冻性的重要参数,我国《混凝土结构耐久性设计规范》(GB/T 50476—2008)[6]根据重要工程和大型工程的设计使用年限和环境条件,规定了其混凝土抗冻耐久性指数的最低取值。

表 12.11 列出了各配比混凝土的抗冻耐久性指数。可以看出,达到 F300 抗冻指标的混凝土抗冻耐久性指数均在 85% 以上,满足规范中设计使用年限为 100 年的各种环境条件要求。

表 12.11　混凝土抗冻耐久性指数

试件编号	DF/%
F-W1	85.8
F-W2	91.7
F-W3	9.2
F-FA1	95.5

续表

试件编号	DF/%
F-FA2	85.6
F-FA4	4.2
F-Q1	88.7
F-Q3	91.4

　　从图 12.17 与表 12.11 的对比可以看出,抗盐冻循环次数高的混凝土,其抗冻耐久性指数不一定高,即当混凝土抗盐冻循环次数超过 300 次时,其抗盐冻循环次数与抗冻耐久性指数没有直接联系。

7. 混凝土动弹性模量与超声声速的关系

　　混凝土动弹性模量和超声声速均是表示混凝土内部特征的重要指标,两者间存在相关关系[7]。针对混凝土动弹性模量与超声声速相关性的研究,罗骐先[8]提出了采用常规纵波超声换能器,以表面平测法测定混凝土超声声速来确定其动弹性模量的方法,得出固体材料的动弹性模量与其超声声速之间的关系为

$$E_d = \frac{2(1+\mu)^3}{(0.87+1.12\mu)^2}\rho v_r^2 \tag{12.4}$$

式中,E_d 为混凝土动弹性模量,GPa;μ 为泊松比;ρ 为固体密度;v_r 为超声声速。

　　孙丛涛等[9]采用平面纵波换能器以对测法测试了不同水胶比、粉煤灰掺量、含气量混凝土在盐冻试验过程中的动弹性模量和超声声时,并将声时转换为声速。考虑到混凝土动弹性模量和超声声速均是表示混凝土内部特征的参数,两者之间的关系受水胶比、粉煤灰掺量、含气量等因素的影响较小,为此,回归分析时不将水胶比、粉煤灰掺量、含气量作为自变量,对所有测试值统一进行回归分析,得到混凝土动弹性模量与超声声速的关系如图 12.19 所示,关系式为

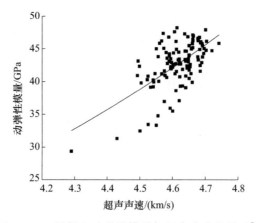

图 12.19　混凝土动弹性模量与超声声速的关系[9]

$$E_d = 0.15v_r^{3.72} \tag{12.5}$$

8. 混凝土动弹性模量与抗压强度的关系

测试了不同水胶比、粉煤灰掺量、含气量混凝土在盐冻过程中的动弹性模量和抗压强度,对不同水胶比、粉煤灰掺量、含气量混凝土的测试值统一进行回归分析,得到混凝土动弹性模量与抗压强度的关系如图 12.20 所示,表达式为

$$E_{dN} = 8.50 f_{cN}^{0.45} \tag{12.6}$$

式中,E_{dN} 为盐冻混凝土动弹性模量,GPa;f_{cN} 为盐冻混凝土立方体抗压强度,MPa。

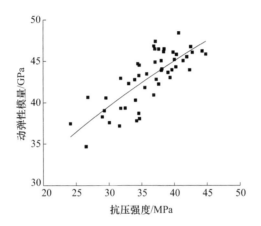

图 12.20　混凝土动弹性模量与抗压强度的关系

参 考 文 献

[1] 黄土元,杨全兵.我国寒冷地区混凝土路桥结构的耐久性问题[C]//土建结构工程的安全性与耐久性科技论坛,北京,2001:137-143.

[2] 慕儒,孙伟,严捍东.双重损伤因子作用下高性能混凝土的损伤与损伤抵制[C]//高强与高性能混凝土及其应用第三届学术讨论会,济南,1998.

[3] 赵霄龙,卫军,黄玉盈.混凝土冻融耐久性劣化与孔结构变化的关系[J].武汉理工大学学报,2002,24(12):14-17.

[4] 李金玉,曹建国,徐文雨,等.混凝土冻融破坏机理的研究[J].水利学报,1999,(1):3-5.

[5] 中华人民共和国国家标准.普通混凝土长期性能和耐久性能试验方法标准(GB/T 50082—2009)[S].北京:中国建筑工业出版社,2009.

[6] 中华人民共和国国家标准.混凝土结构耐久性设计规范(GB/T 50476—2008)[S].北京:中国建筑工业出版社,2009.

[7]　郝恩海,刘杰,王忠海,等.混凝土超声声速与强度和弹性模量的关系研究[J].天津大学学报,2002,35(3):380-383.

[8]　罗骐先.用纵波超声换能器测量砼表面波速和动弹性模量[J].水利水运工程学报,1996,(3):264-270.

[9]　孙丛涛,牛荻涛,元成方,等.混凝土动弹性模量与超声声速及抗压强度的关系研究[J].混凝土,2010,(4):14-16.

第 13 章　冻融-碳化共同作用下混凝土性能劣化

对于冻融循环、碳化等单一因素作用下混凝土耐久性问题,研究者已经开展了各种研究工作,取得了相关成果,并且在实际工程中得到广泛应用[1~4]。然而,实际工程中绝大多数混凝土结构并不是处于单一环境作用,而是同时经受着多种环境及荷载因素的复合作用,如寒冷地区的混凝土结构要经受冻融循环和大气中 CO_2 的作用;海工混凝土结构要经受机械荷载和氯离子及其他盐类侵蚀的共同作用等。混凝土结构在经受多种环境荷载共同作用时,其耐久性损伤并非各单一作用简单叠加的结果,而是各种环境荷载的交互耦合作用,这使实际工程中混凝土结构的破坏过程变得更为复杂,也使单一环境条件下所得的研究结论具有一定的局限性。

本章将通过冻融循环和碳化共同作用下混凝土耐久性试验,研究混凝土遭受冻融循环和碳化共同作用下的耐久性能,分析冻融循环和碳化共同作用下混凝土的质量、动弹性模量和强度变化规律,揭示冻融循环和碳化共同作用下混凝土损伤机理与劣化规律。

13.1　试验设计与试验方法

13.1.1　试验设计

试验材料与第 11 章单一冻融试验相同,试验方案如下。

1. 混凝土碳化试验

混凝土碳化试件尺寸为 $100mm \times 100mm \times 400mm$,混凝土强度试块尺寸为 $100mm \times 100mm \times 100mm$。混凝土试件碳化到 7d、14d、21d、28d 时,取出试件破型测试其碳化深度,同时测定相应龄期混凝土的抗压强度。表 13.1 为混凝土碳化试验的试件参数。

表 13.1　碳化试验试件参数

试件编号	水胶比	粉煤灰掺量/%	养护龄期/d
C-W1	0.45	30	90

2. 混凝土冻融-碳化共同作用试验

在寒冷地区,混凝土结构在冬季及初春的耐久性损伤以冻融损伤为主,其余季节则主要是 CO_2 作用下的混凝土中性化,因此可以认为冻融循环和碳化作用是交替发生的。

由于不同地区一年内发生混凝土碳化和冻融循环的时间所占比例不同,冻融期长则碳化时间短,冻融期短则碳化时间长。因此,本章的混凝土冻融-碳化共同作用试验模式如下:

(1) F50C:先冻融试验 50 次后碳化试验 7d 为一个共同作用循环,一个共同作用循环为 15d,共进行四个共同作用循环。

(2) CF50:先碳化试验 7d 后冻融试验 50 次为一个共同作用循环,一个共同作用循环为 15d,共进行四个共同作用循环。

在混凝土冻融循环和碳化共同作用试验中,每冻融循环 25 次测试混凝土试件质量和动弹性模量,每冻融循环 50 次测试混凝土试块抗压强度;每 7d 碳化试验后测试混凝土试件的中性化深度和混凝土试块抗压强度。表 13.2 为冻融-碳化共同作用试验试件。

表 13.2　冻融-碳化共同作用试验试件

试件编号	水胶比	粉煤灰掺量/%	含气量/%	试验模式
FC-W1	0.35	30	3.7	F50C
CF-W2	0.45	30	4.4	CF50
FC-W2	0.45	30	4.4	F50C
FC-W3	0.55	30	4.5	F50C

13.1.2　试验方法

冻融循环试验和碳化试验根据《普通混凝土长期性能和耐久性能试验方法标准》(GB/T 50082—2009)[5]进行。

1. 冻融-碳化共同作用试验方法

冻融-碳化共同作用试验步骤如下:

(1) 按照设计配合比制作试件,混凝土成型前测定含气量。

(2) 每组 3 个试件,试件脱模后放入标准养护室内养护 30d 后自然养护 60d。

(3) 试验前将混凝土试件浸泡在水中 4d,使试件处于饱水状态。试件在放入冻融箱前,擦去试件表面水分,测定混凝土质量及动弹性模量。

（4）每冻融循环 25 次后擦去试件表面水分，测定混凝土质量及动弹性模量。试件上下调头放入冻融箱后，以减少试件上、下部温差造成的误差。

（5）每冻融循环 50 次后，取出一组混凝土试块，测定其抗压强度；其余试件从冻融箱中取出晾干 2d，放入烘箱内干燥 1d，之后放入碳化箱进行碳化试验 7d，取出所有试件，测定混凝土碳化深度，同时取出一组混凝土试块，测定其抗压强度。

以上为冻融-碳化一个循环的试验过程，之后重复步骤（3）～（5），共进行四个循环过程。

2. 碳化-冻融共同作用试验方法

碳化-冻融共同作用试验步骤如下：

（1）按照设计配合比制作试件，混凝土成型前测定含气量并进行养护。

（2）试验前放入烘箱内干燥 1d，之后放入碳化箱进行碳化试验 7d，取出所有试件，将一组测定中性化深度的试件切割破型测定其碳化深度，同时将一组混凝土试块取出，测定其抗压强度。

（3）将碳化的混凝土试件放入水中浸泡 4d，使试件处于饱水状态，同时擦去试件表面水分，测定混凝土质量及动弹性模量，放入冻融箱进行冻融循环试验。

（4）每冻融循环 25 次后擦去试件表面水分，测定混凝土质量及动弹性模量。再将试件上下掉头装入冻融箱，以减少试件上、下部温差造成的误差。

（5）每冻融循环 50 次，将一组混凝土试块取出，测定其抗压强度；其余试件从冻融箱中取出晾干 2d。

以上为碳化-冻融一个循环的试验过程，之后重复步骤（2）～（5），共进行四个循环过程。

13.2　混凝土物理性能劣化分析

13.2.1　混凝土外观损伤分析

冻融-碳化共同作用下混凝土外观发生了明显变化，如图 13.1 所示。混凝土在试验中的外观变化大致分为如下四个阶段：

（1）最初混凝土表面完整无损伤，如图 13.1(a)所示。

（2）随着试验的进行，混凝土表面逐渐出现许多小坑蚀，如图 13.1(b)所示。

（3）随着表面胶凝材料的流失，坑蚀孔洞逐渐变大，表面细骨料外露，且随着试验的进行，细骨料逐渐剥落，如图 13.1(c)所示。

（4）随着表层细骨料的分层脱落，最终使混凝土粗骨料暴露，如图 13.1(d)所示。

与冻融试验下混凝土外观相比，200 次冻融循环后，混凝土表面脱落程度较重一些，这与之后的质量损失率分析结论是一致的。

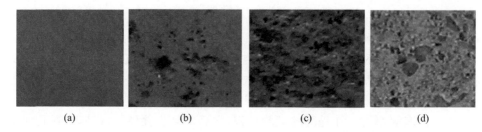

图 13.1　冻融-碳化共同作用下混凝土外观损伤变化

13.2.2　混凝土质量损失变化规律

表 13.3 为冻融-碳化共同作用下混凝土试件质量试验结果,冻融-碳化共同作用下混凝土试件的质量和质量损失率变化规律如图 13.2 和图 13.3 所示。可以看出,200 次冻融循环后,水胶比 0.35 的混凝土试件质量下降 2.15%,水胶比 0.45 的混凝土试件质量下降 1.06%(碳化-冻融试验模式)和 2.41%(冻融-碳化试验模式),水胶比 0.55 的混凝土试件质量下降 2.66%。随冻融循环次数的增加,混凝土质量损失率递增,且水胶比越大,质量损失率越大,与冻融作用下的混凝土试件质量损失率变化规律一致。

表 13.3　冻融-碳化共同作用下混凝土试件质量试验结果

冻融循环次数	试件质量/kg			
	FC-W1	CF-W2	FC-W2	FC-W3
0	9.459	9.524	9.550	9.377
25	9.439	9.491	9.527	9.301
50	9.420	9.468	9.479	9.222
75	9.410	9.465	9.475	9.205
100	9.338	9.46	9.449	9.181
125	9.320	9.453	9.412	9.162
150	9.300	9.439	9.346	9.145
175	9.270	9.445	9.332	9.145
200	9.256	9.423	9.320	9.128

图 13.4 为不同水胶比混凝土试件在单一冻融作用和冻融-碳化共同作用下的质量损失率变化规律。可以看出,在冻融-碳化共同作用下混凝土试件质量损失率明显大于单一冻融作用,同时随着冻融循环次数的增大,冻融-碳化共同作用下的混凝土试件质量损失速率也在增大。

从图 13.4(b)可以看出,在冻融循环 50 次之前,碳化-冻融试验模式下混凝土试件的质量损失率大于冻融-碳化试验模式下的质量损失率;在冻融循环 50 次之后,碳化-冻融试验模式下混凝土试件的质量损失率小于冻融-碳化试验模式下的质量损失率。当冻融循环 200 次时,冻融-碳化试验模式下混凝土的质量损失率已接近 2.5%,而碳化-冻融试验模式下混凝土的质量损失率不足 1.1%。

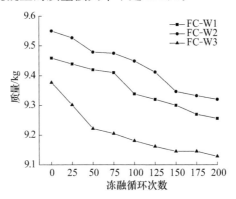

图 13.2　冻融-碳化共同作用下混凝土试件质量变化规律

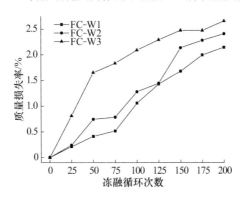

图 13.3　冻融-碳化共同作用下混凝土试件质量损失率变化规律

　　根据试验结果,冻融-碳化共同作用下混凝土质量损失率与冻融循环次数的关系可以表示为

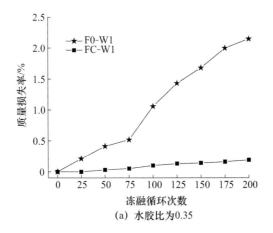

(a)　水胶比为0.35

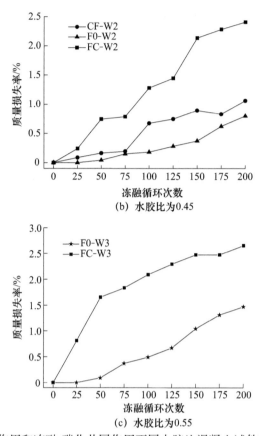

图 13.4　单一冻融作用和冻融-碳化共同作用不同水胶比混凝土试件质量损失率变化规律

$$\Delta W_N = k_{w,w}(-2\times10^{-6}N^2 + 0.0133N - 0.0369) \tag{13.1}$$

$$k_{w,w} = -0.125\frac{W}{B} + 1.054 \tag{13.2}$$

式中，ΔW_N 为混凝土质量损失率；N 为冻融循环次数；$k_{w,w}$ 为混凝土水胶比 W/B 影响系数。

13.2.3　混凝土动弹性模量变化规律

　　表 13.4 为冻融-碳化共同作用下混凝土试件动弹性模量随冻融循环次数的变化规律。

　　图 13.5 和图 13.6 分别为冻融-碳化共同作用下混凝土试件动弹性模量及相对动弹性模量随冻融循环次数的变化规律。可以看出，随着冻融循环次数的增加，混凝土动弹性模量及相对动弹性模量均减小。200 次冻融循环后，水胶比为 0.35 的混凝土试件相对动弹性模量为 0.97，水胶比为 0.45 的混凝土试件相对动弹性模量约为 0.96(碳化-冻融试验模式)和 0.92(冻融-碳化试验模式)，而水胶比为 0.55

的混凝土试件相对动弹性模量不足 0.88。可见,水胶比对混凝土动弹性模量及相对动弹性模量的劣化速率影响较大,在相同冻融循环次数下,水胶比小的混凝土试件相对动弹性模量明显高于水胶比大的混凝土试件。

表 13.4　冻融-碳化共同作用下混凝土动弹性模量试验结果

冻融循环次数	动弹性模量/GPa			
	FC-W1	CF-W2	FC-W2	FC-W3
0	44.820	41.090	43.200	39.620
25	44.620	40.930	42.650	38.905
50	44.430	40.770	42.205	38.610
75	44.256	40.380	42.015	37.015
100	43.990	39.980	41.790	36.505
125	43.760	39.770	41.235	35.485
150	43.720	39.550	40.065	35.410
175	43.560	39.490	39.795	35.205
200	43.356	39.370	39.605	34.780

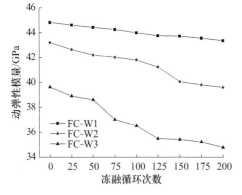

图 13.5　冻融-碳化共同作用下混凝土试件动弹性模量随冻融循环次数的变化规律

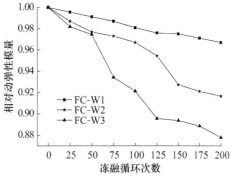

图 13.6　冻融-碳化共同作用下混凝土试件相对动弹性模量随冻融循环次数的变化规律

图 13.7 分别单一冻融作用和冻融-碳化共同作用下不同水胶比混凝土试件相对动弹性模量随冻融循环次数的变化规律。可以看出,冻融-碳化共同作用下混凝土试件的相对动弹性模量明显小于单一冻融作用,200 次冻融循环后,水胶比为 0.35、0.45 和 0.55 的混凝土试件在冻融-碳化共同作用下的相对为动弹性模量比单一冻融作用下分别降低 0.72%、2.95% 和 6.89%。这表明碳化作用未能提高冻后混凝土的力学性能,相反可能导致冻融后混凝土相对动弹性模量下降。

从图 13.7(b)可以看出,水胶比为 0.45 的混凝土试件在冻融-碳化试验模式和碳化-冻融试验模式下的相对动弹性模量均随冻融循环次数的增加而减小。当冻融循环至 200 次时,冻融-碳化作用下的混凝土相对动弹性模量为 0.92,碳化-冻融作用下的混凝土相对动弹性模量为 0.96。这是由于表层混凝土碳化后结构变得密实,提高了混凝土的抗冻性。

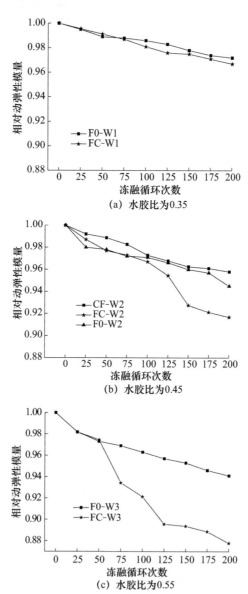

图 13.7　单一冻融作用和冻融-碳化共同作用下不同水胶比混凝土试件相对
动弹性模量随冻融循环次数的变化规律

13.3　混凝土抗压强度劣化规律

13.3.1　混凝土抗压强度试验结果

表 13.5 为实验室快速碳化试验 0d、7d、14d、21d、28d 的混凝土试件 C-W1 抗压强度试验结果,表 13.6 为冻融-碳化共同作用下不同冻融循环次数的混凝土试件抗压强度试验结果,表 13.7 为冻融-碳化共同作用下不同碳化时间的混凝土试件抗压强度试验结果。

表 13.5　单独碳化作用下混凝土试件 C-W1 抗压强度试验结果

碳化时间/d	抗压强度/MPa
0	55.17
7	60.63
14	64.27
21	59.60
28	60.40

表 13.6　冻融-碳化共同作用下不同冻融循环次数的混凝土试件抗压强度试验结果

试件编号	不同冻融循环次数的混凝土试件抗压强度/MPa				
	0	50	100	150	200
FC-W1	63.15	62.30	60.96	55.23	46.35
CF-W2	55.17	52.60	48.76	42.65	41.03
FC-W2	55.17	54.70	45.85	44.50	36.13
FC-W3	32.20	31.67	26.60	23.83	20.25

表 13.7　冻融-碳化共同作用下不同碳化时间的混凝土试件抗压强度试验结果

试件编号	不同碳化时间的混凝土试件抗压强度/MPa				
	0	7d	14d	21d	28d
FC-W1	63.15	63.90	59.06	53.23	47.30
CF-W2	55.17	60.63	53.40	52.70	42.85
FC-W2	55.17	55.13	51.07	41.40	37.73
FC-W3	32.20	34.90	25.50	22.33	23.46

图 13.8 为混凝土试件 C-W1 抗压强度随碳化时间的变化规律。可以看出,在碳化 14d 前,混凝土抗压强度随碳化时间增大,之后随碳化时间减小,但仍然大于初始抗压强度。

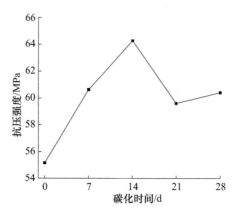

图 13.8　混凝土试件 C-W1 抗压强度随碳化时间的变化规律

13.3.2　水胶比对混凝土抗压强度劣化的影响

图 13.9 和图 13.10 分别为在冻融-碳化共同作用下,不同水胶比混凝土试件在不同试验阶段的抗压强度和抗压强度损失率变化规律。可以看出,冻融-碳化共同作用下,混凝土抗压强度损失率总体上增大,但在变化过程中有小的波动,这是由于碳化反应致使混凝土变得更密实。其中,水胶比小的混凝土试件抗压强度损失率小于水胶比大的混凝土试件,冻融循环 200 次之后,水胶比为 0.35、0.45 和 0.55 的混凝土抗压强度损失率分别为 27%、31%和 33%。

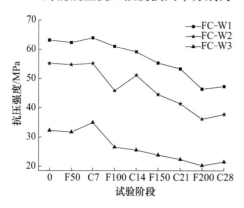

图 13.9　不同试验阶段的混凝土试件
抗压强度变化规律

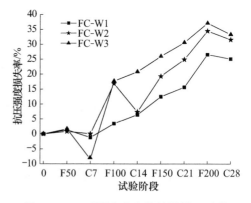

图 13.10　不同试验阶段的混凝土试件
抗压强度损失率变化规律

13.3.3　不同试验模式下混凝土抗压强度劣化规律

图 13.11 为单一冻融作用和冻融-碳化共同作用下不同水胶比混凝土试件抗压强度损失率随冻融循环次数的变化规律。可以看出,在冻融-碳化共同作用下,

混凝土试件抗压强度损失率明显大于冻融作用下,200 次冻融循环后,水胶比为 0.35、0.45 和 0.55 的混凝土试件在冻融-碳化共同作用下的抗压强度损失率分别比冻融作用下高 12%、19% 和 21%,且随着冻融循环次数的增加,抗压强度损失率增大。

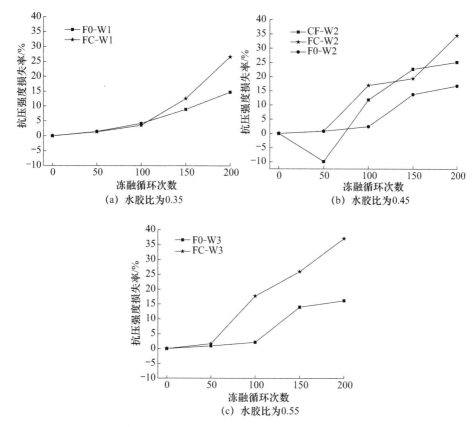

图 13.11　单一冻融作用和冻融-碳化共同作用下不同水胶比混凝土
试件抗压强度损失率随冻融循环次数的变化规律

图 13.12 为碳化、冻融-碳化和碳化-冻融试验模式下水胶比为 0.45 的混凝土试件抗压强度损失率随冻融循环次数的变化规律。可以看出,单一碳化作用下的混凝土抗压强度损失率一直都小于 0,碳化 14d 之前抗压强度损失率在负增长,碳化 14d 之后抗压强度损失率在逐渐增长,但总体上不存在抗压强度损失。这是由于碳化后混凝土变得密实,抗压强度也明显增大,故碳化-冻融共同作用下的抗压强度损失率也明显小于冻融-碳化共同作用下的抗压强度损失率。但冻融-碳化试验模式和碳化-冻融试验模式下混凝土抗压强度损失率都明显大于碳化试验下的抗压强度损失率,说明冻融循环作用对混凝土抗压强度有较大影响。

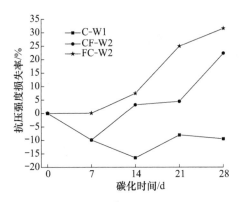

图 13.12　不同试验模式下水胶比 0.45 的混凝土试件抗压强度
损失率随碳化时间的变化规律

13.4　混凝土碳化规律

13.4.1　混凝土碳化试验结果

表 13.8 为快速碳化试验 7d、14d、21d、28d 的混凝土试件 C-W1 碳化深度结果。表 13.9 为冻融-碳化共同作用下混凝土中性化深度试验结果。

表 13.8　单独碳化作用下混凝土试件 C-W1 碳化深度试验结果

碳化时间/d	碳化深度/mm
7	2.11
14	2.97
21	3.72
28	4.15

表 13.9　冻融-碳化共同作用下混凝土试件中性化深度试验结果

试件编号	不同碳化时间的混凝土试件中性化深度/mm			
	7d	14d	21d	28d
FC-W1	0.52	0.79	0.94	2.74
CF-W2	2.10	3.34	4.49	5.45
FC-W2	0.89	1.71	2.46	4.51
FC-W3	3.15	4.80	5.68	6.82

13.4.2　水胶比对混凝土碳化的影响

冻融-碳化共同作用下不同水胶比混凝土试件碳化深度随碳化时间的变化规

律如图 13.13 所示。可以看出,碳化 28d 后,水胶比为 0.35、0.45 和 0.55 的混凝土试件碳化深度分别为 2.74mm、4.51mm 和 6.82mm。随碳化时间的增加,混凝土试件碳化深度不断增大,且水胶比小的混凝土试件碳化深度明显小于水胶比大的混凝土试件。

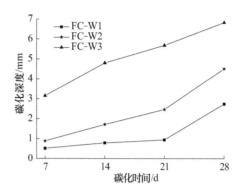

图 13.13　冻融-碳化共同作用下不同水胶比混凝土试件碳化深度随碳化时间的变化规律

13.4.3　不同试验模式下混凝土碳化规律

当碳化时间为 7d、14d、21d、28d 时,碳化试验模式、冻融-碳化试验模式和碳化-冻融试验模式下混凝土碳化深度随碳化时间的变化规律如图 13.14 所示。

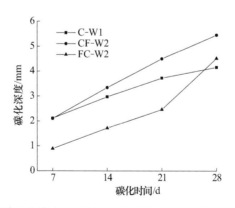

图 13.14　不同试验模式下混凝土试件碳化深度随碳化时间的变化规律

从图 13.14 可以看出,碳化 28d 后冻融-碳化试验模式和碳化-冻融试验模式下混凝土试件中性化深度分别为 4.51mm 和 5.45mm,均大于碳化试验下的碳化深度(4.15mm);碳化作用下的混凝土试件碳化深度增长速率呈递减趋势,即早期碳化发展快,后期增长慢;但冻融-碳化共同作用下混凝土中性化深度增长速率始终呈递增趋势,即随着冻融循环次数和碳化时间的增加,混凝土中性化深度增长快,尤其是冻融-碳化试验模式下,混凝土中性化深度在 21d 之前呈线性增长,21d 后增长速率大幅度提高。

13.5　混凝土冻融循环与碳化共同作用效应分析

13.5.1　混凝土碳化对冻融损伤的影响分析

用冻融-碳化试验模式下混凝土动弹性模量试验结果对冻融-碳化共同作用下的混凝土损伤进行分析。

引入混凝土冻融损伤碳化影响系数 λ_{Nc},定义为

$$\lambda_{Nc} = \frac{D_{Nc}}{D_N} \tag{13.3}$$

式中,D_{Nc} 为冻融-碳化共同作用下的混凝土损伤度;D_N 为单一冻融作用下的混凝土损伤度。

如果 $\lambda_{Nc}=1$,说明碳化对混凝土冻融损伤不起作用;如果 $\lambda_{Nc}<1$,说明碳化对混凝土冻融损伤起抑制作用;如果 $\lambda_{Nc}>1$,则表明碳化对混凝土冻融损伤有促进作用,并且比值越大,促进作用越显著。

混凝土冻融损伤碳化影响系数 λ_{Nc} 计算结果见表 13.10。可以看出,冻融循环 100 次后,λ_{Nc} 值均大于 1,说明碳化对混凝土冻融损伤有促进作用,随着冻融循环次数的增加,促进作用越显著,且水胶比越大,混凝土冻融损伤碳化影响系数越大,说明冻融-碳化共同作用下的冻融损伤大于单一冻融作用下的冻融损伤。

表 13.10　混凝土冻融损伤碳化影响系数 λ_{Nc} 计算结果

冻融循环次数	λ_{Nc}		
	FC-W1	FC-W2	FC-W3
0	—	—	—
25	0.90	0.90	1.00
50	0.97	1.05	0.96
75	1.05	0.98	2.11
100	1.32	1.12	2.12
125	1.39	1.34	2.42
150	1.11	1.81	2.26
175	1.08	1.83	2.06
200	1.16	1.51	2.07

13.5.2　冻融循环对混凝土中性化的影响分析

用冻融-碳化共同作用下的混凝土中性化深度与单一碳化作用下的碳化深度

试验结果,分析冻融循环对混凝土碳化的影响。

引入混凝土中性化冻融循环影响系数 λ_{cN},定义为

$$\lambda_{cN} = \frac{x_{cN}}{x_c} \tag{13.4}$$

式中,x_{cN} 为冻融-碳化共同作用下混凝土中性化深度,mm;x_c 为单一碳化作用下混凝土碳化深度,mm。

如果 $\lambda_{cN}=1$,说明冻融循环在混凝土中性化过程中不起作用;如果 $\lambda_{cN}<1$,说明冻融循环对混凝土中性化起抑制作用;如果 $\lambda_{cN}>1$,说明冻融循环对混凝土中性化有促进作用,并且比值越大,促进作用越显著。

表 13.11 为混凝土中性化冻融循环影响系数的计算结果。可以看出,在冻融-碳化试验模式下,混凝土中性化冻融循环影响系数呈递增趋势,但是只有碳化时间为 28d 的影响系数大于 1,其余都小于 1。这一现象说明对于先遭受冻融循环的混凝土,在试验初期,冻融循环对混凝土中性化起抑制作用,这是因为初期的冻融循环使混凝土呈饱水状态,从而抑制了 CO_2 在混凝土中的扩散;但是随着时间的增长,冻融循环使混凝土产生损伤而致使结构疏松,又促进了 CO_2 在混凝土中的扩散,故冻融循环对混凝土中性化起促进作用。

表 13.11　混凝土中性化冻融循环影响系数 λ_{cN} 计算结果

试件编号	不同碳化时间下的 λ_{cN}			
	7d	14d	21d	28d
FC-W2/C-W1	0.42	0.58	0.66	1.09
CF-W2/C-W1	1.00	1.12	1.21	1.31

在碳化-冻融试验模式下,混凝土中性化冻融循环影响系数呈递增趋势,但与冻融-碳化试验模式不同的是,混凝土中性化冻融循环影响系数始终大于或等于 1。这一现象说明对于先碳化的混凝土,冻融循环对混凝土中性化起促进作用,并且随着时间的增长,促进作用更为显著。

13.5.3　混凝土冻融循环和碳化共同作用分析

混凝土冻融破坏机理与碳化机理是完全不同的。混凝土冻融破坏过程是一个物理变化过程,在混凝土冻融过程中水化产物的成分基本保持不变;而混凝土碳化是物理化学过程,水泥石中的可碳化物质与环境中的 CO_2 发生反应,生成碳酸钙和其他产物。

根据共同作用试验结果以及大气环境混凝土碳化的分析,混凝土在冻融-碳化共同作用下的破坏过程大致具有如下特点:对于先冻融循环的混凝土,冻融循环发生后,混凝土的水化产物结构由密实到疏松,伴随着微裂缝的出现和

发展；之后混凝土发生碳化反应，碳化产物在一定程度上堵塞混凝土内部孔隙，使混凝土孔隙率下降，但与此同时溶解于孔溶液中的 $Ca(OH)_2$ 被反应消耗后，会继续从水泥基体中溶解出来，部分胶凝体也被碳化反应消耗，即这些可碳化物质不断从基体中被溶解和被消耗，从而形成新的孔隙。这些新孔隙多数不是封闭的，再次经历冻融循环后这些孔隙变大，不利于混凝土的抗冻性。这就解释了试验初期，碳化作用使混凝土变得密实而略有增长，但随着时间的推移，最终抗压强度呈快速下降的趋势。对于先碳化的混凝土，其破坏机理同上。由于碳化反应先使混凝土的内部结构变得密实，之后再经历冻融循环作用，混凝土试件无论在质量、动弹性模量还是强度方面都要比先经历冻融循环的混凝土试件劣化速度慢。

13.6　冻融环境混凝土碳化深度模型

混凝土碳化是环境中的 CO_2 向混凝土内部扩散，并与混凝土中的可碳化物质发生化学反应的过程。混凝土的冻融过程是水化产物结构由密实到松散的过程，冻融循环会引起混凝土孔隙率变化，但水化产物的成分基本保持不变，而混凝土孔隙率的变化会影响 CO_2 在混凝土中的扩散，从而影响混凝土碳化速度。

本节从混凝土碳化机理出发，通过考虑冻融损伤对混凝土中 CO_2 扩散系数的影响，建立冻融环境混凝土碳化深度模型。

13.6.1　考虑混凝土冻融损伤影响的 CO_2 扩散系数

气体在混凝土中的扩散主要受混凝土固有特性和气体动力学特性的影响，影响因素可分为材料因素和环境因素两类。材料因素主要与混凝土的孔结构、孔隙率等有关，环境因素主要包括环境温度、相对湿度等。

CO_2 在混凝土中的有效扩散系数与单位面积混凝土中气态孔隙的大小直接相关，即混凝土孔隙率与孔隙饱和度是影响 CO_2 在混凝土中扩散的主要因素，而孔隙饱和度主要受环境相对湿度的影响。

参考式(8.50)，冻融损伤后混凝土中 CO_2 有效扩散系数可表示为

$$D_{e,CO_2}^N = 1.64 \times 10^{-6} p_N^{1.8} (1 - RH)^{2.2} \tag{13.5}$$

式中，p_N 为经历 N 次冻融循环后混凝土的孔隙率；RH 为环境相对湿度。

将混凝土孔隙率与冻融循环次数的关系式(11.20)代入式(13.5)，可得考虑混凝土冻融损伤影响的 CO_2 有效扩散系数计算公式为

$$D_{e,CO_2}^N = 1.64 \times 10^{-6} p_0^{1.8} \exp(0.00072 k_{P,w} k_{P,f} k_{P,a} N)(1 - RH)^{2.2} \tag{13.6}$$

式中，p_0 为未冻融混凝土的孔隙率；$k_{P,w}$ 为水胶比对 CO_2 扩散的影响系数，计算见

式(11.21);$k_{P,f}$为粉煤灰掺量对 CO_2 扩散的影响系数,计算见式(11.22);$k_{P,a}$为引气剂掺量对 CO_2 扩散的影响系数,计算见式(11.23);N 为冻融循环次数;RH 为环境相对湿度。

13.6.2　冻融环境混凝土碳化深度模型

基于 Fick 第一定律和 CO_2 在多孔材料中的扩散和吸收,混凝土碳化深度理论模型为

$$x_c = \sqrt{\frac{83.14 D_{e,CO_2}^N C_0}{m_0}} \sqrt{t} \tag{13.7}$$

式中,D_{e,CO_2}^N 为 CO_2 在混凝土中的有效扩散系数,m^2/s;C_0 为 CO_2 体积分数,%;m_0 为单位体积混凝土吸收 CO_2 的量,kg/m^3;t 为碳化时间。

混凝土碳化深度模型主要取决于 CO_2 有效扩散系数 D_{e,CO_2}^N 和混凝土中可碳化物质含量 m_0。将式(13.6)代入式(13.7),可得冻融环境混凝土碳化深度的计算模型为

$$x_{cN} = \sqrt{\frac{1.36 \times 10^{-4} p_0^{1.8} \exp(0.0004 k_{P,w} k_{P,f} k_{P,a} N)(1-RH)^{2.2} C_0}{m_0}} \sqrt{t} \tag{13.8}$$

式中,x_{cN} 为冻融环境混凝土碳化深度,m。

13.6.3　冻融环境混凝土碳化深度模型验证

由式(13.8)可以看出,影响冻融环境混凝土碳化的因素基本已包含在混凝土碳化深度计算模型中。其中,环境相对湿度和 CO_2 浓度可直接测得,混凝土连通孔孔隙率可通过混凝土吸水率求得,而粉煤灰掺量、水泥用量和水泥品种都隐含在参数 m_0 中。表 13.12 为冻融环境混凝土碳化模型与 13.4 节试验结果的对比。试验值与计算值之比的平均值为 0.903,标准差为 0.363,变异系数为 0.402。

表 13.12　冻融环境混凝土碳化深度模型验证

冻融循环次数	碳化时间/d	试验值/mm	计算值/mm	试验值/计算值
50	7	0.52	1.27	0.41
50	7	0.89	0.79	1.13
50	7	3.15	2.79	1.13
100	14	0.79	1.62	0.49
100	14	1.71	2.23	0.77
100	14	4.80	3.98	1.21

冻融循环次数	碳化时间/d	试验值/mm	计算值/mm	试验值/计算值
150	21	0.94	2.19	0.42
150	21	2.46	3.41	0.72
150	21	5.68	5.33	1.07
200	28	4.51	2.93	1.67
200	28	2.74	3.79	0.72
200	28	6.82	6.22	1.09

13.7　冻融-碳化共同作用下混凝土的损伤演化

混凝土在冻融循环和碳化共同作用下,其相对动弹性模量的劣化过程大致可以分为线性下降段和快速下降段两个阶段。

混凝土相对动弹性模量与冻融循环次数的关系可用函数关系 $P_N = f(N)$ 表示,其一阶导数为 $f'(N) = \dfrac{\mathrm{d}P_N}{\mathrm{d}N}$,二阶导数 $f''(N) = \dfrac{\mathrm{d}^2 P_N}{\mathrm{d}N^2}$。显然,该函数满足以下边界条件:

(1) 当冻融循环次数 $N = 0$ 时,$P_N = 1$。

(2) 函数 $P_N = f(N) > 0$。

将 $f'(N) = \dfrac{\mathrm{d}P_N}{\mathrm{d}N}$ 展开为 N 的幂级数,即

$$\frac{\mathrm{d}P_N}{\mathrm{d}N} = a_0 + a_1 N \tag{13.9}$$

求解可得

$$P_N = \frac{1}{2} a_1 N^2 + a_0 N + c \tag{13.10}$$

代入边界条件(1),求得 $c = 1$。因此,混凝土在冻融循环和碳化共同作用下相对动弹性模量演化方程可以表示为

$$P_N = \frac{1}{2} a_1 N^2 + a_0 N + 1 \tag{13.11}$$

根据混凝土损伤的定义,混凝土损伤度可以表示为

$$D_N = 1 - P_N \tag{13.12}$$

将式(13.11)代入式(13.12),可得

$$D_N = a_1' N^2 + a_0' N \tag{13.13}$$

式中,N 为冻融循环次数;a_1' 和 a_0' 为与混凝土材料有关的系数。

利用冻融循环和碳化共同作用下的试验结果,对式(13.13)进行拟合分析,可

得(见图 13.15)

$$D_N = -6 \times 10^{-7} N^2 - 0.0003N + 0.998 \qquad (13.14)$$

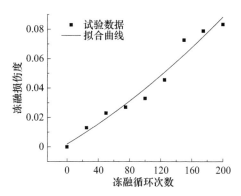

图 13.15　混凝土损伤度随冻融循环次数的演化规律

参 考 文 献

[1] Papadakis V G, Vayenas C G, Fardis M N . Experimental investigation and mathematical modeling of the concrete carbonation problem[J]. Chemical Engineering Science, 1991, 46(5-6):1333-1338.

[2] Papadakis V G, Vayenas C G, Fardis M N. Physical and chemical characteristics affecting the durability of concrete[J]. ACI Materials Journal, 1991, 88(2):186-196.

[3] Papadakis V G, Vayenas C G, Fardis M N. Fundamental modeling and experimental investigation of concrete carbonation[J]. ACI Materials Journal, 1991, 88(4):363-373.

[4] 牛荻涛,陈亦奇,于澍. 混凝土结构的碳化模式与碳化寿命分析[J]. 西安建筑科技大学学报,1995,(4):365-369.

[5] 中华人民共和国国家标准. 普通混凝土长期性能和耐久性能试验方法标准(GB/T 50082—2009)[S]. 北京:中国建筑工业出版社,2009.

第 14 章　冻融-酸雨共同作用下混凝土性能劣化

随着工业化进程的不断加快,燃烧煤、天然气以及汽车尾气等所带来的环境污染导致的酸雨问题日益严重。有关酸雨对混凝土的侵蚀研究较少[1,2],而冻融和酸雨共同作用下混凝土的耐久性研究尚属空白。因此,本章开展冻融-酸雨共同作用下混凝土耐久性试验,研究混凝土遭受冻融循环和酸雨侵蚀共同作用的耐久性能,分析酸雨对混凝土抗冻性的影响及冻融-酸雨共同作用下混凝土的损伤演化。

14.1　试验设计与试验方法

试验材料采用与第 11 章试验相同的材料,表 14.1 为冻融-酸雨共同作用试验试件。

表 14.1　冻融-酸雨共同作用试验试件

试件编号	水胶比	Ⅱ级粉煤灰掺量/%
NA-W1	0.35	30
NA-W2	0.45	30
NA-W3	0.55	30

注:试验试件的水胶比为 0.45,浸泡溶液的 SO_4^{2-} 浓度为 0.01mol/L。

混凝土冻融循环试验按照《普通混凝土长期性能和耐久性能试验方法标准》(GB/T 50082—2009)[3]进行,酸雨试验采用 SO_4^{2-} 浓度为 0.01mol/L、pH 为 3 的模拟酸雨溶液进行周期浸泡。具体试验步骤如下:

(1) 按照设计配合比制作试件,混凝土成型前测定其含气量。混凝土试件浇筑 24h 后拆模,之后将试件放入标准养护室内养护 30d,再自然养护 60d。

(2) 试验前将混凝土试件浸泡在水中 4d,使试件处于饱水状态。放入冻融箱前,擦去试件表面水分,测定混凝土质量及动弹性模量。

(3) 冻融循环 25 次后擦去试件表面水分,测定混凝土质量及动弹性模量。试件上下调头装入冻融箱后,以减少试件上、下部温差造成的误差。

(4) 冻融循环 50 次后,将一组混凝土试件取出,测定其抗压强度。

(5) 将其余试件浸泡于模拟酸雨溶液中,浸泡 10d 后擦去混凝土表面水分,测定混凝土质量及动弹性模量;取出晾干 3d,将一组混凝土试件取出,测定其中性化深度。

（6）之后再浸泡 10d 后擦去混凝土表面水分，测定混凝土质量及动弹性模量；取出晾干 3d，取出一组混凝土试件，测定其抗压强度；取出另一组混凝土试件，测定其中性化深度。一个酸雨循环周期为 26d。

以上为冻融-酸雨一个循环的试验过程，之后重复步骤（2）～（6），试验共进行四个循环过程。

14.2　混凝土物理性能劣化分析

14.2.1　混凝土外观损伤分析

图 14.1 为冻融-酸雨共同作用下混凝土试件外观变化情况，大致分为如下四个阶段：

（1）最初混凝土表面完整无损伤，如图 14.1(a) 所示。

（2）随着试验的进行，混凝土表面颜色变成淡黄，并出现许多小坑蚀，如图 14.1(b) 所示。

（3）随着表面胶凝材料的流失，坑蚀孔洞逐渐变大，表面细骨料外露，且随着试验的进行，细骨料逐渐剥落，混凝土试件外表面呈酥松状态，如图 14.1(c) 所示。

（4）随着冻融循环和酸雨试验的反复进行，最终使混凝土试件的粗骨料暴露，且混凝土试件表面剥落严重，如图 14.1(d) 所示。

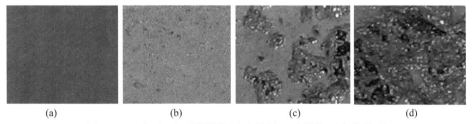

(a)　　　　　　　(b)　　　　　　　(c)　　　　　　　(d)

图 14.1　冻融-酸雨共同作用下混凝土试件外观变化情况

从外观来看，冻融-酸雨共同作用下混凝土表面剥落程度明显高于单一冻融作用，这主要是由于酸雨使混凝土表面疏松；水胶比小的混凝土试件冻融循环后，表面剥落程度明显轻于水胶比大的混凝土试件。

14.2.2　混凝土质量损失规律

表 14.2 为冻融-酸雨共同作用下混凝土试件质量试验结果，冻融-酸雨共同作用下混凝土试件的质量和质量损失率变化规律如图 14.2 和图 14.3 所示。图中试验阶段 0～16 分别表示试验前阶段、冻融循环 25 次、冻融循环 50 次、酸雨浸泡 10d、酸雨浸泡 20d、冻融循环 75 次、冻融循环 100 次、酸雨浸泡 30d、酸雨浸泡 40d、

冻融循环 125 次、冻融循环 150 次、酸雨浸泡 50d、酸雨浸泡 60d、冻融循环 175 次、冻融循环 200 次、酸雨浸泡 70d、酸雨浸泡 80d(本节下同)。可以看出,水胶比越大的混凝土试件质量损失率越大,与冻融作用下的混凝土试件质量损失率规律基本一致。

表 14.2   冻融-酸雨共同作用下混凝土试件质量测试结果

试验模式	试验龄期	试件质量/kg		
		NA-W1	NA-W2	NA-W3
冻融循环	0 次	9.471	9.423	9.380
	25 次	9.470	9.420	9.371
	50 次	9.468	9.411	9.301
	75 次	9.408	9.307	9.209
	100 次	9.392	9.256	9.141
	125 次	9.336	9.192	9.029
	150 次	9.308	9.143	8.980
	175 次	9.207	9.076	8.883
	200 次	9.173	9.041	8.845
酸雨浸泡	10d	9.459	9.404	9.293
	20d	9.453	9.394	9.275
	30d	9.387	9.250	9.136
	40d	9.380	9.243	9.113
	50d	9.306	9.135	8.973
	60d	9.297	9.126	8.960
	70d	9.168	9.036	8.835
	80d	9.156	9.022	8.823

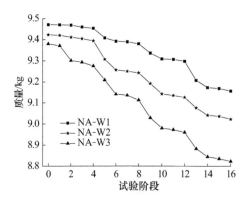

图 14.2   冻融-酸雨共同作用下混凝土试件质量变化规律

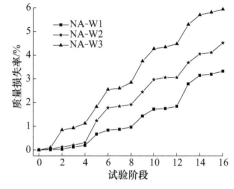

图 14.3   冻融-酸雨共同作用下混凝土试件质量损失率变化规律

酸雨侵蚀前期,溶蚀现象不明显,酸雨中的 SO_4^{2-} 被固化在水泥胶体中,生成侵蚀产物石膏($CaSO_4 \cdot 2H_2O$),这是混凝土试件前期质量损失较小的主要原因;酸雨侵蚀 10d 后,由于溶蚀现象加剧,以及部分细骨料开始脱落、流失,混凝土试件的质量开始持续下降。

图 14.4 为单一冻融作用和冻融-酸雨共同作用下不同水胶比混凝土试件质量损失率随冻融循环次数的变化规律。可以看出,冻融-酸雨共同作用下混凝土试件的质量损失率明显大于冻融作用,且随着冻融循环次数的增大,混凝土试件质量损失速率增大。水胶比为 0.55 的混凝土试件在冻融循环 175 次时的质量损失率已超过 5%。200 次冻融循环后,水胶比为 0.35 的混凝土试件在冻融作用下的质量损失率约 0.25%,但在冻融-酸雨共同作用下的质量损失率已超过 3%。

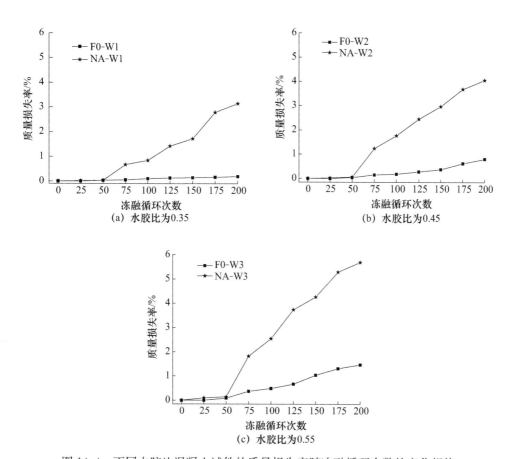

图 14.4　不同水胶比混凝土试件的质量损失率随冻融循环次数的变化规律

根据试验结果,冻融-酸雨共同作用下混凝土质量损失率与冻融循环次数的关系可以表示为

$$\Delta W_N = k_{\text{w,w}}(0.0186N^2 + 0.0385N - 0.709) \qquad (14.1)$$

式中,ΔW_N为混凝土质量损失率,%;N为冻融循环次数;$k_{\text{w,w}}$为混凝土水胶比W/B影响系数,可以表示为

$$k_{\text{w,w}} = 4.655\frac{W}{B} - 1.127 \qquad (14.2)$$

14.2.3　混凝土动弹性模量变化规律

表 14.3 为冻融-酸雨共同作用下混凝土动弹性模量试验结果。

表 14.3　冻融-酸雨共同作用下混凝土动弹性模量试验结果

试验模式	试验龄期	动弹性模量/GPa		
		NA-W1	NA-W2	NA-W3
冻融循环	0 次	44.83	42.05	40.01
	25 次	44.53	41.73	39.03
	50 次	44.46	41.62	38.28
	75 次	44.37	41.51	38.25
	100 次	44.01	41.21	37.79
	125 次	43.77	40.89	37.52
	150 次	43.66	40.53	37.21
	175 次	43.30	40.23	36.54
	200 次	43.10	39.92	36.29
酸雨浸泡	10d	44.57	41.97	38.92
	20d	44.41	41.91	38.60
	30d	44.19	41.35	37.93
	40d	44.01	40.99	37.79
	50d	43.54	40.50	37.15
	60d	43.81	40.43	36.87
	70d	43.05	39.89	36.18
	80d	42.97	39.68	35.61

图 14.5 和图 14.6 分别描述了冻融-酸雨共同作用下混凝土试件在不同试验阶段的动弹性模量及相对动弹性模量变化规律。可以看出,由于酸雨侵蚀前期,溶

蚀现象还不明显,酸雨浸泡初期混凝土相对动弹性模量略微增大,而试验后期混凝土相对动弹性模量基本上呈直线下降。水胶比对混凝土动弹性模量及相对动弹性模量劣化的影响较大,在相同冻融循环次数下,水胶比小的混凝土试件相对动弹性模量明显高于水胶比大的混凝土试件。

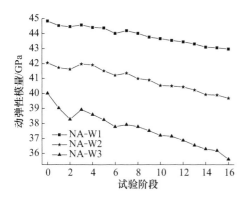

图 14.5　冻融-酸雨共同作用下混凝土试件不同试验阶段的动弹性模量变化规律

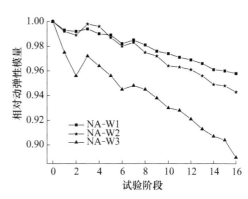

图 14.6　冻融-酸雨共同作用下混凝土试件不同试验阶段的相对动弹性模量变化规律

图 14.7 为冻融作用和冻融-酸雨共同作用下不同水胶比混凝土试件相对动弹性模量变化规律。可以看出,在冻融-酸雨共同作用下混凝土相对动弹性模量明显小于冻融作用。此外,随着冻融循环次数的增加,冻融-酸雨共同作用下混凝土的相对动弹性模量的下降速度更快。冻融循环 200 次时,水胶比为 0.35、0.45 和 0.55 的混凝土试件在两种试验模式下的相对动弹性模量分别相差 1.34%、3.28% 和 4.76%。

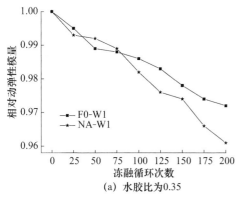

(a)　水胶比为0.35

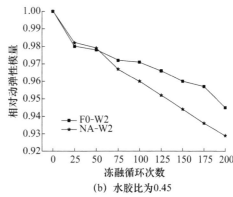

(b)　水胶比为0.45

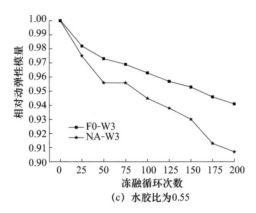

图 14.7　冻融作用和冻融-酸雨共同作用下不同水胶比混凝土
试件相对动弹性模量变化规律

14.3　混凝土抗压强度劣化规律

14.3.1　冻融-酸雨共同作用下混凝土抗压强度试验结果

　　表 14.4 和表 14.5 为冻融-酸雨共同作用下不同冻融循环次数和不同酸雨浸泡时间的混凝土试件抗压强度试验结果。

表 14.4　冻融-酸雨共同作用下不同冻融循环次数的混凝土试件抗压强度试验结果

冻融循环次数	抗压强度/MPa		
	NA-W1	NA-W2	NA-W3
0	63.15	55.17	32.20
50	62.30	54.70	31.67
100	52.20	42.40	27.30
150	44.45	38.00	24.98
200	38.10	33.55	21.80

表 14.5　冻融-酸雨共同作用下不同酸雨浸泡时间的混凝土抗压强度试验结果

酸雨浸泡时间/d	抗压强度/MPa		
	NA-W1	NA-W2	NA-W3
0	63.15	55.17	32.2
20	61	50.4	30.19
40	49.3	39.39	26.5
60	43.45	37.5	22.46
80	36.7	30.35	20.03

14.3.2　水胶比对冻融-酸雨共同作用下混凝土抗压强度劣化的影响

图 14.8 为冻融-酸雨共同作用下不同水胶比混凝土试件在不同试验阶段的抗压强度变化规律。图中试验阶段 0～8 分别表示试验前阶段、冻融循环 50 次、酸雨浸泡 20d、冻融循环 100 次、酸雨浸泡 40d、冻融循环 150 次、酸雨浸泡 60d、冻融循环 200 次、酸雨浸泡 80d。可以看出，随着冻融循环次数与酸雨浸泡时间的增加，混凝土抗压强度呈快速下降趋势。

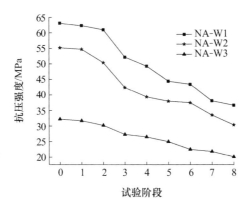

图 14.8　混凝土试件不同试验阶段的抗压强度变化规律

14.3.3　试验模式对混凝土抗压强度劣化的影响

图 14.9 为冻融作用和冻融-酸雨共同作用下不同水胶比混凝土试件抗压强度损失率随冻融循环次数的变化规律。可以看出，冻融-酸雨共同作用下混凝土试件的抗压强度损失率明显大于冻融作用，且随着冻融循环次数的增加，混凝土试件的抗压强度损失率也在增大。

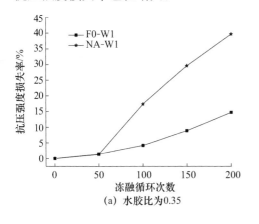

(a)　水胶比为 0.35

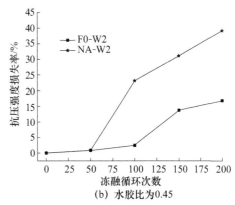

(b)　水胶比为 0.45

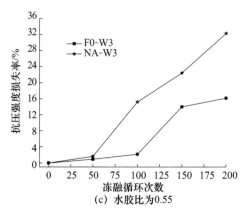

图 14.9　冻融作用和冻融-酸雨共同作用下不同水胶比混凝土
试件抗压强度损失率随冻融循环次数的变化规律

14.4　混凝土中性化规律

14.4.1　混凝土中性化试验结果

按本书第 3 章所述方法,取混凝土左右两侧面中性化深度的平均值作为混凝土在冻融-酸雨共同作用下的中性化深度。表 14.6 为冻融-酸雨共同作用下酸雨浸泡 20d、40d、60d、80d 的混凝土中性化深度试验结果。

表 14.6　冻融-酸雨共同作用下混凝土中性化深度试验结果

酸雨浸泡时间/d	中性化深度/mm		
	NA-W1	NA-W2	NA-W3
20	0.18	0.34	0.53
40	0.45	0.61	0.95
60	0.72	1.03	1.62
80	1.17	1.8	2.31

14.4.2　水胶比对混凝土中性化深度的影响

图 14.10 为冻融-酸雨共同作用下不同水胶比混凝土中性化深度变化规律。可以看出,随着水胶比的增大,混凝土中性化深度略有增加,并且增加速率有增大趋势。这是因为水胶比越小,混凝土越密实,混凝土孔隙越少,H^+ 的扩散速度越慢,中性化深度越小。

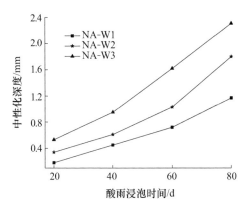

图 14.10　冻融-酸雨共同作用下不同水胶比混凝土试件中性化深度变化规律

通过对试验数据的统计分析,冻融-酸雨共同作用下混凝土中性化深度随酸雨浸泡时间的变化规律可以表示为

$$x_a = k_{\mathrm{W,w}} \exp(at) \tag{14.3}$$

式中,x_a 为混凝土中性化深度,mm;t 为酸雨浸泡时间,d;$k_{\mathrm{W,w}}$ 为混凝土水胶比影响系数,表达式为

$$k_{\mathrm{W,w}} = 0.83 \left(\frac{W}{B} \right)^{1.75} \tag{14.4}$$

a 为模型参数,基于对试验数据的回归分析,$a = 0.0276$。因此,冻融-酸雨共同作用下混凝土中性化深度模型为

$$x_a = 0.83 \left(\frac{W}{B} \right)^{1.75} \exp(0.0276t) \tag{14.5}$$

14.5　冻融-酸雨共同作用下混凝土的损伤及演化方程

14.5.1　酸雨侵蚀对混凝土冻融损伤的影响分析

采用冻融-酸雨共同作用下混凝土动弹性模量试验结果,对冻融-酸雨共同作用下的混凝土损伤进行分析。

引入混凝土冻融损伤酸雨影响系数 λ_{Na},定义为

$$\lambda_{\mathrm{Na}} = \frac{D_{\mathrm{Na}}}{D_{\mathrm{N}}} \tag{14.6}$$

式中,D_{Na} 为冻融-酸雨共同作用下的混凝土损伤度;D_{N} 为单一冻融作用下的混凝土损伤度。

如果 $\lambda_{\mathrm{Na}} = 1$,说明酸雨对混凝土冻融损伤未发挥作用;如果 $\lambda_{\mathrm{Na}} < 1$,说明酸雨对混凝土冻融损伤起抑制作用;如果 $\lambda_{\mathrm{Na}} > 1$,说明酸雨对混凝土冻融损伤有促进作用,并且比值越大,促进作用越显著。

冻融-酸雨共同作用下混凝土冻融损伤酸雨影响系数计算结果见表14.7。可以看出,混凝土试件酸雨侵蚀后冻融损伤有所增加,且水胶比越大,冻融损伤酸雨影响系数越大,即冻融损伤程度加剧,进一步说明冻融-酸雨共同作用下的冻融损伤大于单一冻融作用。

表 14.7　冻融-酸雨作用下混凝土冻融损伤酸雨影响系数 λ_{Na} 计算结果

冻融循环次数	λ_{Na}		
	NA-W1	NA-W2	NA-W3
0	—	—	—
25	0.94	0.90	1.00
50	0.95	0.92	1.04
75	0.86	1.18	1.42
100	1.30	1.38	1.50
125	1.39	1.41	1.45
150	1.18	1.41	1.49
175	1.31	1.53	1.60
200	1.38	1.29	1.61

14.5.2　冻融-酸雨侵蚀共同作用分析

混凝土冻融破坏机理与酸雨腐蚀机理完全不同,通常认为,冻融破坏过程是一个物理变化过程,在混凝土冻融过程中水化产物的成分基本保持不变;而酸雨中的 H^+、SO_4^{2-} 渗入混凝土中,与混凝土的某些成分发生化学反应,从而对混凝土产生腐蚀,使混凝土性能逐渐劣化,这是一个复杂的物理化学过程。

混凝土在冻融-酸雨共同作用下,由于 SO_4^{2-} 渗入混凝土内部生成了膨胀性腐蚀产物,这些产物将首先密实混凝土孔结构,当腐蚀产物聚集到一定程度时,其产生的膨胀应力使混凝土内部产生孔隙或者微裂纹。因此,混凝土在冻融-酸雨共同作用下的劣化过程可分为两个阶段:

(1)腐蚀初期阶段。混凝土试件经历冻融循环后浸泡于模拟酸雨溶液中,由于混凝土的自愈性能,孔结构得到改善,微裂纹未形成,宏观上表现为混凝土相对动弹性模量稍有增大。

(2)腐蚀后期阶段。腐蚀产物产生的膨胀应力增大,加之冻融循环作用,混凝土内部孔隙将增大或者产生微裂纹;随着冻融循环和酸雨侵蚀作用的持续进行,微裂纹不断扩展与连通,宏观上表现为混凝土相对动弹性模量逐渐降低。

14.5.3　冻融-酸雨共同作用下混凝土损伤演化

在冻融-酸雨共同作用下,混凝土相对动弹性模量的变化规律为:试验初期酸雨浸泡会使混凝土相对动弹性模量略微增大,试验后期模拟酸雨溶液中的离子与混凝土发生化学反应,使混凝土相对动弹性模量不断下降。

对试验数据进行回归分析,混凝土相对动弹性模量与冻融循环次数的关系可以表示为

$$P_N = a\exp(bN) \tag{14.7}$$

混凝土损伤度可以表示为

$$D_N = 1 - P_N \tag{14.8}$$

将式(14.7)代入式(14.8),可得

$$D_N = 1 - a\exp(bN) \tag{14.9}$$

式中,N 为冻融循环次数;a 和 b 为与混凝土材料有关的系数。

通过对试验数据进行回归分析可确定系数 a 和 b,于是可得冻融-酸雨共同作用下混凝土的损伤度与冻融循环次数的关系为

$$D_{Na} = 1 - 0.995k_{D,w}\exp(-0.0004N) \tag{14.10}$$

式中,$k_{D,w}$ 为水胶比对冻融-酸雨共同作用下混凝土损伤度的影响系数,表达式为

$$k_{D,w} = 1.041\exp\left(-0.085\frac{W}{B}\right) \tag{14.11}$$

式中,W/B 为混凝土水胶比。

参 考 文 献

[1]　谢绍东,周定,岳奇贤,等.模拟酸雨对混凝土影响的研究[J].环境科学,1995,(5):22-26,92.

[2]　胡晓波.酸雨侵蚀混凝土的试验模拟分析[J].硅酸盐学报,2008,(s1):147-152.

[3]　中华人民共和国国家标准.普通混凝土长期性能和耐久性能试验方法标准(GB/T 50082—2009)[S].北京:中国建筑工业出版社,2009.

第三篇 硫酸盐环境混凝土耐久性

第15章 概 述

15.1 研究背景和意义

对混凝土结构有侵蚀性的介质主要包括酸、碱、盐等,其中盐类侵蚀介质以氯盐和硫酸盐为主。硫酸盐对混凝土的侵蚀过程十分复杂,涉及物理、化学、力学等作用,且危害性大,是造成混凝土性能劣化的重要因素之一。硫酸盐主要包括 Na_2SO_4、$MgSO_4$、$CaSO_4$、$(NH_4)_2SO_4$、K_2SO_4 等,对混凝土结构的侵蚀破坏主要发生在水工结构、海岸建筑、地下结构及化工结构中。硫酸盐侵蚀主要造成混凝土膨胀和开裂,致使侵蚀介质更容易渗入混凝土内部,加快侵蚀劣化进程[1]。

硫酸盐侵蚀导致混凝土结构劣化并失效的工程屡见不鲜。硫酸盐侵蚀破坏最早的工程实例可追溯到 1890 年,在德国梅克德伯格(Magdeburg)的 Elbe 河上建造桥梁时,沉桩作业打穿了一个泉眼,使局部 SO_4^{2-} 浓度达到 2040mg/L,该混凝土桥梁建成 4 年内,硫酸盐侵蚀导致桥桩膨胀升高 80mm,桥梁开裂破坏严重,最后拆除重建[2]。1996 年,加拿大的 Monitoba 高架渠因硫酸盐侵蚀而破坏。1997 年,Ontario 混凝土公路也因为硫酸盐侵蚀造成混凝土表层大面积剥落。Bickley 等[3]和 Thomas 等[4]的调查发现,在 20 世纪 80～90 年代由于硫酸盐侵蚀而破坏的建筑物有 80 多座。图 15.1 和图 15.2 为混凝土桥墩和隧道混凝土受硫酸盐侵蚀破坏实例。

(a) 干湿交替区混凝土剥落 (b) 混凝土膨胀开裂、钢筋裸露

图 15.1 混凝土桥墩硫酸盐侵蚀破坏实例

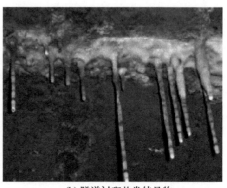

(a) 隧道衬砌硫酸盐破坏　　　　　　　　　(b) 隧道衬砌盐类结晶物

图 15.2　隧道混凝土硫酸盐侵蚀破坏实例

我国地域辽阔,硫酸盐分布广泛,含硫酸盐的土壤主要包括滨海盐土壤和内陆盐土壤。

滨海盐土壤主要分布于长江以北、江苏、山东、河北、天津等滨海平原,长江以南沿海有零星分布,土壤中的盐主要是氯盐和硫酸盐,如河北省曹妃甸地区 SO_4^{2-} 浓度为 2618.9mg/L, Cl^- 浓度为 17407.4mg/L;山东省东营地区 SO_4^{2-} 浓度为 6260mg/L, Cl^- 浓度为 57300mg/L。仇新刚等[5]对埋设于大港滨海盐土区 8 年之久的钢筋混凝土桩进行测量,发现从地面起 0~350mm 区域的混凝土表面水泥砂浆剥落严重,石子外露,最大剥落深度为 18mm,并出现顺筋裂缝,产生"烂根"现象。

青海、新疆、甘肃等西部地区以及河北、山东一带的土壤属内陆盐土壤,该类土壤中含有大量的硫酸盐、氯盐及镁盐等,如青海盐渍土中 SO_4^{2-} 浓度大于 4200mg/L。盐碱地土壤中,由于水分蒸发,表层盐碱浓度高于地下水 4~5 倍,埋设于盐碱地土壤的混凝土试件或建于盐碱地的混凝土结构,靠近地表部分的混凝土含盐量远大于地下部分,导致靠近地表部分的混凝土破坏更加严重,与上述"烂根"现象一致。

我国西部地区分布着 1000 多个盐湖,盐湖卤水及附近的盐渍土地区除含有 Cl^- 外,还含有大量 SO_4^{2-},主要侵蚀性离子浓度是海水的 5~10 倍,如内蒙古盐湖卤水中 SO_4^{2-} 浓度最高达到 36445mg/L,博斯腾湖地区地下水中 SO_4^{2-} 浓度高达 12728mg/L[6]。另外,我国盐湖地处高原内陆,气候条件十分恶劣,具有夏季炎热、蒸发量极大等特点。因此,这些地区的混凝土建筑物受硫酸盐侵蚀破坏现象十分普遍,如埋在盐渍土中的水泥电杆,一年后即产生纵向裂缝,两年后即出现纵筋和螺旋筋外露现象[7]。

我国西部地区的铁路、公路、矿山和水利工程中,存在着地下水中硫酸盐引起混凝土结构破坏的现象,如成昆铁路部分隧道工程、刘家峡水电站、青海盐湖区公路工程、人防工程等。其中,成昆铁路百家岭隧道所经过的地下水中 SO_4^{2-} 浓度为 $700\sim2000mg/L$,局部地区地下水中 SO_4^{2-} 浓度达 $3378mg/L$,硫酸盐侵蚀导致隧道衬砌混凝土结构出现酥松、剥落和强度下降等现象;青藏铁路途经的秀水河中 SO_4^{2-} 浓度达到 $15000mg/L$;多个煤矿区 SO_4^{2-} 浓度超过 $1000mg/L$,同时还有较高浓度的 Mg^{2+},对该区域的混凝土工程影响很大;八盘峡水电站的某些排水孔中地下水 SO_4^{2-} 浓度达到 $27500mg/L$,刘家峡水电站的基础廊道 $1637m$ 高程左右平洞内混凝土地面析出白色针状、絮状结晶物,排水沟边沿也由于硫酸盐侵蚀而崩裂;甘肃省靖会电力提灌工程和西峯电力提灌工程等也都出现了不同程度的硫酸盐侵蚀破坏现象[8]。新疆"635"水利枢纽工程发电洞竖井水中 SO_4^{2-} 浓度达 $8645\sim12487mg/L$,以至于混凝土浇筑 6 个月后就因侵蚀而破坏[9]。

海水中的硫酸盐浓度一般为 $1400\sim2700mg/L$,这个浓度范围的硫酸盐对 Cl^- 渗透有促进作用,加剧了对混凝土结构的危害。因此,我国沿海地区的一些跨海大桥、海底隧道、海上采油平台、海港、近海工程等也遭受了不同程度的硫酸盐侵蚀。调查表明,沿海岸线由北向南硫酸盐侵蚀程度逐渐减轻,北方葫芦岛港侵蚀破坏最重,其次是青岛港,广东湛江港侵蚀破坏最轻[10]。

实际工程环境中,混凝土长期性能劣化可能以单一因素为主导,但总体是多种因素的复合作用。硫酸盐环境中混凝土构件所处部位不同,侵蚀程度差异较大,处于水位变动区、浪溅区和潮汐区等的混凝土结构在干湿交替与硫酸盐侵蚀共同作用下的破坏更加严重。我国盐渍土及盐湖地区中局部或大范围混凝土结构又同时处于寒冷地区,混凝土结构不仅遭受着硫酸盐侵蚀,同时还受到冻融循环的破坏作用,混凝土损伤劣化机理更加复杂。因此,深入开展硫酸盐环境下混凝土劣化机理研究,特别是进行硫酸盐侵蚀与干湿交替、硫酸盐侵蚀与冻融循环复合因素作用下的性能劣化规律研究,对合理评估硫酸盐环境既有混凝土结构的耐久性及寿命预测具有重要的科学意义和实际价值。

15.2　国内外研究现状

硫酸盐对混凝土结构的侵蚀破坏问题很早就引起了人们的注意,Michalis 在 1892 年最早发现了钙矾石,将其称为"水泥杆菌"。随着北美许多地区相继发生混凝土下水道、排水渠、涵洞和其他混凝土基础、结构的破坏,美国和加拿大在 20 世纪初首先开始对硫酸盐侵蚀问题进行系统研究。我国在 20 世纪 50 年代初也开始了混凝土抗硫酸盐侵蚀方面的研究,并开展了大量的室内模拟加速试验、长期暴露试验及实际工程调查。

15.2.1　硫酸盐侵蚀破坏机理

硫酸盐侵蚀引起的混凝土结构劣化破坏,表现为侵蚀性离子与混凝土中水化产物发生反应,生成膨胀性物质,造成混凝土开裂、剥落,使侵蚀性介质更容易进入混凝土内部,导致钢筋锈蚀,进一步造成结构性能退化和承载力降低。因此,研究硫酸盐侵蚀对混凝土结构的劣化破坏,首先要分析硫酸盐对混凝土的侵蚀机理。

1. 硫酸盐物理侵蚀破坏

硫酸盐侵蚀破坏是一个复杂的物理、化学及力学等作用的过程。在研究混凝土硫酸盐侵蚀时较多关注其化学侵蚀作用,往往忽视硫酸盐的物理侵蚀作用。在自然环境中,特别是在盐湖和盐渍土地区、寒冷地区以及海洋环境浪溅区,硫酸盐侵蚀导致混凝土结构的物理侵蚀破坏非常普遍。

关于混凝土硫酸盐物理侵蚀破坏,主要存在三种观点:固相体积膨胀理论、结晶水压力理论和盐结晶压力理论。

1) 固相体积膨胀理论

固相体积膨胀理论主要解释 Na_2SO_4 引起的物理侵蚀破坏,Na_2SO_4 结晶后的体积大于结晶前的体积,从而产生膨胀力引起混凝土破坏[11]。但该理论存在一定缺点,在 Na_2SO_4 转化为 $Na_2SO_4 \cdot 10H_2O$ 晶体的过程中(见式(15.1)),晶体体积增长约 315%,但如果考虑转换过程中水的体积对总体积的影响,$Na_2SO_4 \cdot 10H_2O$ 的体积却减少了 5.6%,另外,这种观点也不能解释 $NaCl$ 引起多孔材料的物理破坏现象。

$$Na_2SO_4 + 10H_2O \longrightarrow Na_2SO_4 \cdot 10H_2O \tag{15.1}$$

2) 结晶水压力理论

结晶水压力理论最早由 Mortensen 提出,该理论假设条件为:①孔隙中的盐不能再移动;②孔隙中的盐与外界环境可接触;③外界环境相对湿度要高于两种结晶盐转换时的平衡湿度[12]。当满足所有假设条件后,如果外界环境相对湿度发生改变,水化合物和结晶水合物之间的平衡会被打破,晶体会对周围孔壁产生压力。

3) 盐结晶压力理论

如果盐溶液过饱和,便会产生盐析现象,而晶体在生长过程中将产生较大的结晶压力,对周围孔壁产生压力。Correns[13]通过研究晶体在压力作用下的生长和溶解规律,提出盐结晶基本压力的表达式为

$$P = \frac{RT}{V_s} \ln \frac{C}{C_s} \tag{15.2}$$

式中,P 为晶体生长所产生的压力,atm;R 为理想气体常数,$0.082L \cdot atm/(mol \cdot K)$;$T$ 为热力学温度,K;V_s 为盐的固态体积,L/mol;C 为溶液实际浓度,mol/L;C_s 为溶液饱和浓度,mol/L。

式(15.2)说明过饱和溶液是产生结晶的必要条件,在非饱和条件下晶体无法生成。过饱和溶液可以由冷却、蒸发及干湿循环产生,在干湿循环制度下,采用烘

箱快速烘干会加速混凝土的破坏,这就是众多学者采用干湿循环加速硫酸盐侵蚀的主要原因。

Theoulakis 等[14]指出,盐结晶侵蚀过程由晶体成核和晶体生长两个阶段组成。过饱和溶液不仅是晶体成核的必要条件,也是整个晶体生长过程中必须满足的条件。晶体成核后,晶体生长产生的结晶压力是造成结构破坏的主要因素。在晶体的生长过程中,不但要求溶液必须为过饱和溶液,并且要求过饱和溶液能通过晶体和孔壁之间的薄膜不断提供至晶体表面,促进晶体生长。

Na_2SO_4 是一种常见的具有结晶破坏作用的硫酸盐,随着温度和相对湿度的变化,会出现不同的结晶相。Na_2SO_4 主要包括两种稳定相结晶盐,即无水 Na_2SO_4 晶体和 $Na_2SO_4 \cdot 10H_2O$ 晶体。Rodriguez-Navarro 等[15,16]的研究发现,$Na_2SO_4 \cdot 10H_2O$ 晶体呈须状,是平衡状晶体,生成条件是较低的过饱和度,主要在混凝土表面孔隙中产生,属于 Efflorescence 型侵蚀,破坏程度低;Na_2SO_4 晶体呈棱柱状,是非平衡状晶体,生成条件是较高的过饱和度,主要在混凝土内部孔隙中产生,属于 Subflorescence 型侵蚀,破坏程度高。Winkler 等[17]和 Sperling 等[18]也通过试验证明了无水 Na_2SO_4 的结晶压力比 $Na_2SO_4 \cdot 10H_2O$ 高很多。

2. 硫酸盐化学侵蚀破坏

硫酸盐与混凝土中水化产物发生化学反应,按照侵蚀产物的不同,硫酸盐化学侵蚀分为石膏型侵蚀、钙矾石型侵蚀和碳硫硅钙石型侵蚀三种类型。

1) 石膏型硫酸盐侵蚀

硫酸盐溶液中的 SO_4^{2-} 渗透扩散进入混凝土中,与水泥水化产物 $Ca(OH)_2$ 发生反应生成石膏,其化学反应式为

$$Ca(OH)_2 + SO_4^{2-} + 2H_2O \longrightarrow CaSO_4 \cdot 2H_2O + 2OH^- \qquad (15.3)$$

根据溶度积规律,石膏的析出需要满足 SO_4^{2-} 和 Ca^{2+} 浓度积达到 $CaSO_4$ 的溶度积。因此,侵蚀溶液中 SO_4^{2-} 浓度和毛细孔中 $Ca(OH)_2$ 浓度对石膏的生成具有重要的影响,且只有在 SO_4^{2-} 浓度非常高时,石膏型侵蚀才会起主导作用。Bellmann 等[19]研究了硫酸盐浓度对石膏生成的影响,结果表明,高浓度 SO_4^{2-} 和较低 pH 是石膏形成的必要条件,SO_4^{2-} 浓度最低为 1400mg/L,pH 最高为 12.45。随着 pH 升高,需要更高浓度的硫酸盐溶液反应生成石膏,所以水泥石中的碱性环境将不利于石膏生成。但如果水泥石中的孔溶液 pH 小于 11.4,水泥水化产物中的水化硅酸钙凝胶(C-S-H)会出现脱钙现象,与 SO_4^{2-} 结合生成石膏,化学反应式为

$$C\text{-}S\text{-}H + 2H_2O + SO_4^{2-} \longrightarrow Ca\text{-depleted } C\text{-}S\text{-}H + CaSO_4 \cdot 2H_2O \qquad (15.4)$$

在干湿交替条件下,即使 SO_4^{2-} 浓度不高,但混凝土干燥过程中水分蒸发,使溶液浓度变大,从而形成石膏结晶,石膏型侵蚀也会起主导作用。

对于石膏是否引起混凝土破坏尚有争论,焦点在于石膏是否引起混凝土膨胀

破坏。Hansen[20]认为,SO_4^{2-} 和 $Ca(OH)_2$ 通过特定的溶液机理形成固态石膏,在整个过程中不会产生体积膨胀。Mehta 等[21]研究了长期暴露条件下 C_3S 水泥混凝土受硫酸盐侵蚀的情况,结果表明,与 ASTM C150 Type V 水泥混凝土相比,石膏的形成引起了 C_3S 水泥混凝土出现显著剥落和强度损失。Tian 等[22]研究了硫酸盐侵蚀过程中石膏的形成对 C_3S 净浆和砂浆试件膨胀的影响,结果表明,当有大量石膏形成时,C_3S 砂浆试件膨胀明显。Santhanam 等[23]采用浓度为 4.44% 的 Na_2SO_4 溶液浸泡 C_3S 试件,结果表明混凝土膨胀是由石膏引起的。

2) 钙矾石型硫酸盐侵蚀

在硅酸盐水泥水化过程中,钙矾石作为早期的水化产物,不但对混凝土无破坏作用,还会提高混凝土的密实度和早期强度,将水化速度快的 C_3A 包裹其中,调节水泥的凝结时间。

硫酸盐侵蚀产生钙矾石破坏的主要原因是:混凝土凝结硬化后,侵蚀性离子进入混凝土内部,与混凝土中水泥水化产物反应生成水化硫铝酸钙($3CaO \cdot Al_2O_3 \cdot 3CaSO_4 \cdot 32H_2O$),化学反应式为

$$3CaO \cdot Al_2O_3 + 3(CaSO_4 \cdot 2H_2O) + 26H_2O \longrightarrow 3CaO \cdot Al_2O_3 \cdot 3CaSO_4 \cdot 32H_2O \tag{15.5}$$

$$3CaO \cdot Al_2O_3 \cdot Ca(OH)_2 \cdot xH_2O + 2CaSO_4 + SO_4^{2-} + (31-x)H_2O$$
$$\longrightarrow 3CaO \cdot Al_2O_3 \cdot 3CaSO_4 \cdot 32H_2O \tag{15.6}$$

$$3CaO \cdot Al_2O_3 \cdot CaSO_4 \cdot xH_2O + 2CaSO_4 + (32-x)H_2O$$
$$\longrightarrow 3CaO \cdot Al_2O_3 \cdot 3CaSO_4 \cdot 32H_2O \tag{15.7}$$

生成钙矾石的体积是 C_3A 的 8 倍,而且钙矾石为针状晶体,能产生很大的应力,从而造成混凝土开裂。

但钙矾石的形成受 pH 影响,当溶液 pH 低于 12 时,钙矾石将会分解生成石膏[24],即

$$3CaO \cdot Al_2O_3 \cdot 3CaSO_4 \cdot 32H_2O + 4SO_4^{2-} + 8H^+$$
$$\longrightarrow 4CaSO_4 \cdot 2H_2O + 2Al(OH)_3 \cdot 12H_2O \tag{15.8}$$

3) 碳硫硅钙石型硫酸盐侵蚀

在温度低于 15℃的硫酸盐溶液中,并有充足水源和碳酸盐的环境下,水泥砂浆或混凝土中 C-S-H 凝胶与 SO_4^{2-} 反应生成碳硫硅钙石[25]。虽然碳硫硅钙石的膨胀作用远小于钙矾石,但是侵蚀过程中消耗了混凝土中的主要胶凝组分 C-S-H,导致水泥石变成糊状,胶凝能力下降,混凝土强度降低明显。

碳硫硅钙石的形成机理有两种:一种是 C-S-H 凝胶与 SO_4^{2-}、碳酸盐(CO_3^{2-} 或空气中的 CO_2)和充足的水直接反应生成碳硫硅钙石。这个反应非常缓慢,通常需要几个月的时间才会有较明显的现象,化学反应式为[25]

$$Ca_3Si_2O_7 \cdot 3H_2O + 2CaSO_4 \cdot 2H_2O + 2CaCO_3 + 24H_2O$$

$$\longrightarrow Ca_6[2Si(OH)_6]_2(CO_3)_2(SO_4)_2 \cdot 24H_2O + Ca(OH)_2 \qquad (15.9)$$

$$Ca_3Si_2O_7 \cdot 3H_2O + 2CaSO_4 \cdot 2H_2O + CaCO_3 + 2CO_2 + 23H_2O$$

$$\longrightarrow Ca_6[2Si(OH)_6]_2(CO_3)_2(SO_4) \cdot 24H_2O \qquad (15.10)$$

另一种是先反应生成钙矾石,然后钙矾石与 C-S-H 凝胶、碳酸盐(CO_3^{2-} 或空气中的 CO_2 气体)和充足的水反应生成碳硫硅钙石。这个反应也非常缓慢,但当碳硫硅钙石开始生成时,反应速率就会明显加快,化学反应式为[26]

$$Ca_6[2Al_xFe_{(1-x)}(OH)_6]_2(SO_4)_2 \cdot 26H_2O + Ca_3Si_2O_7 \cdot 3H_2O + 2CaCO_3 + 4H_2O$$

$$\longrightarrow Ca_6[2Si(OH)_6]_2(CO_3)_2(SO_4)_2 \cdot 24H_2O + CaSO_4 \cdot 2H_2O$$

$$+ 2xAl(OH)_3 + 2(1-x)Fe(OH)_3 + 4Ca(OH)_2$$

$$(15.11)$$

或

$$Ca_6[2Al_xFe_{(1-x)}(OH)_6]_2(SO_4)_2 \cdot 26H_2O + Ca_3Si_2O_7 \cdot 3H_2O + CaCO_3 + CO_2$$

$$+ 3H_2O \longrightarrow Ca_6[2Si(OH)_6]_2(CO_3)_2(SO_4)_2 \cdot 24H_2O + CaSO_4 \cdot 2H_2O$$

$$+ 2xAl(OH)_3 + 2(1-x)Fe(OH)_3 + 3Ca(OH)_2 \qquad (15.12)$$

Bensted[26]通过试验对比了两种反应,每 6 个月观察一次,共观察 4 年,最终发现后一种反应要比前一种更快些。Brown 等[27]通过扫描电镜观测认为,碳硫硅钙石可能是由钙矾石碳化形成的。

15.2.2　硫酸盐侵蚀影响因素

1. 混凝土材料组成的影响

1) 水泥成分的影响

水泥成分决定了水泥基材料的抗硫酸盐性能,C_3A 是形成钙矾石的主要原料,而 C_3S 在水化过程中生成的 $Ca(OH)_2$ 将会直接参与硫酸盐侵蚀反应,因此水泥中 C_3A 和 C_3S 的含量对混凝土抗硫酸盐侵蚀性能有重要影响。Kurtis 等[28]模拟室外环境,研究了不同品种水泥抗硫酸盐侵蚀性能,证实了上述结论。高礼雄等[29]的研究表明,为保证混凝土抗硫酸盐性能,水泥必须具备以下条件:C_3A 含量小于 5%,$2C_3A + C_4AF$ 含量小于 20%,C_3S 含量小于 50%。Gollop 等[30]同样指出,水泥中 C_3A 含量较低时能有效降低硫酸盐侵蚀过程中钙矾石所产生的有害膨胀。Rasheeduzzafar[31]通过试验证明,水泥中 C_3S 与 C_2S 含量的比值可影响水化过程中 $Ca(OH)_2$ 的生成量,该比值过高的混凝土更易受硫酸盐侵蚀。亢景富[8]通过研究水泥品种对硫酸盐侵蚀的影响,认为硫酸盐环境下混凝土膨胀随水泥中 C_3A 含量的增加而明显增长。

2) 水胶比的影响

水胶比与混凝土密实性和渗透性有着直接关系,而抗渗性是影响混凝土抗硫酸盐侵蚀能力的重要因素,渗透性越强,侵蚀离子越容易进入混凝土内部,侵蚀速率越快。Mehta[32]总结得出,在硫酸盐侵蚀中,混凝土渗透性比水泥成分更重要。Al-Amoudi[33]将水胶比为 0.50 和 0.35 的混凝土在 Na_2SO_4 溶液中浸泡 1 年,其混凝土抗压强度损失率分别为 39% 和 26%。Monteiro 等[34]分析了硫酸盐长期侵蚀下混凝土的膨胀数据,认为混凝土的失效时间受水胶比和 C_3A 含量的影响较大。Naik 等[35]研究表明,在 $MgSO_4$ 溶液或 Na_2SO_4 溶液中,低水胶比反而降低了普通混凝土和水泥净浆的抗硫酸盐侵蚀性能。

3) 掺合料的影响

矿物掺合料的使用替代了一部分水泥,降低了 C_3A 含量,此外,粉煤灰、硅灰等还能与混凝土中的 $Ca(OH)_2$ 发生二次水化,降低了 $Ca(OH)_2$ 含量,并且生成了较为稳定的低钙硅比 C-S-H,使水泥石更加密实。同时,掺合料的细度和粒径也比水泥熟料小,在一定程度上可以提高混凝土密实性,增强混凝土抗硫酸盐侵蚀能力。

覃立香等[36]认为,混凝土中大量使用粉煤灰及采用超量取代法可使混凝土孔结构更加细化,且能降低 $Ca(OH)_2$ 含量,提高混凝土的抗硫酸盐侵蚀性能。Al-Dulaijan 等[37]的研究表明,20% 粉煤灰掺量提高了砂浆的抗硫酸盐侵蚀性能,且优于抗硫酸盐水泥砂浆。Tikalsky 等[38]研究了 18 种粉煤灰对混凝土抗硫酸盐侵蚀性能的影响,结果表明,粉煤灰的矿物相组成和化学成分是关键因素,低钙粉煤灰抗硫酸盐侵蚀效果优于高钙粉煤灰,且粉煤灰掺量最好控制在 25% 以内。Torii 等[39]研究了大掺量粉煤灰混凝土(50%)的抗硫酸盐侵蚀性能,结果表明,其抗硫酸盐侵蚀性能依然有所提高。Gollop 等[40]指出,不应该忽视粉煤灰中含有的大量活性铝元素,高铝含量的粉煤灰反而降低混凝土抗硫酸盐侵蚀性能。

Hill 等[41]的研究表明,矿渣掺量为 65% 的混凝土抗 $MgSO_4$ 和 $CaSO_4$ 侵蚀能力增强。Hekal 等[42]也认为,40% 矿粉掺量能显著提高混凝土抗 $MgSO_4$ 的侵蚀能力。Mangat 等[43]研究了普通水泥混凝土及矿渣掺量分别为 40% 和 80% 混凝土的抗硫酸盐侵蚀性能,结果表明,矿渣掺量为 40% 的混凝土最先破坏,而矿渣掺量为 80% 的混凝土抗侵蚀效果较好。Cao 等[44]的研究表明,矿渣掺量为 80% 的混凝土抗 Na_2SO_4 侵蚀能力增强,但当 pH<7 时高掺量矿渣反而降低了抗硫酸盐侵蚀能力。然而,Al-Amoudi[45]的研究则认为水胶比为 0.5 时,60%~70% 矿渣掺量降低了砂浆抗复合硫酸盐侵蚀能力。

硅灰可封堵 400~150nm 的孔隙,产生"梯级封堵"效应,使混凝土更加密实。当硅粉掺量在 10% 以内时,随着掺量的增加,其抗硫酸盐侵蚀能力不断提高[10]。Al-Amoudi[45]通过测试混凝土重量损失、膨胀率和极化电阻,发现掺加硅灰可提高混凝土密实性,增强抗硫酸盐侵蚀性能。Türker 等[46]和 Park 等[47]认为,硅灰不能提高水泥净浆抗 $MgSO_4$ 侵蚀能力,但其抗 Na_2SO_4 侵蚀性能随硅灰掺量的增加而提高。Nehdi 等[48]研究了掺加粉煤灰、矿渣、硅灰对砂浆抗硫酸盐侵蚀的影响,结果表明,抗侵蚀能力的顺序为硅灰>矿渣>粉煤灰>普通硅酸盐水泥。

2. 环境因素的影响

1) 硫酸盐溶液 SO_4^{2-} 浓度的影响

硫酸盐侵蚀机理与溶液浓度密切相关,SO_4^{2-} 浓度不同,硫酸盐侵蚀产物也不同。对于 Na_2SO_4 侵蚀,在低浓度 SO_4^{2-}($<1000mg/L$)环境中,侵蚀产物主要为钙矾石;在高浓度 SO_4^{2-}($>8000mg/L$)环境中,侵蚀产物主要为石膏;当溶液浓度在这两者之间时,石膏和钙矾石均会出现。对于 $MgSO_4$ 侵蚀,在低浓度 SO_4^{2-}($<4000mg/L$)环境中,以钙矾石为主;在高浓度 SO_4^{2-}($>7500mg/L$)环境中,Mg^+ 侵蚀占主导;当溶液浓度在这两者之间时,石膏和钙矾石同时出现[49]。

Aköz 等[50]研究了普通水泥砂浆和掺硅灰水泥砂浆在不同浓度 Na_2SO_4 溶液中的侵蚀情况,结果表明,低浓度溶液对浸泡 100d 的水泥砂浆侵蚀作用不明显。Santhanam 等[51]研究了硫酸盐溶液浓度对水泥砂浆膨胀速率的影响,表明在不同浓度的 Na_2SO_4 和 $MgSO_4$ 溶液中,试件的膨胀速率可分为两个阶段,Na_2SO_4 溶液浓度的增大不改变初始阶段的膨胀速率,却显著增加了加速段的膨胀速率;而 $MgSO_4$ 溶液浓度的增大可加快两个阶段的膨胀速率。冯乃谦等[10]将不同品种的水泥试件浸泡于 SO_4^{2-} 浓度分别为 $1000mg/L$、$2000mg/L$、$3000mg/L$ 和 $4000mg/L$ 的溶液中,结果表明,水泥抗折系数随 SO_4^{2-} 浓度的增大而降低。方祥位等[52]研究表明,Na_2SO_4 溶液侵蚀的混凝土抗折强度和抗压强度变化可分为上升段和下降段,溶液浓度不同,上升段持续时间不同。

2) 硫酸盐溶液中阳离子种类的影响

硫酸盐溶液中阳离子种类不同,侵蚀反应机理也不相同。目前,Na^+ 和 Mg^{2+} 是硫酸盐环境中最常见的两种阳离子。混凝土在 Na_2SO_4 溶液中的主要侵蚀产物是石膏和钙矾石,钙矾石侵蚀破坏主要表现为混凝土膨胀和开裂,混凝土表面出现少数粗大的裂缝。石膏侵蚀破坏主要表现为混凝土表面无粗大裂纹,但呈现软化、分离及遍体溃散。Na_2SO_4 与混凝土水化产物之间的反应过程及反应产物如图 15.3 所示[24]。

$MgSO_4$ 对混凝土的侵蚀作用除了与 SO_4^{2-} 反应生成石膏和钙矾石(AFt)外,AFt 高温不稳定,会分解成单硫型水化硫铝酸钙(AFm),同时 Mg^{2+} 也会参与反应,生成难溶性的 $Mg(OH)_2$,导致混凝土孔溶液 pH 降低,引起严重的脱钙反应($pH<11.4$),混凝土中 C-S-H 凝胶分解。此外,Mg^{2+} 还能与混凝土中水化产物发生反应生成无胶结能力的水化硅酸镁(Mg-S-H),加速混凝土水化产物的溶解。$MgSO_4$ 侵蚀破坏的特点是混凝土面层软化及生成膨胀产物,$MgSO_4$ 与混凝土水化产物之间的反应过程及反应产物如图 15.4 所示[24]。

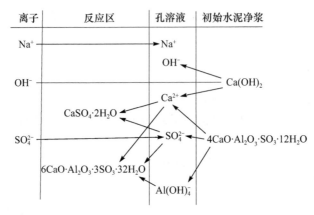

图 15.3　Na_2SO_4 和混凝土水化产物之间的反应过程及反应产物[24]

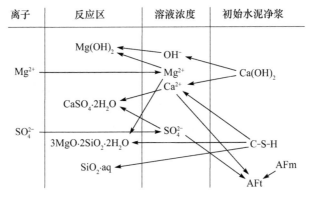

图 15.4　$MgSO_4$ 和混凝土水化产物之间的反应过程及反应产物[24]

Brown 等[53,54]采用水灰比为 0.45 的抗硫酸盐水泥混凝土,在 Na_2SO_4 和 $MgSO_4$ 溶液中浸泡 23 年,结果表明,混凝土在 $MgSO_4$ 溶液中的劣化深度为 7mm,小于 Na_2SO_4 溶液中的劣化深度(22mm)。Lee 等[55]的研究表明,水灰比为 0.45 的水泥砂浆在 5% Na_2SO_4 和 5% $MgSO_4$ 溶液浸泡 360d 后,$MgSO_4$ 溶液中水泥砂浆剩余强度更高。Liu 等[56]采用圆柱体混凝土试件,在 5% Na_2SO_4 和 4.22% $MgSO_4$ 溶液中浸泡 12 个月,结果表明,Na_2SO_4 溶液对混凝土试件的侵蚀作用更为明显。关于 $MgSO_4$ 和 Na_2SO_4 侵蚀,有时无法确定哪一种更严重,在某些环境条件下 $MgSO_4$ 侵蚀或许更严重[57]。

3) 硫酸盐溶液中阴离子种类的影响

混凝土所处的环境中常会出现 SO_4^{2-} 和 Cl^- 共存的情况,Cl^- 的存在减缓了硫酸盐侵蚀破坏的程度和速度。Du 等[58]研究表明,混凝土强度在复合盐溶液中几乎无退化,而在单一 Na_2SO_4 溶液中降低了 44.6%。Jin 等[59]研究了混凝土在 5%

Na_2SO_4 和 3.5%NaCl 的复合溶液中相对动弹性模量的劣化规律,结果表明,Cl^- 的存在减缓了硫酸盐侵蚀破坏的速度。梁咏宁等[60]和杜健民等[61]的研究结果均表明,Cl^- 的存在可减缓硫酸盐环境中混凝土的损伤,且 NaCl 浓度越高,减缓效果越明显。而刘惠兰等[62]的研究认为,Cl^- 虽然减缓了硫酸盐对砂浆的侵蚀程度,但高浓度的 Cl^- 会形成细小的针状氯铝酸盐微粒,在混凝土中产生较大的膨胀应力,并且 NaCl 还会导致混凝土溶解破坏和物理侵蚀,加剧混凝土损伤。

4) 硫酸盐溶液 pH 的影响

水化良好的硅酸盐水泥浆体孔溶液 pH 一般为 12.5~13.5,当 pH<12.5 时,混凝土有可能因为凝胶性水化产物稳定性减弱而产生破坏,而硫酸盐溶液的 pH 对侵蚀速度和机理也有一定的影响。Bellmann 等[19]认为,碱性孔溶液将不利于石膏生成,如果 pH>12.9,石膏很难生成。Mehta 等[63]和 Brown[64]均采用酸性溶液控制 pH 的方法来模拟自然暴露环境中的恒定 pH,试验结果表明,随 pH 的降低,混凝土抗硫酸盐侵蚀性能下降,但与 pH 的相关性不明显。然而,Cao 等[65]认为此方法中水泥浆体受到的是酸性侵蚀,此时浆体中 Ca^{2+} 的析出和 C-S-H 的脱钙占主导作用,侵蚀机理已发生改变。席耀忠[66]的研究表明,随着侵蚀溶液 pH 降低,侵蚀反应也不断变化,当 12<pH<12.5 时,钙矾石结晶析出;当 10.6<pH<11.6 时,石膏结晶析出;当 pH<10.6 时,钙矾石开始分解。与此同时,当 pH<12.5 时,C-S-H 凝胶也将溶解和再结晶;当 pH<8.8 时,掺超塑化剂和活性混合材的混凝土也将遭受侵蚀。梁咏宁等[67]的研究表明,随侵蚀溶液浓度增大和 pH 降低,混凝土强度衰减率增大。

5) 环境温度的影响

环境温度升高,混凝土内外会产生温度梯度,加快了侵蚀性离子的扩散速度和化学反应速率。根据 Arrhenius 方程,温度每升高 10℃,一般的化学反应速率提高 2~3 倍[68]。Santhanam 等[51]通过研究水泥砂浆的膨胀率变化证实了升温会加速硫酸盐的侵蚀速度。根据 Winkler 等[17]的研究,温度为 8℃时,无水 Na_2SO_4 晶体和 $Na_2SO_4 \cdot 10H_2O$ 晶体的结晶压力分别为 29.6MPa 和 7.3MPa,而温度为 50℃时,结晶压力分别为 34.9MP 和 8.3MPa,显然,无水 Na_2SO_4 的结晶压力更大。

6) 环境相对湿度的影响

硫酸盐环境中相对湿度变化会造成结晶产物不同及侵蚀机理不同。马昆林等[69]研究表明,在温度为 20℃条件下,相对湿度为 45%时,Na_2SO_4 的结晶产物主要是无水 Na_2SO_4 晶体;而相对湿度为 85%时,Na_2SO_4 的结晶产物主要是 $Na_2SO_4 \cdot 10H_2O$ 晶体。在测试 Na_2SO_4 结晶种类对砂浆的物理侵蚀时,相对于 $Na_2SO_4 \cdot 10H_2O$ 晶体,无水 Na_2SO_4 晶体的生成需要的环境相对湿度较低,这样会造成砂浆表面水分大量蒸发,加快 Na_2SO_4 溶液在毛细孔中的传输速度,更多的 Na_2SO_4 溶液到达砂浆表层,相同时间内生成的无水 Na_2SO_4 晶体也比 $Na_2SO_4 \cdot$

$10H_2O$ 晶体多。与温度变化相比,相对湿度对砂浆受 Na_2SO_4 物理侵蚀破坏的作用更加显著。

15.2.3 硫酸盐侵蚀评价方法

1. 硫酸盐侵蚀评价标准

我国曾在 1965 年就制定了《水泥抗硫酸盐侵蚀试验方法》(GB/T 749—1965)[70],并分别在 1981 年、2001 年、2008 年进行了三次修订[71~73],这些标准虽然是水泥抗硫酸盐侵蚀的试验标准,但对混凝土硫酸盐侵蚀试验有一定的指导作用。我国《普通混凝土长期性能和耐久性能试验方法标准》(GB/T 50082—2009)[74]首次提出了混凝土抗硫酸盐侵蚀试验标准,该标准采用干湿循环的试验方法,选用尺寸为 100mm×100mm×100mm 的立方体混凝土试件,标准养护到相应龄期,将试件从标准养护室取出,擦干表面水分放入烘箱中,在(80±5)℃温度下烘 48h,烘干结束后将试件在干燥环境中冷却到室温。再将试块浸泡在 5% Na_2SO_4 溶液中 16h,取出晾干放入(80±5)℃烘箱中烘干 6h,冷却 2h,一个循环为 24h。当混凝土抗压强度耐蚀系数低于 75%,或干湿循环次数达到 150 次时,或达到设计抗硫酸盐等级相应的干湿循环次数,终止试验。

ASTM 主要有两种方法评价硫酸盐侵蚀,即 ASTM C452-2015 标准[75]和 ASTM C1012/C1012M-2018 标准[76],两者均采用砂浆试件的膨胀值评价水泥的抗硫酸盐侵蚀性能。ASTM C452-15 标准仅适用于判断由硅酸盐水泥与石膏组成的混合物制成的砂浆棒膨胀,混合物中 SO_3 含量为 7.0%(按质量计),将这种混合物制成 25mm×25mm×285mm 的试件养护、脱模后存放于水中,在龄期为 24h±15min 时进行第一次长度测量,龄期为 14d 时再次测量试件长度,通过试件的长度变化,判定水泥的潜在膨胀性来评价水泥抗硫酸盐侵蚀性能。ASTM C1012/C1012M-18 标准采用尺寸为 25mm×25mm×285mm 的砂浆棒,水泥和砂子的质量比为 1:2.75,浸泡于浓度为 50g/L 的 Na_2SO_4 溶液中,分别在 7d、14d、21d、28d、56d、91d、105d 后测定砂浆棒的长度变化,从而判定该种水泥抗硫酸盐性能是否合格。

2. 混凝土硫酸盐侵蚀试验方法

实验室通常采用高浓度的硫酸盐溶液、增加反应面积、升高侵蚀溶液温度或控制侵蚀溶液 pH 等方法进行混凝土硫酸盐侵蚀加速试验。根据侵蚀过程的不同可以分为长期浸泡(全浸泡和半浸泡)和干湿循环两种试验方法。

1) 长期浸泡试验方法

长期浸泡试验可以更好地反映实际工程遭受硫酸盐侵蚀的情况,但需要经过较长的浸泡时间,才能得到硫酸盐侵蚀混凝土性能退化规律。全浸泡试验的代表是 ASTM 的两部标准:ASTM C452-15 和 ASTM C1012/C1012M-18。在 ASTM C452-15 测试方法中,硫酸盐是作为混合物加到砂浆中,试件存放于水中进行试验,主要测定水泥内部的硫酸盐侵蚀,只适用于硅酸盐水泥。ASTM C1012/C1012M-18 是将试件浸泡在硫酸盐溶液中,研究各种水泥的抗硫酸盐侵蚀性能。

肖海英等[77]采用立式半浸、卧式半浸和卧式全浸等浸泡方式,研究了长期自然浸泡制度下硫酸盐、氯盐和镁盐的复合溶液对混凝土的侵蚀,不同浸泡方式混凝土的侵蚀程度为:立式半浸>卧式半浸>卧式全浸。

2) 干湿循环试验方法

干湿循环是混凝土处于浸泡状态和干燥状态的交替作用,相对于连续浸泡作用,干湿循环作用下混凝土受硫酸盐侵蚀程度更为严重,而干湿循环制度对硫酸盐侵蚀程度的影响非常显著。但目前研究中采用的干湿循环制度并不统一,大多数试验采用浸泡-烘干的加速方法,通过升温加速干燥来创造干湿循环条件。例如,Huang[78]采用 40℃烘干 24h;Bassuoni 等[79]采用 40℃烘干 48h;Atkinson 等[80]采用 54V 烘干 8h;乔宏霞等[81]采用 65~76℃烘干 12h;冷发光等[82]采用 80℃烘干 6h;梁咏宁等[83]采用 80℃烘干 20h;Sahmaran 等[84]采用 100℃烘干 24h;Almeida[85]采用 105℃烘干 10~15h;Jin 等[6]采用 60℃烘干 48h;杨全兵等[86]采用 105℃烘干 24h 等。我国《普通混凝土长期性能和耐久性能试验方法标准》(GB/T 50082—2009)[74]规定,采用 80℃烘干 6h 的方法。

烘干-浸泡循环方法虽然缩短了试验周期,在一定程度上加速了试验进程,但存在明显的弊端。首先,采用浸泡-烘干方法,温度的不断变化会引起混凝土试块产生温度裂缝;其次,温度过高有可能改变混凝土硫酸盐侵蚀机理,当温度升高到 32.4℃时,$Na_2SO_4 \cdot 10H_2O$ 晶体会转化为 Na_2SO_4 晶体,而当温度升高到约 70℃时,侵蚀过程产生的钙矾石稳定性降低,容易由 AFt 相转化为 AFm 相,侵蚀机理将发生变化[25]。

因此,也有研究者采用室温干燥的方式来模拟干湿循环制度。刘大庆等[87]采用在 Na_2SO_4 溶液中浸泡 3d,在室温下静置 3d 为一个干湿循环;张凤杰等[88]在人工气候室(温度 20℃)中采用溶液浸泡 5d、干燥 5d 的循环制度;董宜森等[89]采用溶液浸泡 8d,在室温下静置 7d;曹健等[90]将试件浸泡在 Na_2SO_4 溶液中 8d 后,在特定温、湿度的容器内干燥 7d;李凤兰等[91]采用在 Na_2SO_4 溶液中浸泡 15d(湿状态),再取出在空气中干燥 15d(干状态),作为一个干湿循环。

3. 硫酸盐侵蚀评价指标

近年来,研究者大多采用混凝土膨胀率、抗压强度、抗折强度、质量损失、动弹性模量损失等宏观性能指标来评价混凝土抗硫酸盐侵蚀性能。随着超声检测技术的发展,混凝土损伤层厚度也逐渐成为混凝土劣化程度的评价指标。

Sahmaran 等[84]采用抗压强度评价水泥砂浆试块在 $5\%Na_2SO_4$ 溶液中的抗硫酸盐侵蚀性能。Almeida[85]研究了干湿循环作用下高强混凝土受硫酸盐侵蚀后的质量和强度变化规律。张亚梅等[92]采用动弹性模量、抗折强度和抗压强度评价橡胶水泥混凝土在 Na_2SO_4 和 $NaCl$ 复合盐溶液中长期浸泡以及浸泡—烘干循环下的性能变化。叶建雄等[93]采用砂浆膨胀值、抗压强度和抗折强度研究了多种矿物掺合料水泥基材料的抗硫酸盐侵蚀性能。乔宏霞等[94]研究了 Na_2SO_4 溶液中混凝土的劣化规律,结果表明,与抗压强度相比,抗折强度能更准确地反映混凝土损伤劣化程度。梁咏宁等[83]采用剩余抗压强度系数、剩余抗折强度系数和饱和面干吸水率等指标综合评价混凝土抗硫酸盐侵蚀性能。Qi 等[95]采用相对动弹性模量、质量损失研究了再生混凝土在硫酸盐环境下的损伤过程。梁咏宁等[96]采用超声法对硫酸盐侵蚀混凝土损伤层厚度进行了检测;张凤杰等[88]用超声波法对硫酸盐侵蚀混凝土的损伤层进行研究,并用化学分析方法进行修正,表明超声平测法可以用来检测硫酸盐侵蚀混凝土的损伤层厚度。

15.2.4　多因素作用下混凝土硫酸盐侵蚀

1. 硫酸盐侵蚀与干湿循环共同作用

硫酸盐环境中处于水位变动区、浪溅区和潮汐区的混凝土结构,遭受干湿循环与硫酸盐侵蚀的共同作用。在干湿循环过程中,由于水分蒸发,混凝土孔隙中的盐产生结晶压力,与硫酸盐的化学侵蚀共同作用,混凝土破坏更加严重。Clifton 等[97]的研究表明,干湿循环作用下混凝土的劣化速度远比连续浸泡严重,Cody 等[98]也通过试验研究得出了类似的结论。杨全兵等[86]通过对干湿循环和连续浸泡进行比较,发现在干湿循环作用下,混凝土膨胀率和剥落量更大,物理破坏要比化学破坏严重。

梁咏宁等[96]的研究表明,在干湿循环作用下,硫酸盐溶液种类对混凝土的破坏机理影响显著。金祖权等[99]采用干湿循环的方法研究了在 Na_2SO_4、$MgSO_4$ 溶液及盐湖卤水中混凝土的损伤失效规律,结果表明,在不同溶液中混凝土呈现不同的损伤劣化阶段。

Ganjian 等[100]研究发现,干湿循环与硫酸盐侵蚀共同作用下,矿物掺合料未能改善混凝土的抗硫酸盐侵蚀性能,反而加剧了混凝土的性能劣化。袁晓露等[101]研究也指出,在干湿循环作用下矿物掺合料未能有效提高混凝土的抗硫酸盐侵蚀性能。高润东等[102]研究了干湿循环作用下混凝土中 SO_4^{2-} 的传输规律,结果表明,高强混凝土的孔隙结构得到优化,硫酸盐侵蚀深度明显降低。

2. 硫酸盐侵蚀与冻融循环耦合作用

在寒冷地区的海洋和盐湖等侵蚀环境中,混凝土在遭受硫酸盐侵蚀的同时,还会受到冻融循环作用,二者之间的耦合作用导致混凝土的损伤劣化机理更加复杂,破坏更加严重。

慕儒等[103]研究了 Na_2SO_4 溶液与冻融循环作用下混凝土的性能劣化,结果表明,低强度混凝土在硫酸盐侵蚀作用尚不明显时已达到冻融破坏,而高强度混凝土在冻融后期受到硫酸盐侵蚀作用,会发生突然破坏。葛勇等[104]研究了 Na_2SO_4 溶液浓度对混凝土抗冻性能的影响,结果表明,溶液浓度变化对高强度混凝土影响较小,而对低强度混凝土影响较大。陈四利等[105]的研究也表明,在冻融初期 Na_2SO_4 对混凝土强度有一定的提高作用,但随着冻融循环次数的增加,混凝土破坏进程加速。

关宇刚等[106]研究了混凝土在 $(NH_4)_2SO_4$ 溶液中的抗冻性能,结果表明,在冻融循环初期 $(NH_4)_2SO_4$ 溶液起到了降低孔隙水冰点的作用,对抗冻性有利,但随着冻融循环次数的增加, $(NH_4)_2SO_4$ 侵蚀加速了混凝土冻融损伤。余红发等[107]对西部盐湖卤水环境下混凝土的抗冻性能进行了研究,结果表明,盐湖卤水对混凝土冻融破坏的影响既有降低冰点、缓解冻融损伤的正效应,也有促进盐类结晶、导致混凝土膨胀开裂损伤的负效应,正负效应的强弱决定了混凝土的损伤机理与劣化程度。郑晓宁等[108]研究也表明,硫酸盐侵蚀与冻融循环耦合作用下,混凝土内部出现盐类结晶和化学侵蚀产物,既存在物理作用又存在化学侵蚀。金祖权等[109]研究了 Na_2SO_4 溶液和 Na_2SO_4+NaCl 复合溶液中混凝土冻融过程的微结构演变,结果表明,低温环境可降低混凝土中 SO_4^{2-} 的扩散速度和化学反应速率,但冻融损伤会导致 SO_4^{2-} 扩散速度加快。

3. 硫酸盐侵蚀与荷载共同作用

Gerdes 等[110]研究了不同弯曲应力水平和硫酸盐共同作用下的混凝土断裂性能和弯曲强度。Jin 等[6]采用相对动弹性模量、质量损失以及膨胀率综合研究了硫酸盐-弯曲荷载共同作用下混凝土的损伤失效过程。Bassuoni 等[79]研究了干湿循环与弯曲荷载共同作用下硫酸盐侵蚀对自密实混凝土抗压强度的影响。

15.2.5 混凝土硫酸盐侵蚀模型

研究者采用多种手段研究硫酸盐侵蚀环境下混凝土的损伤劣化过程,并针对混凝土硫酸盐侵蚀模型开展了大量的理论与试验研究,取得了一定的成果。

Atkinson 等[111]综合考虑混凝土弹性和断裂性质、内部硫酸盐扩散系数、外部硫酸盐含量以及钙矾石含量,建立了混凝土硫酸盐侵蚀剥落速度模型。Clifton

等[112]从化学角度阐述了硫酸盐侵蚀水泥材料的膨胀性产物体积变化和材料内应变之间的关系,建立了混凝土硫酸盐侵蚀的化学-力学分析模型。Santhanam等[113]提出了混凝土硫酸盐侵蚀由表及里的渐进破坏模型,考虑温度效应和浓度效应,建立了硫酸盐侵蚀水泥砂浆试件的膨胀率模型。Gospodinov[114]假设混凝土中孔隙由圆柱形毛细管组成,各毛细管贯穿整个试件且相互之间不相交,提出了考虑扩散、化学反应及化学反应产物对扩散影响的扩散-反应方程。

左晓宝等[115]基于 Fick 第二定律及化学反应动力学理论,建立了混凝土一维、二维、三维非稳态扩散反应微分方程,并根据钙矾石的生成量,得到混凝土膨胀应变,最后结合混凝土本构关系获得膨胀应力以描述混凝土的破坏情况。张柬等[116]和万旭荣等[117]也根据 Fick 第二定律给出了 SO_4^{2-} 的扩散反应方程。陈正等[118]考虑水灰比、硫酸盐浓度、NaCl 浓度、Mg^{2+} 浓度对混凝土内 SO_4^{2-} 扩散系数的影响,给出多因素作用下 SO_4^{2-} 扩散系数的修正模型,并基于固相体积变化理论建立了混凝土寿命预测模型。

曹双寅[119]研究了硫酸及硫酸盐对混凝土强度的影响,提出硫酸盐及硫酸介质对混凝土强度影响的计算模型。袁晓露等[120]研究了干湿循环与硫酸盐侵蚀共同作用下高性能混凝土抗压强度的经时规律,建立了硫酸盐侵蚀高性能混凝土抗压强度的经时概率模型。

Feng 等[121]将硫酸盐侵蚀的微结构-力学模型与有限差分模型相结合,建立了多尺度一维扩散-化学-力学耦合模型,可预测水泥浆体的整体膨胀,并计算不同深度微结构中产生的损伤。Qi 等[95]综合考虑荷载、环境因素以及材料参数的影响,以相对动弹性模量为损伤变量,建立了再生混凝土在硫酸盐侵蚀作用下的损伤模型。

15.3　本篇主要内容

研究者针对硫酸盐单一因素作用、硫酸盐侵蚀与干湿循环共同作用、硫酸盐侵蚀与冻融循环耦合作用下混凝土材料的耐久性进行了一系列的理论与试验研究,取得了一定研究成果。但是,研究中仍存在一些问题有待解决。

(1) 目前多采用升温干燥来模拟干湿循环,此方法虽能加速试验,但高温烘干会对硫酸盐侵蚀产物成分及破坏机理产生较大影响,因此应采用更加接近实际情况的干湿循环制度。

(2) 硫酸盐侵蚀混凝土损伤是一个由表及里的过程,随着损伤累积逐渐形成损伤层,但目前缺少有关硫酸盐侵蚀与干湿循环共同作用、硫酸盐侵蚀与冻融循环耦合作用下混凝土损伤层厚度的计算模型及损伤层混凝土力学性能模型。

(3) 随着硫酸盐侵蚀的加剧,混凝土内部微观结构和侵蚀产物不断变化,从而影响混凝土的宏观性能。需要从微观角度对硫酸盐侵蚀混凝土的产物进行定量分析,更深入地揭示硫酸盐侵蚀混凝土劣化机理。

（4）混凝土在单轴受压状态下的应力-应变关系是混凝土力学性能的综合体现,目前关于硫酸盐侵蚀与干湿循环共同作用、硫酸盐侵蚀与冻融循环耦合作用下混凝土及损伤层混凝土应力-应变关系的研究还比较少。

本篇采用理论分析与室内试验相结合、宏观试验与微观分析相结合,对硫酸盐侵蚀与干湿循环共同作用、硫酸盐侵蚀与冻融循环耦合作用下混凝土的损伤劣化与性能退化进行较为系统的研究。主要内容如下:

第16章采用SEM观察内部结构演化、内部主要侵蚀产物生长特性和形态,并利用XRD分析和热重-差示扫描量热(thermogravimetric analysis and differential scanning calorimetry,TG-DSC)综合热分析,定量分析硫酸盐侵蚀产物钙矾石和石膏的变化规律,探明硫酸盐侵蚀与干湿循环共同作用、硫酸盐侵蚀与冻融循环耦合作用下混凝土损伤劣化机理。

第17章开展硫酸盐侵蚀混凝土性能劣化试验,研究硫酸盐侵蚀与干湿循环共同作用下水胶比、粉煤灰掺量、硫酸盐溶液种类及浓度对混凝土质量损失率、相对动弹性模量和抗压强度的影响规律,建立考虑水胶比、粉煤灰掺量和硫酸盐溶液浓度影响的混凝土抗压强度时变模型;研究硫酸盐侵蚀与冻融循环耦合作用下硫酸盐溶液种类及浓度对混凝土质量损失率、相对动弹性模量和抗压强度的影响规律,分析硫酸盐侵蚀对冻融破坏的影响以及二者之间的耦合效应。

第18章采用超声波平测法对硫酸盐侵蚀混凝土损伤层进行测试分析,建立硫酸盐侵蚀混凝土损伤层预测模型,并提出损伤层混凝土强度的计算方法。

第19章开展硫酸盐侵蚀混凝土单轴受压试验,分析硫酸盐侵蚀与干湿循环共同作用、硫酸盐侵蚀与冻融循环耦合作用下不同龄期混凝土的受压性能及应力-应变曲线变化规律,并建立相应的本构关系;结合损伤层混凝土的强度计算方法,建立损伤层混凝土的应力-应变关系。

参 考 文 献

[1]　Mehta P K,Monteiro P J M. Concrete Microstructure,Properties and Materials[M]. New York:McGraw-Hill Publishing,2006.

[2]　Biczok I. Concrete Corrosion Concrete Protection[M]. New York:Chemical Publishing Company,1967.

[3]　Bickley J A,Hemmings R T,Hooton R D,et al. Thaumasite related deterioration of concrete structures[J]. ACI Journal,1994,144:159-176.

[4]　Thomas M D A,Rogers C A,Bleszynski R F. Occurrences of thaumasite in laboratory

and field concrete[J]. Cement and Concrete Composites, 2003, 25(8): 1045-1050.

[5]　仇新刚, 马孝轩, 孙秀武. 钢筋混凝土在滨海盐土地区腐蚀规律试验研究[J]. 建筑科学, 2001, 17(6): 41-43.

[6]　Jin Z Q, Sun W, Jiang J Y, et al. Damage of concrete attacked by sulfate and sustained loading[J]. Journal of Southeast University, 2008, 24(1): 69-73.

[7]　杜建民, 梁咏宁, 张风杰. 地下结构混凝土硫酸盐腐蚀机理及性能退化[M]. 北京: 中国铁道出版社, 2011.

[8]　亢景富. 混凝土硫酸盐侵蚀研究中的几个基本问题[J]. 混凝土, 1995, (3): 9-18.

[9]　贺传卿, 李永贵, 王怀义, 等. 硫酸盐对水泥混凝土的侵蚀及其防治措施[J]. 混凝土, 2003, (3): 56-57.

[10]　冯乃谦, 邢锋. 混凝土与混凝土结构的耐久性[M]. 北京: 机械工业出版社, 2009.

[11]　Thaulow N, Sahu S. Mechanism of concrete deterioration due to salt crystallization [J]. Materials Characterization, 2004, 53(2-4): 123-127.

[12]　Flatt R J, Schutter G W. Hydration and crystallization Pressure of sodium sulfate: A critical review[C]//Materials Research Society Symposium Proceedings, San Francisco, 2002: 29-34.

[13]　Correns C W. Growth and dissolution of crystals under linear pressure[J]. Discussions of the Faraday Society, 1949, 5: 267-271.

[14]　Theoulakis P, Moropoulou A. Salt crystal growth as weathering mechanism of Porous stone on historic masonry[J]. Journal of Porous Materials, 1999, 6(4): 345-358.

[15]　Rodriguez-Navarro C, Doehne E. Salt weathering: Influence of evaporation rate, supersaturation and crystallization pattern[J]. Earth Surface Processes and Landforms, 1999, 24(3): 191-209.

[16]　Rodriguez-Navarro C, Doehne E, Sebastian E. How does sodium sulfate crystallize? Implications for the decay and testing of building materials[J]. Cement and Concrete Research, 2000, 30(10): 1527-1534.

[17]　Winkler E M, Wilhelm E J. Salt burst by hydration pressures in architectural stone in urban atmosphere[J]. The Geological Society of America, 1970, 81(2): 567-572.

[18]　Sperling C H B, Cooke R U. Laboratory simulation of rock weathering by salt crystallization and hydration processes in hot, arid environments[J]. Earth Surface Processes and Landforms, 1985, 10(6): 541-555.

[19]　Bellmann F, Möser B, Stark J. Influence of sulfate solution concentration on the formation of gypsum in sulfate resistance test specimen[J]. Cement and Concrete Research, 2006, 36(2): 358-363.

[20]　Hansen W C. Attack on Portland cement concrete by alkali and water a critical review [J]. Highway Research Record, 1966, (113): 1-3.

[21]　Mehta P K, Pirtz D, Polivka M. Properties of alite cements[J]. Cement and Concrete

Research,1979,9(4):439-450.

[22] Tian B,Cohen M D. Expansion of alite paste caused by gypsum formation during sulfate attack[J]. Journal of Materials in Civil Engineering,2000,12(1):24-25.

[23] Santhanam M,Cohen M D,Olek J. Effects of gypsum formation on the performance of cement mortars during external sulfate attack[J]. Cement Concrete Composites,2003,33(3):325-332.

[24] Skalny J P,Odler I,Marchand J. Sulfate Attack on Concrete[M]. London:Odlerlvan Spon Press,2001.

[25] 邓德华,肖佳,元强,等. 水泥基材料中的碳硫硅钙石[J]. 建筑材料学报,2005,8(4):400-409.

[26] Bensted J. Thaumasite-direct,woodfordite and other possible formation routes[J]. Cement and Concrete Composites,2003,25(8):873-877.

[27] Brown P,Hooton R D,Clark B. Microstructural changes in concretes with sulfate exposure[J]. Cement and Concrete Composites,2004,26(8):993-999.

[28] Kurtis K E,Shomglin K,Monteiro P J M,et al. Accelerated test for measuring sulfate resistance of calcium sulfoaluminate, calcium aluminate, and portland cements[J]. Journal of Materials in Civil Engineering,2001,13(3):216-221.

[29] 高礼雄,荣辉,刘金革. 钡盐对混凝土抗硫酸盐侵蚀的有效性研究[J]. 混凝土,2007,(3):17-18,21.

[30] Gollop R S,Taylor H F W. Microstructural and microanalytical studies of sulfate attack. Ⅱ. Sulfate-resisting Portland cement:Ferrite composition and hydration chemistry[J]. Cement and Concrete Research,1994,24(7):1347-1358.

[31] Rasheeduzzafar. Influence of cement composition on concrete durability[J]. ACI Materials Journal,1992,89(6):574-586.

[32] Mehta P K. Materials Science of Concrete[M]. 3rd ed. Westerville:American Ceramic Society,1993.

[33] Al-Amoudi O S B. Attack on plain and blended cements exposed to aggressive sulfate environments[J]. Cement and Concrete Composites,2002,24(3-4):305-316.

[34] Monteiro P J M,Kurtis K E. Time to failure for concrete exposed to severe sulfate attack[J]. Cement and Concrete Research. 2003,33(7):987-993.

[35] Naik N N,Jupe A C,Stock S R,et al. Sulfate attack monitored by micro CT and EDXRD:Influence of concrete type,water-to-cement ratio,and aggregate[J]. Cement and Concrete Research,2006,36(1):148-159.

[36] 覃立香,胡曙光,马保国. 粉煤灰对混凝土抗硫酸盐侵蚀性能的影响[J]. 混凝土与水泥制品,1997,(5):15-18.

[37] Al-Dulaijan S U,Maslehuddin M,Al-Zahrani M M,et al. Sulfate resistance of plain and blended cements exposed to varying concentrations of sodium sulfate[J]. Cement

and Concrete Composites,2003,25(4-5):429-437.

[38] Tikalsky P J,Carrasquillo R L. Fly ash evaluation and selection for use in sulfate-resistance concrete[J]. ACI Materials Journal,1993,90(6):545-551.

[39] Torii K,Taniguchi K,Kawamura M. Sulfate resistance of high fly ash content concrete[J]. Cement and Concrete Research,1995,25(4):759-768.

[40] Gollop R S,Taylor H F W. Microstructural and microanalytical studies of sulfate attack. V. Comparison of different slag blends[J]. Cement and Concrete Research,1996,26(7):1029-1044.

[41] Hill J,Byars E A,Sharp J H,et al. An experimental study of combined acid and sulfate attack of concrete[J]. Cement and Concrete Composites,2003,25(8):997-1003.

[42] Hekal E E,Kishar E,Mostafa H. Magnesium sulfate attack on hardened blended cement pastes under different circumstances[J]. Cement and Concrete Research,2002,32(9):1421-1427.

[43] Mangat P S,Khatib J M. Influence of fly ash,silica fume and slag on sulfate resistance of concrete[J]. ACI Materials Journal,1995,(5):542-552.

[44] Cao H T,Bucea L,Ray A,et al. The effect of cement composition and pH of environment on sulfate resistance of Portland cements and blended cements[J]. Cement and Concrete Composites,1997,19(2):161-171.

[45] Al-Amoudi O S B. Sulfate attack and reinforcement corrosion in plain and blended cements exposed to sulfate environments[J]. Building and Enviroment,1998,33(1):53-61.

[46] Türker F,Aköz F,Koral S,et al. Effects of magnesium sulfate concentration on the sulfate resistance of mortars with and without silica fume[J]. Cement and concrete research,1997,27(2):205-214.

[47] Park Y,Suh J,Lee J,et al. Strength deterioration of high strength concrete in sulfate environment[J]. Cement and Concrete Research,1999,29(9):1397-1402.

[48] Nehdi M,Hayek M. Behavior of blended cement mortars exposed to sulfate solutions cycling in relative humidity[J]. Cement and Concrete Research,2005,35(4):731-742.

[49] Cohen M D,Mather B. Sulfate attack on concrete:Research needs[J]. ACI Materials Journal,1991,88(1):62-69.

[50] Aköz F,Türker F,Koral S,et al. Effect of sodium sulfate concentration on the sulfate resistance of mortars with and without silica fume[J]. Cement and Concrete Research,1995,25(6):1360-1368.

[51] Santhanam M,Cohen M D,Olek J. Modeling the effects of solution temperature and concentration during sulfate attack on cement mortars[J]. Cement and Concrete Research,2002,32(4):585-592.

[52] 方祥位,申春妮,杨德斌,等. 混凝土硫酸盐侵蚀速度影响因素研究[J]. 建筑材料学

报,2007,10(1):89-96.

[53] Brown P,Hooton R D. Ettringite and thaumasite formation in laboratory concretes prepared using sulfate resisting cements[J]. Cement and Concrete Composites,2002, 24(3-4):361-370.

[54] Brown P,Hooton R D,Clark B. Micro-structural changes in concretes with sulfate exposure[J]. Cement and Concrete Composites,2004,26(8):993-999.

[55] Lee S T,Moon H Y,Swamy R N. Sulfate attack and role of silica fume in resisting strength loss[J]. Cement and Concrete Composites,2005,27(1):65-76.

[56] Liu Z Q,Deng D H. Physicochemical study on the interface zone of concrete exposed to different sulfate solutions[J]. Journal of Wuhan University of Technology-Materials Science Edition,2006,21(s1):167-174.

[57] Naik N. Sulfate attack on portland cement-based materials:Mechanisms of damage and long-term performance[D]. Atlanta:Georgia Institute of Technology,2003.

[58] Du J M,Jiao R M,Yuan Y S,et al. Research on the anti-sulfate and chlorine corrosion property of concrete[J]. Advanced Materials Research,2011,243-249:5727-5732.

[59] Jin Z Q,Sun W,Zhang Y S,et al. Interaction between sulfate and chloride solution attack of concretes with and without fly ash[J]. Cement and Concrete Research,2007, 37(8):1223-1232.

[60] 梁咏宁,黄君一,林旭健,等.氯盐对受硫酸盐腐蚀混凝土性能的影响[J].福州大学学报,2011,39(6):947-951.

[61] 杜健民,焦瑞敏,姬永生.氯离子含量对混凝土硫酸盐腐蚀程度的影响研究[J].中国矿业大学学报,2012,41(6):906-911.

[62] 刘惠兰,黄艳,韩云屏.环境水对砂浆、混凝土的侵蚀性研究[J].水泥与混凝土制品,1997,(6):12-15.

[63] Mehta P K,Gjorv O E. New test for sulfate resistance of cements[J]. Journal of Testing and Evaluation,1974,2(6):510-515.

[64] Brown P. An evaluation of the sulfate resistance of cements in a controlled environment[J]. Cement and Concrete Research,1981,11(5-6):719-727.

[65] Cao H T,Bucea L. The effect of cement composition and pH of environment on sulfate resistance of Portland cements and blended cement[J]. Cement and Concrete Composite,1997,19(2):161-171.

[66] 席耀忠.近年来水泥化学的新进展:记第九届国际水泥化学会议[J].硅酸盐学报,1993,21(6):577-588.

[67] 梁咏宁,袁迎曙.硫酸盐侵蚀环境因素对混凝土性能退化的影响[J].中国矿业大学学报,2005,34(4):452-457.

[68] Arrhenius S. Über diedissociationswärme und den einfluss der temperatur auf den dissociationsgrad der elektrolyte[J]. Zeitschrift Für Physikalische Chemie,1889,4(1):

96-116.

[69] 马昆林,谢友均,龙广成,等.硫酸钠对水泥砂浆的物理侵蚀作用[J].硅酸盐学报, 2007,35(10):1376-1381.

[70] 中华人民共和国国家标准.水泥抗硫酸盐侵蚀试验方法(GB/T 749—1965)[S].北京:中国标准出版社,1966.

[71] 中华人民共和国国家标准.水泥抗硫酸盐侵蚀快速试验方法(GB/T 2420—1981) [S].北京:中国标准出版社,1981.

[72] 中华人民共和国国家标准.硅酸盐水泥在硫酸盐环境中的潜在膨胀性能试验方法 (GB/T 749—2001)[S].北京:中国标准出版社,2001.

[73] 中华人民共和国国家标准.水泥硫酸盐侵蚀试验方法(GB/T 749—2008)[S].北京:中国标准出版社,2008.

[74] 中华人民共和国国家标准.普通混凝土长期性能和耐久性能试验方法标准(GB/T 50082—2009)[S].北京:中国建筑工业出版社,2010.

[75] The American Society for Testing and Materials. ASTM C452-2015,Standard test method for popotential expansion of Portand-cement mortars exposed to sufate[S]. Pennsylrania:Anmual Book of ASTM Standards,2015.

[76] The American Society for Testing and Materials. ASTM C1012/C1012M-2018, Standard test method for length change of hydraulic-cement mortars exposed to a sulfate solution[S]. Pennsylrania:Annual Book of ASTM Standards,2018.

[77] 肖海英,葛勇,张宝生,等.浸泡方式对混凝土腐蚀性的研究[C]//沿海地区混凝土结构耐久性及其设计方法科技论坛与全国第六届混凝土耐久性学术交流会,深圳, 2004:147-151.

[78] Huang W. Properties of cement-fly ash grout admixed with bentonite,silica fume,or organic fiber[J]. Cement and Concrete Research,1997,27(3):395-406.

[79] Bassuoni M T,Nehdi M L. Durability of self-consolidating concrete to sulfate attack under combined cyclic environments and flexural loading[J]. Cement and Concrete Research,2009,39(3):206-226.

[80] Atkinson A,Haxby A,Hearne J A. The chemistry and expansion of limestone-Portland cement mortars exposed to sulphate containing solutions[R]. Oxfordshire:Nuclear Industry Radioactive Waste Executive,1988.

[81] 乔宏霞,何忠茂,刘翠兰,等.高性能混凝土抗硫酸盐侵蚀的研究[J].兰州理工大学学报,2004,30(1):101-105.

[82] 冷发光,马孝轩,田冠飞.混凝土抗硫酸盐侵蚀试验方法研究[J].东南大学学报, 2006,36(s2):45-48.

[83] 梁咏宁,袁迎曙.硫酸钠和硫酸镁溶液中混凝土腐蚀破坏的机理[J].硅酸盐学报, 2007,35(4):504-508.

[84] Sahmaran M,Erdem T K,Yaman I O. Sulfate resistance of plain and blended cements

exposed to wetting-drying and heating-cooling environments[J]. Construction and Building Materials,2007,21(8):1771-1778.

[85] Almeida I D. Resistance of high strength concrete to sulfate attack:Soaking and drying test[C]//Concrete Durability. Detroit:American Concrete Institute,1991.

[86] 杨全兵,朱蓓蓉. 混凝土盐结晶破坏的研究[J]. 建筑材料学报,2007,10(4):392-396.

[87] 刘大庆,陈亮亮,王生云,等. 再生混凝土在硫酸盐与干湿循环耦合作用下的耐久性能研究[J]. 长江科学院院报,2018,35(10):137-142.

[88] 张风杰,袁迎曙,杜健民. 硫酸盐腐蚀混凝土构件损伤检测研究[J]. 中国矿业大学学报,2011,40(3):373-378.

[89] 董宜森,王海龙,金伟良. 硫酸盐侵蚀环境下混凝土双 K 断裂参数试验研究[J]. 浙江大学学报(工学版),2012,46(1):58-63,78.

[90] 曹健,王元丰. 硫酸盐侵蚀混凝土轴心受压构件徐变分析[J]. 建筑材料学报,2011,14(4):459-464,477.

[91] 李凤兰,马利衡,高润东,等. 侵蚀方式对硫酸根离子在混凝土中传输的影响[J]. 长江科学院院报,2010,27(3):62-65.

[92] 张亚梅,陈胜霞,高岳毅. 浸-烘循环作用下橡胶水泥混凝土的性能研究[J]. 建筑材料学报,2005,8(6):665-671.

[93] 叶建雄,杨长辉,周熙,等. 掺合料混凝土抗硫酸盐性能及评价方法[J]. 重庆建筑大学学报,2006,28(4):118-120.

[94] 乔宏霞,何忠茂,朱彦鹏,等. 盐渍土地区高性能混凝土耐久性研究[J]. 中国铁道科学,2006,27(4):32-36.

[95] Qi B,Gao J,Chen F,et al. Evaluation of the damage process of recycled aggregate concrete under sulfate attack and wetting-drying cycles[J]. Construction and Building Materials,2017,138:254-262.

[96] 梁咏宁,袁迎曙. 超声检测混凝土硫酸盐侵蚀的研究[J]. 混凝土,2004,(8):15-17.

[97] Clifton J R,Knab L I. Service life of concrete[R]. Washington D. C. :U. S. Nuclear Regulatory Commission,1989.

[98] Cody R D,Cody A M,Spry P G,et al. Reduction of concrete deterioration by ettringite using crystal growth inhibition techniques[R]. Ames:Department of Geological and Atmospheric Sciences,2001.

[99] 金祖权,赵铁军,孙伟. 硫酸盐对混凝土腐蚀研究[J]. 工业建筑,2008,38(3):90-93.

[100] Ganjian E,Pouya H S. Effect of magnesium and sulfate ions on durability of silica time blended mixes exposed to the seawater tidal zone[J]. Cement and Concrete Research,2005,35(7):1332-1343.

[101] 袁晓露,李北星,崔巩,等. 干湿循环-硫酸盐侵蚀下矿物掺合料对混凝土耐久性的影响[J]. 硅酸盐学报,2009,37(10):1754-1759.

[102] 高润东,赵顺波,李庆斌,等. 干湿循环作用下混凝土硫酸盐侵蚀劣化机理试验研究

[J]. 土木工程学报,2010,43(2):48-54.

[103] 慕儒,缪昌文,刘加平,等.硫酸钠溶液对混凝土抗冻性的影响[J].建筑材料学报,
2001,4(4):311-316.

[104] 葛勇,杨文萃,袁杰,等.混凝土在硫酸盐溶液中抗冻性的研究[J].混凝土,2005,
(8):71-79.

[105] 陈四利,宁宝宽,胡大伟.硫酸盐和冻融双重作用对混凝土力学性质的影响[J].工业
建筑,2006,36(12):12-15.

[106] 关宇刚,孙伟,缪昌文,等.高强混凝土在冻融循环与硫酸铵侵蚀双因素作用下的交
互分析[J].工业建筑,2002,31(2):19-21.

[107] 余红发,孙伟,武卫锋,等.普通混凝土在盐湖环境中的抗卤水冻蚀性与破坏机理研
究[J].硅酸盐学报,2003,31(8):763-769.

[108] 郑晓宁,刁波,孙洋,等.混合侵蚀与冻融循环作用下混凝土力学性能劣化机理研究
[J].建筑结构学报,2010,31(2):111-116.

[109] 金祖权,陈惠苏,赵铁军,等.混凝土在硫酸盐冻融中的损伤与离子传输[J].建筑材
料学报,2015,18(3):493-498.

[110] Gerdes A,Wittmann F H. Influence of stress corrosion on fracture energy of cemen-
titious materials[C]// Proceedings of Framcos-2 Fracture Mechanics of Concrete and
Concrete Structures. Zurich:Aedification Publisher,1995:271-278.

[111] Atkinson A,Hearne J A. Mechanistic Model for the Durability of Concrete Barriers
Exposed to Sulfate-Bearing Groundwaters[M]. Pittsburgh:Materials Research Soci-
ety,1989.

[112] Clifton J R,Ponnersheim J M. Sulfate attack of cementitious materials:volumetric
relations and expansions[R]. Lewisburg:Building and Fire Research,National Insti-
tute of Standards and Technology Gaithersburg,1994.

[113] Santhanam M,Cohen M D,Olek J. Mechanism of sulfate attack:A fresh look-Part
2. Proposed mechanisms[J]. Cement and Concrete Research,2003,33(3):341-346.

[114] Gospodinov P N. Numerical simulation of 3D sulfate ion diffusion and liquid push out
of the material capillaries in cement composites[J]. Cement and Concrete Research,
2005,35(3):520-526.

[115] 左晓宝,孙伟.硫酸盐侵蚀下的混凝土损伤破坏全过程[J].硅酸盐学报,2009,
37(7):1063-1067.

[116] 张東,浦海,张连英.硫酸盐在混凝土中扩散过程研究[J].徐州工程学院学报(自然
科学版),2012,27(2):57-62.

[117] 万旭荣,左晓宝.硫酸盐侵蚀下混凝土扩散反应过程的数值模拟[J].工业建筑,
2010,40(s1):843-846,850.

[118] 陈正,武丽云,余波,等.混凝土中氯离子-硫酸根离子耦合传输模型研究[J].混凝土,
2018,(12):1-4.

［119］　曹双寅. 受腐蚀混凝土的力学性能［J］. 东南大学学报,1991,21(4):89-95.

［120］　袁晓露,李北星,崔巩,等. 硫酸盐侵蚀环境下混凝土强度的经时变化模型［J］. 长江科学院院报,2010,27(3):59-61.

［121］　Feng P,Miao C,Bullard J W. A model of phase stability,microstructure and properties during leaching of portland cement binders［J］. Cement and Concrete Composites,2014,49:9-19.

第16章 硫酸盐侵蚀混凝土劣化机理

混凝土遭受硫酸盐侵蚀破坏的实质是硫酸盐环境中的侵蚀性离子进入混凝土内部,与水泥石中一些组分发生化学反应,生成膨胀性产物,并使混凝土中部分C-S-H凝胶分解,造成混凝土开裂、剥落及强度下降。随着硫酸盐侵蚀的加剧,混凝土内部侵蚀产物及其微观结构不断变化,从而影响混凝土的宏观性能。本章将开展硫酸盐侵蚀与干湿循环共同作用、硫酸盐侵蚀与冻融循环耦合作用下混凝土的微观性能测试,采用 SEM、XRD 与 TG-DSC 微观分析技术,研究硫酸盐侵蚀混凝土的微观结构变化与侵蚀产物,分析混凝土损伤劣化机理。

16.1 硫酸盐侵蚀试验设计与试验方法

16.1.1 原材料及混凝土配合比

1. 原材料

1) 水泥

采用 42.5R 普通硅酸盐水泥,安定性合格,水泥物理力学性能见表 16.1,水泥化学成分见表 16.2。

表 16.1 水泥物理力学性能

标准稠度用水量/%	烧失量/%	细度/%	凝结时间/min		抗折强度/MPa		抗压强度/MPa	
			初凝	终凝	3d	28d	3d	28d
26.4	1.19	3.8	100	180	4.5	7.0	20.2	48.1

表 16.2 水泥化学成分(质量分数)　　　　　(单位:%)

SiO_2	Al_2O_3	CaO	MgO	SO_3	Fe_2O_3
21.66	5.13	64.37	1.06	2.03	5.25

2) 粉煤灰

粉煤灰化学成分及物理性能见表 16.3 和表 16.4。

表 16.3 粉煤灰化学成分(质量分数)　　　　　(单位:%)

SiO_2	Al_2O_3	Fe_2O_3	CaO	SO_3	MgO	Na_2O	K_2O
49.02	31.56	6.97	4.88	1.2	0.83	0.43	1.36

表 16.4　粉煤灰物理性能

水分/%	烧失量/%	需水量比/%	细度/%	密度/(g/cm³)
0.3	3.65	94	18	2.13

3）矿渣

矿渣采用矿渣微粉,其化学成分及物理性能见表 16.5 和表 16.6。

表 16.5　矿渣化学成分（质量分数）　　　　　（单位：%）

SiO₂	Al₂O₃	CaO	MgO	SO₃	Fe₂O₃	Na₂O	K₂O
33.15	12.91	40.00	6.75	0.12	2.80	0.51	0.2

表 16.6　矿渣物理性能

密度 /(g/cm³)	比表面积 /(m²/kg)	流动度比 /%	烧失量 /%	活性指数/%		含水量/%
				7d	28d	
2.9	424	104	1.23	91	103	0.3

4）骨料

细骨料采用中砂,细度模数为 2.7,表观密度为 2.63g/cm³,堆积密度为 1.48g/cm³,含泥量约 1.1%。粗骨料采用石灰岩质碎石,表观密度为 2.82g/cm³,堆积密度为 1.43g/cm³,含泥量约 0.3%,压碎指标为 6%,颗粒级配为 5~16mm。

5）减水剂

减水剂采用 GJ-1 型高效减水剂。

6）引气剂

引气剂采用 SJ-3 型高效引气剂。

7）水

水采用自来水,符合国家标准。

2. 混凝土配合比

试验共设计了四种混凝土配合比,硫酸盐侵蚀机理试验混凝土配合比及基本物理力学性能见表 16.7。

表 16.7　硫酸盐侵蚀机理试验混凝土配合比及基本物理力学性能

水胶比	粉煤灰掺量/%	胶凝材料/(kg/m³)	细骨料/(kg/m³)	粗骨料/(kg/m³)	水/(kg/m³)	减水剂/%	含气量/%	90d抗压强度/MPa	90d劈裂抗拉强度/MPa
0.35	20	457	517	1266	160	0.7	—	71.3	7.95
0.45	20	355	585	1300	160	0.5	—	61.6	6.34
0.55	20	290	644	1306	160	0.3	—	53.7	5.81
0.45	20	355	585	1300	160	0.5	4.2	43.2	5.19

16.1.2　试验设计与试验方法

1. 试件制备与养护

先将粗、细骨料投入搅拌机中搅拌约 1min,再将水泥和掺合料拌入后搅拌均匀,然后将外加剂和水混合均匀,在搅拌过程中加入,湿拌时间约 3min,出料后测定新拌混凝土的坍落度,坍落度满足要求后浇筑、振捣成型,带模养护 24h 后拆模。表 16.7 中前三种混凝土试件进行硫酸盐侵蚀与干湿循环共同作用试验,采用标准养护;最后一种混凝土试件进行硫酸盐侵蚀与冻融循环耦合作用试验,采用覆盖洒水自然养护。试件尺寸为 100mm × 100mm × 100mm 的立方体和 100mm × 100mm × 300mm、100mm × 100mm × 400mm 的棱柱体。

2. 硫酸盐侵蚀与干湿循环共同作用试验

混凝土试块标准养护 30d,再自然养护至 90d 后开始试验,试验参考《普通混凝土长期性能和耐久性能试验方法标准》(GB/T 50082—2009)[1]中的抗硫酸盐侵蚀试验方法进行。

目前,大多学者采用升温干燥进行干湿循环试验,此方法虽能加速试验,但高温烘干会对混凝土劣化机理及侵蚀产物成分产生影响,因此本节试验采用室温自然浸泡和自然晾干来模拟干湿循环。具体试验方法是:将试件放入配置好的溶液中浸泡 7d,取出擦干表面水分,在室温下干燥 8d,此为一个循环,循环周期为 15d,每 30d 为一个测试周期,试验共持续 360d。试验现场如图 16.1 所示。

图 16.1　试验现场

试验主要考察混凝土水胶比、硫酸盐种类和浓度的影响,硫酸盐侵蚀与干湿循环共同作用试验考察因素见表 16.8。

混凝土外观检测采用 100mm × 100mm × 400mm 的棱柱体;混凝土微观性能

测试采用 100mm×100mm×100mm 的立方体。试验进行到 90d、180d、270d、360d 时,采用 SEM、XRD 和 TG-DSC 微观方法分析混凝土的微观性能。

表 16.8　硫酸盐侵蚀与干湿循环共同作用试验考察因素

浸泡环境	水胶比	溶液浓度/%	粉煤灰掺量/%	考察因素
Na₂SO₄	0.35	5	20	水胶比
	0.45	5	20	
	0.55	5	20	
	0.45	1	20	侵蚀溶液浓度
	0.45	5	20	
	0.45	10	20	
Na₂SO₄＋NaCl	0.45	10＋3.5	20	NaCl
MgSO₄	0.45	10	20	Mg²⁺

3. 硫酸盐侵蚀与冻融循环耦合作用试验

Na₂SO₄ 在 0℃水中的溶解度接近 5%,参照文献[2]和[3]的试验条件,选择浓度均为 5% 的 Na₂SO₄ 溶液和 MgSO₄ 溶液,进行混凝土硫酸盐侵蚀与冻融循环耦合作用下的微观试验,主要考察不同硫酸盐溶液种类及浓度的影响。硫酸盐侵蚀与冻融循环耦合作用试验考察因素见表 16.9。在冻融循环 100 次、200次和 300 次后采用 SEM、XRD 和 TG-DSC 微观方法对混凝土的微观性能进行分析。

表 16.9　硫酸盐侵蚀与冻融循环耦合作用试验考察因素

冻融环境	水胶比	溶液浓度/%	含气量/%	粉煤灰掺量/%	考察因素
Na₂SO₄	0.45	5	4.2	20	冻融环境
MgSO₄	0.45	5	4.2	20	冻融环境

快速冻融试验按照《普通混凝土长期性能和耐久性能试验方法标准》(GB/T 50082—2009)[1]中的快冻法进行,将自然养护至 86d 的试件取出,分别放入 5% Na₂SO₄ 溶液和 5%MgSO₄ 溶液中浸泡 4d 后开始快速冻融试验。冻融循环试验采用 KDR-V9 型混凝土快速冻融试验机进行,如图 16.2 所示。

冻融循环过程应符合下列要求[1]:

(1)每次冻融循环应在 2~4h 内完成,其中用于融化的时间不得小于整个冻融时间的 1/4。

图 16.2　KDR-V9 型混凝土快速冻融试验机

（2）在冻结和融化结束时，试件中心温度应分别控制在(−18±2)℃和(5±2)℃。

（3）每块试件从 3℃降至−16℃所用的时间不得少于冻结时间的 1/2，每块试件从−16℃升至 3℃所用的时间也不得少于整个融化时间的 1/2，试件内外温差不宜超过 28℃。

（4）冻结和融化之间的转换时间不宜超过 10min。

4. 混凝土微观性能测试

1）SEM 分析

试验采用 VEGA TS5136XM 型 SEM（见图 16.3），其主要用于观测硫酸盐侵蚀混凝土样品的微观结构和侵蚀产物形貌。试验用混凝土试样为 5mm 左右片状样品，样品应尽量保证表面平整和落差小。样品在真空干燥器中干燥至恒重后，用双面导电胶将样品贴在红铜质样品座上，进行真空喷金镀膜处理，然后在 SEM 中观察样品的微观形貌。

图 16.3　VEGA TS5136XM 型 SEM

2）XRD 分析

在硫酸盐侵蚀试验结束后，通过切片、破碎、研磨和过筛等步骤制成粉末状样品,采用 Bruke D8 Advance X 射线衍射仪对样品进行 XRD 分析。

　　3) TG-DSC 综合热分析

　　通过切片、研磨等工序制备混凝土试件各层的粉末进行热分析试验,各层取样厚度为 2mm。试验采用 SDT Q600 型热分析仪(见图 16.4),对混凝土中的主要侵蚀产物进行定量分析,包括热重和差示扫描量热,通过差示扫描量热曲线中吸热峰对应的分解温度确定主要侵蚀产物,再通过 TG 曲线上相应质量的变化确定主要侵蚀产物的失重量,并进一步推测其含量。

图 16.4　SDT Q600 型 TG-DSC 综合热分析仪

16.2　硫酸盐侵蚀与干湿循环共同作用下混凝土劣化机理

16.2.1　混凝土外观损伤分析

1. Na_2SO_4 溶液中混凝土外观损伤

　　在 Na_2SO_4 溶液侵蚀与干湿循环共同作用 90d 后,混凝土试块没有出现明显损伤,外形较为完整,表面常覆盖有水分蒸发留下的一层白色硫酸盐粉末。原因是混凝土处于干燥状态时,由于混凝土内部水分蒸发,Na_2SO_4 溶液浓度迅速增大,当溶液达到过饱和状态时就会有 Na_2SO_4 结晶析出,即混凝土表面出现盐析现象,尤其是在 10% Na_2SO_4 溶液中更为明显,这些结晶还会呈现出区域聚集性,大多集中在混凝土表面孔洞处和表面微裂纹处,如图 16.5 所示。

　　在 Na_2SO_4 溶液侵蚀与干湿循环共同作用 180d 后,侵蚀产物和晶体膨胀开始造成混凝土表面损伤,混凝土表层砂浆出现剥落;随着侵蚀的不断进行,试块四周角部及试块边缘处局部出现微裂纹,如图 16.6(a)所示,并且试块表面出现网状分布的微裂纹,如图 16.6(b)所示。

　　在 Na_2SO_4 溶液侵蚀与干湿循环共同作用 270d 后,混凝土试块表面砂浆剥落严重,部分粗骨料露出,裸露的粗骨料周围被侵蚀产物和白色 Na_2SO_4 晶体包裹,如图 16.7(a)所示;试块角部及边缘处裂缝明显增多,并逐渐贯通,如图 16.7(b)所示;试块表面的网状微裂纹逐步扩展加深,试块表面有凹凸感,如图 16.7(c)所示。

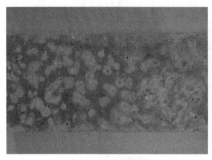

　　　　(a) 表面孔洞处盐结晶　　　　　　　　　　(b) 表面微裂纹处盐结晶

图 16.5　Na₂SO₄ 溶液侵蚀与干湿循环共同作用 90d 后混凝土外观损伤

　　　　(a) 试块棱角处微裂缝　　　　　　　　　　(b) 表面网状微裂纹

图 16.6　Na₂SO₄ 溶液侵蚀与干湿循环共同作用 180d 后混凝土外观损伤

　(a) 粗骨料被盐结晶包裹　　　(b) 棱角处裂缝加宽　　　(c) 表面网状裂纹扩展加深

图 16.7　Na₂SO₄ 溶液侵蚀与干湿循环共同作用 270d 后混凝土外观损伤

在 Na₂SO₄ 溶液侵蚀与干湿循环共同作用 360d 后,混凝土试块角部和边缘的裂缝逐步扩大加深,边角剥落明显,如图 16.8(a)所示;试块表层边缘处呈现起皮现

象且出现剥落,部分试块表层甚至全部剥落,混凝土受硫酸盐侵蚀严重,如图 16.8
(b)所示。

　　　　(a) 试块边角处出现剥落　　　　　　　　　(b) 试块表层出现剥落

图 16.8　Na₂SO₄ 溶液侵蚀与干湿循环共同作用 360d 后混凝土外观损伤

2. MgSO₄ 溶液中混凝土外观损伤

　　受 MgSO₄ 侵蚀的混凝土试块在干湿循环过程中并未出现表面盐结晶现象。
在侵蚀早期,混凝土表面出现细小裂纹,随着侵蚀进一步加剧,混凝土表皮出现大
量突起,如图 16.9(a)所示,表皮局部开始剥落,但混凝土掉渣和边角开裂现象不如
Na₂SO₄ 侵蚀明显。在侵蚀 300d 后,混凝土表层砂浆疏松甚至呈糊状,剥蚀严重,
大量粗骨料明显暴露,如图 16.9(b)所示。

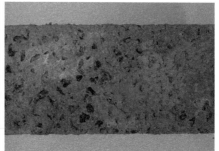

　　　　(a) 试块表层出现起皮　　　　　　　　(b) 试块表层砂浆剥落明显

图 16.9　MgSO₄ 溶液侵蚀与干湿循环共同作用下混凝土典型外观损伤

　　在 MgSO₄ 侵蚀前期,混凝土外观变化没有 Na₂SO₄ 侵蚀明显,原因在于
Mg(OH)₂ 的溶解度小,侵蚀产物沉积于混凝土表面,减缓了侵蚀性离子的渗透速
度,抑制了表层剥蚀。但 Mg(OH)₂ 的低溶解度使溶液 pH 降低,进一步产生严重
的脱钙反应,引起 C-S-H 凝胶分解。除了生成石膏和钙矾石外,Mg²⁺ 还会生成没

有胶结能力的 Mg-S-H,加速水泥水化产物溶解。这种侵蚀破坏形式是潜在和连续的,前期混凝土外观损伤不明显,主要是混凝土相对动弹性模量和抗压强度劣化,但当损伤累积到一定程度时,外观损伤迅速发展,表现为侵蚀 300d 后混凝土表面层软化,外观损伤呈现出明显劣化。

16.2.2　混凝土微观结构演化分析

在硫酸盐环境下,混凝土中的水化产物与硫酸盐中的侵蚀性离子发生反应生成膨胀性产物,通过 SEM 分析发现其主要分布在混凝土内部的孔隙、缝隙处及界面区,如图 16.10 所示。

(a) 孔洞处侵蚀产物　　　　　　　　　　(b) 界面区侵蚀产物

(c) 微裂缝处侵蚀产物

图 16.10　硫酸盐侵蚀与干湿循环共同作用下混凝土侵蚀产物分布

随着侵蚀产物聚集及膨胀应力增大,混凝土中微裂纹增多,浆体和骨料界面的黏结性降低,混凝土出现酥松并产生剥落,导致混凝土强度降低。

图 16.11 给出了硫酸盐侵蚀与干湿循环共同作用 30d 后混凝土内部微观形貌。从图 16.11(a)可以看出,混凝土水化情况较好,结构密实,但存在微裂缝,说明混凝土存在一定的初始缺陷。从图中还可以看到大量纤维状和絮状的水化产物

C-S-H 填充在混凝土孔隙和微裂缝中,此时混凝土内部并没有明显的侵蚀产物存在。从图 16.11(b) 可以看出,侵蚀初期,混凝土中存在大量完整的 $Ca(OH)_2$ 晶体。随着 SO_4^{2-} 渗入,$Ca(OH)_2$ 晶体开始被侵蚀,其边缘呈现锯齿状形态,部分 $Ca(OH)_2$ 晶体周围已经生长少量针状钙矾石晶体,如图 16.11(c) 所示。

(a) 内部结构密实　　　　　　　　　　(b) 完整的 $Ca(OH)_2$ 晶体

(c) 开始遭受侵蚀的 $Ca(OH)_2$

图 16.11　硫酸盐侵蚀与干湿循环共同作用 30d 后混凝土内部微观形貌

　　图 16.12 为硫酸盐侵蚀与干湿循环共同作用下混凝土孔隙中钙矾石的变化过程。从图 16.12(a) 可以看出,在侵蚀 90d 后,混凝土孔隙中出现少量的针状侵蚀产物,且晶体尺寸较小。在侵蚀 180d 后,混凝土孔隙中的针状晶体数量继续增多,且侵蚀产物个体变大,如图 16.12(b) 所示。当侵蚀时间到达 360d 后,混凝土中孔隙基本被这种针状晶体填满,此时的针状晶体呈现交错分布且尺寸较大,并伴有裂缝出现,如图 16.12(c) 所示。

　　图 16.12(d) 为侵蚀产物的能谱图。通过能谱仪分析可知,侵蚀产物组成元素主要有 Al、Si、S、Ca 和 O,表明这种针状侵蚀晶体为钙矾石,是硫酸盐侵蚀过程中最常见的膨胀性产物。图 16.12(e) 和 (f) 为混凝土孔隙中填满侵蚀产物的微观形貌,从图 16.12(e) 可以看出,多个孔隙已经被侵蚀产物填平,从

图 16.12(f)可以看出,针状钙矾石与簇状钙矾石在孔隙中密集分布,相互胶结成纤维状。

　　图 16.13 为硫酸盐侵蚀与干湿循环共同作用下混凝土孔隙中石膏的微观形貌。从图 16.13(a)可以看出,在侵蚀 360d 后,混凝土孔隙中可以看到大量的短柱状侵蚀产物交错分布,在孔隙边缘伴有微裂缝出现。从图 16.13(b)可以看出,混凝土中砂浆和骨料界面区同样可以观测到大量的短柱状晶体和部分针状钙矾石晶体,还有少量未被消耗的絮状 C-S-H。

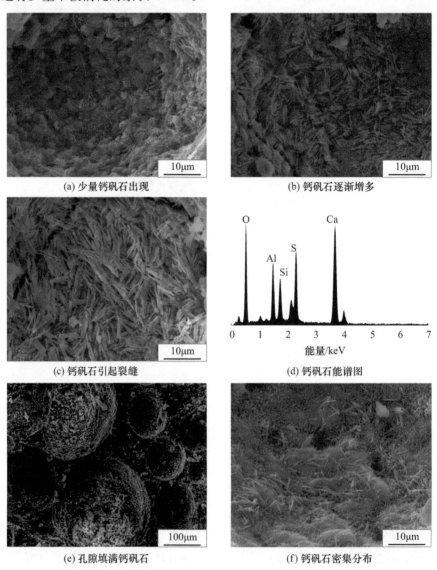

图 16.12　硫酸盐侵蚀与干湿循环作用下混凝土孔隙中钙矾石的变化过程

图 16.13　硫酸盐侵蚀与干湿循环共同作用下混凝土孔隙中石膏的微观形貌

图 16.13(c)为侵蚀产物的能谱图。通过能谱分析可知,侵蚀产物组成元素主要有 Ca、S 和 O,说明这种短柱状晶体为石膏,和钙矾石一样,是硫酸盐侵蚀过程中常见的侵蚀产物,尤其出现在高浓度硫酸盐溶液侵蚀中。

侵蚀过程中生成的膨胀性产物均比原固相体积大,钙矾石的固相体积增大94%,石膏的固相体积增大 124%,当膨胀产生的内应力超过混凝土抗拉强度时,混凝土开裂[4]。在侵蚀初期,侵蚀产物填充孔隙,混凝土密实度提高,这很好地解释了混凝土相对动弹性模量与抗压强度的早期增加现象。随着混凝土内部裂缝增多,这种密实作用逐渐消失,宏观表现为混凝土相对动弹性模量与抗压强度降低。

在微观形貌观测中,同样发现大量花瓣状晶体在界面处分布,如图 16.14(a)所示,通过能谱分析可知,其组成元素主要有 Na、S 和 O,说明这种花瓣状晶体为 Na_2SO_4,如图 16.14(b)所示。

在 Na_2SO_4 溶液侵蚀与干湿循环共同作用过程中,除了 Na_2SO_4 的化学侵蚀,还伴随物理侵蚀。当混凝土处于干燥状态时,由于混凝土内部水分蒸发,Na_2SO_4 溶液浓度迅速升高,即会出现 Na_2SO_4 结晶现象,尤其是在 10% Na_2SO_4 溶液中更为明显。试验中可看到混凝土试块外部覆盖一层白色结晶盐,且在局部流失砂浆的粗骨料周围也可观测到白色结晶盐包裹。

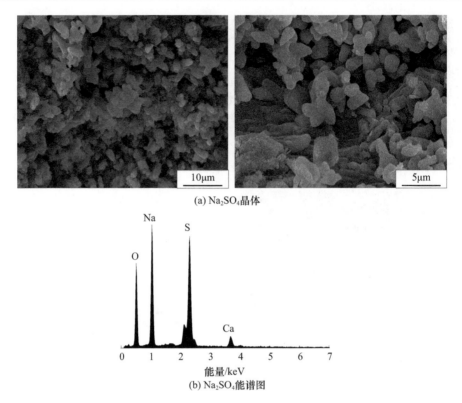

(a) Na$_2$SO$_4$晶体

(b) Na$_2$SO$_4$能谱图

图 16.14　硫酸盐侵蚀与干湿循环共同作用下混凝土中 Na$_2$SO$_4$ 的微观形貌

　　从图 16.15(a)可以看出,部分混凝土试块表层观测到放射状爆米花型晶体,图 16.15(b)的能谱分析结果显示,其组成元素主要有 Ca、C 和 O,说明这类物质为 CaCO$_3$ 晶体。分析认为可能是试验时间过长,试验后期混凝土试块表层出现部分碳化现象,但未对硫酸盐侵蚀产生明显影响。

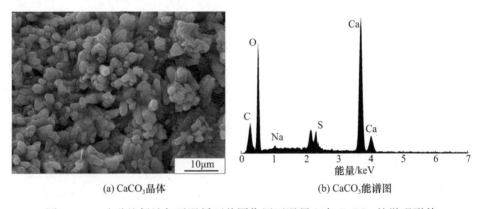

(a) CaCO$_3$晶体　　　　　　　　　(b) CaCO$_3$能谱图

图 16.15　硫酸盐侵蚀与干湿循环共同作用下混凝土中 CaCO$_3$ 的微观形貌

综上所述,在硫酸盐侵蚀与干湿循环共同作用下,混凝土的劣化破坏是侵蚀产物在混凝土孔隙与浆体-骨料界面区不断聚集发展,并伴随硫酸盐结晶破坏,在侵蚀区混凝土中产生微裂缝,且微裂缝不断扩展、连通的过程。

16.2.3　混凝土中硫酸盐侵蚀产物定量分析

为进一步明确水胶比、溶液浓度和硫酸盐种类对不同侵蚀时间混凝土中侵蚀产物的影响,采用 XRD 和 TG-DSC 对混凝土中的侵蚀产物进行定量研究。

1. 水胶比对混凝土侵蚀产物的影响分析

图 16.16 为 $10\%Na_2SO_4$ 溶液侵蚀与干湿循环共同作用下不同水胶比混凝土 XRD 图谱(距表面 0~2mm 位置取样)。

从图 16.16(a)可以看出,侵蚀 180d 后,水胶比为 0.45 的混凝土在 XRD 图谱中存在几个较为明显的衍射峰,经过其对应的特征角度对比分析,这些衍射峰分别是 $9.06°(2\theta)$ 和 $15.86°(2\theta)$ 的钙矾石、$11.78°(2\theta)$ 的石膏、$18.02°(2\theta)$ 的 $Ca(OH)_2$、$20.82°(2\theta)$ 和 $26.57°(2\theta)$ 的石英、$22.97°(2\theta)$ 和 $29.36°(2\theta)$ 的方解石。图谱中的石英主要是砂子所含有的成分,$CaCO_3$ 来源于试验环境中发生的碳化反应,钙矾石和石膏是主要侵蚀产物。水胶比为 0.35 和 0.55 的混凝土 XRD 图谱中也可明显观测到这几个衍射峰,但水胶比为 0.35 的混凝土中,两个钙矾石的衍射峰较弱,且基本没有出现石膏的衍射峰。

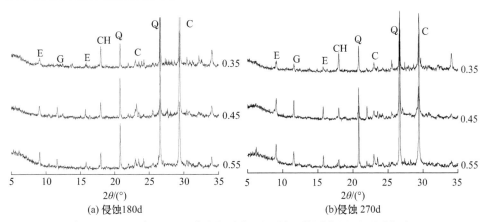

图 16.16　$10\%Na_2SO_4$ 溶液侵蚀与干湿循环共同作用下不同水胶比
混凝土 XRD 图谱(距表面 0~2mm)
C. 方解石;CH. $Ca(OH)_2$;E. 钙矾石;G. 石膏;Q. 石英

从图 16.16(b)可以看出,随着侵蚀时间增长,侵蚀 270d 后混凝土中钙矾石和石膏的衍射峰明显高于侵蚀 180d;混凝土中 $Ca(OH)_2$ 也在逐步消耗,其对应的衍射峰逐渐变弱,水胶比为 0.55 的混凝土中 $Ca(OH)_2$ 消耗最多,说明高水胶比混凝土受硫酸盐侵蚀严重。

　　图 16.17 为 $10\%Na_2SO_4$ 溶液侵蚀与干湿循环共同作用 270d 后水胶比 0.55 混凝土完全侵蚀层的 XRD 图谱。可以看出,钙矾石和石膏的衍射峰较高,说明此时生成的侵蚀产物量较大。而在图 16.16 中,18°附近出现的衍射峰在图 16.17 中没有出现,原因在于外部混凝土最先受到硫酸盐侵蚀,且受侵蚀时间最长,因此随干湿循环时间增长,外层混凝土中的 $Ca(OH)_2$ 被完全消耗。

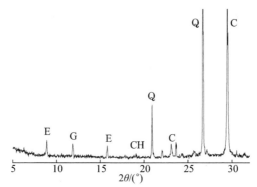

图 16.17　$10\%Na_2SO_4$ 溶液侵蚀与干湿循环共同作用 270d
后水胶比 0.55 混凝土完全侵蚀层的 XRD 图谱
C. 方解石;CH. $Ca(OH)_2$;E. 钙矾石;G. 石膏;Q. 石英

　　图 16.18 为 $10\%Na_2SO_4$ 溶液侵蚀与干湿循环共同作用 90d 后混凝土 TG-DSC 曲线。从图 16.18(a)可以看出,DSC 曲线在 600℃内出现了三个较明显的吸热峰,代表三种典型物质的脱水分解,峰值温度主要位于三个温度区间:90~110℃、130~140℃和 430~450℃,这三个峰值温度分别对应钙矾石、石膏和 $Ca(OH)_2^{[5\sim8]}$。说明在 $10\%Na_2SO_4$ 溶液中干湿循环 90d 后,表层(第一层)混凝土出现了典型的硫酸盐侵蚀产物钙矾石和石膏,且存在 $Ca(OH)_2$。

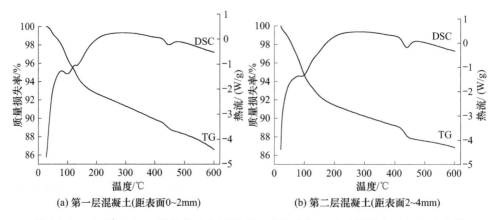

(a) 第一层混凝土(距表面0~2mm)　　　　　(b) 第二层混凝土(距表面2~4mm)

图 16.18　$10\%Na_2SO_4$ 溶液侵蚀与干湿循环共同作用 90d 后混凝土 TG-DSC 曲线

从图 16.18(b)可以看出,DSC 曲线在 600℃内出现了两个较明显的吸热峰,分别对应钙矾石和 Ca(OH)$_2$,石膏所对应的吸热峰不明显。说明在 10%Na$_2$SO$_4$ 溶液中干湿循环 90d 后,第二层混凝土中的侵蚀产物主要是钙矾石。

图 16.19 为 10%Na$_2$SO$_4$ 溶液侵蚀与干湿循环共同作用下混凝土 DSC 曲线峰值温度。根据图 16.19 中吸热峰对应的分解温度可以确定主要侵蚀产物,再通过 TG 曲线上相应质量变化可以确定主要侵蚀产物的失重量。图 16.20 给出了与图 16.19 中吸热峰相对应的钙矾石、石膏及 Ca(OH)$_2$ 三种典型物质的热分析结果。

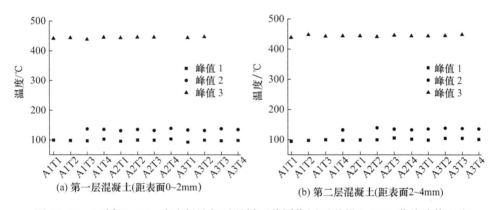

(a) 第一层混凝土(距表面0~2mm)　　　　(b) 第二层混凝土(距表面2~4mm)

图 16.19　10%Na$_2$SO$_4$ 溶液侵蚀与干湿循环共同作用下混凝土 DSC 曲线峰值温度

A1、A2、A3 分别代表水胶比为 0.35、0.45、0.55 的混凝土;

T1、T2、T3、T4 分别代表干湿循环作用 90d,180d,270d 和 360d

从图 16.20(a)可以看出,混凝土各层中的钙矾石含量随着侵蚀时间的增长逐渐增多,而 Ca(OH)$_2$ 含量随着侵蚀时间的增长逐渐降低。在硫酸盐侵蚀前期,混凝土中并未检测出石膏,直到 270d 后在第一层混凝土中有少量石膏生成,而第二层混凝土中在 360d 时才检测到石膏,且石膏含量明显少于钙矾石含量。侵蚀过程中石膏的生成需要较高浓度的 SO$_4^{2-}$,而水胶比为 0.35 的混凝土密实性好,在一定程度上降低了 SO$_4^{2-}$ 的渗透速率,导致侵蚀初期没有石膏生成。试验结果还表明,第一层混凝土中钙矾石和石膏含量比第二层多,侵蚀产物含量呈现由表及里降低的趋势,也表明硫酸盐侵蚀是一个渐进过程。

从图 16.20(b)可以看出,与水胶比 0.35 的混凝土不同,水胶比 0.45 的混凝土各层中钙矾石含量随着侵蚀时间的增长并非持续增长,而是在侵蚀 270d 后,第一层混凝土中钙矾石含量明显降低,第二层中钙矾石含量也出现降低趋势。原因主要是随着侵蚀时间的增加,扩散进入混凝土的 SO$_4^{2-}$ 增多,反应逐渐进行,所以混凝土同一层中钙矾石和石膏的含量持续增多,但随着侵蚀过程持续进行,大量 Ca(OH)$_2$ 与 SO$_4^{2-}$ 发生反应降低了孔溶液碱性。当溶液 pH 低于 12 时,钙矾石不能稳定存在[9,10]而开始发生分解,导致侵蚀后期钙矾石含量降低。第一层混凝土受硫酸盐侵蚀时间长,Ca(OH)$_2$消耗量大,混凝土孔溶液碱性更低,所以钙矾石含量降低更为明显。

第一层混凝土中钙矾石含量在侵蚀初期比第二层多,但在侵蚀约150d后,混凝土第二层中钙矾石含量超过第一层。原因是一方面混凝土中孔溶液碱性降低,钙矾石分解造成含量降低;另一方面随着侵蚀时间增长及混凝土中微裂缝增多,扩散进入混凝土第二层的SO$_4^{2-}$数量增多,导致内部生成的侵蚀产物量超过第一层。混凝土中石膏含量在整个过程中明显低于钙矾石含量,且第二层混凝土在侵蚀180d后才检测到石膏,但其含量呈现稳定增加趋势。混凝土中Ca(OH)$_2$含量随着侵蚀时间逐渐降低,且第一层中Ca(OH)$_2$在侵蚀360d后完全消耗,说明硫酸盐侵蚀程度较重。

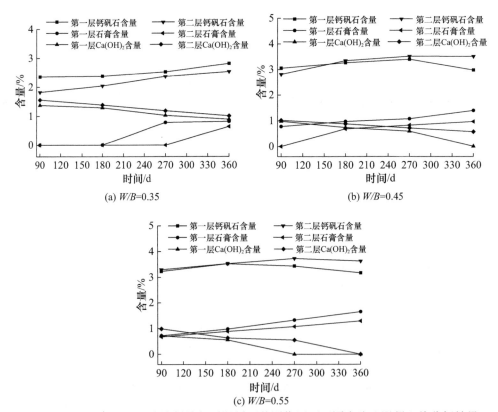

图 16.20　10%Na$_2$SO$_4$溶液侵蚀与干湿循环共同作用下不同水胶比混凝土热分析结果

从图 16.20(c)可以看出,与水胶比 0.45 的混凝土相似,水胶比 0.55 的混凝土各层中的钙矾石含量随着侵蚀时间增长呈现先增长后降低趋势,但第一层混凝土中钙矾石含量从一开始就低于第二层混凝土的钙矾石含量。原因在于水胶比大的混凝土密实度低且孔隙率大,SO_4^{2-} 的扩散速度更快,相同时间进入混凝土中的 SO_4^{2-} 增多,导致侵蚀加剧。水胶比为 0.55 的混凝土在侵蚀 90d 后就检测到石膏,第一层中石膏含量更高。各层混凝土中石膏含量仍明显低于钙矾石含量,但呈现稳定增加趋势,且增长速度比 0.45 水胶比混凝土更快。混凝土中 $Ca(OH)_2$ 含量随着侵蚀时间逐渐降低,第一层混凝土中 $Ca(OH)_2$ 在侵蚀 270d 后完全消耗,第二层混凝土中 $Ca(OH)_2$ 在侵蚀 360d 后完全消耗。

　　硫酸盐侵蚀导致混凝土劣化的过程在一定程度上受混凝土渗透性的影响,水胶比直接影响混凝土的孔隙率,决定混凝土渗透性的大小,从而决定 SO_4^{2-} 的扩散速度。水胶比越高,水泥浆体致密性越差,混凝土内部孔隙越多,为侵蚀性离子提供了更多的扩散通道,其扩散速度更快,混凝土损伤劣化产生的微裂缝数量增多,又会导致侵蚀性离子进入速度加快,硫酸盐侵蚀破坏加剧。从图 16.20 可以看出,随着水胶比的增大,混凝土中钙矾石和石膏含量总体上逐渐增加,$Ca(OH)_2$ 含量逐渐降低,混凝土受硫酸盐侵蚀的劣化程度增加。

　　2. Na_2SO_4 溶液浓度对混凝土侵蚀产物的影响分析

　　图 16.21 为不同浓度 Na_2SO_4 溶液侵蚀与干湿循环共同作用下混凝土 XRD 图谱。

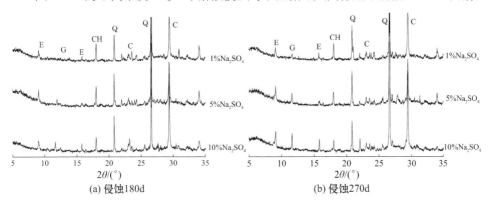

图 16.21　不同浓度 Na_2SO_4 溶液侵蚀与干湿循环共同作用下
混凝土 XRD 图谱(距表面 0~2mm)
C. 方解石;CH. $Ca(OH)_2$;E. 钙矾石;G. 石膏;Q. 石英

　　从图 16.21(a)可以看出,在三种浓度溶液中侵蚀 180d 后,混凝土 XRD 图谱中的几个明显衍射峰对应的物质同样是钙矾石、石膏、$Ca(OH)_2$、石英和 $CaCO_3$,其中钙矾石和石膏是主要侵蚀产物。混凝土在 1% Na_2SO_4 溶液中的钙矾石衍射峰较弱,没有出现明显的石膏衍射峰,且 $Ca(OH)_2$ 的衍射峰最强,说明混凝土受硫酸盐侵蚀破坏不明显。混凝土在 5% Na_2SO_4 溶液中的第一个钙矾石衍射峰虽略高于 10% Na_2SO_4 溶液中的第一个钙矾石衍射峰,但石膏衍射峰较弱,且 $Ca(OH)_2$ 对应的衍射峰较强,说明随着溶液浓度的增加,混凝土劣化程度在不断增加。从图 16.21(b)可以看出,侵蚀 270d 后,混凝土中钙矾石和石膏的衍射峰明显增强,说明侵蚀产物数量增多,混凝土劣化程度加剧。

图 16.22 为不同浓度 Na_2SO_4 溶液侵蚀与干湿循环共同作用下混凝土 DSC 曲线峰值温度,图 16.23 给出了与图 16.22 中吸热峰相对应的钙矾石、石膏及 $Ca(OH)_2$ 的热分析结果。从图 16.23(a)可以看出,混凝土中钙矾石含量大致随着溶液浓度的提高而增加。在 $1\%Na_2SO_4$ 溶液和 $5\%Na_2SO_4$ 溶液中,混凝土中的钙矾石含量随着侵蚀时间的增长逐渐增多,并且第一层混凝土中钙矾石含量大于第二层。在 $10\%Na_2SO_4$ 溶液中,混凝土中的钙矾石含量在侵蚀前期随着侵蚀时间的增长先增加后呈现减少现象,并且第一层混凝土中钙矾石含量在侵蚀前期大于第二层,但在侵蚀后期情况相反。

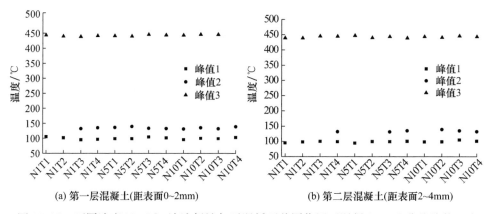

(a) 第一层混凝土(距表面0~2mm)　　　　　(b) 第二层混凝土(距表面2~4mm)

图 16.22　不同浓度 Na_2SO_4 溶液侵蚀与干湿循环共同作用下混凝土 DSC 曲线峰值温度

N1、N5、N10 分别代表 Na_2SO_4 溶液浓度分别为 1%、5%、10%;

T1、T2、T3、T4 分别代表试验 90d、180d、270d 和 360d

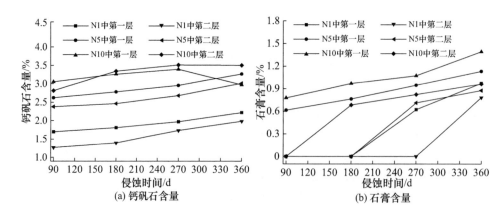

(a) 钙矾石含量　　　　　　　　　　(b) 石膏含量

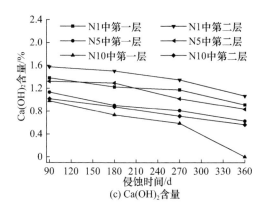

(c) Ca(OH)₂含量

图 16.23　不同浓度 Na₂SO₄ 溶液侵蚀与干湿循环共同作用下混凝土热分析结果

从图 16.23(b)可以看出,混凝土中石膏含量低于钙矾石含量,并且三种浓度溶液侵蚀作用下混凝土均出现侵蚀一段时间后才检测到石膏的情况,尤其是 1% Na₂SO₄ 溶液的混凝土第二层在侵蚀 270d 后才出现少量石膏。第一层混凝土中石膏含量大于第二层,并且每层中石膏含量均呈现稳定增加趋势。

从图 16.23(c)可以看出,随着侵蚀时间增长,混凝土中 Ca(OH)₂ 含量明显下降,且随着溶液浓度升高,Ca(OH)₂ 含量逐渐下降。侵蚀溶液浓度越高,在相同时间进入混凝土内部的侵蚀性离子含量越多,侵蚀反应越充分,混凝土劣化程度加重。

3. 硫酸盐种类对混凝土侵蚀产物的影响分析

图 16.24 为不同种类硫酸盐溶液侵蚀与干湿循环共同作用下混凝土 XRD 图谱。

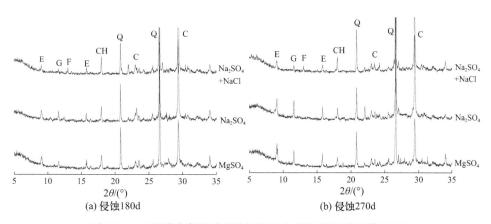

(a) 侵蚀180d　　　　　　　　　　　(b) 侵蚀270d

图 16.24　不同种类硫酸盐溶液侵蚀与干湿循环共同作用下
混凝土 XRD 图谱(距表面 0～2mm)

C. 方解石;CH. Ca(OH)₂;E. 钙矾石;F. Friedel's 盐;G. 石膏;Q. 石英

从图 16.24 中衍射峰对应的特征角度分析得出,混凝土 XRD 图谱中的主要衍射峰对应的物质为钙矾石、石膏、$Ca(OH)_2$、石英和 $CaCO_3$,钙矾石和石膏是主要侵蚀产物。可以看出,侵蚀 270d 后的钙矾石和石膏衍射峰明显高于侵蚀 180d,并且 $Ca(OH)_2$ 的衍射峰变弱,混凝土劣化程度增加。混凝土在 $MgSO_4$ 溶液中侵蚀产物的衍射峰最强,且 $Ca(OH)_2$ 衍射峰也明显下降,说明 $MgSO_4$ 溶液对混凝土侵蚀最严重。而在 Na_2SO_4 和 NaCl 的复合盐溶液中,混凝土 XRD 图谱中出现了 Friedel's 盐的衍射峰,说明 Cl^- 与混凝土中的水化产物反应生成了 Friedel's 盐,这个反应过程不但堵塞了孔隙,减缓了侵蚀性离子的扩散,而且消耗了硫酸盐侵蚀产物的主要反应物,减少了侵蚀产物的生成,所以混凝土中钙矾石和石膏的衍射峰在复合盐溶液中最弱,说明了 Cl^- 在一定程度上减轻了硫酸盐对混凝土造成的损伤,这与梁咏宁等[11]的研究结果相似(氯盐可减少侵蚀过程中钙矾石的生成,能达到延缓混凝土损伤的目的,且氯盐浓度越高,延缓效果越明显,宏观表现为抗折强度和抗压强度损失减缓)。

图 16.25 为不同种类硫酸盐溶液侵蚀与干湿循环共同作用下混凝土 DSC 曲线峰值温度,图 16.26 为混凝土中钙矾石、石膏及 $Ca(OH)_2$ 的热分析结果。从图 16.26(a)可以看出,在 Na_2SO_4 和 $MgSO_4$ 溶液中,混凝土各层钙矾石含量均随侵蚀时间的增长而增加,但达到一定侵蚀时间后,第一层混凝土中钙矾石含量出现降低,且 $MgSO_4$ 溶液中混凝土在侵蚀 180d 时就开始降低,比 Na_2SO_4 溶液中出现降低的时间早;在同一深度处,$MgSO_4$ 侵蚀混凝土中钙矾石含量总体上高于 Na_2SO_4 侵蚀混凝土。$MgSO_4$ 溶液中第二层混凝土的钙矾石含量比第一层多,而 Na_2SO_4 溶液中第一层混凝土的钙矾石含量在侵蚀初期比第二层多,但在侵蚀约 150d 后,第二层混凝土的钙矾石含量超过第一层。在 Na_2SO_4 和 NaCl 复合盐溶

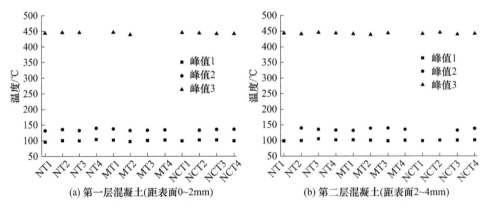

(a) 第一层混凝土(距表面0~2mm)　　　　　　(b) 第二层混凝土(距表面2~4mm)

图 16.25　不同种类硫酸盐溶液侵蚀与干湿循环共同作用下混凝土 DSC 曲线峰值温度
N、M、NC 分别代表 10% Na_2SO_4 溶液、10% $MgSO_4$ 溶液、10% Na_2SO_4+3.5% NaCl 溶液;
T1、T2、T3、T4 分别代表试验 90d、180d、270d 和 360d

液中,混凝土各层的钙矾石含量随着侵蚀时间的增长均呈现增加趋势,且第二层混凝土中钙矾石含量小于第一层混凝土;在相同侵蚀时间内,钙矾石含量明显小于 Na_2SO_4 溶液与 $MgSO_4$ 溶液。

从图 16.26(b)可以看出,在三种侵蚀溶液中,混凝土各层石膏含量均随侵蚀时间增长而增多,且同一深度处,$MgSO_4$ 溶液中混凝土的石膏含量多于另外两种侵蚀溶液,Na_2SO_4 和 NaCl 复合盐溶液中石膏含量最低,直到侵蚀 90d 后第一层中出现少量石膏,第二层在侵蚀 180d 后才检测到石膏。

从图 16.26(c)可以看出,随着侵蚀时间的增长,$Ca(OH)_2$ 消耗逐渐增加,其含量明显下降,尤其在 $MgSO_4$ 溶液中,$Ca(OH)_2$ 含量迅速下降,在侵蚀 270d 后,第一层混凝土中 $Ca(OH)_2$ 已经完全消耗,第二层混凝土中 $Ca(OH)_2$ 也在 360d 后完全消耗。

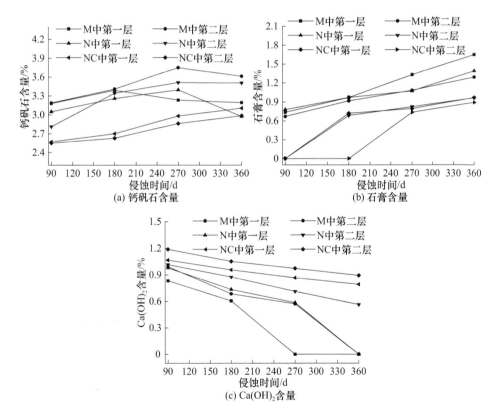

图 16.26　不同种类硫酸盐溶液侵蚀与干湿循环共同作用下混凝土热分析结果

$MgSO_4$ 侵蚀表现为 SO_4^{2-} 与 Mg^{2+} 的双重侵蚀,在侵蚀过程中会生成无胶结能力的 Mg-S-H,使混凝土变得疏松,SO_4^{2-} 渗透速度加快,进入混凝土中的侵蚀性离子数量增多,所以 $MgSO_4$ 侵蚀作用下混凝土中的钙矾石和石膏含量更多。

　　混凝土处在 Na_2SO_4 与 NaCl 复合盐溶液中,Cl^- 的存在减缓了 SO_4^{2-} 的侵蚀速度与破坏程度。一方面,混合溶液中两种离子并存的扩散行为导致相同时间进入混凝土的 SO_4^{2-} 数量减少;另一方面,Cl^- 与混凝土中的水化产物反应生成 Friedel's 盐,延缓了侵蚀产物在混凝土中的形成,最终减轻了硫酸盐侵蚀破坏程度。

16.3　硫酸盐侵蚀与冻融循环耦合作用下混凝土破坏机理

16.3.1　混凝土外观损伤分析

　　5‰Na_2SO_4 溶液、H_2O 和 5‰$MgSO_4$ 溶液中不同冻融循环次数的混凝土外观损伤变化如图 16.27～图 16.30 所示。

　　从图 16.27～图 16.30 可以看出,冻融循环 50 次后,混凝土表面水泥浆体颗粒开始局部剥落,但其棱角分明,骨料未暴露,混凝土表面相对完整。在 H_2O 中和 5‰Na_2SO_4 溶液中,混凝土试件剥蚀相对较轻,仅出现细微坑点,局部出现少量剥落,外观差别不明显,而在 5‰$MgSO_4$ 溶液中的剥蚀更加明显。

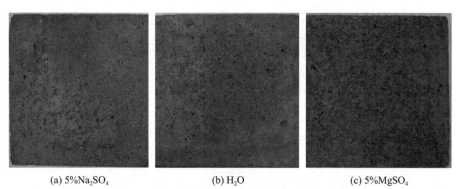

(a) 5%Na_2SO_4　　　　　　　(b) H_2O　　　　　　　(c) 5%$MgSO_4$

图 16.27　不同溶液中冻融循环 50 次时混凝土试件外观损伤

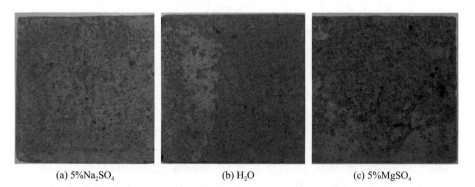

(a) 5%Na_2SO_4　　　　　　　(b) H_2O　　　　　　　(c) 5%$MgSO_4$

图 16.28　不同溶液中冻融循环 100 次时混凝土试件外观损伤

(a) 5%Na₂SO₄　　　　　(b) H₂O　　　　　(c) 5%MgSO₄

图 16.29　不同溶液中冻融循环 200 次时混凝土试件外观损伤

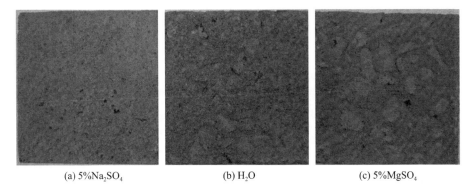

(a) 5%Na₂SO₄　　　　　(b) H₂O　　　　　(c) 5%MgSO₄

图 16.30　不同溶液中冻融循环 300 次时混凝土试件外观损伤

冻融循环 100 次后,混凝土表面剥蚀进一步加剧,H_2O 中和 $5\%MgSO_4$ 溶液中的混凝土表层砂浆大部分剥落,尤其是成型面,$5\%MgSO_4$ 溶液中的混凝土甚至出现少量粗骨料暴露,但未出现脱角现象。$5\%Na_2SO_4$ 溶液中的混凝土剥蚀最轻,表层砂浆层较为完好,仅是坑点面积扩大。

冻融循环 200 次后,$5\%MgSO_4$ 溶液中的混凝土表面剥蚀明显加剧,砂浆颗粒剥蚀较为严重,表面可见明显粗骨料暴露,且出现轻微脱角现象;H_2O 中的混凝土表面砂浆剥蚀明显,局部粗骨料外露;$5\%Na_2SO_4$ 溶液中的混凝土尚未出现粗骨料外露,外观损伤较轻。

冻融循环 300 次后,$5\%MgSO_4$ 溶液中的混凝土水泥浆体剥落严重,大部分骨料暴露,试件表面粗糙,部分棱角剥落明显;H_2O 中的混凝土表面砂浆剥落量进一步增加,外露粗骨料数量增多,棱角剥蚀加剧;$5\%Na_2SO_4$ 溶液中的混凝土表面砂浆剥蚀进一步加剧,局部外露少量粗骨料,表面剥蚀较轻。

从混凝土外观损伤情况可以看出,相同冻融循环次数下,$MgSO_4$ 溶液中的混凝土表面剥蚀程度最严重,其次是 H_2O 中,Na_2SO_4 溶液中的混凝土表面损伤程度最轻。$MgSO_4$ 溶液对混凝土的侵蚀,除了冻融循环破坏与 SO_4^{2-} 的侵蚀作用,Mg^{2+} 对 C-S-H 也具有侵蚀性,可破坏混凝土内部结构,导致混凝土砂浆不断剥蚀。而 Na_2SO_4 溶液在结冰后表现出一定的塑性,混凝土在结冰状态下承受的冻胀压力变小,剥蚀量变小[12]。

试验过程中还观测到,混凝土表面除了出现剥落现象,还产生了一些宏观裂纹,如图 16.31 所示。根据余红发等[13]提出的混凝土在盐湖卤水中冻蚀破坏的盐结晶压机理分析可知,当温度由 $(8\pm2)℃$ 降低到 $(-17\pm2)℃$ 时,Na_2SO_4 溶液的溶解度会发生显著变化,从而使盐溶液过饱和度增大。在冻融试验过程中,除了盐溶液中出现一定量盐类结晶,混凝土试件表面也会出现盐结晶,这表明低温条件下盐溶液结晶作用明显。这充分说明硫酸盐侵蚀与冻融循环耦合作用下,混凝土受到物理侵蚀和化学侵蚀的共同作用,当盐结晶压力、冻融静水压力和渗透压力以及侵蚀产物的膨胀压力在混凝土中产生的拉力超过混凝土抗拉强度时,混凝土便产生裂缝。

图 16.31 硫酸盐侵蚀与冻融循环耦合作用下混凝土表面宏观裂纹

16.3.2 混凝土微观结构演化分析

Na_2SO_4 溶液侵蚀下混凝土冻融循环 100 次、200 次、300 次后取出试块,取样进行扫描电镜试验,观察混凝土微观形貌如图 16.32 所示。

未侵蚀混凝土试件的微观形貌如图 16.32(a)和(b)所示。可以看出,混凝土结构较为密实,并可以看到大量絮状 C-S-H 凝胶,但仍可见少许微裂纹,说明混凝土存在初始损伤。

冻融循环 100 次后,在混凝土中水泥石-骨料界面可以看到少量针状钙矾石晶体,如图 16.32(c)所示。在冻融循环初期,由于进入混凝土内部的 SO_4^{2-} 浓度较低,钙矾石晶体数量较少且结晶不良。冻融循环 200 次后,混凝土中侵蚀产物不断增多,在混凝土孔隙中可见大量簇状钙矾石晶体,且结晶状态良好,如图 16.32(d)所示。随着冻融循环增加至 300 次,由于冻融破坏与硫酸盐侵蚀造成混凝土劣化加剧,SO_4^{2-} 通

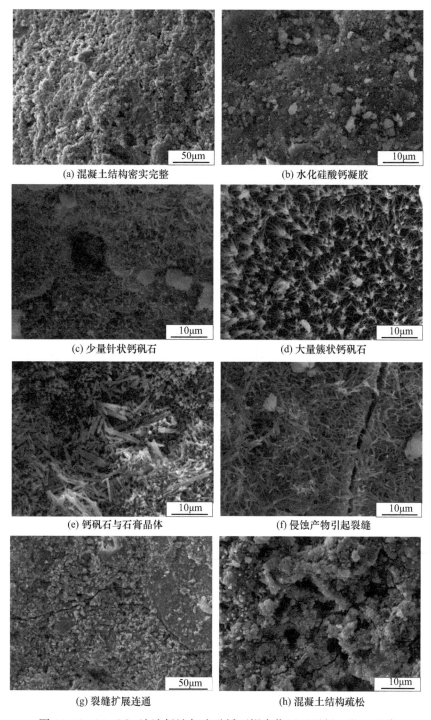

(a) 混凝土结构密实完整   (b) 水化硅酸钙凝胶

(c) 少量针状钙矾石   (d) 大量簇状钙矾石

(e) 钙矾石与石膏晶体   (f) 侵蚀产物引起裂缝

(g) 裂缝扩展连通   (h) 混凝土结构疏松

图 16.32 Na_2SO_4 溶液侵蚀与冻融循环耦合作用下混凝土微观形貌

过微裂缝持续渗入混凝土,导致混凝土孔隙内 SO_4^{2-} 浓度增大,侵蚀产物钙矾石晶体不断增多,并有石膏晶体生成,如图 16.32(e)所示。钙矾石结晶容易在微小孔隙中和水泥石-骨料界面上生成,随着侵蚀程度的增加,混凝土内部孔隙逐渐变大,针状钙矾石与簇状钙矾石在孔隙中和界面上大量生长,并伴有裂缝出现,如图 16.32(f)所示。侵蚀过程中生成的膨胀性产物均比原固相体积大,当膨胀产生的内应力超过混凝土抗拉强度时,混凝土开裂。随着冻融破坏与硫酸盐侵蚀的加剧,混凝土内部裂缝不断扩展并增多,孔隙处裂缝连通,混凝土的结构明显疏松,如图 16.32(g)和(h)所示。

　　$MgSO_4$ 溶液侵蚀与冻融循环耦合作用下,混凝土微观形貌与 Na_2SO_4 溶液侵蚀与冻融循环耦合作用类似,在混凝土孔隙中和界面区同样发现了大量钙矾石晶体和石膏晶体,并伴有裂缝出现和混凝土结构疏松。

16.3.3　混凝土硫酸盐侵蚀产物定量分析

　　混凝土在 Na_2SO_4 与 $MgSO_4$ 溶液中冻融循环 100 次、200 次、300 次后取出试块,通过切片、破碎、研磨、过筛等步骤制成粉末状样品,采用 XRD 和 TG-DSC 综合热分析技术对侵蚀产物进行分析。

　　图 16.33 为硫酸盐侵蚀与冻融循环耦合作用下混凝土 XRD 图谱。从图 16.33(a)可以看出,$MgSO_4$ 溶液中冻融循环 100 次后,混凝土在 XRD 图谱中存在几个较为明显的衍射峰,经过其对应的特征角度对比分析,这些衍射峰分别是 $9.14°(2\theta)$ 和 $15.90°(2\theta)$ 的钙矾石、$11.63°(2\theta)$ 的石膏、$18.10°(2\theta)$ 的 $Ca(OH)_2$、$20.76°(2\theta)$ 的石英和 $29.46°(2\theta)$ 的 $CaCO_3$,还发现了衍射峰不太明显的 $18.82°(2\theta)$ 的水镁石,说明在 $MgSO_4$ 侵蚀过程中还存在少量的水镁石。

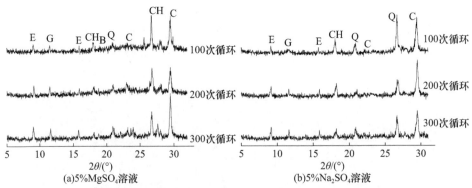

图 16.33　硫酸盐侵蚀与冻融循环耦合作用下混凝土 XRD 图谱(距表面 0～2mm)

B. 水镁石; C. 方解石; CH. $Ca(OH)_2$; E. 钙矾石; G. 石膏; Q. 石英

　　图谱中的石英主要来源于砂子,$CaCO_3$ 来源于试验环境中发生的碳化反应,但钙矾石和石膏是主要侵蚀产物。图谱中石膏的衍射峰比钙矾石的衍射峰弱,说明侵蚀产物中石膏的生成量比钙矾石少。随着冻融循环次数的增加,$MgSO_4$ 侵蚀作用加剧,侵蚀产物的衍射峰增强,$Ca(OH)_2$ 的衍射峰减弱,说明混凝土在冻融循环过程中受 $MgSO_4$ 的侵蚀程度在不断增大。

从图 16.33(b)可以看出,Na_2SO_4 溶液中冻融循环作用下的混凝土 XRD 图谱也可明显观测到几个衍射峰,钙矾石和石膏同样是主要侵蚀产物。冻融循环 100 次后,图谱中可见钙矾石的衍射峰,而石膏的衍射峰不明显,随着冻融循环次数的增加,石膏的衍射峰逐步增强,但仍低于钙矾石的衍射峰。冻融循环早期,进入混凝土中的 SO_4^{2-} 浓度较低,而石膏的形成需要较高浓度的 SO_4^{2-},因此随着混凝土不断劣化,扩散进入混凝土的侵蚀性离子浓度升高,在冻融循环达到一定次数时才会有石膏生成。随着 Na_2SO_4 侵蚀和冻融循环的持续,混凝土中 $Ca(OH)_2$ 的衍射峰变弱。从图中还可看出,Na_2SO_4 溶液中侵蚀产物钙矾石和石膏的衍射峰明显低于 $MgSO_4$ 溶液中的衍射峰,进一步说明 $MgSO_4$ 溶液与冻融循环耦合作用对混凝土造成的损伤程度要高于 Na_2SO_4 溶液与冻融循环耦合作用。

图 16.34 为 5‰$MgSO_4$ 溶液与冻融循环耦合作用下混凝土的 TG-DSC 曲线。从图 16.34(a)可以看出,DSC 曲线在 600℃ 内一共出现了三个较明显的吸热峰,峰值温度主要位于三个温度区间:90～110℃、130～140℃ 和 430～450℃。说明在 $MgSO_4$ 溶液中冻融循环 100 次后第一层混凝土出现了硫酸盐侵蚀产物钙矾石和石膏,且存在 $Ca(OH)_2$。从图 16.34(b)可以看出,冻融循环增加至 200 次,DSC 曲线上侵蚀产物对应的吸热峰更加明显,尤其是石膏的吸热峰,说明混凝土在 $MgSO_4$ 溶液中冻融循环 200 次后第一层混凝土中的侵蚀产物是钙矾石和石膏,且石膏生成量增多。

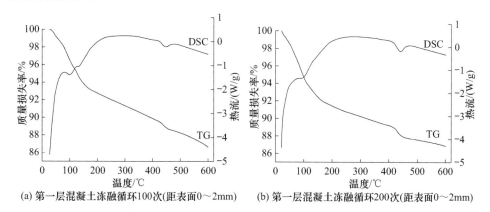

(a) 第一层混凝土冻融循环100次(距表面0～2mm)　　(b) 第一层混凝土冻融循环200次(距表面0～2mm)

图 16.34　5‰$MgSO_4$ 溶液与冻融循环耦合作用下混凝土 TG-DSC 曲线

图 16.35 为硫酸盐溶液和冻融循环耦合作用下混凝土 DSC 曲线峰值温度,与图 16.35 中吸热峰相对应的钙矾石、石膏及 $Ca(OH)_2$ 的热分析结果如图 16.36 所示。从图 16.36(a)可以看出,Na_2SO_4 溶液中混凝土的钙矾石含量随着冻融循环

次数的增加逐渐增多,并且第一层混凝土中钙矾石含量大于第二层。与 Na_2SO_4 溶液中混凝土钙矾石含量变化规律相比,$MgSO_4$ 溶液中第一层混凝土钙矾石含量变化明显不同,在冻融循环过程中呈现先增大后降低的趋势。冻融循环 175 次后,$MgSO_4$ 溶液中第一层混凝土钙矾石含量低于第二层,并且在冻融循环 250 次后低于 Na_2SO_4 溶液中第一层混凝土钙矾石含量。$MgSO_4$ 溶液中第一层混凝土钙矾石含量降低的主要原因是随着硫酸盐侵蚀的持续进行,混凝土中大量 $Ca(OH)_2$ 与 SO_4^{2-} 发生反应,降低了孔溶液的碱性,钙矾石无法稳定存在而发生分解,导致其含量降低。

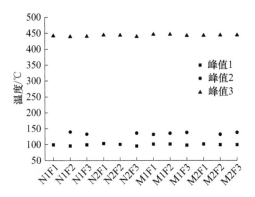

图 16.35　硫酸盐溶液和冻融循环耦合作用下混凝土 DSC 曲线峰值温度

N1、N2 分别代表 5% Na_2SO_4 溶液中混凝土的第一层和第二层;

M1、M2 分别代表 5% $MgSO_4$ 溶液中混凝土的第一层和第二层;

F1、F2、F3 分别代表冻融循环 100 次、200 次和 300 次

从图 16.36(b)可以看出,冻融循环过程中,混凝土中石膏含量明显低于钙矾石含量,且石膏在冻融循环一段时间后才被检测到。随着冻融循环次数的增加,石膏含量呈现增加趋势,与钙矾石含量变化不同,其含量并未出现降低。Na_2SO_4 溶液中的混凝土在冻融循环 100 次之前未出现石膏,第二层混凝土在冻融循环 200 次后才出现少量石膏,到 300 次时含量只有 1.01%。$MgSO_4$ 溶液中混凝土的石膏含量明显大于 Na_2SO_4 溶液中混凝土的石膏含量,$MgSO_4$ 溶液中第一层混凝土石膏含量大于第二层,并且每层中石膏含量均呈现稳定增长趋势,其第二层混凝土在冻融循环 200 次时才检测到石膏。随着冻融循环次数的增加,混凝土中微裂缝逐渐增多,SO_4^{2-} 进入混凝土的通道逐渐增多,内部 SO_4^{2-} 浓度逐渐增大,因此在一定冻融循环次数后,混凝土内部才有石膏晶体产生。

从图 16.36(c)可以看出,随着冻融循环次数的增加,混凝土中 $Ca(OH)_2$ 消耗逐渐增多,其含量下降明显,尤其在 $MgSO_4$ 溶液中混凝土的 $Ca(OH)_2$ 含量下降迅速,在冻融循环 300 次后,第一层混凝土中 $Ca(OH)_2$ 含量只有 0.56%。

$Ca(OH)_2$ 在 $MgSO_4$ 溶液中的消耗比 Na_2SO_4 溶液中更多,进一步说明 $MgSO_4$ 溶液中的混凝土侵蚀劣化更明显。

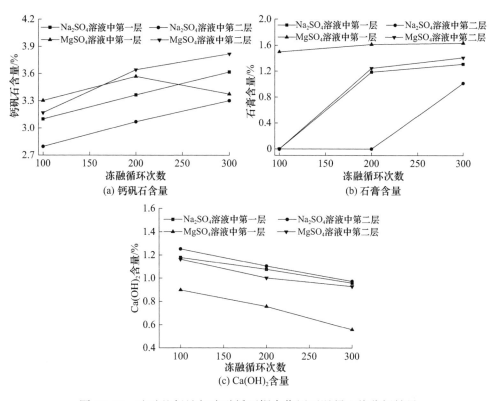

图 16.36　硫酸盐侵蚀与冻融循环耦合作用下混凝土热分析结果

参 考 文 献

[1]　中华人民共和国国家标准.普通混凝土长期性能和耐久性能试验方法标准(GB/T 50082—2009)[S].北京:中国建筑工业出版社,2010.

[2]　Shanahan N,Zayed A. Cement composition and sulfate attack Part Ⅰ[J]. Cement and Concrete Research,2007,37(4):618-623.

[3]　Zhang Y Q,Yu H F,Sun W,et al. Frost resistance of concrete under action of magnesium sulfate attack[J]. Journal of Building Materials,2011,14(5):698-702.

[4]　Scrivener K L,Taylor H F W. Delayed ettringite formation:a microstructural and microanalytical study[J]. Advances in Cement Research,1993,5(20):139-146.

[5]　Kresten P,Berggren G. The thermal decomposition of thaumasite from Mothae kimberlite pipe,Lesotho,Southern Africa[J]. Journal of Thermal Analysis and Calorime-

try,1976,9(1):23-28.

[6] 匈牙利技术大学应用化学系. 热分析曲线图谱集[M]. 翁祖琪译. 北京:冶金工业出版社,1978.

[7] 谢英,侯文萍,王向东. 差热分析在水泥水化研究中的应用[J]. 水泥,1997,(5):44-47.

[8] Gao R D,Li Q B,Zhao S B. Concrete deterioration mechanisms under combined sulfate attack and flexural loading[J]. ASCE Journal of Materials in Civil Engineering,2013, 25(1):39-44.

[9] Biczok I. Concrete Corrosion Concrete Protection[M]. New York:Chemical Publishing Company,1967.

[10] Santhanam M,Cohen M D,Olek J. Sulfate attack research-whither now? [J]Cement and Concrete Research,2001,31(6):845-851.

[11] 梁咏宁,黄君一,林旭健,等. 氯盐对受硫酸盐腐蚀混凝土性能的影响[J]. 福州大学学报,2011,39(6):947-951.

[12] 慕儒,缪昌文,刘加平,等. 氯化钠、硫酸钠溶液对混凝土抗冻性的影响及其机理[J]. 硅酸盐学报,2001,29(6):523-529.

[13] 余红发,孙伟,鄢良慧,等. 在盐湖环境中高强与高性能混凝土的抗冻性[J]. 硅酸盐学报,2004,(7):842-848.

第 17 章　硫酸盐侵蚀混凝土性能劣化规律

我国地域辽阔,硫酸盐分布广泛,在沿海地区和西部盐湖地区及其周边土壤、地下水中含有大量的硫酸盐。在硫酸盐环境中,处于水位变动区、浪溅区和潮汐区等区域的混凝土结构,由于遭受硫酸盐侵蚀与干湿交替的共同作用,其破坏更加严重。另外,在我国东北、华北和西北地区的盐渍土环境中,冬季混凝土结构遭受硫酸盐侵蚀与冻融循环的耦合作用。本章重点开展混凝土在硫酸盐侵蚀与干湿循环共同作用、硫酸盐侵蚀与冻融循环耦合作用下的耐久性试验研究,从混凝土质量、相对动弹性模量及抗压强度三个方面分析混凝土的性能劣化规律。

17.1　硫酸盐侵蚀混凝土性能测试与评价方法

17.1.1　原材料与混凝土配合比

试验原材料同 16.1.1 节,硫酸盐侵蚀试验混凝土配合比及基本物理力学性能见表 17.1。

表 17.1　硫酸盐侵蚀试验混凝土配合比及基本物理力学性能

水胶比	掺合料掺量/%		胶凝材料/(kg/m³)	砂/(kg/m³)	石/(kg/m³)	水/(kg/m³)	减水剂/%	含气量/%	90d抗压强度/MPa	90d劈裂抗拉强度/MPa
	粉煤灰	矿渣								
0.35	20	—	457	517	1266	160	0.7	—	71.3	7.95
0.45	20	—	355	585	1300	160	0.5	—	61.6	6.34
0.55	20	—	290	644	1306	160	0.3	—	53.7	5.81
0.45	0	—	355	585	1300	160	0.5	—	63.4	7.06
0.45	10	—	355	585	1300	160	0.5	—	62.0	6.02
0.45	30	—	355	585	1300	160	0.5	—	61.2	6.23
0.45	20	30	355	585	1300	160	0.5	—	60.7	6.01
0.45	20	—	355	585	1300	160	0.5	4.2	43.2	5.19

17.1.2　试验设计与试验方法

1. 硫酸盐侵蚀与干湿循环共同作用试验

采用盐溶液干湿循环的方式模拟实际硫酸盐环境中混凝土所处的干湿交替

区,研究硫酸盐侵蚀混凝土损伤劣化规律,试验方法同 16.1.2 节。试验主要考察硫酸盐种类、溶液浓度、混凝土水胶比和矿物掺合料对混凝土性能劣化的影响,硫酸盐侵蚀与干湿循环共同作用试验考察因素见表 17.2。

表 17. 2　硫酸盐侵蚀与干湿循环共同作用试验考察因素

浸泡环境	水胶比	溶液浓度/%	粉煤灰掺量/%	考察因素
	0.35	10	20	水胶比
	0.45	10	20	水胶比
	0.55	10	20	水胶比
	0.45	0	20	侵蚀溶液浓度
	0.45	1	20	侵蚀溶液浓度
Na_2SO_4	0.45	5	20	侵蚀溶液浓度
	0.45	10	20	侵蚀溶液浓度
	0.45	10	0	粉煤灰掺量
	0.45	10	10	粉煤灰掺量
	0.45	10	20	粉煤灰掺量
	0.45	10	30	粉煤灰掺量
Na_2SO_4+NaCl	0.45	10	20+30	粉煤灰+矿渣掺量
	0.45	10+3.5	20	NaCl
$MgSO_4$	0.45	10	20	Mg^{2+}

每干湿循环 30d 后测试混凝土质量、相对动弹性模量及抗压强度。混凝土质量及动弹性模量测试采用 100mm×100mm×400mm 的棱柱体试件,混凝土抗压强度测试采用 100mm×100mm×100mm 的立方体试块。

1) 混凝土质量损失

使用精度为 0.1g 的电子天平测量混凝土质量,参照《普通混凝土长期性能和耐久性能试验方法标准》(GB/T 50082—2009)[1]中的试验方法,其质量损失率达到 5% 即为失效。混凝土质量损失率为

$$\Delta W_t = \frac{W_0 - W_t}{W_0} \times 100\% \qquad (17.1)$$

式中,ΔW_t 为硫酸盐侵蚀后混凝土质量损失率,取 3 个试件的平均值;W_t、W_0 分别是硫酸盐侵蚀后混凝土质量和未侵蚀混凝土质量,g。

2) 混凝土相对动弹性模量

采用 NM-4B 型非金属超声检测分析仪测试混凝土动弹性模量,参照《普通混凝土长期性能和耐久性能试验方法标准》(GB/T 50082—2009)[1],混凝土相对动

弹性模量降低到 60% 即为失效。由于混凝土内部饱水状态对混凝土声时测定影响明显,在试件干燥状态下进行测试。

混凝土动弹性模量可按式(17.2)进行计算[2],相对动弹性模量可通过式(17.3)计算。

$$E_d = \frac{(1+\mu)(1-2\mu)}{1-\mu} \rho V^2 \tag{17.2}$$

$$P = \frac{E_{dt}}{E_{d0}} \times 100\% = \frac{V_{dt}^2}{V_{at}^2} \times 100\% \tag{17.3}$$

式中,μ 为混凝土泊松比;ρ 为混凝土密度,kg/m^3;V 为超声波在混凝土中的传播速度,km/s;P 为硫酸盐侵蚀后混凝土相对动弹性模量,以 3 个试件的平均值计算;E_{dt}、E_{d0} 分别为硫酸盐侵蚀后和未侵蚀混凝土动弹性模量,GPa;V_{at}、V_{a0} 分别为硫酸盐侵蚀后混凝土中超声波传播速度和未侵蚀混凝土中超声波传播速度,km/s。

3)混凝土相对抗压强度

按照《混凝土物理力学性能试验方法标准》(GB/T 50081—2019)[3]测试混凝土试块抗压强度。参照《普通混凝土长期性能和耐久性能试验方法标准》(GB/T 50082—2009)[1],其抗压强度降低到初始抗压强度的 75% 即为失效。

混凝土相对抗压强度为

$$f_R = \frac{f_{ct}}{f_{c0}} \tag{17.4}$$

式中,f_R 为硫酸盐侵蚀后混凝土相对抗压强度,以 3 个试件的平均值计算;f_{ct}、f_{c0} 分别为硫酸盐侵蚀后混凝土抗压强度和未侵蚀混凝土抗压强度,MPa。

2. 硫酸盐侵蚀与冻融循环耦合作用试验

采用在盐溶液中快速冻融的方式模拟硫酸盐侵蚀与冻融循环耦合作用,研究混凝土损伤劣化规律,试验方法同 16.1.2 节。试验主要考察硫酸盐溶液种类和浓度对混凝土的影响,试验考察因素见表 17.3。每冻融循环 25 次,测试混凝土质量、动弹性模量及抗压强度。

表 17.3 硫酸盐侵蚀与冻融循环耦合作用试验考察因素

冻融环境	水胶比	溶液浓度/%	含气量/%	粉煤灰掺量/%	考察因素
H_2O	0.45	0	4.2	20	
Na_2SO_4	0.45	1	4.2	20	冻融环境+
	0.45	5	4.2	20	溶液浓度
$MgSO_4$	0.45	5	4.2	20	

17.2　硫酸盐侵蚀与干湿循环共同作用下混凝土性能劣化

17.2.1　混凝土质量变化规律

1. 水胶比对混凝土质量损失的影响

不同水胶比的混凝土质量损失率变化规律如图 17.1 所示。可以看出,在硫酸盐侵蚀与干湿循环共同作用下,混凝土质量损失率分为缓慢降低、趋于平稳、快速增加三个阶段。水胶比为 0.35 的混凝土由于密实性好且抗渗性好,侵蚀前期质量增加不明显,且侵蚀后期质量下降最少,质量损失率变化幅度最小。水胶比为 0.55 的混凝土质量损失率最大,外观呈现大面积沙化且局部砂浆骨料完全剥落,硫酸盐侵蚀破坏最为严重。

干湿循环共同作用下 Na_2SO_4 溶液对混凝土质量变化的影响主要有两方面原因:一方面是进入混凝土中的 SO_4^{2-} 与水化产物反应生成的侵蚀产物在混凝土孔隙中填充聚集,暂时提高了混凝土密实度,表现为质量增加;另一方面是侵蚀产物具有膨胀性,且干湿循环共同作用下盐溶液产生的结晶盐膨胀应力导致混凝土开裂剥落,质量下降。

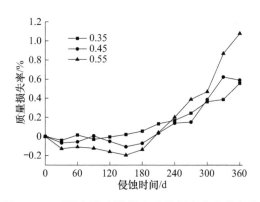

图 17.1　不同水胶比混凝土质量损失率变化规律

2. 硫酸盐溶液浓度对混凝土质量损失的影响

不同浓度 Na_2SO_4 溶液侵蚀混凝土质量损失率变化规律如图 17.2 所示。可以看出,在不同浓度 Na_2SO_4 溶液侵蚀下,混凝土质量损失率较小,均未超过 1%,且在整个干湿循环过程中呈现一定的波动。在侵蚀初期,混凝土质量总体呈现增长趋势,当侵蚀 150d 时,开始出现下降。10% Na_2SO_4 溶液侵蚀后期,混凝土质量损失较多,而 1% Na_2SO_4 和 5% Na_2SO_4 溶液侵蚀的混凝土质量损失差异不明显。当侵蚀后期混凝土内部出现裂缝缺陷时,混凝土相对动弹性模量已经明显降低,但由于混凝土内部大量侵蚀产物的生成,混凝土质量并未明显下降。

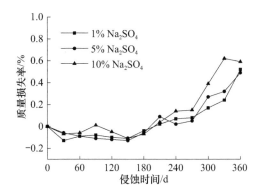

图 17.2　不同浓度 Na_2SO_4 溶液侵蚀混凝土质量损失率变化规律

3. 掺合料对混凝土质量损失的影响

不同掺合料混凝土质量损失率变化规律如图 17.3 所示。可以看出,与粉煤灰掺量为 10%(FA10)和 30%(FA30)的混凝土相比,粉煤灰掺量为 20%(FA20)的混凝土质量损失率最小,FA30 混凝土在侵蚀 300d 后的质量损失率大于 FA10 混凝土,这表明 FA20 混凝土抗硫酸盐侵蚀效果最好。

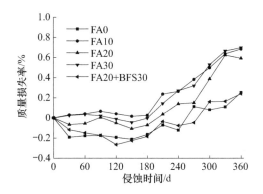

图 17.3　不同掺合料混凝土质量损失率变化规律

与单掺粉煤灰相比,掺入 20%粉煤灰＋30%矿渣(FA20＋BFS30)的混凝土质量损失率最小,原因在于两种掺合料的掺入,更加细化了混凝土结构,提高了混凝土密实性,同时混凝土中能被硫酸盐侵蚀的水化产物减少,减轻了混凝土的侵蚀破坏程度。试验中发现,普通混凝土质量损失率较小,与 FA20＋BFS30 混凝土差别不大,明显低于单掺粉煤灰的混凝土,其原因是普通混凝土中能够参加化学反应的水化产物较多,因此生成的侵蚀产物量也较大,在一定程度上增大了混凝土质量,但混凝土外观损伤已非常明显,并且其相对动弹性模量也已经出现明显降低。这些结果表明,在评价硫酸盐侵蚀混凝土劣化时,与相对动弹性模量相比,混凝土质量损失变化不敏感,并不能准确反映混凝土的损伤程度。

4. 硫酸盐种类对混凝土质量损失的影响

不同种类硫酸盐液侵蚀混凝土质量损失率变化规律如图 17.4 所示。可以看出,混凝土在 10%MgSO₄ 溶液中的质量损失率最大,在侵蚀前期混凝土质量增长不明显,在侵蚀 150d 后质量损失加剧。MgSO₄ 溶液对混凝土的侵蚀作用除了 SO_4^{2-} 的侵蚀破坏外,Mg^{2+} 也会和水泥水化产物反应生成无胶结能力的 Mg-S-H,加速水泥水化产物溶解,外观损伤表现为混凝土面层软化,破坏严重。混凝土在 10%Na₂SO₄+3.5%NaCl 溶液中的质量损失率最小,侵蚀 360d 后,混凝土质量损失不到另外两种侵蚀溶液的一半,其主要原因是 Cl^- 对硫酸盐侵蚀有一定的抑制作用,在一定程度上减缓了混凝土的劣化。

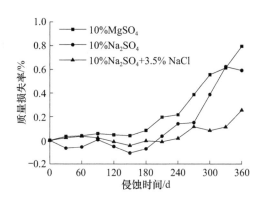

图 17.4　不同种类硫酸盐溶液侵蚀混凝土质量损失率变化规律

17.2.2　混凝土相对动弹性模量变化规律

1. 水胶比对混凝土相对动弹性模量的影响

不同水胶比混凝土相对动弹性模量变化规律如图 17.5 所示。可以看出,三种水胶比混凝土的相对动弹性模量变化规律基本相似,均经历缓慢下降、稳定和快速下降三个阶段。第一阶段主要是由干湿循环造成的混凝土微损伤及硫酸盐形成的结晶破坏造成的;第二阶段是由于反应生成的膨胀性产物填充混凝土孔隙,一定程度上起到了密实作用;随着侵蚀时间增长,侵蚀产物膨胀产生更多微裂缝,大量侵蚀性离子进入混凝土,进而加剧了混凝土侵蚀破坏,混凝土相对动弹性模量加速下降,进入第三阶段。

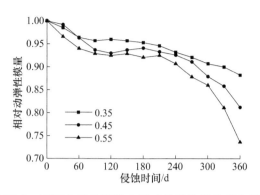

图 17.5　不同水胶比混凝土相对动弹性模量变化规律

水胶比对混凝土相对动弹性模量的影响很大,低水胶比混凝土具有较好的抗硫酸盐侵蚀性能。水胶比为 0.35 的混凝土两个下降段均不明显,尤其是侵蚀后期并未表现出加速劣化的趋势,在侵蚀 360d 后相对动弹模量只降低了 11.8%。水胶比为 0.55 的混凝土相对动弹性模量在第一阶段即出现明显降低,90~210d 趋于稳定,试验后期相对动弹性模量降低速度加快,在侵蚀 360d 后降低了 26.4%,混凝土劣化最严重。

2. 硫酸盐溶液浓度对混凝土相对动弹性模量的影响

不同浓度 Na_2SO_4 溶液侵蚀混凝土相对动弹性模量变化规律如图 17.6 所示。可以看出,混凝土在 1%Na_2SO_4、5%Na_2SO_4 和 10%Na_2SO_4 溶液中侵蚀 360d 后相对动弹模量分别降低了 5.6%、11% 和 18.8%,混凝土劣化程度随溶液浓度的增大而增加。当侵蚀溶液浓度增大时,溶液中侵蚀性离子增多,相同时间内进入混凝土内部的侵蚀性离子含量越多,侵蚀反应越充分,混凝土劣化程度越严重。在两种高浓度溶液中,混凝土相对动弹性模量变化规律相似,同样经历了缓慢下降、稳定和快速下降三个阶段。混凝土在浓度较低的 1%Na_2SO_4 溶液中受硫酸盐结晶影响较弱,第一阶段不明显,并且其相对动弹性模量在侵蚀前期无明显变化,在侵蚀 240d 后才出现较明显的下降。

3. 掺合料对混凝土相对动弹性模量的影响

不同掺合料混凝土相对动弹性模量变化规律如图 17.7 所示。可以看出,在干湿循环作用下侵蚀 360d 后,粉煤灰掺量为 10%、20% 和 30% 的混凝土相对动弹性模量分别降低了 22.3%、18.8% 和 27.2%,随着粉煤灰掺量的增加,Na_2SO_4 溶液侵蚀与干湿循环作用下混凝土的损伤劣化程度减轻,但是当粉煤灰掺量达到 30%

时,混凝土损伤程度反而增大,甚至比 10%掺量的混凝土劣化严重。普通混凝土的相对动弹性模量变化与 FA30 混凝土差别较小,在干湿循环 270d 后,普通混凝土的劣化程度甚至小于 FA30 混凝土。FA20＋BFS30 混凝土相对动弹性模量下降最小,试验表明,这种复掺更能发挥掺合料抗硫酸盐侵蚀的优势。

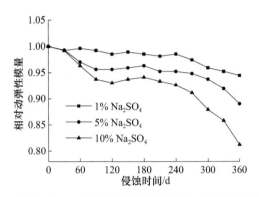

图 17.6　不同浓度 Na_2SO_4 溶液侵蚀混凝土相对动弹模量变化规律

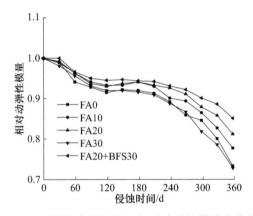

图 17.7　不同掺合料混凝土相对动弹性模量变化规律

FA30 混凝土破坏加剧的原因可能是其对混凝土孔径的细化作用导致干湿循环作用下在混凝土中形成更大范围的孔溶液区,孔溶液中的化学侵蚀造成更严重的破坏[4]。Nehdi 等[5]在其研究中也发现,粉煤灰中的 Al_2O_3 含量(15%～40%)远大于硅酸盐水泥,掺入一定量的粉煤灰反而增加了混凝土胶凝材料中的铝相成分,从而提高了钙矾石形成的可能性。Mehta 等[6]的研究也表明,在硫酸盐环境中,矿物掺合料具有加剧硫酸盐对混凝土侵蚀破坏的可能,如果满足一定条件(如磨成粉末,使硫酸盐溶液在无物理阻碍的情况下充分包围颗粒),这种情况就会发生。粉煤灰中的活性 Al_2O_3 以玻璃态的形式存在,其活性的激发需要一些辅助手段,如加热、机械碾磨和化学激发等,Na_2SO_4 则是一种常用而有效的化学激发剂[7,8]。

4. 硫酸盐种类对混凝土相对动弹性模量的影响

不同种类硫酸盐溶液侵蚀混凝土相对动弹性模量变化规律如图 17.8 所示。可以看出,在干湿循环 360d 后,混凝土在 $10\%Na_2SO_4$、$10\%MgSO_4$、$10\%Na_2SO_4$ + $3.5\%NaCl$ 溶液中的相对动弹性模量分别降低了 18.8%、25.9% 和 13.2%,表明 $MgSO_4$ 溶液中混凝土侵蚀破坏最严重。然而,在侵蚀前 180d,与 Na_2SO_4 溶液中混凝土相对动弹性模量相比,混凝土在 $MgSO_4$ 溶液中损失较低,原因可能是 $MgSO_4$ 溶液中混凝土试件表面无盐结晶现象,尚未产生盐结晶破坏作用。但是在 $MgSO_4$ 侵蚀过程中存在 Mg^{2+} 和 SO_4^{2-} 的双重作用,随着侵蚀的进行,$MgSO_4$ 中混凝土侵蚀破坏加速。试验还表明,Cl^- 的存在减缓了 SO_4^{2-} 的侵蚀速率与破坏程度,与微观分析结果一致。

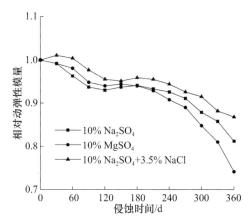

图 17.8　不同种类硫酸盐溶液侵蚀混凝土相对动弹性模量变化规律

从混凝土相对动弹性模量的变化规律可以看出,侵蚀 180d 之后,混凝土相对动弹性模量加速下降。从侵蚀产物微观分析可以解释宏观上混凝土相对动弹性模量的变化情况,更好地揭示硫酸盐侵蚀破坏的机理。在侵蚀前 180d,混凝土中已生成大量的侵蚀产物钙矾石和石膏,而混凝土相对动弹性模量并未出现明显降低,混凝土中侵蚀产物生成量与相对动弹性模量变化缺乏相关性。这是因为此时的侵蚀产物基本在填充孔隙,对混凝土暂时起到密实作用。随着混凝土内部裂缝的增多,这种短暂的有利作用逐渐消失,宏观上表现为混凝土相对动弹性模量明显降低,在侵蚀 180d 后混凝土进入加速劣化阶段。

17.2.3　混凝土抗压强度劣化规律与时变模型

1. 水胶比对混凝土抗压强度变化的影响

不同水胶比混凝土抗压强度变化规律如图 17.9 所示。可以看出,三种水胶比混凝土抗压强度变化规律基本相似,均经历了两个阶段。第一阶段,混凝土抗压强度在侵蚀初期 60d 内均出现一个增长期,原因主要是混凝土在侵蚀溶液中生成的侵蚀产物及盐结晶填充混凝土孔隙起到密实作用。第二阶段,持续生成的侵蚀产物钙矾石和石膏在混凝土内部产生膨胀应力,加速混凝土中裂缝的形成与发展,导致混凝土强度下降。随着裂缝的出现,外部 SO_4^{2-} 更容易进入混凝土,从而加速混凝土劣化。因此,在侵蚀 60d 后,以 180d 为分界点,混凝土抗压强度下降可分为两个阶段,在此之前呈现缓慢降低,在 180d 之后强度劣化加速。

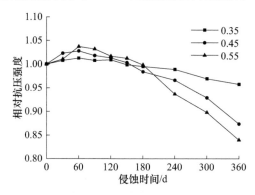

图 17.9　不同水胶比混凝土抗压强度变化规律

　　水胶比的大小直接决定着混凝土的渗透性和密实性,可影响混凝土的损伤劣化速率,随着水胶比的增大,混凝土强度劣化更严重。水胶比为 0.35、0.45 和 0.55 的混凝土在经历 360d 干湿循环后,抗压强度分别下降了 4.3%、12.7% 和 16.1%。水胶比为 0.35 的混凝土在整个侵蚀过程中抗压强度变化幅度最小,未出现明显的强度劣化。与水胶比 0.45 的混凝土相比,水胶比 0.55 的混凝土抗压强度在 180d 后加速下降,破坏严重。

2. 硫酸盐溶液浓度对混凝土抗压强度变化的影响

　　不同浓度 Na_2SO_4 溶液侵蚀混凝土抗压强度变化规律如图 17.10 所示。可以看出,混凝土在三种浓度 Na_2SO_4 溶液中的抗压强度变化规律基本相似,同样表现为短暂上升阶段(0~60d)与下降段(60~360d),其中下降段又分为缓慢下降段(60~180d)与快速下降段(180~360d)。在干湿循环作用下侵蚀 360d 后,混凝土在 1% Na_2SO_4、5% Na_2SO_4 和 10% Na_2SO_4 溶液中的抗压强度分别下降了 7.1%、10.3% 和 12.7%,这说明随着溶液浓度的增加,SO_4^{2-} 渗透速率加快,生成侵蚀产物和结晶盐的速度也加快,因而高浓度溶液中混凝土试件的强度下降速率更大。

3. 掺合料对混凝土抗压强度变化的影响

　　不同掺合料混凝土抗压强度变化规律如图 17.11 所示。可以看出,在侵蚀

360d后,粉煤灰掺量为10%、20%和30%的混凝土抗压强度分别下降了14.8%、12.7%和16.6%,随着粉煤灰掺量的增加,混凝土抗压强度劣化降低,但当掺量达到30%时,混凝土损伤程度反而增大,甚至比FA10混凝土强度下降严重。试验结果还表明,在干湿循环360d后,普通混凝土的抗压强度下降了16.2%,劣化程度小于FA30混凝土,而FA20+BFS30混凝土抗压强度损失最小,仅降低9.7%,这个结果与混凝土相对动弹性模量变化情况相似。

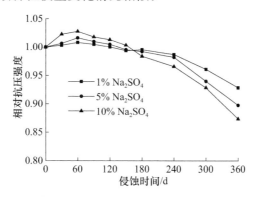

图17.10　不同浓度 Na₂SO₄溶液侵蚀混凝土抗压强度变化规律

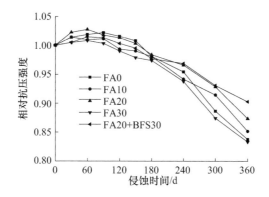

图17.11　不同掺合料混凝土抗压强度变化规律

4. 硫酸盐种类对混凝土抗压强度变化的影响

不同种类硫酸盐溶液侵蚀混凝土抗压强度变化规律如图17.12所示。可以看出,混凝土在 10% Na₂SO₄、10% MgSO₄、10% Na₂SO₄+3.5% NaCl 溶液中侵蚀360d后的抗压强度分别下降了12.7%、14.8%和8.4%,混凝土在 MgSO₄溶液中的强度劣化最严重。混凝土抗压强度变化同样分为两个阶段,其中 MgSO₄溶液中的混凝土下降段时间推移至90d,原因可能是侵蚀产物生成量较大,导致其对混凝土的密实增强作用时间延长,但由于 MgSO₄溶液的双重侵蚀作用,其缓慢下降段

与另外两种溶液相比并不明显,随后即出现较明显的加速劣化段。混凝土在 10%
$Na_2SO_4+3.5\%NaCl$ 溶液中的抗压强度变化在侵蚀前 240d 较为平缓,并无明显
降低,后期强度下降也未超过 10%,说明 Cl^- 的存在明显减缓了 SO_4^{2-} 侵蚀的破坏
程度和速度。

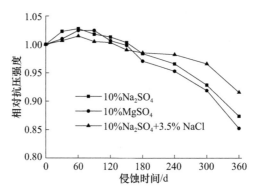

图 17.12　不同种类硫酸盐溶液侵蚀混凝土抗压强度变化规律

5. 混凝土抗压强度时变模型的建立

1) 模型的提出

根据试验数据,混凝土相对抗压强度随侵蚀时间的变化大致符合二次多项式
规律,混凝土抗压强度 f_{ct} 与硫酸盐侵蚀时间 t 的关系可以表示为

$$f_{ct}=k_S f_{c0}(1+at+bt^2) \tag{17.5}$$

式中,k_S、a、b 为待定系数;f_{ct}、f_{c0} 分别为硫酸盐侵蚀后混凝土的抗压强度和未侵蚀
混凝土的抗压强度,MPa;t 为硫酸盐侵蚀时间,d。

以混凝土水胶比 0.45、粉煤灰掺量为 20%、Na_2SO_4 溶液浓度为 10% 的试验条
件为标准,采用最小二乘法对硫酸盐侵蚀与干湿循环共同作用 360d 内的混凝土抗
压强度试验结果进行回归分析,可得

$$f_{ct}=k_S f_{c0}(1+3.25\times10^{-4}t-1.899\times10^{-6}t^2) \tag{17.6}$$

取 $k_S=k_{S,w}k_{S,f}k_{S,c}$,其中 $k_{S,w}$、$k_{S,f}$ 和 $k_{S,c}$ 分别为水胶比 W/B、粉煤灰掺量 FA 和
Na_2SO_4 溶液浓度 C 对混凝土抗压强度的影响系数,则混凝土相对抗压强度 f_{ct}/f_{c0}
与硫酸盐侵蚀时间 t 的关系可以表示为

$$\frac{f_{ct}}{f_{c0}}=k_{S,w}k_{S,f}k_{S,c}(1+3.25\times10^{-4}t-1.899\times10^{-6}t^2) \tag{17.7}$$

2) 影响系数的确定

(1) 水胶比影响系数 $k_{S,w}$ 的确定。

以水胶比为 0.45 的混凝土为标准,对水胶比为 0.35、0.45、0.55 的混凝土不同侵蚀
时间的相对抗压强度试验结果分别进行归一化处理,此时粉煤灰掺量为 20%,Na_2SO_4

溶液浓度为 10%。经回归计算,可得水胶比影响系数 $k_{S,w}$ 与水胶比的关系为

$$k_{S,w} = 0.965 \left(\frac{W}{B}\right)^{-0.047} \tag{17.8}$$

(2) 粉煤灰掺量影响系数 $k_{S,f}$ 的确定。

以粉煤灰掺量为 20% 的混凝土为标准,对粉煤灰掺量为 0、10%、20%、30% 的混凝土不同侵蚀时间的相对抗压强度试验结果分别进行归一化处理,此时水胶比取 0.45,Na_2SO_4 溶液浓度为 10%。经回归计算,可得粉煤灰掺量影响系数 $k_{S,f}$ 与粉煤灰掺量的关系为

$$k_{S,f} = 0.988 - 0.312FA + 3.806FA^2 - 9.778FA^3 \tag{17.9}$$

(3) 硫酸盐溶液浓度影响系数 $k_{S,c}$ 的确定。

以 Na_2SO_4 溶液浓度为 10% 的混凝土为标准,对 Na_2SO_4 溶液浓度为 1%、5%、10% 时,不同侵蚀时间下混凝土相对抗压强度试验结果分别进行归一化处理,此时水胶比取 0.45,粉煤灰掺量为 20%。经回归计算,可得 Na_2SO_4 溶液浓度影响系数 $k_{S,c}$ 与溶液浓度的关系为

$$k_{S,c} = 1.01 - 0.106C \tag{17.10}$$

3) 模型的建立

将式(17.8)~式(17.10)代入式(17.6),可得到在硫酸盐侵蚀与干湿循环共同作用下混凝土抗压强度预测模型为

$$f_{ct} = 0.965 \left(\frac{W}{B}\right)^{-0.047} (0.988 - 0.312FA + 3.806FA^2 - 9.778FA^3)$$
$$\cdot (1.01 - 0.106C)(1 + 3.25 \times 10^{-4}t - 1.899 \times 10^{-6}t^2)f_{c0}$$
$$\tag{17.11}$$

17.3　硫酸盐侵蚀与冻融循环耦合作用下混凝土性能劣化

17.3.1　混凝土质量变化规律

不同硫酸盐侵蚀混凝土质量损失率与冻融循环次数的关系如图 17.13 所示。混凝土在水中由于冻融破坏的剥蚀作用,其质量损失是一个持续增大的过程;在硫酸盐溶液中混凝土质量损失则是先增大后减小,然后再增大。混凝土在硫酸盐侵蚀与冻融循环耦合作用下质量变化主要包含两部分:一部分是由于冻融破坏,混凝土表面浆体及骨料剥落,导致混凝土质量降低;另一部分则是硫酸盐在冻融过程中渗入混凝土内部,发生硫酸盐结晶且生成膨胀性产物,在一定程度上增加了混凝土质量。在冻融破坏前期,由膨胀性产物引起的混凝土质量增加更为明显,此阶段由于冻融破坏和硫酸盐侵蚀对混凝土造成的损伤较轻,微裂缝相对较少,混凝土剥蚀不明显,因此在冻融循环 150 次前混凝土质量损失会出现先增加后减少现象。但

随着冻融破坏加剧,混凝土中微裂缝增多,盐溶液侵入加速,反应生成的侵蚀产物与硫酸盐结晶反而加剧了混凝土剥蚀,混凝土质量损失持续增加。

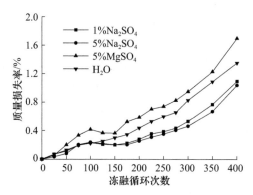

图 17.13　　不同硫酸盐侵蚀混凝土质量损失率与冻融循环次数的关系

　　混凝土在 $1\%Na_2SO_4$、$5\%Na_2SO_4$、$5\%MgSO_4$ 溶液和 H_2O 中冻融循环 400 次后,质量损失率分别为 1.09%、1.04%、1.70% 和 1.35%。可以看出,混凝土质量损失不明显,质量损失率均未超过 2%,说明硫酸盐溶液对混凝土冻融剥蚀的促进作用较弱,甚至 Na_2SO_4 溶液对冻融剥蚀还有抑制作用。混凝土在 $1\%Na_2SO_4$、$5\%Na_2SO_4$ 溶液中的质量损失均比 H_2O 中小,表面剥蚀现象轻微。原因在于一方面,盐溶液降低了溶液结冰的冰点,减轻了结冰压力;另一方面,Na_2SO_4 溶液结冰后表现出一定的塑性,产生的冻胀力较小,减小了冻融破坏时的表面剥蚀[9,10]。溶液浓度越高,这种作用越明显,表现为混凝土在 $5\%Na_2SO_4$ 溶液中的质量损失小于 $1\%Na_2SO_4$ 溶液中的质量损失。$MgSO_4$ 溶液的双重侵蚀作用明显,与冻融循环叠加破坏严重,导致混凝土质量损失最严重。

17.3.2　混凝土相对动弹性模量变化规律

　　不同硫酸盐侵蚀混凝土相对动弹性模量与冻融循环次数的关系如图 17.14 所示。经历 400 次冻融循环后,在 $1\%Na_2SO_4$、$5\%Na_2SO_4$、$5\%MgSO_4$ 溶液和 H_2O 中,混凝土相对动弹性模量分别降低了 16.2%、14.4%、18.7% 和 13.7%,$MgSO_4$ 溶液中混凝土相对动弹性模量降低最多。在硫酸盐溶液中,混凝土相对动弹性模量均经历快速下降、缓慢下降和快速下降三个阶段。主要原因在于冻融循环前期,冻融破坏起主要作用,相对动弹性模量有快速下降趋势;随着进入混凝土内部的硫酸盐与胶凝材料不断发生化学反应,生成钙矾石和石膏等膨胀性产物,暂时起到了密实作用,相对动弹性模量下降减缓;但随着冻融破坏继续和侵蚀产物增多与膨胀,混凝土内部产生更多微裂缝,进而加剧了混凝土冻融与侵蚀破坏,相对动弹性模量下降加快。

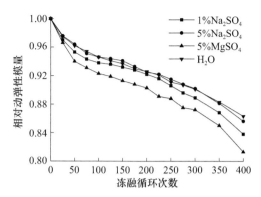

图 17.14　不同硫酸盐侵蚀混凝土相对动弹性模量与冻融循环次数的关系

从图 17.14 还可以看出,在 5％Na_2SO_4 溶液中,冻融循环前期混凝土相对动弹性模量下降速度基本小于 H_2O 中,随着硫酸盐化学侵蚀作用加剧,在 300 次冻融循环后混凝土相对动弹性模量下降速度大于 H_2O 中。混凝土在 1％Na_2SO_4 溶液中的相对动弹性模量降低程度高于 5％Na_2SO_4 溶液和 H_2O 中,这是由于在冻融循环过程中,高浓度的 Na_2SO_4 溶液对孔隙水的冰点降低比较明显,同时增加了冰的可压缩性,在一定程度上减缓了冻融作用对混凝土造成的损伤。

17.3.3　混凝土抗压强度劣化规律

不同硫酸盐侵蚀混凝土抗压强度与冻融循环次数的关系如图 17.15 所示。经历 400 次冻融循环后,5％Na_2SO_4、5％$MgSO_4$ 溶液和 H_2O 中的混凝土抗压强度分别下降了 21.5％、26.6％和 19.9％,混凝土在 $MgSO_4$ 溶液中的抗压强度损失最严重。硫酸盐溶液中的混凝土抗压强度均经历缓慢下降、相对稳定和快速下降三个阶段。在冻融前期,混凝土在 $MgSO_4$ 溶液中抗压强度下降缓慢,在冻融循环 100

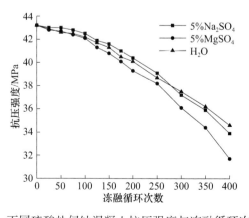

图 17.15　不同硫酸盐侵蚀混凝土抗压强度与冻融循环次数的关系

次后,混凝土抗压强度劣化速度加快。在冻融循环前期,Na_2SO_4 溶液中的混凝土抗压强度劣化基本小于 H_2O 中混凝土,但是冻融循环 125 次后,其抗压强度下降明显加速,在冻融 250 次后强度下降超过 H_2O 中。

17.3.4　硫酸盐侵蚀与冻融循环耦合作用分析

混凝土动弹性模量能够比较全面地反映混凝土损伤劣化过程,参照 11.7 节,可用损伤度表征混凝土损伤,即

$$D_{NS} = 1 - \frac{E_{dN}}{E_{d0}} \tag{17.12}$$

式中,D_{NS} 为硫酸盐侵蚀与冻融循环耦合作用下混凝土的冻融损伤度;E_{dN} 为冻融混凝土动弹性模量,GPa;E_{d0} 为未冻融混凝土动弹性模量,GPa;N 为冻融循环次数。

根据试验结果,计算不同硫酸盐侵蚀与冻融循环耦合作用下混凝土冻融损伤度,见表 17.4,混凝土冻融损伤度与冻融循环次数的关系如图 17.16 所示。从表 17.4 和图 17.16 可以看出,随着冻融循环次数的增加,不同溶液中混凝土冻融损伤度经历了初期较快增长、中期平稳增长、后期快速增长的过程。溶液种类和浓度对混凝土损伤的影响较为明显,其中混凝土在 5%$MgSO_4$ 溶液中的损伤最大,其次是 1%Na_2SO_4 溶液,而在 5%Na_2SO_4 溶液和 H_2O 中损伤差别不明显。

表 17.4　不同硫酸盐侵蚀与冻融循环耦合作用下的混凝土冻融损伤度 D_{NS}

冻融循环次数	D_{NS}			
	1%Na_2SO_4	5%Na_2SO_4	5%$MgSO_4$	H_2O
0	0	0	0	0
25	0.030	0.024	0.034	0.025
50	0.047	0.036	0.060	0.038
75	0.057	0.049	0.069	0.046
100	0.062	0.054	0.077	0.054
125	0.064	0.056	0.081	0.059
150	0.068	0.059	0.087	0.063
175	0.072	0.067	0.092	0.070
200	0.078	0.075	0.097	0.074
225	0.084	0.078	0.109	0.079
250	0.094	0.085	0.112	0.089
275	0.104	0.092	0.125	0.093
300	0.111	0.098	0.128	0.099
350	0.132	0.119	0.150	0.117
400	0.162	0.144	0.187	0.137

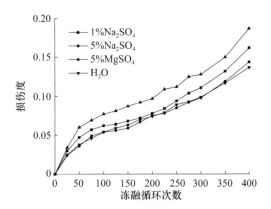

图 17.16　不同硫酸盐侵蚀与冻融循环耦合作用下混凝土冻融损伤度与冻融循环次数的关系

为了分析硫酸盐侵蚀与冻融循环耦合作用过程中硫酸盐侵蚀对冻融损伤的影响,定义

$$\lambda_{NS} = \frac{D_{NS}}{D_N} \tag{17.13}$$

式中,λ_{NS} 为硫酸盐侵蚀与冻融循环耦合作用过程中硫酸盐侵蚀对混凝土冻融损伤的影响系数;D_{NS} 为硫酸盐侵蚀与冻融循环耦合作用下的混凝土冻融损伤度;D_N 为单一冻融循环作用下的混凝土冻融损伤度。

如果 $\lambda_{NS}=1$,表明硫酸盐侵蚀对混凝土冻融损伤不起作用;如果 $\lambda_{NS}<1$,表明硫酸盐侵蚀对混凝土冻融损伤起抑制作用;如果 $\lambda_{NS}>1$,表明硫酸盐侵蚀对混凝土冻融损伤有促进作用,并且比值越大,促进作用也越大。

硫酸盐侵蚀对混凝土冻融损伤的影响系数见表 17.5。可以看出,λ_{NS} 值由大到小依次为 5%MgSO$_4$ 溶液>1%Na$_2$SO$_4$ 溶液>5%Na$_2$SO$_4$ 溶液。5%MgSO$_4$ 溶液中 λ_{NS} 值始终大于 1,且数值最大,表明 MgSO$_4$ 溶液在冻融循环过程中对混凝土冻融损伤的促进作用最大。1%Na$_2$SO$_4$ 溶液中 λ_{NS} 值也始终大于 1,表明其对混凝土冻融损伤也有促进作用。5%Na$_2$SO$_4$ 溶液中 λ_{NS} 值在 1 附近波动,总体小于 1,表明 Na$_2$SO$_4$ 溶液对混凝土冻融损伤主要起抑制作用,但在冻融 250 次后 λ_{NS} 值逐渐增大,在冻融 300 次后 λ_{NS} 值大于 1,表明随着时间增长,5%Na$_2$SO$_4$ 溶液逐渐表现出对冻融损伤的促进作用。

表 17.5　硫酸盐侵蚀对混凝土冻融损伤的影响系数 λ_{NS}

冻融循环次数	λ_{NS}		
	1%Na$_2$SO$_4$	5%Na$_2$SO$_4$	5%MgSO$_4$
25	1.200	0.960	1.360
50	1.237	0.947	1.579
75	1.239	1.065	1.500

冻融循环次数	λ_{NS}		
	$1\%Na_2SO_4$	$5\%Na_2SO_4$	$5\%MgSO_4$
100	1.148	1.000	1.426
125	1.085	0.949	1.373
150	1.079	0.937	1.381
175	1.029	0.957	1.314
200	1.054	1.014	1.311
225	1.063	0.987	1.380
250	1.056	0.955	1.258
275	1.118	0.989	1.344
300	1.121	0.990	1.293
350	1.128	1.017	1.282
400	1.182	1.051	1.365

值得注意的是,λ_{NS}在整个冻融循环过程中呈现出先升高后降低再升高的趋势,说明在冻融循环初期,硫酸盐对混凝土冻融损伤的促进作用明显,随着侵蚀产物的填充密实,其促进作用暂时减弱,随着硫酸盐侵蚀的加剧,在冻融循环175次后,硫酸盐对混凝土冻融损伤的促进作用又呈现增强趋势。

硫酸盐侵蚀与冻融循环耦合作用下,混凝土会发生物理变化和化学反应。在冻融循环过程中,混凝土毛细孔壁同时承受膨胀压力和渗透压力,当这两种压力在混凝土内部产生的拉应力超过混凝土抗拉强度时,混凝土开裂,产生微裂缝;而硫酸盐溶液的侵蚀性离子也会导致混凝土产生膨胀性破坏。但是,硫酸盐溶液与冻融循环之间也存在复杂的相互作用。首先,冻融循环对硫酸盐侵蚀的影响体现在两方面,一方面,冻融循环过程中的结冰状态减缓了硫酸盐对混凝土的侵蚀作用;另一方面,冻融破坏导致混凝土中产生微裂缝,盐溶液加速侵入,化学侵蚀与水冻胀力往复作用,加剧混凝土劣化。其次,硫酸盐溶液对冻融损伤的影响也体现在两方面,一方面,硫酸盐的存在降低了混凝土中孔隙水冰点,并且增加了冰的可压缩性,这对减轻硫酸盐侵蚀与冻融循环耦合作用下的混凝土损伤有利;相反,硫酸盐溶液提高了混凝土初始饱水度,在冻融循环过程中,混凝土毛细孔壁承受的压力增大,同时,毛细孔中硫酸盐溶液过饱和结晶产生的压力,都会加剧混凝土冻融损伤。

综上所述,$5\%MgSO_4$溶液与冻融循环相互影响的不利作用占主导地位,硫酸盐侵蚀与冻融损伤之间有相互促进作用,导致混凝土损伤最为严重。混凝土在Na_2SO_4溶液中冻融时,$5\%Na_2SO_4$溶液在冻融循环前期与冻融循环相互影响的有利作用占主导,混凝土损伤较轻,随着硫酸盐侵蚀加剧,冻融循环300次后,盐溶液与冻融循环相互影响的不利作用明显;$1\%Na_2SO_4$溶液在冻融过程中与冻融循环相互影响的不利作用较明显,硫酸盐侵蚀与冻融循环耦合作用下的混凝土损伤程度大于$5\%Na_2SO_4$溶液。

参 考 文 献

［1］　中华人民共和国国家标准.普通混凝土长期性能和耐久性能试验方法标准(GB/T 50082—2009)［S］.北京:中国建筑工业出版社,2010.

［2］　罗骐先,Bungey J H.用纵波超声换能器测量混凝土表面波速和动弹模量［J］.水利水运科学研究,1996,69(3):264-270.

［3］　中华人民共和国国家标准.混凝土物理力学性能试验方法标准(GB/T 50081—2019) ［S］.北京:中国建筑工业出版社,2019.

［4］　Liu Z Q,Deng D H,Schutte G D,et al.Chemical sulfate attack performance of partially exposed cement and cement＋fly ash paste［J］.Construction and Building Materials, 2012,28(1):230-237.

［5］　Nehdi M,Hayek M.Behavior of blended cement mortars exposed to sulfate solutions cycling in relative humidity［J］.Cement and Concrete Research,2005,35(4):731-742.

［6］　Mehta K P,Monteiro P J M.Concrete Microstructure,Properties and Materials［M］. New Jersey:McGraw-Hill Professional,2004.

［7］　Shi C J,Day R L.Pozzolanic reaction in the presence of chemical activators:Part I.Reaction kinetics［J］.Cement and Concrete Research,2000,30(1):51-58.

［8］　Shi C J,Day R L.Pozzolanic reaction in the presence of chemical activators:Part II.Reaction products and mechanism［J］.Cement and Concrete Research,2000,30(4):607-613.

［9］　慕儒,缪昌文,刘加平,等.氯化钠、硫酸钠溶液对混凝土抗冻性的影响及其机理［J］.硅酸盐学报,2001,29(6):523-529.

［10］　Miao C W,Mu R,Tian Q,et al.Effect of sulfate solution on the frost resistance of concrete with and without steel fiber reinforcement［J］.Cement and Concrete Research,2001,32(1):31-34.

第 18 章　硫酸盐侵蚀混凝土损伤层分析

由混凝土硫酸盐侵蚀机理可知,硫酸盐环境中的侵蚀性离子与混凝土中的水泥胶凝基体反应生成具有膨胀性的产物,导致混凝土微观结构产生缺陷,由表及里形成损伤层。随着侵蚀时间增加,受侵蚀后混凝土内部缺陷不断扩大,损伤层厚度逐渐增加。因此,混凝土损伤层厚度能有效反映混凝土的损伤程度,是衡量混凝土受侵蚀后性能退化的重要指标。

随着超声检测技术的发展,利用超声波检测方法确定混凝土损伤层已得到广泛应用。Akhras[1]研究了信号能量在混凝土冻融损伤检测中的应用。Naffa等[2]采用高频超声波检测了混凝土的化学腐蚀程度。梁咏宁等[3]和张风杰等[4]采用化学分析及超声波平测法研究了混凝土遭受硫酸盐侵蚀后的损伤层厚度。张峰等[5]采用超声法研究了在氯盐冻融环境下混凝土构件损伤层厚度的变化规律。Chu 等[6]采用超声波研究了长期浸泡于 Na_2SO_4 溶液中的混凝土损伤情况。陈柚州[7]采用超声检测法对隧道衬砌混凝土遭受火灾后的损伤层厚度进行了测试与分析。关娆等[8]采用超声波平测法研究了煤矸石粗集料混凝土冻融后的损伤演化。

混凝土损伤层对混凝土结构的耐久性与安全性影响较大,且硫酸盐侵蚀混凝土损伤层的研究起步较晚。因此,本章对硫酸盐侵蚀与干湿循环共同作用、硫酸盐侵蚀与冻融循环耦合作用下的混凝土损伤层进行试验研究,定量分析混凝土的损伤劣化程度和性能退化规律。

18.1　硫酸盐侵蚀与干湿循环共同作用下混凝土损伤层分析

在侵蚀前期混凝土损伤劣化不明显,损伤层厚度很小,超声波测量的误差较大,且规律不明显。因此,在硫酸盐侵蚀与干湿循环共同作用试验中,当试验进行到 210d、240d、270d、300d、330d 和 360d 时测量混凝土损伤层厚度;在硫酸盐侵蚀与冻融循环耦合作用试验中,冻融循环 100 次时开始测量混凝土损伤层厚度,之后每冻融循环 50 次测量一次,到冻融循环 400 次为止。

试验原材料、混凝土配合比、考察因素同 16.1 节。

混凝土损伤层和未损伤层的波速及损伤层厚度可按 10.4.4 节的测试方法和式(10.9)～式(10.14)计算。

18.1.1 混凝土损伤层厚度变化规律与预测模型

1. 水胶比对混凝土损伤层厚度的影响

硫酸盐侵蚀与干湿循环共同作用下不同水胶比混凝土损伤层和未损伤层的超声声速及损伤层厚度见表18.1。可以看出,随着侵蚀时间增加,混凝土未损伤层中的超声声速略有升高,这是因为在干湿循环过程中,粉煤灰混凝土继续水化,材料密实度增加,混凝土超声声速升高。混凝土损伤层中的超声声速明显小于未损伤层中的超声声速,这表明损伤层中混凝土密实性较差,且随着侵蚀时间增加,损伤层中的超声声速逐渐降低,进一步说明随着硫酸盐侵蚀的进行,混凝土损伤层劣化程度逐渐加剧。由于水胶比为0.35的混凝土材料密实,其损伤层中超声声速降低较小,侵蚀360d后仅降低8%。随着混凝土水胶比的增加,损伤层中的超声声速降低速度加快。

表18.1 硫酸盐侵蚀与干湿循环共同作用不同水胶比混凝土损伤层和未损伤层特征参数

侵蚀时间/d	水胶比	V_{uf}/(km/s)	V_{df}/(km/s)	h_{df}/mm
	0.35	5.22	18.51	9.22
210	0.45	5.20	4.50	10.90
	0.55	5.26	4.42	12.02
	0.35	5.24	4.38	10.28
240	0.45	5.23	4.46	11.83
	0.55	5.27	4.32	13.11
	0.35	5.21	4.34	11.46
270	0.45	5.28	4.36	13.20
	0.55	5.34	4.14	15.38
	0.35	5.23	4.27	12.58
300	0.45	5.36	4.21	15.08
	0.55	5.44	4.04	17.10
	0.35	5.28	4.18	14.42
330	0.45	5.39	4.06	17.03
	0.55	5.45	3.92	19.10
	0.35	5.33	4.15	16.05
360	0.45	5.39	3.75	19.41
	0.55	5.46	3.69	21.30

注:V_{uf}和V_{df}分别表示未损伤层和损伤层中的超声声速,h_{df}表示损伤层厚度。

分析混凝土硫酸盐侵蚀机理可知,硫酸盐对混凝土侵蚀前期存在一个膨胀密实阶段。随着侵蚀时间增加,侵蚀性离子不断进入混凝土微裂缝区,使混凝土中的膨胀密实区不断向内部移动,混凝土损伤层厚度逐渐增大。在相同侵蚀时间下,随着混凝土水胶比的增大,混凝土损伤层厚度增大,在侵蚀360d时,水胶比0.55的混凝土损伤层厚度已达到21.3mm。从试验结果还可看出,混凝土损伤层厚度的变化规律与图 17.5 中混凝土相对动弹模量加速下降段变化规律基本一致,表明混凝土在侵蚀 210d 后损伤程度加重。

水胶比越大,水泥浆体密实性越差,混凝土内部孔隙越多,侵蚀性离子和内部盐析出速度加快,硫酸盐侵蚀破坏速度加快,相应的损伤层厚度也会越大。相反,水胶比越小,水泥浆体越致密,混凝土内部孔隙越少,渗透性越小,损伤层厚度也就越小。

2. 硫酸盐溶液浓度对混凝土损伤层厚度的影响

硫酸盐侵蚀与干湿循环共同作用下不同浓度 Na_2SO_4 溶液中混凝土损伤层和未损伤层的超声声速及损伤层厚度见表 18.2。可以看出,随着侵蚀时间增加,混凝土未损伤层中的超声声速略有升高,而损伤层中超声声速降低明显。混凝土在 $1\%Na_2SO_4$ 溶液、$5\%Na_2SO_4$ 溶液和 $10\%Na_2SO_4$ 溶液中侵蚀 360d 后,损伤层中超声声速分别降低了 5.8%、12.9%、16.7%,随着侵蚀溶液浓度的升高,混凝土受硫酸盐侵蚀破坏严重,损伤层中超声声速降低。随着侵蚀时间增加,混凝土受侵蚀程度增加,混凝土中损伤层厚度也逐渐增加。混凝土在 $10\%Na_2SO_4$ 溶液中受侵蚀程度最严重,360d 后的损伤层厚度已达到 19.41mm,明显大于另外两种溶液中的损伤层厚度。随着 Na_2SO_4 溶液浓度增加和侵蚀时间增长,混凝土损伤层厚度增加,损伤层中超声声速降低。

表 18.2　硫酸盐侵蚀与干湿循环共同作用不同浓度 Na_2SO_4 溶液中

混凝土损伤层和未损伤层特征参数

侵蚀时间/d	溶液浓度/%	V_{ut}/(km/s)	V_{dt}/(km/s)	h_{dt}/mm
210	1	5.10	4.51	7.55
	5	5.22	4.50	9.51
	10	5.20	4.50	10.90
240	1	5.10	4.47	8.23
	5	5.19	4.50	10.56
	10	5.23	4.46	11.83
270	1	5.17	4.46	10.14
	5	5.22	4.42	11.61
	10	5.28	4.36	13.20
300	1	5.22	4.39	11.67
	5	5.27	4.34	12.97
	10	5.36	4.21	15.08
330	1	5.27	4.34	13.01
	5	5.25	4.15	14.49
	10	5.39	4.06	17.03
360	1	5.30	4.25	14.17
	5	5.35	3.92	16.70
	10	5.39	3.75	19.41

3. 矿物掺合料对混凝土损伤层厚度的影响

硫酸盐侵蚀与干湿循环共同作用下不同矿物掺合料混凝土损伤层和未损伤层的超声声速及损伤层厚度见表 18.3。侵蚀 360d 后,粉煤灰掺量为 10%、20% 和 30% 的混凝土损伤层中的超声声速分别降低了 14.9%、16.5% 和 17.0%,高掺量粉煤灰混凝土中损伤层的超声声速降低最明显。随着粉煤灰掺量的增加,混凝土损伤层中的超声声速降低速率减缓,但是当掺量达到 30% 时,混凝土损伤层中的超声声速降低速率反而增大,甚至超过 FA10 混凝土。普通混凝土损伤层中的超声声速降低速率与 FA30 混凝土差别不明显,在侵蚀 300d 后,FA30 混凝土损伤层中的超声声速甚至小于普通混凝土。然而,FA20+BFS30 混凝土损伤层中的超声声速仅降低 9.92%,降低最缓慢。随着侵蚀时间的增加,混凝土损伤层厚度逐渐增大,混凝土劣化程度增加。在侵蚀 360d 后,FA20+BFS30 混凝土损伤层厚度最小,为 16.93mm。随着粉煤灰掺量的增加,混凝土损伤层厚度逐渐减小,但 FA30 混凝土的损伤层厚度最大,超过普通混凝土的损伤层厚度。

表 18.3　硫酸盐侵蚀与干湿循环共同作用不同掺合料混凝土损伤层和未损伤层特征参数

侵蚀时间/d	掺合料掺量/%	V_{uf}/(km/s)	V_{dr}/(km/s)	h_{dr}/mm
210	FA0	5.27	4.42	11.85
	FA10	5.21	4.41	11.40
	FA20	5.20	4.50	10.90
	FA30	5.26	4.46	12.12
	FA20+BFS30	5.17	4.51	9.91
240	FA0	5.21	4.33	12.54
	FA10	5.25	4.33	12.37
	FA20	5.23	4.46	11.83
	FA30	5.30	4.43	12.67
	FA20+BFS30	5.19	4.49	10.45
270	FA0	5.28	4.15	14.32
	FA10	5.28	4.25	14.07
	FA20	5.28	4.36	13.20
	FA30	5.38	4.19	15.28
	FA20+BFS30	5.23	4.41	11.69
300	FA0	5.40	4.10	16.29
	FA10	5.31	4.11	15.95
	FA20	5.36	4.21	15.08
	FA30	5.43	4.08	16.60
	FA20+BFS30	5.29	4.24	13.59

侵蚀时间/d	掺合料掺量/%	V_{at}/(km/s)	V_{dt}/(km/s)	h_{dt}/mm
	FA0	5.45	3.96	17.88
	FA10	5.36	3.97	17.46
330	FA20	5.39	4.06	17.03
	FA30	5.50	3.95	18.01
	FA20+BFS30	5.34	4.19	15.09
	FA0	5.48	3.74	19.95
	FA10	5.37	3.75	19.66
360	FA20	5.39	3.75	19.41
	FA30	5.47	3.70	20.43
	FA20+BFS30	5.36	4.07	16.93

注:FA20+BFS30 表示粉煤灰掺量为 20%、矿渣掺量为 30%。

4. 硫酸盐种类对混凝土损伤层厚度的影响

硫酸盐侵蚀与干湿循环共同作用不同硫酸盐种类中混凝土损伤层和未损伤层的超声声速及损伤层厚度见表 18.4。可以看出,随着侵蚀时间的增加,混凝土在 $MgSO_4$ 溶液中损伤层的超声声速降低最明显,且混凝土损伤层厚度最大,说明混凝土劣化程度最严重。混凝土在 Na_2SO_4+NaCl 混合溶液中损伤层的超声声速降低缓慢,且混凝土损伤层厚度最小,在侵蚀 360d 后仅为 16.26mm,进一步说明氯盐的存在减缓了混凝土劣化。

表 18.4　硫酸盐侵蚀与干湿循环共同作用下不同硫酸盐溶液种类中
混凝土损伤层和未损伤层特征参数

侵蚀时间/d	溶液种类	V_{at}/(km/s)	V_{dt}/(km/s)	h_{dt}/mm
	Na_2SO_4	5.20	4.51	10.91
210d	$MgSO_4$	5.23	4.42	11.72
	Na_2SO_4+NaCl	5.20	4.61	9.41
	Na_2SO_4	5.23	4.46	11.83
240d	$MgSO_4$	5.26	4.40	12.52
	Na_2SO_4+NaCl	5.20	4.54	10.31
	Na_2SO_4	5.28	4.36	13.20
270d	$MgSO_4$	5.32	4.30	13.93
	Na_2SO_4+NaCl	5.27	4.39	12.36
	Na_2SO_4	5.36	4.21	15.08
300d	$MgSO_4$	5.39	4.16	16.17
	Na_2SO_4+NaCl	5.28	4.24	13.90
	Na_2SO_4	5.39	4.06	17.03
330d	$MgSO_4$	5.42	4.02	18.15
	Na_2SO_4+NaCl	5.32	4.17	15.02

续表

侵蚀时间/d	溶液种类	V_{st}/(km/s)	V_{dr}/(km/s)	h_{dr}/mm
	Na_2SO_4	5.39	3.75	19.41
360d	$MgSO_4$	5.46	3.88	20.02
	Na_2SO_4+NaCl	5.36	4.12	16.26

5. 混凝土损伤层厚度计算模型

由试验结果可以看出,在侵蚀 180d 和 210d 后,混凝土中 SO_4^{2-} 渗透速度加快,混凝土进入劣化阶段。由于混凝土在侵蚀前 210d 的损伤层厚度无法准确测量计算,因此将初始劣化时间 t_0 取为 210d。

1) 混凝土硫酸盐侵蚀损伤层厚度模型的提出

依据试验结果,混凝土损伤层厚度随侵蚀时间的变化规律大致符合指数函数,混凝土损伤层厚度 h_{dr} 与硫酸盐侵蚀时间 t 的关系可以表示为

$$h_{dr} = k_H a \exp(bt) \tag{18.1}$$

式中,k_H、a、b 为待定系数;h_{dr} 为硫酸盐侵蚀与干湿循环共同作用混凝土损伤层厚度,mm;t 为硫酸盐侵蚀时间,d,$t \geqslant t_0$。

以混凝土水胶比为 0.45、粉煤灰掺量为 20%、Na_2SO_4 溶液浓度为 10% 的试验条件为标准,采用最小二乘法对硫酸盐侵蚀与干湿循环共同作用 360d 内的混凝土损伤层厚度试验结果进行回归分析,可得

$$h_{dr} = 4.566 k_H \exp(0.004t) \tag{18.2}$$

取 $k_H = k_{H,w} k_{H,f} k_{H,c}$,其中 $k_{H,w}$、$k_{H,f}$、$k_{H,c}$ 分别为水胶比 W/B、粉煤灰掺量 FA 和 Na_2SO_4 溶液浓度 C 对损伤层厚度的影响系数,则硫酸盐侵蚀与干湿循环共同作用下混凝土损伤层厚度可表示为

$$h_{dr} = 4.566 k_{H,w} k_{H,f} k_{H,c} \exp(0.004t) \tag{18.3}$$

2) 影响系数的确定

(1) 水胶比影响系数 $k_{H,w}$ 的确定。

水胶比对混凝土损伤层厚度的影响如图 18.1 所示。随着侵蚀时间的增加,各水胶比混凝土损伤层厚度均呈现增长趋势,且随着水胶比的增大,混凝土损伤层厚度逐渐增大。

以水胶比为 0.45 的混凝土为标准,对水胶比为 0.35、0.45、0.55 的混凝土不同侵蚀时间的损伤层厚度试验结果分别进行归一化处理,此时粉煤灰掺量为 20%,Na_2SO_4 溶液浓度为 10%。经回归计算,可得水胶比影响系数 $k_{H,w}$ 为

$$k_{H,w} = 0.081 + 2.72 \frac{W}{B} - 1.508 \left(\frac{W}{B}\right)^2 \tag{18.4}$$

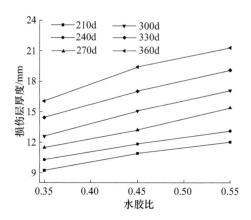

图 18.1　水胶比对混凝土损伤层厚度的影响

(2) 粉煤灰掺量影响系数 $k_{H,f}$ 的确定。

粉煤灰掺量对混凝土损伤层厚度的影响如图 18.2 所示。随着侵蚀时间的增加,各粉煤灰掺量混凝土损伤层厚度均呈现增长趋势,且随着粉煤灰掺量的增加,混凝土损伤层厚度逐渐减小,但当粉煤灰掺量达到 30% 时,损伤层厚度反而增大。

以粉煤灰掺量为 20% 的混凝土为标准,对粉煤灰掺量为 0、10%、20%、30% 的混凝土不同侵蚀时间的损伤层厚度试验结果分别进行归一化处理,此时水胶比取 0.45,Na_2SO_4 溶液浓度为 10%。经回归计算,可得粉煤灰掺量影响系数 $k_{H,f}$ 为

$$k_{H,f} = 1.065 + 0.381FA - 8.691FA^2 + 25.778FA^3 \qquad (18.5)$$

(3) 硫酸盐溶液浓度影响系数 $k_{H,c}$ 的确定。

Na_2SO_4 溶液浓度对混凝土损伤层厚度的影响如图 18.3 所示。随着侵蚀时间的增加,各溶液浓度作用下混凝土损伤层厚度均呈现增长趋势,且随着溶液浓度的增大,混凝土损伤层厚度逐渐增大。

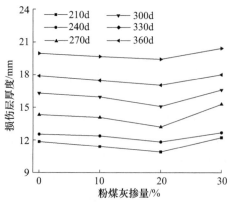

图 18.2　粉煤灰掺量对混凝土损伤层厚度的影响

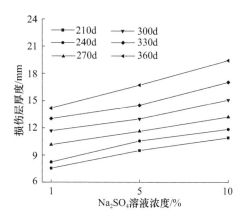

图 18.3　Na_2SO_4 溶液浓度对混凝土损伤层厚度的影响

以 Na_2SO_4 溶液浓度 10% 为标准,对 Na_2SO_4 溶液浓度为 1%、5%、10%,不同侵蚀时间的混凝土损伤层厚度试验结果分别进行归一化处理,此时水胶比取 0.45,粉煤灰掺量为 20%。经回归计算,可得 Na_2SO_4 溶液浓度影响系数 $k_{H,c}$ 为

$$k_{H,c} = -0.733\exp\left(-\frac{C}{0.19}\right) + 1.43 \tag{18.6}$$

3) 模型建立

将式(18.4)~式(18.6)代入式(18.3),可得到硫酸盐侵蚀与干湿循环共同作用下混凝土损伤层厚度计算模型为

$$h_{dt} = 4.566\left[0.081 + 2.72\frac{W}{B} - 1.508\left(\frac{W}{B}\right)^2\right]$$
$$\cdot(1.065 + 0.381FA - 8.691FA^2 + 25.778FA^3)$$
$$\cdot\left[-0.733\exp\left(-\frac{C}{0.19}\right) + 1.43\right]\exp(0.004t) \tag{18.7}$$

式中,W/B 为水胶比;FA 为粉煤灰掺量,%;C 为 Na_2SO_4 溶液浓度,%。

硫酸盐侵蚀与干湿循环共同作用下混凝土损伤层厚度计算值与试验值对比如图 18.4 所示,模型计算结果与试验结果的误差基本在 10% 以内。

18.1.2　损伤层混凝土抗压强度确定

在硫酸盐侵蚀与干湿循环共同作用下,混凝土包含损伤层、损伤过渡层和未损伤层三部分,由于损伤过渡层混凝土的相对厚度较小,且对整体强度影响不大,可认为混凝土抗压强度衰减主要是损伤层混凝土性能退化引起的。随着侵蚀时间的增加,混凝土损伤层厚度逐渐增加,损伤层混凝土不断劣化,在一定程度上影响受侵蚀混凝土的强度,因此有必要进一步探讨损伤层混凝土抗压强度。

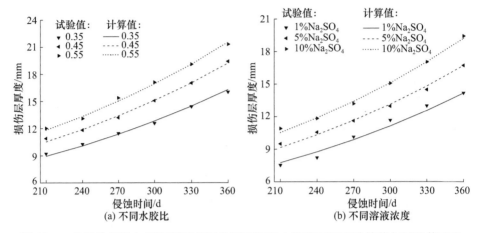

图 18.4　硫酸盐侵蚀与干湿循环共同作用下混凝土损伤层厚度计算值与试验值对比

1. 基本假定

为了便于分析损伤层混凝土的抗压强度,假定:

(1) 混凝土硫酸盐侵蚀呈现由表及里的损伤,损伤层混凝土抗压强度降低,表层混凝土抗压强度最低,由表及里呈现上升趋势。为了便于分析,假定由超声平测法得出的损伤层是均匀的。因此,受硫酸盐侵蚀的混凝土截面可简化为损伤层混凝土和未损伤层混凝土两部分,其对应的抗压强度分别用 f_{cdt} 和 f_{c0} 表示。

(2) 损伤层混凝土与未损伤层混凝土的本构关系不同,但其应变满足变形协调条件。

2. 损伤层混凝土抗压强度计算

根据上述基本假定,受硫酸盐侵蚀混凝土达到破坏荷载时,满足

$$f_{ct}A = f_{c0}A_0 + f_{cdt}A_{dt} \tag{18.8}$$

式中,f_{c0}、f_{cdt}、f_{ct} 分别为未损伤层混凝土抗压强度、损伤层混凝土抗压强度和受侵蚀混凝土(由损伤层和未损伤层两部分组成)抗压强度,MPa;A_0、A_{dt}、A 分别为未损伤层混凝土截面面积、损伤层混凝土截面面积和受侵蚀混凝土(由损伤层和未损伤层两部分组成)截面面积,mm^2。

根据式(18.8)可得到 f_{cdt} 的计算公式为

$$f_{cdt} = \frac{f_{ct}A - f_{c0}A_0}{A_{dt}} \tag{18.9}$$

以受硫酸盐侵蚀混凝土试件同龄期养护的一组混凝土试件抗压强度作为 f_{c0};f_{ct} 取实测的不同侵蚀时间混凝土抗压强度;$A = 10^4 \, mm^2$,$A_0 = (100 - 2h_{dt})^2 \, mm^2$,$A_{dt} = (10^4 - A_0) \, mm^2$。根据式(18.9)可计算出不同浓度 Na_2SO_4 溶液和不同种类

硫酸盐溶液中损伤层混凝土抗压强度,结果见表 18.5 和表 18.6。由于损伤层厚度是从 210d 后开始测量,且 210d 后混凝土的抗压强度只有 240d、300d 和 360d 的数据,仅列出 240d、300d 和 360d 的损伤层混凝土抗压强度计算结果。

表 18.5　不同浓度 Na₂SO₄ 溶液中损伤层混凝土抗压强度计算结果

Na_2SO_4 溶液浓度/%	侵蚀时间/d	A /mm²	A_0 /mm²	A_{dr} /mm²	f_{c0} /MPa	f_{ct} /MPa	f_{cdr} /MPa
	240	10000	5875.99	4124.01	62.2	60.8	58.8
1	300	10000	5474.37	4525.63	62.1	59.2	55.7
	360	10000	5135.13	4864.87	61.5	57.2	52.7
	240	10000	5484.53	4515.47	62.2	60.5	58.4
5	300	10000	5043.47	4956.53	62.1	57.9	53.6
	360	10000	4434.39	5565.61	61.5	55.3	50.4
	240	10000	4878.99	5121.01	62.2	59.5	56.9
10	300	10000	4348.43	5651.57	62.1	57.2	53.4
	360	10000	3742.43	6257.57	61.5	53.8	49.2

表 18.6　不同种类硫酸盐溶液中损伤层混凝土抗压强度计算结果

溶液类型	侵蚀时间/d	A/mm²	A_0/mm²	A_{dr}/mm²	f_{c0}/MPa	f_{ct}/MPa	f_{cdr}/MPa
	240	10000	4579.01	5420.99	62.2	58.7	55.8
$MgSO_4$	300	10000	4056.67	5943.33	62.1	56.6	52.9
	360	10000	3594.72	6405.28	61.5	52.5	47.5
	240	10000	5213.74	4786.26	62.2	60.5	58.8
Na_2SO_4 +NaCl	300	10000	4893.95	5106.05	62.1	59.5	57.0
	360	10000	4553.36	5446.64	61.5	56.4	52.1
	240	10000	4878.99	5121.01	62.2	59.5	56.9
Na_2SO_4	300	10000	4348.43	5651.57	62.1	57.2	53.4
	360	10000	3742.43	6257.57	61.5	53.8	49.2

从表 18.5 可以看出,侵蚀 360d 后,在 1% Na_2SO_4、5% Na_2SO_4 和 10% Na_2SO_4 溶液中,损伤层混凝土抗压强度分别降低了 14.3%、18.0% 和 20%,与受侵蚀混凝土的抗压强度相比,损伤层混凝土抗压强度降低幅度较大,且随着溶液浓度的增加,其抗压强度下降速度加快。

从表 18.6 可以看出,侵蚀 360d 后,混凝土在 10% Na_2SO_4、10% $MgSO_4$ 和 10% Na_2SO_4 + 3.5% NaCl 溶液中,损伤层混凝土抗压强度分别降低了 20%、

22.8%和15.3%,可见损伤层混凝土抗压强度降低明显。

通过测试干湿循环作用下不同 Na_2SO_4 溶液浓度和不同种类硫酸盐溶液中受侵蚀混凝土的抗压强度,并计算损伤层混凝土抗压强度。分析发现,受侵蚀混凝土抗压强度与损伤层混凝土抗压强度之间存在相关性,并且溶液浓度及种类对其影响不明显。因此,对不同溶液浓度和种类中混凝土抗压强度及损伤层混凝土抗压强度进行回归分析,可得损伤层混凝土抗压强度与受侵蚀混凝土抗压强度的关系如图 18.5 所示,关系式为

$$f_{cd} = 0.118(f_{ct})^{1.512} \tag{18.10}$$

式中,f_{cd} 为硫酸盐侵蚀与干湿循环共同作用下损伤层混凝土抗压强度,MPa;f_{ct} 为硫酸盐侵蚀与干湿循环共同作用下受侵蚀混凝土抗压强度,MPa。

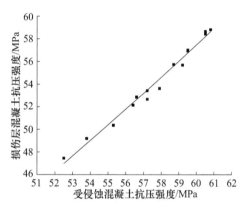

图 18.5　硫酸盐侵蚀与干湿循环共同作用下损伤层混凝土抗压强度与
受侵蚀混凝土抗压强度的关系

采用式(18.10)可以较为方便地计算硫酸盐侵蚀与干湿循环共同作用下损伤层混凝土抗压强度,为受侵蚀混凝土的承载力计算提供依据。

18.2　硫酸盐侵蚀与冻融循环耦合作用下混凝土损伤层分析

18.2.1　混凝土损伤层厚度变化规律与预测模型

1. 混凝土损伤层厚度变化规律

硫酸盐侵蚀与冻融循环耦合作用下混凝土损伤层超声声速和厚度变化规律如图 18.6 和图 18.7 所示。可以看出,随着冻融循环次数的增加,混凝土损伤层中的超声声速逐渐降低,损伤层厚度逐渐增加,表明混凝土损伤程度不断增大。其中 5%$MgSO_4$ 溶液中混凝土损伤层厚度增幅最大,其次是 1%Na_2SO_4 溶液中的混凝土,而 5%Na_2SO_4 溶液和 H_2O 中混凝土损伤层厚度增幅较小,且二者差异不明显。

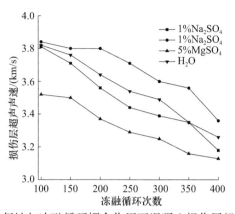

图 18.6　硫酸盐侵蚀与冻融循环耦合作用下混凝土损伤层超声声速变化规律

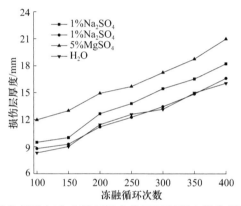

图 18.7　硫酸盐侵蚀与冻融循环耦合作用下混凝土损伤层厚度变化规律

试验发现,混凝土损伤层厚度变化规律与图 17.14 中混凝土相对动弹模量加速下降段的变化规律一致,混凝土损伤层厚度与相对动弹性模量的关系如图 18.8

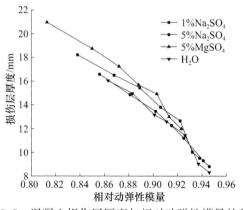

图 18.8　混凝土损伤层厚度与相对动弹性模量的关系

所示。可以看出，两者之间存在明显的相关性，随着混凝土相对动弹性模量降低，混凝土损伤层厚度逐渐增加，说明混凝土损伤层厚度可以表征混凝土损伤劣化程度。

2. 混凝土损伤层厚度计算模型

由于混凝土在冻融循环前期劣化不明显，损伤层厚度检测困难，当冻融循环 100次后，混凝土损伤层能够测量计算，因此将 $N_0 = 100$ 次作为初始损伤劣化时间。

依据本章的试验数据，混凝土损伤层厚度随冻融循环次数的变化规律大致符合指数函数，则混凝土损伤层厚度 h_{dN} 与冻融循环次数 N 的关系可以表示为

$$h_{dN} = a\exp(bN) \tag{18.11}$$

式中，a、b 为待定系数；h_{dN} 为混凝土损伤层厚度，mm；N 为冻融循环次数，$N \geqslant N_0$。

采用最小二乘法对硫酸盐侵蚀与冻融循环耦合作用 400 次内的混凝土损伤层厚度试验结果进行回归分析，可得

$$h_{dN} = 7.046\exp(0.00212N), \quad H_2O \tag{18.12}$$
$$h_{dN} = 7.829\exp(0.00216N), \quad 1\%Na_2SO_4 \text{ 溶液} \tag{18.13}$$
$$h_{dN} = 7.085\exp(0.00213N), \quad 5\%Na_2SO_4 \text{ 溶液} \tag{18.14}$$
$$h_{dN} = 10.019\exp(0.00183N), \quad 5\%MgSO_4 \text{ 溶液} \tag{18.15}$$

根据上述混凝土损伤层厚度计算模型得出的计算值与试验值对比如图 18.9所示，模型计算结果与试验结果的误差在 10% 以内。

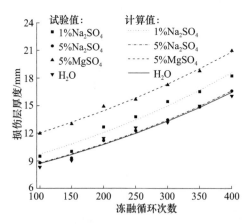

图 18.9　硫酸盐侵蚀与冻融循环耦合作用下混凝土损伤层
厚度计算值与试验值对比

18.2.2　损伤层混凝土抗压强度确定

根据 18.1.2 节中损伤层混凝土抗压强度的计算方法，计算硫酸盐侵蚀与冻融

循环耦合作用下损伤层混凝土的抗压强度,结果见表 18.7。可以看出,在经历 400 次冻融循环后,H_2O、$5\%Na_2SO_4$ 和 $5\%MgSO_4$ 溶液中损伤层混凝土抗压强度分别降低了 37.7%、39.6% 和 40.6%,$5\%MgSO_4$ 溶液中混凝土损伤层抗压强度退化最严重。在 $5\%Na_2SO_4$ 溶液中,冻融循环前期损伤层混凝土抗压强度退化仍表现出小于 H_2O 中,但是冻融循环 125 次以后,其抗压强度退化明显加速,在冻融循环 300 次后其抗压强度下降速度超过 H_2O 中。

表 18.7　硫酸盐侵蚀与冻融循环耦合作用下损伤层混凝土抗压强度计算结果

溶液类型	冻融循环次数	A/mm^2	A_0/mm^2	A_{dN}/mm^2	f_{cN}/MPa	f_{c0}/MPa	f_{cdN}/MPa
$5\%Na_2SO_4$	100	10000	6788.84	3211.16	42.7	43.3	41.4
	150	10000	6630.49	3369.51	41.7	43.3	38.6
	200	10000	6022.26	3977.74	40.4	43.4	35.9
	250	10000	5694.63	4305.37	39.1	43.6	33.2
	300	10000	5341.48	4658.52	37.2	43.7	29.8
	350	10000	4939.62	5060.38	35.9	43.7	28.3
	400	10000	4465.69	5534.31	33.9	43.6	26.1
$5\%MgSO_4$	100	10000	5782.75	4217.25	42.1	43.3	40.5
	150	10000	5477.48	4522.52	40.8	43.3	37.7
	200	10000	4921.98	5078.02	39.3	43.4	35.3
	250	10000	4712.38	5287.62	37.8	43.6	32.6
	300	10000	4286.90	5713.10	35.6	43.7	29.5
	350	10000	3906.30	6093.70	34.4	43.7	28.4
	400	10000	3371.22	6628.78	31.7	43.6	25.7
H_2O	100	10000	6949.09	3050.91	42.3	43.3	40.0
	150	10000	6712.89	3287.11	41.5	43.3	37.8
	200	10000	5943.15	4056.85	40.3	43.4	35.8
	250	10000	5596.36	4403.64	38.9	43.6	32.9
	300	10000	5426.65	4573.35	37.5	43.7	30.1
	350	10000	4909.44	5090.56	36.2	43.7	28.9
	400	10000	4611.44	5388.56	34.6	43.6	26.9

注:f_{c0}、f_{cdN}、f_{cN} 分别为硫酸盐侵蚀与冻融循环耦合作用下未侵蚀混凝土抗压强度、损伤层混凝土抗压强度和受侵蚀混凝土(由损伤层和未损伤层两部分组成)抗压强度;A_0、A_{dN}、A 分别为硫酸盐侵蚀与冻融循环耦合作用下未侵蚀混凝土截面面积、损伤层混凝土截面面积和受侵蚀混凝土(由损伤层和未损伤层两部分组成)截面面积。

对不同种类溶液中受侵蚀混凝土抗压强度与损伤层混凝土抗压强度进行回归分析,得出损伤层混凝土抗压强度与受侵蚀混凝土抗压强度的关系如图 18.10 所示,关系式为

$$f_{cdN} = 0.039(f_{cN})^{1.846} \tag{18.16}$$

式中，f_{cdN} 为硫酸盐侵蚀与冻融循环耦合作用下损伤层混凝土抗压强度，MPa；f_{cN} 为硫酸盐侵蚀与冻融循环耦合作用下受侵蚀混凝土抗压强度，MPa。

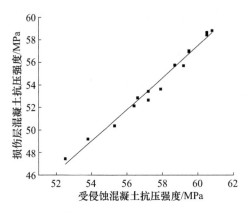

图 18.10　硫酸盐侵蚀与冻融循环耦合作用下损伤层混凝土
抗压强度与受侵蚀混凝土抗压强度的关系

采用式(18.16)可以较为方便地计算硫酸盐侵蚀与冻融循环耦合作用下损伤层混凝土抗压强度，为受侵蚀混凝土的承载力计算提供依据。

参 考 文 献

[1]　Akhras N M. Detecting freezing and thawing damage in concrete using signal energy [J]. Cement and Concrete Research,1998,28(9):1275-1280.

[2]　Naffa S O,Goueygou M,Piwakowski B,et al. Detection of chemical damage in concrete using ultrasound[J]. Ultrasonic,2002,40(1-8):247-251.

[3]　梁咏宁,袁迎曙. 超声检测混凝土硫酸盐侵蚀的研究[J]. 混凝土,2004,(8):15-17.

[4]　张凤杰,袁迎曙,杜健民. 硫酸盐腐蚀混凝土构件损伤检测研究[J]. 中国矿业大学学报,2011,40(3):373-378.

[5]　张峰,蔡建军,李树忱,等. 混凝土冻融损伤厚度的超声波检测[J]. 深圳大学学报,2012,29(3):207-210.

[6]　Chu H Y,Chen J K. Evolution of viscosity of concrete under sulfate attack[J]. Construction and Building Materials,2013,(39):46-50.

[7]　陈柚州. 桃花源隧道火灾后混凝土损伤层厚度测试与分析[J]. 公路隧道,2016,(3):47-50.

[8]　关纰,邱继生,潘杜,等. 冻融环境下煤矸石混凝土损伤度评估方法研究[J]. 材料导报,2018,32(10):3546-3552.

第19章　硫酸盐侵蚀混凝土单轴受压本构关系

混凝土在单轴受压状态下的应力-应变关系不仅为结构的非线性分析提供必要的物理方程,还是研究混凝土多轴本构关系的基础。典型的混凝土应力-应变曲线包括上升段和下降段,是混凝土受压特性的综合反映,曲线的几何形状和特征点反映混凝土受压后的变形、裂缝发展、损伤积累和破坏的全过程。遭受硫酸盐侵蚀的混凝土性能发生劣化,其密实度和表面状态均发生改变,这必然引起混凝土单轴受压应力-应变关系的变化。因此,研究硫酸盐侵蚀混凝土的应力-应变关系具有重要意义。

本章对硫酸盐侵蚀与干湿循环共同作用、硫酸盐侵蚀与冻融循环耦合作用下不同侵蚀程度混凝土进行单轴受压试验,对硫酸盐侵蚀混凝土的应力-应变关系进行较为系统的研究。

19.1　试　验　设　计

硫酸盐侵蚀与干湿循环共同作用、硫酸盐侵蚀与冻融循环耦合作用下的混凝土单轴受压试验考察因素见表19.1。

表 19.1　硫酸盐侵蚀混凝土单轴受压试验考察因素

硫酸盐环境	溶液类型	水胶比	溶液浓度/%	含气量/%	粉煤灰掺量/%	考察因素
冻融循环	H_2O	0.45	0	4.2	20	
	Na_2SO_4	0.45	5	4.2	20	溶液类型
	$MgSO_4$	0.45	5	4.2	20	
干湿循环	Na_2SO_4	0.45	10	0	20	溶液类型
	$MgSO_4$	0.45	10	0	20	

混凝土单轴受压试验中,侵蚀前的混凝土试件 3 个,遭受硫酸盐侵蚀的混凝土试件每组 4 个。对硫酸盐侵蚀与干湿循环共同作用的情况,采用 10% Na_2SO_4、10% $MgSO_4$ 溶液,在干湿循环 120d、240d、300d、360d 后进行单轴受压试验,测试混凝土应力-应变曲线。对硫酸盐侵蚀与冻融循环耦合作用的情况,采用 5% Na_2SO_4、5% $MgSO_4$ 溶液和 H_2O,在冻融循环 100 次、200 次、300 次后进行单轴受压试验,测试混凝土应力-应变曲线。

试验采用 WAW-1000 微机控制电液伺服万能试验机,位移传感器采用 YHD-10 型位移传感器,压力通过电液伺服万能试验机力传感器信号引出由 TDS-602 静态数据采集仪采集。参考文献[1],测量标距采用 200mm,试件上、下端各余出 50mm。为了避免浇筑成型面和底面不均匀产生的位移测量误差,位移传感器布置避开试件成型面和底面,试验采用两只灵敏度相同的位移传感器,分别布置在两个侧面的纵向中线位置。位移传感器固定架如图 19.1 所示,试验加载装置示意图如图 19.2 所示。

图 19.1　位移传感器固定架

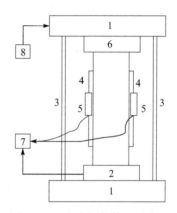

图 19.2　试验加载装置示意图

1. 电液伺服万能试验机系统;2. 荷载传感器;3. 钢压杆;
4. 位移传感器固定架;5. 位移传感器;6. 压头;
7. 数据采集系统;8. 微机操作控制系统

为了保证试件处于轴心受压状态,在加载面铺细砂找平,使试件均匀受力,试验开始前先以 0.5mm/min 等位移预加载至 5kN,检查两个位移传感器变化量是否一致或接近,若相差较多则停止试验,调整试件位置后再次进行预加载,直至物理对中后正式进行加载试验。加载过程由电液伺服万能试验机系统控制,对混凝土棱柱体试件施加轴向压力,加载过程分为两个阶段:在加荷值达到预估峰值的 60%~70% 前,加载速率为 0.2mm/min;超过预估峰值的 70% 后,加载速率为 0.03mm/min,直至应力趋于稳定或试件完全破坏。

19.2　硫酸盐侵蚀与冻融循环耦合作用下混凝土应力-应变关系

19.2.1　混凝土轴心受压破坏特征分析

受侵蚀混凝土棱柱体单轴受压试验结果表明,不同溶液种类、不同冻融循环次数下混凝土的破坏特征基本相同。混凝土在 H_2O 和 Na_2SO_4 溶液中冻融后的单轴受压破坏形态如图 19.3 所示。

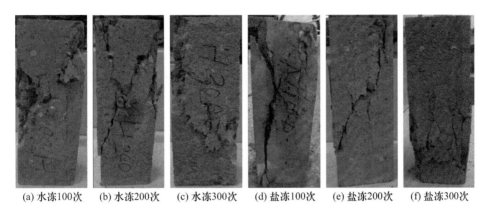

(a) 水冻100次　(b) 水冻200次　(c) 水冻300次　(d) 盐冻100次　(e) 盐冻200次　(f) 盐冻300次

图 19.3　混凝土在 H_2O 和 Na_2SO_4 溶液中冻融后的单轴受压破坏形态

在开始加载时应力较小($\sigma < 0.4f_c$),应变随应力近似成比例增长,随着损伤程度加大,其直线段范围减小。

随着应力增加,混凝土塑性变形开始加速增长,曲线斜率减小,混凝土中微裂缝处于稳定扩展阶段,但各条微裂缝相互独立扩展,试件表面尚无可见裂缝。

应力继续增加至最大值后,应变继续增大,应力开始减小,曲线进入下降段,此时混凝土中的裂缝发生分叉、贯通,试件表面可见裂缝扩展。随着应变继续增加,试件表面出现多条不连续的纵向裂缝,混凝土试件的承载力快速下降。混凝土中裂缝的发展破坏了粗骨料与水泥砂浆之间的黏结作用,在相邻缝隙间形成斜向裂缝并迅速发展,贯通整个截面,最终形成一个破裂带。

在试验过程中,硫酸盐侵蚀混凝土试件出现剥离、翘皮和局部压缩等现象,尤其发生在侵蚀劣化严重的试件,且混凝土试件的主裂缝呈现宽大的特点。试验结束,可以看到破坏大多发生在粗骨料表面和水泥砂浆内部,粗骨料本身很少破坏,说明硫酸盐侵蚀性离子主要针对水泥石发生作用,使 C-S-H 凝胶分解,导致混凝土强度降低。

19.2.2　混凝土轴心受压性能分析

混凝土在 5‰ Na_2SO_4 溶液、5‰ $MgSO_4$ 溶液和 H_2O 中经过 0 次、100 次、200次和 300 次冻融循环后的单轴受压试验结果如表 19.2 所示。

表 19.2　硫酸盐侵蚀与冻融循环耦合作用下混凝土单轴受压试验结果

溶液种类	冻融循环次数	峰值应力/MPa	峰值应变/10^{-3}	弹性模量/10^4 MPa
H_2O	0	34.9	1.41	4.57
	100	33.5	1.52	3.64

溶液种类	冻融循环次数	峰值应力/MPa	峰值应变/10^{-3}	弹性模量/10^4 MPa
H_2O	200	31.5	1.62	3.04
	300	31.1	1.86	2.49
5%Na_2SO_4	100	34.0	1.46	3.76
	200	32.9	1.81	2.71
	300	31.0	2.39	1.51
5%$MgSO_4$	100	32.4	1.65	3.34
	200	31.2	2.03	2.40
	300	29.3	2.58	1.20

1. 混凝土峰值应力

如表 19.2 所示,经历 300 次冻融循环后,混凝土在 H_2O、5%Na_2SO_4溶液和 5%$MgSO_4$溶液中的峰值应力分别下降了 10.9%、11.2% 和 16.0%,混凝土在 $MgSO_4$溶液中的峰值应力降低最多。在冻融循环前期,Na_2SO_4溶液中的混凝土峰值应力下降速度基本小于 H_2O 中,但是冻融循环 200 次后,其峰值应力下降速度加快,在冻融循环 300 次后,其峰值应力小于 H_2O 中。说明 Na_2SO_4溶液在冻融循环前期对混凝土峰值应力降低在一定程度起到抑制作用,随着冻融循环次数的增加,硫酸盐侵蚀产物所产生的膨胀应力与冻胀作用共同加速了混凝土内部劣化,导致混凝土峰值应力加速降低。

采用最小二乘法建立不同硫酸盐侵蚀与冻融循环耦合作用下混凝土相对峰值应力与冻融循环次数之间的关系,即

$$\frac{\sigma_{pN}}{\sigma_{p0}}=\begin{cases}1-5.766\times10^{-4}N+6.714\times10^{-7}N^2, & H_2O \\ 1-1.767\times10^{-4}N-6.554\times10^{-7}N^2, & 5\%Na_2SO_4\ 溶液 \\ 1-7.024\times10^{-4}N+5.914\times10^{-7}N^2, & 5\%MgSO_4\ 溶液\end{cases} \quad (19.1)$$

式中,σ_{p0} 为未冻融混凝土轴心受压峰值应力,MPa;σ_{pN} 为不同冻融循环次数的混凝土轴心受压峰值应力,MPa;N 为冻融循环次数。

2. 混凝土峰值应变

如表 19.2 所示,随着冻融循环次数的增加,混凝土单轴受压峰值应变逐渐增大。硫酸盐溶液中混凝土峰值应变的增长速度比 H_2O 中更快,尤其是 $MgSO_4$溶液中的混凝土峰值应变在冻融循环 300 次后已接近冻融前的 2 倍。Na_2SO_4溶液中的混凝土峰值应变在冻融循环前 100 次小于 H_2O 中,但随着冻融循环次数的增加,其峰值应变增长速度加快,在冻融循环 200 次后超过 H_2O 中,经过 300 次冻融

循环后,其峰值应变增长了 69.5%。

采用最小二乘法建立不同硫酸盐侵蚀与冻融循环耦合作用下混凝土相对峰值应变与冻融循环次数之间的关系,即

$$\frac{\varepsilon_{pN}}{\varepsilon_{p0}} = \begin{cases} 1 + 3.956 \times 10^{-4}N + 2.165 \times 10^{-6}N^2, & H_2O \\ 1 - 5.132 \times 10^{-4}N + 9.462 \times 10^{-6}N^2, & 5\%Na_2SO_4 \text{ 溶液} \\ 1 + 0.0011N + 5.468 \times 10^{-6}N^2, & 5\%MgSO_4 \text{ 溶液} \end{cases} \quad (19.2)$$

式中,ε_{p0} 为未冻融混凝土轴心受压峰值应变;ε_{pN} 为不同冻融循环次数的混凝土轴心受压峰值应变;N 为冻融循环次数。

3. 混凝土弹性模量

表 19.2 中的混凝土弹性模量是根据 50%峰值应力对应的应变计算出的割线弹性模量[1]。可以看出,随着冻融循环次数的增加,混凝土弹性模量降低明显。在冻融循环前期,H_2O 中混凝土弹性模量降低速度较快,超过了 Na_2SO_4 溶液中混凝土,但随着冻融循环次数的增加,H_2O 中混凝土弹性模量降低速度小于盐溶液中,$MgSO_4$ 溶液中混凝土弹性模量降低最快。在冻融循环 300 次后,混凝土在 H_2O、5% Na_2SO_4 溶液和 5%$MgSO_4$ 溶液中的弹性模量分别下降了 45.5%、67.0%和 73.7%。

采用最小二乘法建立不同硫酸盐侵蚀与冻融循环耦合作用下混凝土相对弹性模量与冻融循环次数之间的关系为

$$\frac{E_N}{E_0} = \begin{cases} (1 + 0.00107N)^{-2.15}, & H_2O \\ (1 - 0.00275N)^{0.638}, & 5\%Na_2SO_4 \text{ 溶液} \\ (1 - 0.00253N)^{0.934}, & 5\%MgSO_4 \text{ 溶液} \end{cases} \quad (19.3)$$

式中,E_0 为未冻融混凝土弹性模量,10^4 MPa;E_N 为不同冻融循环次数的混凝土弹性模量,10^4 MPa;N 为冻融循环次数。

19.2.3 混凝土单轴受压应力-应变曲线

硫酸盐侵蚀与冻融循环耦合作用下混凝土单轴受压应力-应变曲线如图 19.4 所示。可以看出,不同溶液中的混凝土应力-应变曲线变化趋势基本相同。随着冻融循环次数的增加,混凝土应力-应变曲线的上升段斜率逐渐降低,并且曲线峰值点呈现下降和右移趋势,曲线逐渐变宽变扁。混凝土在硫酸盐溶液中的应力-应变曲线峰值应变明显增大,尤其是在冻融循环 300 次后,原因在于同时遭受硫酸盐侵蚀和冻融循环耦合作用,混凝土结构疏松程度增加,微裂缝和孔隙增多,在混凝土试块受压时,垂直于压应力方向的微裂纹和孔洞受压闭合,导致在很小的应力下产生很大变形。由此可知,损伤劣化严重的混凝土塑性变形减小,延性降低,从而影响混凝土构件的强度、刚度、裂缝及变形。

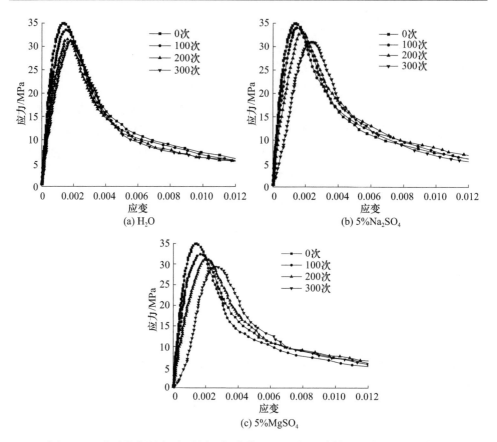

图 19.4　硫酸盐侵蚀与冻融循环耦合作用下混凝土单轴受压应力-应变曲线

混凝土单轴受压应力-应变曲线包括上升段和下降段,为了准确拟合混凝土单轴受压应力-应变试验曲线,提出了曲线方程的多种数学函数形式,例如多项式[2]、指数式[3]、三角函数式[4]、有理式[5]和分段式[2]等。过镇海[6]根据混凝土轴心受压应力-应变曲线的几何特点提出了上升段采用三次多项式、下降段采用有理式的曲线方程,即

$$y=\begin{cases} ax+(3-2a)x^2+(a-2)x^3, & 0\leqslant x<1 \\ \dfrac{x}{b\,(x-1)^2+x}, & x\geqslant 1 \end{cases} \tag{19.4}$$

式中,$x=\varepsilon/\varepsilon_{pr}$,$y=\sigma/\sigma_{pr}$,$\sigma_{pr}$ 为混凝土峰值应力,MPa,ε_{pr} 为混凝土峰值应变;a、b 分别为与材料相关的上升段和下降段参数。

采用式(19.4)对本章试验结果进行拟合,得到硫酸盐侵蚀与冻融循环耦合作用下混凝土单轴受压应力-应变曲线参数,见表 19.3。

表 19.3　硫酸盐侵蚀与冻融循环耦合作用下混凝土单轴受压应力-应变曲线参数

溶液种类	冻融循环次数	上升段参数 a_N	下降段参数 b_N
H$_2$O	0	2.21	0.84
	100	1.89	1.10
	200	1.72	1.29
	300	1.63	1.49
5%Na$_2$SO$_4$	100	1.79	0.90
	200	1.61	1.09
	300	0.92	1.93
5%MgSO$_4$	100	2.17	1.28
	200	1.45	1.42
	300	0.50	2.21

　　随着冻融循环次数的增加,上升段参数逐渐减小,且不同硫酸盐溶液对上升段参数的影响较大,MgSO$_4$ 溶液中上升段参数下降速度最快,经过 300 次冻融循环降低了 77.3%,H$_2$O 中上升段参数下降速度最为平缓。随着冻融循环次数的增加,下降段参数逐渐增大,且不同硫酸盐溶液对下降段参数的影响也较大,在冻融循环前 200 次,三种溶液中的下降段参数增长速度较平缓,H$_2$O 中下降段参数大于 Na$_2$SO$_4$ 溶液;随着冻融循环次数的增加,硫酸盐溶液中的下降段参数明显增加,在冻融循环 300 次后,两种硫酸盐溶液中的下降段参数值已超过未冻融混凝土的 2 倍。

　　采用最小二乘法建立不同硫酸盐侵蚀与冻融循环耦合作用下混凝土应力-应变曲线上升段参数和下降段参数与冻融循环次数之间的关系,即

$$\begin{cases} \dfrac{a_N}{a_0} = 1 - 0.00167N + 2.651 \times 10^{-6} N^2 \\ \dfrac{b_N}{b_0} = 1 + 0.00313N - 1.935 \times 10^{-6} N^2 \end{cases}, \quad \text{H}_2\text{O} \quad (19.5)$$

$$\begin{cases} \dfrac{a_N}{a_0} = 1 - 0.0011N - 2.653 \times 10^{-6} N^2 \\ \dfrac{b_N}{b_0} = 1 + 0.0026N + 2.27 \times 10^{-5} N^2 \end{cases}, \quad 5\%\text{Na}_2\text{SO}_4 \text{ 溶液} \quad (19.6)$$

$$\begin{cases} \dfrac{a_N}{a_0} = 1 - 1.414 \times 10^{-4} N - 8.174 \times 10^{-6} N^2 \\ \dfrac{b_N}{b_0} = 1 + 0.0025N + 9.095 \times 10^{-6} N^2 \end{cases}, \quad 5\%\text{MgSO}_4 \text{ 溶液} \quad (19.7)$$

式中,a_N、b_N 分别为冻融混凝土单轴受压应力-应变曲线的上升段与下降段参数;a_0、b_0 分别为未冻融混凝土单轴受压应力-应变曲线上升段与下降段参数;N 为冻融循环次数。

混凝土单轴受压应力-应变曲线参数 a_N 和 b_N 有明确的物理意义和几何意义[1]，若 a_N 值越小和 b_N 值越大，则曲线越窄，曲线下的面积越小，其延性和塑性变形能力越差，相反强。因此，可以通过参数 a_N 和 b_N 来衡量混凝土的受力性能。

硫酸盐侵蚀与冻融循环耦合作用下混凝土单轴受压无量纲应力-应变理论曲线如图 19.5 所示。从曲线下的面积大小可以明显看出，随冻融循环次数的增加，混凝土的塑性变形依次减小，残余强度逐渐降低，破坏过程更加急速，尤其是 $MgSO_4$ 溶液中的混凝土更加明显。一般上升段参数变化范围为 $1.5 \leqslant a_N \leqslant 3.0$[6]。$Na_2SO_4$ 和 $MgSO_4$ 溶液中冻融循环 300 次的混凝土上升段参数分别为 0.918 和 0.502，均小于 1.1(上升段曲线下凹临界值[6])，因此在加载初期，二者的应力-应变曲线上升段呈现下凹现象，并出现拐点，表现出非线性特征。原因在于随着冻融循环次数的增加，混凝土遭受硫酸盐侵蚀与冻融破坏耦合作用，混凝土内部结构劣化较严重，其疏松程度增加，并出现许多微裂缝，混凝土在试验刚加载时微裂缝受压闭合，呈现被"压实"的现象。随着切线模量增大，到曲线上升段的拐点处，曲线表现出外凸形状。

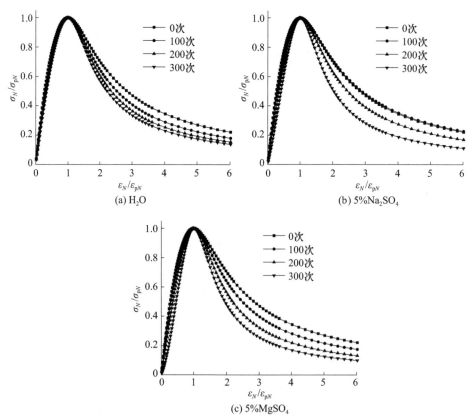

(a) H_2O　　　　　　　　(b) 5%Na_2SO_4

(c) 5%$MgSO_4$

图 19.5　硫酸盐侵蚀与冻融循环耦合作用下混凝土单轴受压无量纲应力-应变理论曲线

综合上述分析,硫酸盐侵蚀与冻融循环耦合作用下混凝土的应力-应变关系可以表示为

$$y = \frac{\sigma_N}{\sigma_{pN}} = \begin{cases} a_N x + (3 - 2a_N)x^2 + (a_N - 2)x^3, & 0 \leqslant x < 1 \\ \dfrac{x}{b_N(x-1)^2 + x}, & x \geqslant 1 \end{cases} \tag{19.8}$$

式中,$x = \varepsilon_N / \varepsilon_{pN}$,$\sigma_{pN}$ 为硫酸盐侵蚀与冻融循环耦合作用下混凝土峰值应力,MPa;ε_{pN} 为硫酸盐侵蚀与冻融循环耦合作用下混凝土峰值应变。

未侵蚀混凝土的参数取值参照本章未冻融混凝土试件的试验数据,再由式(19.1)确定出不同冻融次数的混凝土峰值应力 σ_{pN},由式(19.2)确定出不同冻融次数的混凝土峰值应变 ε_{pN},由式(19.5)~式(19.7)确定出不同冻融次数的混凝土应力-应变曲线上升段参数 a_N 和下段参数 b_N,计算结果见表 19.4。应力-应变曲线理论值与试验值的比较如图 19.6 所示。可以看出,在本次试验冻融循环次数范围内,理论值与试验值符合较好。

表 19.4　硫酸盐侵蚀与冻融循环耦合作用下混凝土应力-应变曲线特征值及拟合参数

溶液种类	冻融循环次数	峰值应力/MPa	峰值应变/10^{-3}	上升段参数 a_N	下降段参数 b_N
H$_2$O	0	34.9	1.41	2.21	0.84
	100	33.2	1.50	1.90	1.09
	200	31.8	1.64	1.70	1.30
	300	31.0	1.85	1.63	1.49
5%Na$_2$SO$_4$	100	34.1	1.47	1.90	0.81
	200	32.8	1.80	1.49	1.17
	300	31.0	2.39	0.95	1.91
5%MgSO$_4$	100	32.7	1.64	2.00	1.13
	200	30.9	2.03	1.43	1.57
	300	29.4	2.57	0.51	2.16

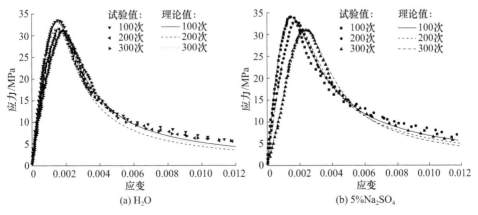

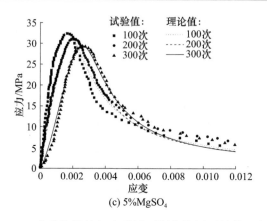

图 19.6　硫酸盐侵蚀与冻融循环耦合作用下混凝土应力-
应变曲线理论值与试验值比较

19.2.4　损伤层混凝土单轴受压本构关系

硫酸盐侵蚀与冻融循环耦合作用下,可以将混凝土分为损伤层混凝土和未损伤混凝土两部分,损伤层混凝土强度将随混凝土侵蚀劣化程度发生改变,因此必然会引起其本构关系的变化。

根据 18.1.2 节中的基本假定,受侵蚀混凝土在受压过程中符合下列关系:

$$\begin{cases} P' = P_{c0} + P_{cd} \\ \varepsilon' = \varepsilon_{c0} = \varepsilon_{cd} \end{cases} \quad (19.9)$$

式中,ε' 为荷载作用下全截面混凝土应变;ε_{c0} 为荷载作用下未损伤混凝土应变;ε_{cd} 为荷载作用下损伤层混凝土应变;P' 为全截面混凝土承受的力,kN;P_{c0} 为未损伤混凝土承受的力,kN;P_{cd} 为损伤层混凝土承受的力,kN。

根据式(19.9),损伤层混凝土受压过程中的应力-应变可以表示为

$$\begin{cases} \sigma_{cd} = \sigma' \dfrac{A}{A_d} - \sigma_{c0} \dfrac{A_0}{A_d} \\ \varepsilon_{cd} = \varepsilon' = \varepsilon_{c0} \end{cases} \quad (19.10)$$

式中,σ'、σ_{c0}、σ_{cd} 分别为全截面混凝土应力、未损伤混凝土应力和损伤层混凝土应力,MPa;A、A_0、A_d 分别为混凝土全截面面积、未损伤混凝土的截面面积和损伤层混凝土的截面面积,mm^2。

根据式(19.10)可以计算得到硫酸盐侵蚀与冻融循环耦合作用下损伤层层混凝土的应力-应变曲线,如图 19.7 所示。随着冻融循环次数的增加,损伤层混凝土应力-应变曲线的上升段斜率逐渐降低,曲线长度随之减小,并且曲线峰值点呈现逐渐下降和右移趋势。与硫酸盐侵蚀与冻融循环耦合作用下的混凝土应力-应变曲线(见图 19.4)相比,损伤层混凝土的应力-应变曲线呈现更明显的扁平特征。

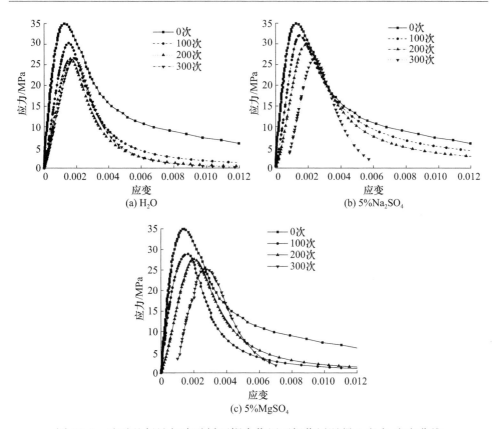

图 19.7　硫酸盐侵蚀与冻融循环耦合作用下损伤层混凝土应力-应变曲线

根据式(19.4)分别对曲线上升段和下降段进行拟合,可以得到损伤层混凝土应力-应变曲线上升段和下降段参数。损伤层混凝土应力-应变曲线特征值及拟合参数如表 19.5 所示(表中峰值应变数据与表 19.2 相同)。

表 19.5　硫酸盐侵蚀与冻融循环耦合作用下损伤层混凝土应力-应变曲线特征值及拟合参数

溶液种类	冻融循环次数	峰值应力/MPa	峰值应变/10^{-3}	上升段参数 a_{dN}	下降段参数 b_{dN}
H_2O	0	34.9	1.41	2.21	0.84
	100	30.3	1.52	1.04	2.18
	200	26.4	1.62	0.77	2.79
	300	26.6	1.86	0.72	3.32
$5\%Na_2SO_4$	100	32.1	1.46	0.83	1.03
	200	29.7	1.81	0.54	1.70
	300	26.5	2.39	−1.03	5.27

溶液种类	冻融循环次数	峰值应力/MPa	峰值应变/10^{-3}	上升段参数 a_{dN}	下降段参数 b_{dN}
5%MgSO$_4$	100	28.8	1.65	2.29	2.81
	200	27.5	2.03	0.80	2.59
	300	25.1	2.58	−1.58	3.64

1. 损伤层混凝土峰值应力

如表 19.5 所示，300 次冻融循环后，H_2O、5%Na_2SO_4 溶液和 5%$MgSO_4$ 溶液中的损伤层混凝土峰值应力降低明显，分别下降了 23.8%、24.1% 和 28.1%，$MgSO_4$ 溶液中的损伤层混凝土峰值应力降低最多。与冻融混凝土峰值应力的变化规律类似，在冻融循环前期，Na_2SO_4 溶液中的损伤层混凝土峰值应力下降速度小于 H_2O 中，但在冻融循环 200 次后，其峰值应力降低速度加快，冻融循环 300 次后，其峰值应力小于 H_2O 中。

采用最小二乘法建立不同硫酸盐侵蚀与冻融循环耦合作用下损伤层混凝土相对峰值应力与冻融循环次数的关系，即

$$\frac{\sigma_{pdN}}{\sigma_{p0}} = \begin{cases} \exp(-0.00111N), & H_2O \\ 1-7.358\times10^{-4}N-2.092\times10^{-7}N^2, & 5\%Na_2SO_4 \text{ 溶液} \\ 1-0.00176N+2.854\times10^{-6}N^2, & 5\%MgSO_4 \text{ 溶液} \end{cases}$$
(19.11)

式中，σ_{p0} 为未冻融混凝土轴心受压峰值应力，MPa；σ_{pdN} 为不同冻融循环次数的损伤层混凝土轴心受压峰值应力，MPa；N 为冻融循环次数。

2. 损伤层混凝土应力-应变曲线参数

如表 19.5 所示，随着冻融循环次数的增加，上升段参数逐渐减小，且 H_2O 中的降低速度较平缓，硫酸盐溶液中的降低速度较大。在 200 次冻融循环后，两种盐溶液中的上升段参数降低速度明显加快，经过 300 次冻融循环，上升段参数均出现负值，即上升段曲线出现了明显拐点。随着冻融循环次数的增加，下降段参数逐渐增大，在冻融循环前 200 次，Na_2SO_4 溶液中的下降段参数增长速度较平缓，小于 $MgSO_4$ 溶液和 H_2O 中，但在冻融循环 300 次后，Na_2SO_4 溶液中的下降段参数明显增大。

采用最小二乘法建立不同硫酸盐侵蚀与冻融循环耦合作用下损伤层混凝土应力-应变曲线上升段参数和下降段参数与冻融循环次数之间的关系，即

$$\begin{cases} \dfrac{a_{dN}}{a_{d0}} = \exp(-0.00522N) \\ \dfrac{b_{dN}}{b_{d0}} = 1+0.0172N-2.503\times10^{-5}N^2 \end{cases}, \quad H_2O \qquad (19.12)$$

$$\begin{cases} \dfrac{a_{dN}}{a_{d0}} = 1 - 0.00448N - 7.353 \times 10^{-7} N^2 \\[2mm] \dfrac{b_{dN}}{b_{d0}} = 1 - 0.0084N + 7.528 \times 10^{-5} N^2 \end{cases}, \quad 5\% Na_2SO_4 \text{ 溶液} \quad (19.13)$$

$$\begin{cases} \dfrac{a_{dN}}{a_{d0}} = 1 + 0.00276N - 2.847 \times 10^{-5} N^2 \\[2mm] \dfrac{b_{dN}}{b_{d0}} = 1 + 0.0201N - 3.246 \times 10^{-5} N^2 \end{cases}, \quad 5\% MgSO_4 \text{ 溶液} \quad (19.14)$$

式中，a_{dN}、b_{dN} 分别为受冻融损伤层混凝土单轴受压应力-应变曲线的上升段与下降段参数；a_{d0}、b_{d0} 分别为未冻融混凝土单轴受压应力-应变曲线上升段与下降段参数，N 为冻融循环次数。

因此，硫酸盐侵蚀与冻融循环耦合作用下损伤层混凝土的应力-应变关系可以表示为

$$y = \frac{\sigma_{dN}}{\sigma_{pdN}} = \begin{cases} a_{dN}x + (3 - 2a_{dN})x^2 + (a_{dN} - 2)x^3, & 0 \leqslant x < 1 \\[2mm] \dfrac{x}{b_{dN}(x-1)^2 + x}, & x \geqslant 1 \end{cases} \quad (19.15)$$

式中，$x = \varepsilon_{dN}/\varepsilon_{pdN}$，$\sigma_{pdN}$ 为硫酸盐侵蚀与冻融循环耦合作用下损伤层混凝土峰值应力，MPa；ε_{pdN} 为硫酸盐侵蚀与冻融循环耦合作用下损伤层混凝土峰值应变。

硫酸盐侵蚀与冻融循环耦合作用下损伤层混凝土单轴受压无量纲应力-应变曲线如图 19.8 所示。从图 19.8 和图 19.5 的对比可以看出，与受侵蚀混凝土相比，随着冻融循环次数的增加，损伤层混凝土应力-应变曲线下的面积减少更加明显，损伤层混凝土塑性变形逐渐减小，残余强度逐渐降低，破坏过程更加急速，尤其是 Na_2SO_4 溶液与 $MgSO_4$ 溶液中冻融循环 300 次后的损伤层混凝土更为明显。

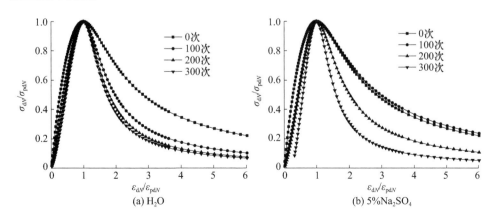
(a) H₂O　　　　　　　　　　　　(b) 5%Na₂SO₄

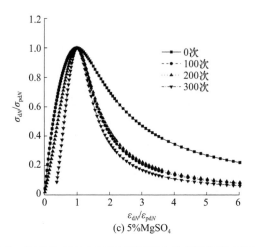

图 19.8 硫酸盐侵蚀与冻融循环耦合作用下损伤层混凝土
单轴受压无量纲应力-应变理论曲线

19.3 硫酸盐侵蚀与干湿循环共同作用下混凝土应力-应变关系

19.3.1 混凝土轴心受压性能分析

混凝土在 $10\%Na_2SO_4$ 溶液、$10\%MgSO_4$ 溶液中经过 0d、120d、240d、300d 和 360d 干湿循环后的单轴受压试验结果如表 19.6 所示。

表 19.6 硫酸盐侵蚀与干湿循环共同作用下混凝土单轴受压试验结果

硫酸盐种类	侵蚀时间/d	峰值应力/MPa	峰值应变/10^{-3}	弹性模量/10^4MPa
$10\%Na_2SO_4$	0	46.9	1.64	4.72
	120	47.2	1.67	5.26
	240	46.0	1.73	4.63
	300	44.0	1.80	4.17
	360	40.4	1.91	3.26
$10\%MgSO_4$	120	46.7	1.69	5.04
	240	45.3	1.77	4.33
	300	42.1	1.85	3.64
	360	39.2	2.01	2.81

1. 混凝土峰值应力

如表 19.6 所示,在硫酸盐侵蚀前期,两种溶液中混凝土峰值应力下降缓慢,

Na_2SO_4 溶液中混凝土峰值应力在侵蚀 120d 时还出现轻微增长趋势;在侵蚀 240d 后均进入快速下降阶段,这与第 17 章中混凝土立方体抗压强度变化一致。在侵蚀 360d 后,Na_2SO_4 和 $MgSO_4$ 溶液中的混凝土峰值应力分别下降了 13.9% 和 16.4%,$MgSO_4$ 溶液中混凝土损伤劣化程度更严重。

采用最小二乘法建立不同硫酸盐侵蚀与干湿循环共同作用下混凝土峰值应力与侵蚀时间的关系,即

$$\frac{\sigma_{pt}}{\sigma_{p0}} = \begin{cases} 1 + 3.806 \times 10^{-4}t - 2.082 \times 10^{-6}t^2, & 10\%Na_2SO_4 \ 溶液 \\ 1 + 2.807 \times 10^{-4}t - 2.047 \times 10^{-7}t^2, & 10\%MgSO_4 \ 溶液 \end{cases} \tag{19.16}$$

式中,σ_{p0} 为未侵蚀混凝土轴心受压峰值应力,MPa;σ_{pt} 为不同侵蚀时间的混凝土轴心受压峰值应力,MPa;t 为侵蚀时间,d。

2. 混凝土峰值应变

如表 19.6 所示,随着侵蚀时间的增加,混凝土单轴受压峰值应变逐渐增大,$MgSO_4$ 溶液中混凝土峰值应变增长速度较快。侵蚀 360d 后,Na_2SO_4 与 $MgSO_4$ 溶液中的混凝土峰值应变分别增加了 16.5% 和 22.6%。与峰值应力变化相似,峰值应变在侵蚀前期增长缓慢,在侵蚀 240d 后表现出快速增加趋势。

采用最小二乘法建立不同硫酸盐侵蚀与干湿循环共同作用下混凝土相对峰值应变与侵蚀时间的关系,即

$$\frac{\varepsilon_{pt}}{\varepsilon_{p0}} = \begin{cases} 1 - 1.727 \times 10^{-4}t + 1.653 \times 10^{-6}t^2, & 10\%Na_2SO_4 \ 溶液 \\ 1 - 9.618 \times 10^{-5}t + 1.757 \times 10^{-6}t^2, & 10\%MgSO_4 \ 溶液 \end{cases} \tag{19.17}$$

式中,ε_{p0} 为未侵蚀混凝土轴心受压峰值应变;ε_{pt} 为不同侵蚀时间的混凝土轴心受压峰值应变;t 为侵蚀时间,d。

3. 混凝土弹性模量

从表 19.2 可以看出,随着侵蚀时间的增加,混凝土弹性模量呈现先增大后降低的趋势,且在侵蚀 240d 后进入快速下降阶段,与峰值应力变化规律相似。在侵蚀 360d 后,Na_2SO_4 溶液与 $MgSO_4$ 溶液中的混凝土弹性模量分别下降了 30.9% 和 40.5%。

采用最小二乘法建立不同硫酸盐侵蚀与干湿循环共同作用下混凝土相对弹性模量与侵蚀时间的关系,即

$$\frac{E_t}{E_0} = \begin{cases} 1 + 0.0017t - 7.111 \times 10^{-6}t^2, & 10\%Na_2SO_4 \ 溶液 \\ 1 + 0.0013t - 6.786 \times 10^{-6}t^2, & 10\%MgSO_4 \ 溶液 \end{cases} \tag{19.18}$$

式中,E_0 为未侵蚀混凝土弹性模量,10^4 MPa;E_t 为不同侵蚀时间的混凝土弹性模量,10^4 MPa;t 为侵蚀时间,d。

19.3.2　混凝土单轴受压应力-应变曲线

硫酸盐侵蚀与干湿循环共同作用下混凝土应力-应变曲线如图 19.9 所示。可以看出,混凝土应力-应变曲线在不同侵蚀时间的变化趋势基本相似。混凝土在侵蚀 120d 时的应力-应变曲线与未侵蚀混凝土相比变化不明显,随着侵蚀时间的增加,混凝土应力-应变曲线上升段斜率逐渐降低,曲线峰值点不断下降和右移,峰值应变增加,曲线呈现变宽变扁的特征,在侵蚀 240d 后尤为明显。可以看出,损伤劣化严重的混凝土塑性变形减小,延性降低。

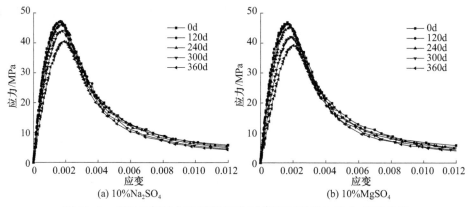

图 19.9　硫酸盐侵蚀与干湿循环共同作用下混凝土应力-应变曲线

根据式(19.4)对本章试验结果进行拟合,得到硫酸盐侵蚀与干湿循环共同作用下混凝土单轴受压应力-应变曲线参数,见表 19.7。

表 19.7　不同种类硫酸盐侵蚀与干湿循环共同作用下混凝土单轴受压应力-应变曲线参数

硫酸盐种类	侵蚀时间/d	上升段参数 a_t	下降段参数 b_t
10%Na$_2$SO$_4$	0	2.21	1.35
	120	2.24	1.43
	240	2.00	1.60
	300	1.93	1.82
	360	1.71	1.96
10%MgSO$_4$	120	2.17	1.56
	240	1.94	1.67
	300	1.66	1.86
	360	1.43	2.09

从表 19.7 可以看出,在侵蚀前期,Na$_2$SO$_4$ 溶液中上升段参数有增加现象,在混凝土应力-应变曲线上也可看出相应变化,但在侵蚀 120d 后,上升段参数逐渐减小。与 Na$_2$SO$_4$ 溶液相比,MgSO$_4$ 溶液中上升段参数降低速度较快,在侵蚀 360d

时降低了 35.3%，Na_2SO_4 溶液中上升段参数仅降低了 22.6%。随着侵蚀时间的增加，下降段参数明显增加，在侵蚀 360d 后，Na_2SO_4 溶液与 $MgSO_4$ 溶液中下降段参数分别增加了 45.2% 和 54.8%，与上升段参数相比变化明显。

采用最小二乘法建立不同硫酸盐侵蚀与干湿循环共同作用下混凝土应力-应变曲线上升段参数和下降段参数与侵蚀时间的关系，即

$$\begin{cases} \dfrac{a_t}{a_0} = 1 + 3.328 \times 10^{-4} t - 2.675 \times 10^{-6} t^2 \\ \dfrac{b_t}{b_0} = 1 + 4.94 \times 10^{-5} t + 3.373 \times 10^{-6} t^2 \end{cases}, \quad 10\% Na_2SO_4 \text{ 溶液} \quad (19.19)$$

$$\begin{cases} \dfrac{a_t}{a_0} = 1 + 3.256 \times 10^{-4} t - 3.682 \times 10^{-6} t^2 \\ \dfrac{b_t}{b_0} = 1 + 6.013 \times 10^{-4} t + 2.346 \times 10^{-6} t^2 \end{cases}, \quad 10\% MgSO_4 \text{ 溶液} \quad (19.20)$$

式中，a_t、b_t 分别为受侵蚀混凝土单轴受压应力-应变曲线的上升段与下降段参数；a_0、b_0 分别为未侵蚀混凝土单轴受压应力-应变曲线的上升段和下降段参数；t 为侵蚀时间。

综合上述分析，硫酸盐侵蚀与干湿循环共同作用下混凝土应力-应变关系可以表示为

$$y = \frac{\sigma_t}{\sigma_{pt}} = \begin{cases} a_t x + (3 - 2a_t) x^2 + (a_t - 2) x^3, & 0 \leqslant x < 1 \\ \dfrac{x}{b_t (x-1)^2 + x}, & x \geqslant 1 \end{cases} \quad (19.21)$$

式中，$x = \varepsilon_t / \varepsilon_{pt}$，$\sigma_{pt}$ 为硫酸盐侵蚀与干湿循环共同作用下混凝土峰值应力，MPa；ε_{pt} 为硫酸盐侵蚀与干湿循环共同作用下混凝土峰值应变。

根据式(19.16)、式(19.17)、式(19.19)和式(19.20)计算硫酸盐侵蚀与干湿循环共同作用下混凝土应力-应变曲线方程的特征值，即峰值应力 σ_{pt}、峰值应变 ε_{pt}、上升段参数 a_t 和下段参数 b_t，结果见表 19.8。应力-应变曲线理论值与试验值的比较如图 19.10 所示。可以看出，在本次试验侵蚀时间范围内，二者符合较好。

表 19.8　硫酸盐侵蚀与干湿循环共同作用下混凝土应力-应变曲线特征值及拟合参数

硫酸盐种类	侵蚀时间/d	峰值应力/MPa	峰值应变/10^{-3}	上升段参数 a_t	下降段参数 b_t
	0	46.9	1.64	2.21	1.35
	120	47.2	1.65	2.21	1.43
10%Na_2SO_4	240	44.8	1.73	2.05	1.63
	300	42.5	1.80	1.90	1.78
	360	39.5	1.89	1.71	1.97
	120	47.1	1.66	2.18	1.50
10%$MgSO_4$	240	44.5	1.77	1.91	1.73
	300	42.2	1.85	1.69	1.88
	360	39.2	1.96	1.42	2.06

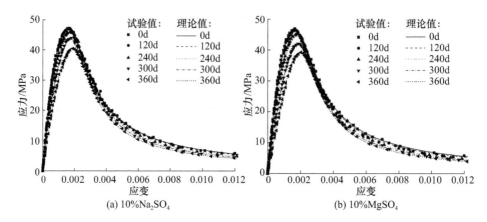

图 19.10　硫酸盐侵蚀与干湿循环共同作用下混凝土应力-应变曲线理论值与试验值比较

19.3.3　损伤层混凝土单轴受压本构关系

根据式(19.10)计算得到硫酸盐侵蚀与干湿循环共同作用下损伤层混凝土的应力-应变曲线,如图 19.11 所示。可以看出,随着硫酸盐侵蚀时间的增加,损伤层混凝土应力-应变曲线上升段斜率逐渐降低,且曲线长度随之减小,峰值点出现明显的下降和右移。硫酸盐侵蚀与干湿循环共同作用下的混凝土应力-应变曲线(见图 19.9)相比,损伤层混凝土的应力-应变曲线呈现更明显的扁平特征。

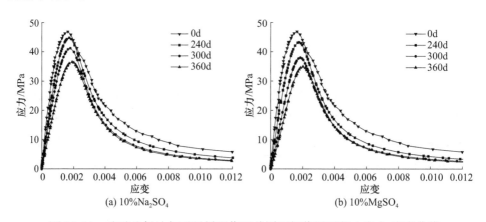

图 19.11　硫酸盐侵蚀与干湿循环作用共同下损伤层混凝土应力-应变曲线

根据式(19.4)分别对曲线上升段和下降段进行拟合,可以得到损伤层混凝土应力-应变曲线上升段参数 a_{dt} 和下降段参数 b_{dt}。损伤层混凝土应力-应变曲线特征值及参数见表 19.9(表中峰值应变数据与表 19.6 中数据相同)。

表 19.9　硫酸盐侵蚀与干湿循环共同作用下损伤层混凝土
应力-应变曲线特征值及拟合参数

硫酸盐种类	侵蚀时间/d	峰值应力/MPa	峰值应变/10^{-3}	上升段参数 a_{dr}	下降段参数 b_{dr}
	0	46.9	1.64	2.21	1.35
10%Na_2SO_4	240	44.8	1.73	1.70	2.05
	300	41.2	1.80	1.62	2.50
	360	36.5	1.91	1.32	2.59
	240	43.3	1.77	1.60	2.24
10%$MgSO_4$	300	38.0	1.85	1.09	2.60
	360	34.9	2.01	0.84	2.88

1. 损伤层混凝土峰值应力

从表 19.9 中损伤层混凝土峰值应力变化规律可以看出,随着侵蚀时间的增加,损伤层混凝土峰值应力逐渐降低,在侵蚀 240d 后进入加速下降阶段,在侵蚀 360d 后,Na_2SO_4 溶液和 $MgSO_4$ 溶液中的损伤层混凝土峰值应力分别下降了 22.2%和 25.6%,$MgSO_4$ 溶液中的损伤层混凝土峰值应力降低更多。与受侵蚀混凝土抗压强度相比,损伤层混凝土抗压强度降低幅度较大。

采用最小二乘法建立不同硫酸盐侵蚀与干湿循环共同作用下损伤层混凝土峰值应力与侵蚀时间的关系,即

$$\frac{\sigma_{pdr}}{\sigma_{p0}} = \begin{cases} 1 + 6.617 \times 10^{-4}t - 3.55 \times 10^{-6}t^2, & 10\%Na_2SO_4 \text{ 溶液} \\ 1 + 3.238 \times 10^{-4}t - 2.947 \times 10^{-6}t^2, & 10\%MgSO_4 \text{ 溶液} \end{cases} \quad (19.22)$$

式中,σ_{p0} 为未侵蚀混凝土轴心受压峰值应力,MPa;σ_{pdr} 为不同侵蚀时间的损伤层混凝土轴心受压峰值应力,MPa;t 为侵蚀时间。

2. 损伤层混凝土应力-应变曲线参数

如表 19.9 所示,随着侵蚀时间的增加,上升段参数逐渐减小,且 $MgSO_4$ 溶液中的降低速度较快,在侵蚀 360d 后降低了 62%,Na_2SO_4 溶液中仅降低了 40.3%。随着侵蚀时间的增加,下降段参数逐渐增大,但其变化幅度比上升段参数小,在侵蚀 360d 后,Na_2SO_4 与 $MgSO_4$ 溶液中分别增加了 91.9%和 113.3%。

采用最小二乘法建立不同硫酸盐侵蚀与干湿循环共同作用下混凝土应力-应变曲线上升段参数和下降段参数与侵蚀时间的关系,即

$$\begin{cases} \dfrac{a_{dr}}{a_{d0}} = 1 - 5.027 \times 10^{-4}t - 1.623 \times 10^{-6}t^2 \\ \dfrac{b_{dr}}{b_{d0}} = 1 + 0.0019t + 2.077 \times 10^{-6}t^2 \end{cases}, \quad 10\%Na_2SO_4 \text{ 溶液} \quad (19.23)$$

$$\begin{cases} \dfrac{a_{dt}}{a_{d0}} = 1 - 2.662 \times 10^{-4} t - 4.216 \times 10^{-6} t^2 \\ \dfrac{b_{dt}}{b_{d0}} = 1 + 0.0021 t + 2.986 \times 10^{-6} t^2 \end{cases} ,\quad 10\% \text{MgSO}_4 \text{ 溶液} \quad (19.24)$$

式中，a_{dt}、b_{dt} 分别为受侵蚀损伤层混凝土单轴受压应力-应变曲线的上升段与下降段参数；a_{d0}、b_{d0} 分别为未侵蚀混凝土单轴受压应力-应变曲线上升段与下降段参数；t 为侵蚀时间。

因此，硫酸盐侵蚀与干湿循环共同作用下损伤层混凝土应力-应变关系可以表示为

$$y = \frac{\sigma_{dt}}{\sigma_{pdt}} = \begin{cases} a_{dt}x + (3 - 2a_{dt})x^2 + (a_{dt} - 2)x^3, & 0 \leqslant x \leqslant 1 \\ \dfrac{x}{b_{dt}(x-1)^2 + x}, & x \geqslant 1 \end{cases} \quad (19.25)$$

式中，$x = \varepsilon_{dt}/\varepsilon_{pdt}$，$\sigma_{pdt}$ 为硫酸盐侵蚀与干湿循环共同作用下损伤层混凝土峰值应力，MPa；ε_{pdt} 为硫酸盐侵蚀与干湿循环共同作用下损伤层混凝土峰值应变。

硫酸盐侵蚀与干湿循环共同作用下损伤层混凝土单轴受压应力-应变理论曲线如图 19.12 所示。从曲线下面积大小可以明显看出，随着侵蚀时间的增加，损伤层混凝土塑性变形逐渐减小，残余强度逐渐降低，破坏过程更加急剧，尤其是 MgSO$_4$ 溶液中的损伤层混凝土在侵蚀 360d 后更为明显。

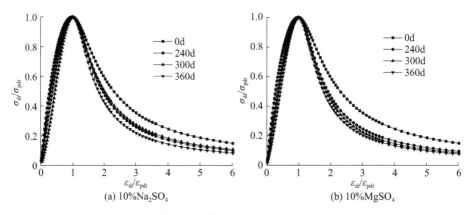

图 19.12　硫酸盐侵蚀与干湿循环共同作用下损伤层混凝土单轴受压应力-应变理论曲线

参 考 文 献

[1]　过镇海,时旭东. 钢筋混凝土原理和分析[M]. 北京:清华大学出版社,2003.

[2]　Hognestad E, Hanson N W, McHenry D. Concrete stress distribution in ultimate strength design[J]. Journal of the ACI,1955,52(12):455-480.

[3]　Kent D C,Park R. Flexural members with confined concrete[J]. Journal of the Structural Division,1971,97:1969-1990.

[4]　Park R,Paulay T. Reinforced Concrete Structures[M]. New York:John Wiley & Sons,1975.

[5]　Popovics S. A review of stress-strain relationships for concrete[J]. Journal of the ACI,1970,67(3):243-248.

[6]　过镇海. 混凝土的强度和变形:试验基础和本构关系[M]. 北京:清华大学出版社,1997.